卫星导航定位基础

孙敏◎编著

北京大学出版社
PEKING UNIVERSITY PRESS

图书在版编目(CIP)数据

卫星导航定位基础 / 孙敏编著. — 北京 ：北京大学出版社，2022.10
21 世纪地学规划教材
ISBN 978-7-301-33254-2

Ⅰ. ①卫… Ⅱ. ①孙… Ⅲ. ①卫星导航—全球定位系统—高等学校—教材 Ⅳ. ①P228.4

中国版本图书馆 CIP 数据核字(2022)第 144721 号

书　　　名 卫星导航定位基础
WEIXING DAOHANG DINGWEI JICHU
著作责任者 孙　敏　编著
责 任 编 辑 王树通
标 准 书 号 ISBN 978-7-301-33254-2
出 版 发 行 北京大学出版社
地　　　址 北京市海淀区成府路 205 号　100871
网　　　址 http://www.pup.cn　　新浪微博：@北京大学出版社
电 子 邮 箱 编辑部 lk2@pup.cn　总编室 zpup@pup.cn
电　　　话 邮购部 010-62752015　发行部 010-62750672　编辑部 010-62764976
印　刷　者 河北文福旺印刷有限公司
经　销　者 新华书店
787 毫米×1092 毫米　16 开本　20 印张　405 千字
2022 年 10 月第 1 版　2024 年 1 月第 2 次印刷
定　　　价 60.00 元

前　言

卫星导航定位技术是对地观测领域一个十分重要的发展方向，其应用非常广泛。卫星导航设备对于军事、公安、测绘、海洋、地质、采矿、农业、航空航天等领域，乃至于交通、环境、气象、地震等与人们日常生活密不可分的各领域，已经成了不可缺少的装备或工具。国际上有多套全球卫星导航定位系统，包括我国的北斗全球导航系统。这些卫星导航定位系统的发展与应用，在近数十年来，对我国乃至国际相关领域的发展均产生了相当深远的影响。如何高效地利用卫星导航设备获取的数据进一步分析对地观测领域的各类动态信息，已经成为这些领域前沿探索的一个重要方向。因此，卫星导航定位技术及其应用的相关知识，是对地观测领域相关专业必不可少的一门功课。

本课程旨在让学习者全面了解卫星导航定位的基础知识，包括基本原理、方法以及简单的应用，重点介绍美国 GPS 系统的组成、信号的处理、单点定位与导航的计算原理、实时动态定位方法等内容。

经过多年的教学实践，作者发现学生对卫星导航定位与导航知识的掌握比较困难，究其原因，主要在于：首先，该课程涉及较多专业的基础知识，如大地测量基础理论、卫星定轨知识、电子技术、信号与通信技术、大气与电磁波知识、测量平差理论、软件与硬件编程等；其次，该课程具有很强的工科特点，原则上学习者必须亲自动手实验才能完全掌握，仅仅依靠听闻概念或观摩性质的学习方式，是无法真正掌握其中的知识要点的。

为此，本教材针对非测绘专业的教学特点，尽可能将定位导航知识进行系统化整理，并特意撰写了第 10 章定位导航实验，对应前面几章重点内容安排了四节实验，结合 OEM 板卡，通过详细地描述实验内容，全面直观地对单点定位以及相对定位进行阐述，方便学习者在学习过程中，通过理论与实践两方面的结合，尽可能直观清晰地掌握相关的知识与方法。

限于时间与水平，书中难免存在不足，相关问题，请广大读者以及相关领域的学习者提出指正。

孙敏

2021 年 11 月

目　录

第1章

绪　论

1.1　什么是卫星导航定位

卫星导航定位是一种大众化的通俗称谓，通常理解为利用专用设备或安装在诸如飞行器、地面车辆、手持移动终端之中的专用模块，通过接收卫星信号，确定地面点或相关载体的位置、移动速度和方向等信息的一种工具、方法或系统。如果综合考虑天上的星座以及分布于地球表面不同位置的卫星跟踪站、监测站、通信站（或天线站）、控制中心等，则总称为全球卫星导航定位系统，英文表述为Global Navigation Satellite System，缩写为GNSS。本书的宗旨在于对其相关的原理与方法给予尽可能清晰的阐述，但由于资料所限，本书以美国GPS全球定位系统为主加以阐述。

GPS全球定位系统的最基本原理，可以解释为：如果已知卫星A在空间的位置（即其在轨道上的三维坐标），同时已知卫星A到地面接收机B的距离，当这样的卫星达到三颗时，则可以基于四面体的几何知识，推导得到接收机B的三维坐标。由于地球处于旋转状态，且卫星处于高速运行状态，因此卫星与地面点之间会有一个未知的时间差，因此，一般情况下，要实现接收机B的定位计算，需要知道至少4颗卫星的在轨位置及其相应的卫地距。所以，卫星导航定位系统，事实上还必须是一个精密的时间测量系统。

总体而言，卫星导航定位系统最根本目的在于确定一个地面目标的位置，这也是测绘领域的基础工作。从广义的测绘概念而言，测绘学本身包含了卫星导航定位系统及与定位相关的学科知识，而且卫星导航定位系统被认为是测绘领域新的前沿发展方向。事实上，测绘领域的学者与生产实践者是推动卫星导航定位系统应用发展的主要力量，但通常测绘领域之外的人，一般不会把卫星导航定位系统归为测绘，所以，我们有必要在此阐述其与测绘的关系。欲掌握卫星导航定位系统的原理与应用方法，原则上必须具备测绘学的相关知识；为了引导读者贯通两者间的知识点，在此我们先简要回顾一下传统大地测量中地面点定位的基本原理与方法，当然相关的知识还是较为复杂的，在此仅仅做一点科普性介绍。

1.2 传统测绘定位方法

欲在地球表面精确测定一个点的位置，在测绘领域中属于大地测量学的范畴。由数学理论可知，表达一个点的位置，需要坐标参考系，因此大地测量学首要的任务是确定地球坐标参考系。根据不同的表达与计算需求，在大地测量学中有多种地球坐标参考系可用(本书第 3 章将会详细介绍相关内容)。

定义好坐标参考系(下简称坐标系)之后，确定地表一个点位的最简便方法，也是最古老的方法，就是天文观测，在测绘领域中则属于天文大地测量(或大地天文测量)学的范畴。借助精密的天文经纬仪，通过观测恒星、精确测定时差，即可反推得到地面点的天文大地坐标与方位，再通过坐标系转换，确定其在地球表面的经纬度或三维坐标(在大地测量过程中，内陆最初的高程是通过重力测量得到的)。

通过在地表较大范围内确定一系列天文观测点，作为国家或区域控制网中的已知点，再进一步采用三角网测量手段加密得到局部或地方的已知点，从而为工程测量、摄影测量等提供已知点。在早期的国家大地测量工作中，天文大地测量占据非常重要的地位。但天文大地测量对观测条件有很强的依赖(如必须良好的气象条件、夜间观测)，对时间的测量精度也很低，而且所需观测时间较长，后期数据处理复杂，所以地面点的定位费时费力。由于卫星导航定位的飞速发展，天文大地测量的普遍应用早已成为历史，但在某些领域仍有发展和应用，如在军事国防领域用于远程火箭发射定轨，或在大地测量过程中，用于垂线偏差测定以及天文坐标与天文方位角的测定等。

天文大地测量的基础知识，同样是卫星大地测量或者卫星导航定位系统的基础知识，如读者有兴趣或对相关基础知识想深入学习，可以参考天文大地测量的相关教材。

大地测量完成了分布于较广范围的控制网的建立，与人们生产实践密切相关的定位导航测量，则属于局部范围，通常采用工程测量或摄影测量的方法加以实现。在大地测量与工程测量中具体的数据获取与处理方法虽有差异，但最基本的定位方法大致相同，如一般使用水准标尺、电子经纬仪、激光测距全站仪等(如图 1-1 所示)，测定已知点与未知点之间的距离及相关角度，利用三角关系或导线关系推导确定未知点的平面和高程位置。

如图 1-2 所示，在三角形结构中，当 A、B 两点已知时，可仅通过测定 AB 边对 C 的两个张角 α 和 β，利用三角关系即可确定 C 点的位置；而在右边的导线结构中，通过测量 BC 边和 CD 边的长度，以及测量角 α 和 β，通过推导可确定 C 点与 D 点的位置。

这种方式确定了地面点的平面位置。对于地面点的高程，通常采用重力测量或水准测量以及两者结合的方法。重力测量有绝对重力测量与相对重力测量，其基本原理可理

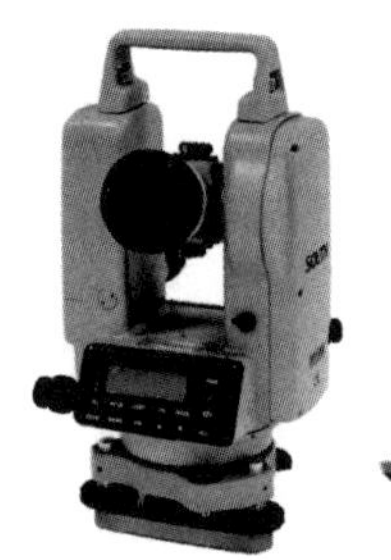

电子经纬仪

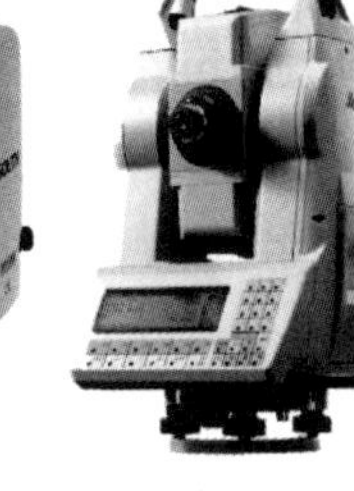

激光测距全站仪

带陀螺的全能仪

水准标尺

手持测距仪

图 1-1　传统测量工作中常用的一些设备

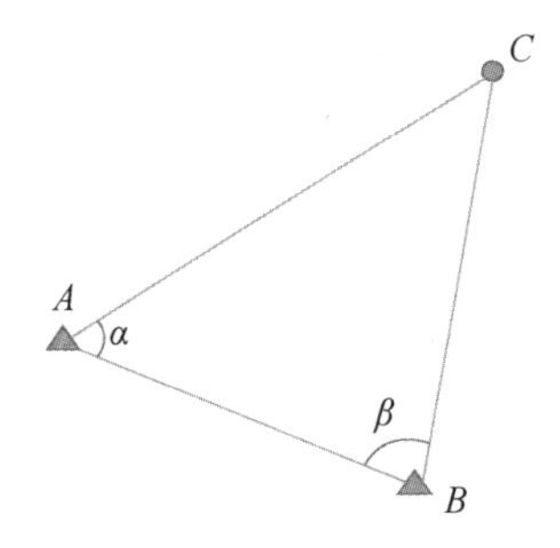

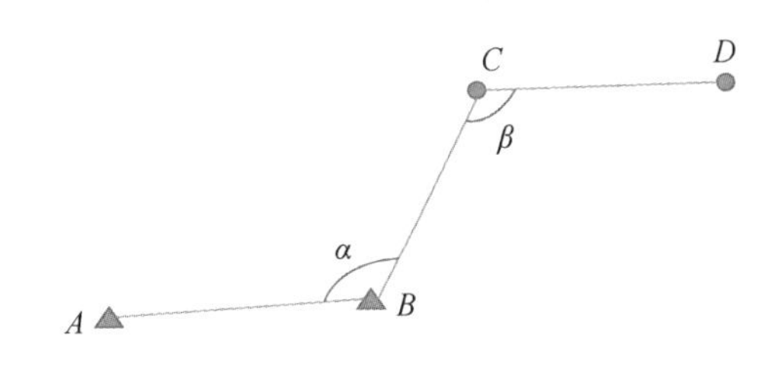

图 1-2　传统测量工作中，基于已知点，通过边角测量确定未知点的平面位置

解为通过比对待测点处的重力相较于平均海平面处重力的变化量，从而确定待测点处的高程。而水准测量，如图 1-3 所示，通过观测前后标尺的读数差，将高差沿某路径传递到待测量点处，即可推算待测点相对于已知点的高差，从而确定待测点的高程。

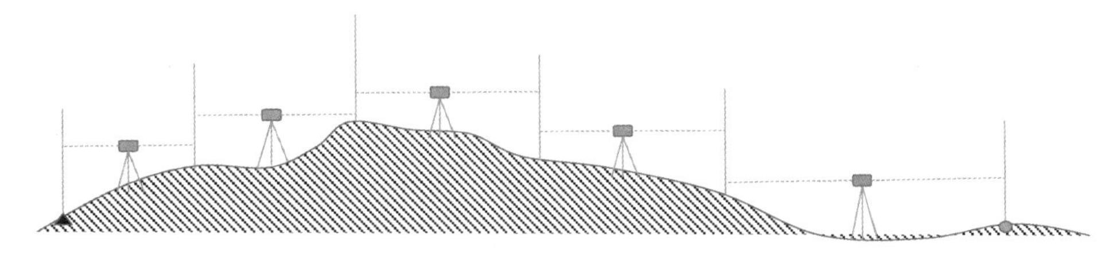

图 1-3　传统测量工作中，基于已知点，通过水准测量可以确定未知点的高程

如上所述，在传统测绘中，确定一个地面点的位置其原理相对简单，当然高精度的地面点位置测量则是一个复杂的系统工程，相关的理论与方法可参考大地测量与工程测量的相关教程。

上述传统地面点的位置测量方法是一种静态测量方法，换言之，已知点与未知点均处于静止且固定状态，很难实时测定动态目标的位置。而在卫星导航定位过程中，卫星处于高速运动状态，既可以测定地面静止目标，也可以测定动态目标的三维位置。卫星导航定位是如何实现这一目标的？我们将在后面详细阐述。

1.3 GPS的产生与发展

人们生活的陆地上具有很多参照物，在局部范围内，可以用共性标志物作为参照体确定位置，在较广范围，可以用地名、方位、里程等指示或表达位置。但在海洋上，情形则完全不同，一片汪洋的环境，可能数天甚至数月都见不到任何可以参考的固定目标，唯有太阳和夜间的星体可供参照，所以，地球上如果没有海洋的话，或许使用星体定位的相关技术至今未必会产生，卫星导航技术则更不用说了。但地球的特别之处在于，海洋占据了大部分表面积，使航海技术不可避免地产生，而借助星体导航则自然成为远洋航行的必然。随着电子与通信技术的发展，卫星定位系统则应运而生，因此，卫星定位技术是人类科技发展与生活实践的必然产物。

卫星作为一种人造天体，相比于天文大地测量使用恒星作为参照体具有极大的优势。比如，卫星的运行轨道、瞬时位置、卫星与地面待测点的距离等均可以精确测定，而且使用卫星可以不分昼夜，全天候随时随地进行测量。随着相关技术的不断发展，在接收终端性能逐步升级优化的情况下，我们不但可以对静态目标进行测量，还可以对高速动态目标进行跟踪测量。比如现有较高端的接收机，可以1秒输出上百个精确的三维位置数据，实现对高速运行物体的精确跟踪，其定位效率远超天文大地测量。

古代航海使用恒星定位完全可以满足当时的需求，但近现代海洋军事的发展，对舰艇尤其是潜艇的定位提出了较高要求。随着西方国家殖民主义的扩张，科学技术由于利益与野心的驱动得到了飞速发展。其中全球卫星定位系统发展的源动力主要是军事力量。虽然如今该技术为人类生活带来了便利，然而时时应该警惕的是，即便是今天，殖民时代的思想仍然存在，那就是以高科技为手段，快速圈集大多数人的财富为少数人所享用。

GPS（Global Positioning System，全球定位系统）就是这样一套以军事应用为主导，后转为民用，如今服务于人们日常生活的技术系统。其目前在全球的用户数量已经超过数十亿，对人类生活以及发展产生了变革性的影响。几乎每一部移动手机都使用它确定时间和位置，每一架飞机、每一艘船舶装载多个GPS接收终端进行自身位置与航向的实时测量。其应用已经涵盖了很多领域，包括军事、交通、物流、电力、资源勘探、银行等，几乎涉及今天生活的每一个角落。如今城市生活对卫星导航信号的依赖已经严重到几乎无法承受其信号中断的情况，因为一旦其信号中断，将会对社会生活的许多方面产生灾难性的影响。

对于这样一个系统，它是如何发展而来的？是什么关键技术支撑它取得成功？对于学习导航定位相关专业的读者，甚至对外行人士来说，了解这些内容均有助于全面透彻地理解卫星导航这一技术及其领域的发展。下面我们先介绍第一套卫星导航定位系统，即子午卫星系统的发展。

1.3.1　子午卫星系统的发展

冷战时期苏美两国的军事竞争催生了许多高科技产品，如 1955 年美国研发的 U2 高空侦察机，以及 1957 年 10 月苏联发射的世界上第一颗人造地球卫星 Sputnik，就是一些标志性的成果。当时苏联的卫星发射令美国深感不安，所以对它的跟踪成了美国相关机构一项非常重要的任务。

美国约翰斯·霍普金斯大学(Johns Hopkins University)应用物理实验室(Applied Physics Laboratory，APL)的优秀团队受雇进行相关的跟踪研究，团队中的 William Guier 和 George Weiffenbach 着手研究 Sputnik 卫星的轨道。

当苏联的卫星飞越头顶上空时，两位年轻人度过了数个不眠之夜。他们发现，当卫星接近他们所在位置上空时，信号的频移增强，而当卫星远离时，频移趋弱。利用信号频移的这一特性，并结合当时能获取的该卫星的相关数据，两位年轻人成功地通过测量该卫星信号的频移，精确地标定出了该卫星从一端地平线到另一端地平线的运行轨迹，甚至推算出了卫星的整个运行轨道。两位的研究结果很快被其他观测站所确认，但他们当时所用的设备仅仅是 1 台短波无线信号接收机、1 部录音机、1 台机械计算机和 1 个虚拟波分析器，比其他使用先进设备的观测站更快地得到了观测结果。

当他们把成果详细汇报给实验室主任 Frank McClure 之后，McClure 运用反向思维提出如下推论：如果通过测算某颗卫星的多普勒频移能够确定该卫星的精确轨道，那么以该卫星发射的信号，也可使地面上使用适当装备的观测者确定自己所在的位置。他指出：如果观测者能发现卫星的轨道，那么也肯定能从轨道上发现地球监听站所处的位置。之后他与 APL 空间系的主任 Dick Kershner 博士一道建立了利用多普勒频移推导地面观测站位置的数学方法。

1958 年美国"北极星"潜艇服役，解决潜艇的定位导航问题以及精确远程打击问题，成了美国海军的极为重要的目标和任务，所以 McClure 与 Kershner 的成果，自然得到了美国国家航空航天局与军方的高度重视。1958 年年底，APL 即与军方联合，由 Kershner 领导，针对潜艇的导航定位需求，展开了子午卫星系统的研究，包括建立地球重力场模型(主要用于精确测定和预报卫星轨道)以及研制多普勒接收机。该系统的研制成功，有望为装备导弹的美国潜艇在全球海洋范围内提供导航并瞄准远程目标实施打击。

1960 年，第一颗子午卫星发射，采用的是极地轨道。该系统 1962 年开始具备运营能力，1964 年 1 月正式建成并投入军用。美国海军原期望的定位精度是达到 0.5 海里即 900 m 左右，有关资料表明，其海军船舰实际可保证达到的定位精度为 0.25 海里(约

460 m)。每颗卫星搭载一座石英钟以确保所传输的时间和位置数据具有极高准确性。子午卫星系统对于美国海军的潜艇和水面舰艇具有极高价值,以至于该系统到 1967 年才开始向民用领域提供服务。

由于子午卫星及其定位原理已经成为历史,故我们在此不再详细赘述其定位原理,感兴趣的读者可以搜索网络资料做进一步了解。但对于子午卫星系统的构成与不足,有必要在此阐述一下,否则美国军方没有理由研发 GPS。

1.3.2 子午卫星系统及其不足

1. 子午卫星系统的构成

子午卫星系统(英文名为 Transit System 或 Navy Navigation Satellite System),由星座、地面控制系统及地面接收机三部分组成,这一点与后期的 GPS 系统以及现有的几大卫星导航系统均完全一致。

(1) 星座部分

星座部分由 6 颗独立轨道的极轨卫星组成,由于卫星轨道面与地球子午面平行,故该系统被命名为 Transit, 即"子午仪"。6 颗具有独立轨道的卫星,在地球 360°周围自然形成 6 个夹角为 60°的轨道面(注:如果不考虑轨道方向,实为三个轨道面)。卫星轨道高度为 950~1075 km,绕地球运行一周的时长即周期为 107 min。每颗卫星的轨道均为近圆轨道,轨道倾角与赤道平面的夹角为 90°。单颗子午卫星信号的地面覆盖区域为 3000~3500 km 的带状区域。地球上同一地点每天可观测到同一颗卫星 4 次,6 颗卫星即可保证地球表面任意地点每天可进行 24 次定位(图 1-4)。

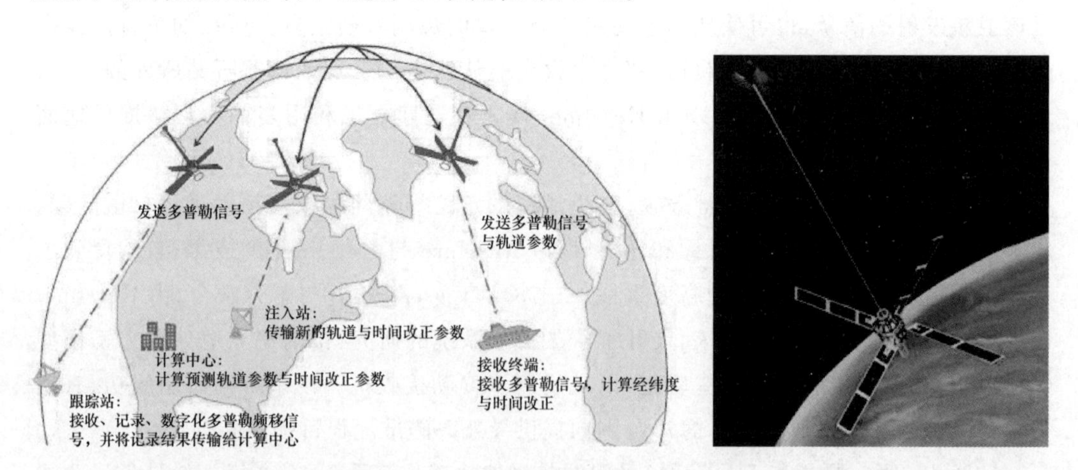

图 1-4 左图为子午卫星系统组成概念图,包括计算中心(computer center)、注入站(injection station)、跟踪站(tracking station)和接收端(receiver);右图为子午卫星概念图,采用了重力梯度技术,使其天线始终朝向地球

子午卫星采用两种非常稳定的频率(分别为 150 MHz 和 400 MHz)向地面发射信息,所发轨道信息包含两部分:固定部分和变化部分。固定部分由一系列参数确定了卫星平滑的运行轨道,变化部分则包含了一系列对平滑运行轨道进行改正的参数,这些变化部分由注入站每 12 h 更新一次。固定部分与变化部分相互叠加,则可以得到卫星实时在轨的高精度位置信息。

(2) 地面控制系统部分

地面控制系统由 4 个卫星跟踪站、1 个计算中心、1 个地面控制中心、2 个注入站和 1 个海军天文台组成。与 GPS 的地面控制系统相比,规模较小,但组成部分大致相近。

4 个卫星跟踪站分别位于加利福尼亚州、明尼苏达州、夏威夷州和缅因州。跟踪站通过已知的地面点,观测过境卫星的多普勒频移,并将数据发送到计算中心。计算中心设在加利福尼亚州的穆古角,其根据各跟踪站发回的最近 36 h 的观测资料,推算各个卫星的轨道,并外推预报 16 h 的卫星位置,然后将计算结果按一定的编码格式写成导航电文传送到注入站。

卫星的广播星历,由位于美国本土的 4 个卫星跟踪站观测数据解算得到,由于观测站数量及分布范围相对较小,故对卫星的跟踪定位精度有限,即广播星历卫星定轨精度不高,其预报卫星位置的切向误差±17 m、径向误差±26 m、法向误差±8 m,远远低于后期的 GPS 星历精度(注:GPS 星历精度在不断改善,2020 年前后约为 2 m)。

当时美国国防制图局在全球设有 20 个卫星跟踪站,通过这些观测站的资料解算,可以得到子午卫星的精密星历,据称该精密星历可预报卫星的轨道位置精度达 2 m。

2 个注入站分别位于加利福尼亚州和明尼苏达州,其接收并存储由计算中心发来的导航电文,每 12 h 左右向卫星注入 1 次导航电文。

海军天文台主要负责卫星以及地面计时系统的时间对比,求出卫星钟差改正数和钟频改正数。地面控制中心设在穆古角,主要负责协调和管理整个地面控制系统的工作。

(3) 地面接收机部分

图 1-5 所示为 1960 年生产的第一批用于潜艇的高精度接收机(图片来自文献[1]),是一款双频多普勒接收机,为美国核潜艇“长滩”号(Long Beach)在全球巡航过程中的全天候导航提供了很好的服务。地子午导航系统运行的最初 4 年中,主要服务于美国海军潜艇和部分海军船舰,到 1968 年后美国政府宣布向民用开放,但当时由于接收机昂贵影响了应用普及。到 20 世纪 70 年代,AN/SRN-19 型号单频率接收机的生产才使得接收机部分的成本大为降低,从而促使子午卫星的用户数量极大增长。

据调查统计,子午卫星系统的用户数从 1974 年的 800 多台,增长到 1984 年的 6 万多台,在测绘与目标定位方面的相关应用领域都得到了很大的推广。例如在 1973—1974 年间曾经一度石油短缺,为了确定如何以最好的价格购得石油,多普勒接收机对油轮的

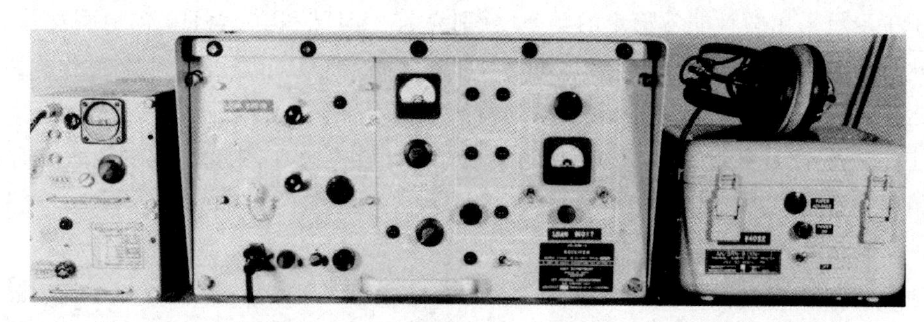

图 1-5　第一批用于海军潜艇的子午卫星系统高精度接收机(AN/SRN-9 Navigation receiver)

精确定位信息成了工业领域一项非常重要的情报。

总体而言,子午卫星系统的应用在当时得到了国际普遍认可,20 世纪七八十年代,每年会举办多场用户大会,每次均有来自全球的数百名用户参加,可见其在当时的确具有很大的影响力。

2. 子午卫星系统的定位精度

接收机收到卫星的导航信息后,基于已知的卫星位置,同时测定导航信号的多普勒频移来确定接收机与卫星的距离变化值。通过多个时间间隔的观测,采用接收机所处位置的粗略估计值,可求解出接收机的精确位置。对于水下移动潜艇的定位,则在接收到卫星信息及频移变化值的基础上,同步测定潜艇的移动速度与航向等信息,通过推估的方式,尽可能精确地为其提供移动定位,具体方法可参考文献[2]。

子午卫星系统的定位精度在当时的条件下可以说是非常理想的,其用于地面固定点定位时,有 4 个影响其定位精度的因素:① 仪器测量噪声;② 信号传播异常;③ 天线高程估计误差;④ 卫星轨道推算误差。

4 个因素中,由于子午卫星定位方程解算过程,对观测点处的高程有依赖(子午卫星事实上是无法测定高程的),除了天线高程估计误差,其余因素导致的误差情形与现在的卫星导航设备测量过程中的误差情况基本相似。如信号传播过程中的异常,实为电离层与对流层对载波与信号传播速度的影响。在当时的条件下几乎无法测定对流层对信号的影响,只能采用当地气象数据稍加改正。由于卫星采用了两种不同频率的载波,故可依据不同频率的变化值消除电离层对信号的影响。采用双频观测消除电离层影响,实为子午卫星系统的一大创举,GPS 也沿用了这一方法,不过采用的计算原理与子午卫星稍有不同(相关内容将在第 5 章详加阐述)。

天线高程估计误差对当时的船舶导航来言,由于其常年处于海平面位置,误差可以降到最小。4 种误差源中卫星轨道推算误差的影响最大。综合种种误差,子午卫星系统对于海上船舶的实际定位精度在 460 m 左右。对于陆地固定点,可以达到 25 m 的定位精度;如果采用长时间观测的话,经统计,定位精度可以达到 3～5 m,甚至 0.5～1 m。但这些定位结果仅为二维平面，高程信息需要人为测定。

3．子午卫星系统的不足

子午卫星系统在应用领域取得了划时代的成果，但总体而言，存在以下两方面不足：

(1) 由于一次定位所需的时间较长，故无法满足高速移动用户的需求(例如飞机、导弹或卫星等高速运动目标)。如图1-6所示，接收机在观测过程中，为了得到较好的多普勒效应测量结果，也为了尽可能快速地得到测量结果，只能采用低轨短周期卫星轨道策略，才能使卫星相对于观测站的运行轨迹尽可能长，但低轨卫星受重力场影响及大气阻力影响严重，在当时条件下，无法获取全球较高精度的重力场参数，高精度的卫星在轨实时跟踪测量也非常困难，从而由于卫星在轨位置测量误差的影响，接收机定位精度从根本上难以提高。即便是较低的轨道，采用子午卫星定位，也需要对一颗卫星连续观测15～18 min。

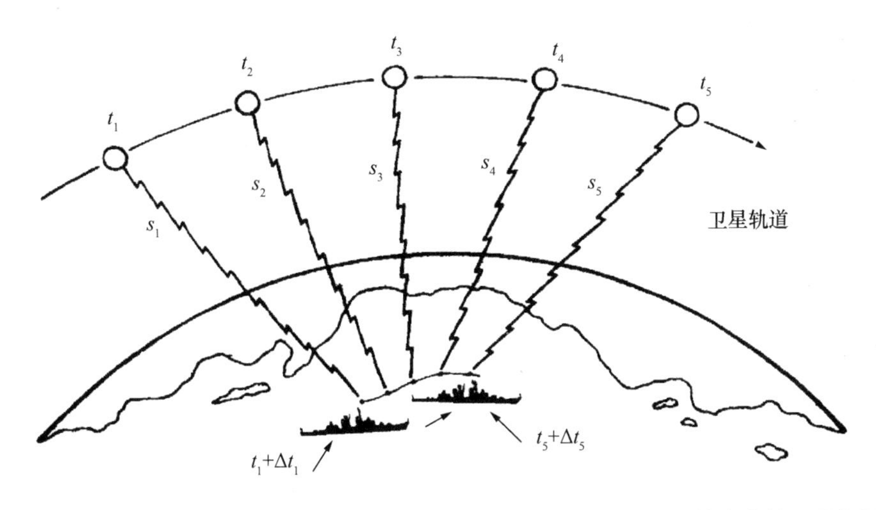

图1-6　移动船舶利用子午卫星系统进行定位的示意，接收机需要观测到足够稳定的卫星信号频移，故必须持续跟踪卫星一段时间，同时需要知道移动船舶的速度、方向等信息，才能计算出精确的船舶位置

(2) 由于卫星过境时间间隔过长，无法满足连续导航的需要。6个轨道面、6颗卫星的理论设计是比较完美的。对于极地轨道卫星，为了避免在高纬度地区的视场中同时出现多颗卫星造成信号干扰的情况，星座中的卫星数量一般不宜超过6颗，但较少的卫星数，反过来会导致中低纬度地区出现过长的等待间隔。由于当时卫星定轨精度不高，每颗卫星的运行周期、轨道倾角与偏心率都会存在不同程度的误差，同时各卫星轨道进动的大小和方向也都不尽相同，从而经过一段时间的运行后，各卫星及轨道间的间距就变得疏密不一，地面任一时刻、任一点可观测到的卫星分布就变得越来越没有规律。以至于中纬度地区的用户平均1.5 h左右可以观测到一颗卫星，低纬度地区最不利时要等待

10 h才能观测到一颗卫星，而在高纬上空却会出现同一时间观察到多颗卫星的情形。由于子午卫星采用相同的频率，当时也没有码分多址的技术，所以多颗卫星信号间会相互干扰，无法进行有效观测。

虽然子午卫星系统存在以上两方面的不足，但实际应用表明，其在导航领域具有极为广阔且诱人的前景，因此在子午卫星系统运行数年后，美国海陆空三军均感到迫切需要研究新一代全球定位导航系统，故很快开始了相关系统的设计与研究。

子午卫星系统对后续GPS系统的研发提供了很好的技术支持，包括利用双频信号校正电离层的延迟影响、利用双频信号提供高精度的定位结果以及卫星轨道精确预测技术等。

1.3.3 美国卫星导航定位系统的发展历史

图1-7给出了卫星导航定位系统的发展时段并标注了几个重大的应用事件，如海湾战争、伊拉克战争。其中对GPS发展影响最大的莫过于子午卫星系统，我们已经在上一小节对其进行了较详细的介绍。继子午卫星系统之后，在GPS系统开发之前，还有其他一些系统投入了研发，并对GPS的研发起到了巨大的推动作用。如图1-7所示，包括美国空军的621B计划、美国海军的Timation计划和子午卫星升级计划等。

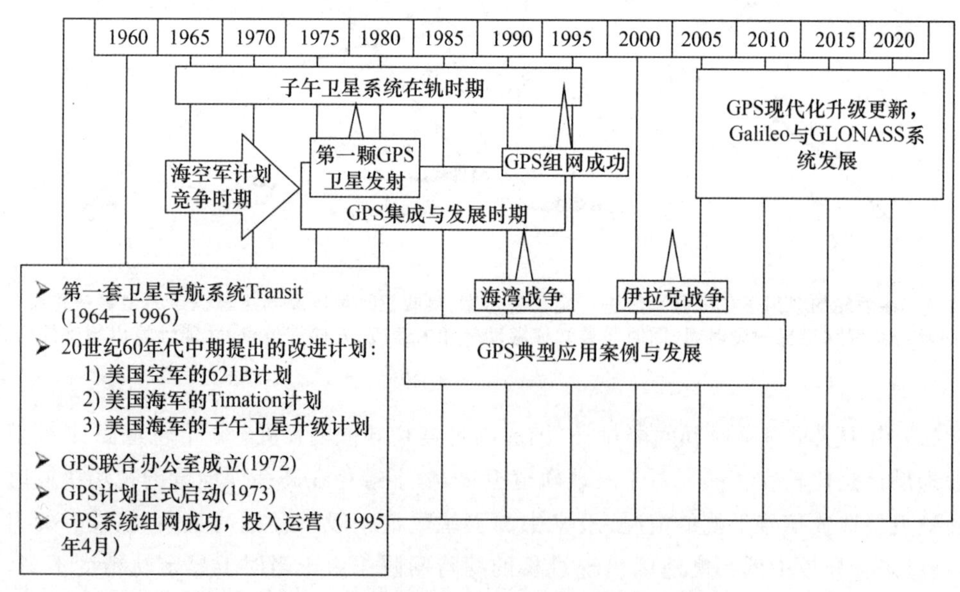

图1-7 卫星导航定位系统早期发展历程汇总

1. 621B计划

早在1962年，美国宇航公司(Aerospace Corporation)总裁Ivan Getting博士，就预

见到卫星导航的需求，他提出一种比子午卫星系统更精确，且可以提供三维信息、全天候、24小时无间断的定位系统。他的努力与远见在20世纪60年代早期得到了美国空军的支持，军方成立了新的卫星导航计划，该计划后来被命名为621B。

美国宇航公司在1962年前就在美国空军的资助下，大力投入新的卫星导航系统的研究。从1962年到1966年，美国宇航公司开展了大量的系统性研究，由两位知名的空间系统工程师 James Woodford 和 Hideyoshi Nakamura 主持。其研究成果报告一直被列为机密，直到13年后的1979年才解密。该报告主要探讨了三方面的问题：① 设计的导航系统在性能与系统方面存在的不足；② 提高定位精度后的具体应用领域；③ 卫星导航系统的架构与相关定位技术。该报告对推动后续新一代的导航系统起到了重要的作用，其中对被动导航技术所做的详细分析具有十分重要的意义。该分析指出后方三角交会法可以避免用户端对高精度时钟的需求，而且可以提供三维定位结果，后来被用作卫星导航系统中的四星同步定位的基础理论。

从1966年到1972年，在621B计划实施过程中，美国空军与宇航公司完成了大量的研究成果，撰写的报告有90多份，相关的研究内容主要包括：信号调制、用户数据处理技术、轨道结构、轨道预测、接收机精度、误差分析、系统发射与运行代价，以及系统实际运行的综合利益评估等许多方面，这些报告现在仍然可以在美国宇航公司的图书馆查阅。

这些研究中，最重要的一项工作莫过于可用作被动定位的导航信息传输技术。截至1967年，似乎最好的技术是当时称为CDMA（Code Division Multiple Access，即码分多址技术）的一种新的通信调制技术的变种技术。

（1）CDMA技术研究

提出这一技术的杰出科学家有多位，包括 Fran Natali 博士、Jim Spilker 博士和 Charlie Cahn 博士。

CDMA技术用一个带宽远大于信号带宽的伪随机码进行调制。这几位博士提出的用于卫星信号传输的改进CDMA技术，也被称为PRN或伪随机噪声（pseudorandom noise），因为被调制的编码表现为一个任意1和0的序列。

称为码分（code-division）的原因是因为每颗卫星被分配一个属于它自己的编码信号，每个二进制序列选择的时候，保证与其他信号不相关，同时也与信号本身的时移（time-shift）无关。该技术的突出优点在于所有的卫星可以采用同样的频率播发信号，同时可以有效地排除接收机对不同卫星信号产生的时移。尽管具有如此的优越性，然而CDMA技术仍然面临几方面的问题有待确定：

① 当时间不确定以及存在多普勒频移的情况下，该信号是否易于捕获？

② 是否存在一种技术可以加密军方信号，从而可以不让非授权用户使用？

③ 如何使PRN码易于选择，一方面可以避免误捕获，另一方面又允许在星座中添加

新的卫星，而不干扰已有卫星的信号？

④ 可接收该信号的接收机，其生产成本最终是否会达到用户无法接受的价格？

⑤ 信号是否具备抵抗偶然或蓄意干扰的性能？

⑥ 该信号是否可以加载卫星位置、卫星时钟改正以及其他参数？

很幸运的是，1967 年米罗华公司（Magnavox，美国电视制造商）的 Robert Gold 博士，一位优秀的应用数学家，发明了一种正交码选择技术，如今被称为 Gold 编码，他的方案解决了前面第③个问题。

为了解决其余问题，621B 项目组研发了两款用于测试 CDMA 技术的原型接收机。在 1971 年初期的一些测试中，在测试地区模拟卫星的位置安放了 4 台发射机，用于发射 CDMA 信号。为了模拟卫星的几何位置，还使用了一台搭载在气球上的发射机。经过一年左右的测试，项目组发现该模拟方案可以实现 5 m 的导航精度，从而成功证实了 CDMA 信号的有效性和精确性。

经过研发与测试，确定了 CDMA 可非常有效地用于所有卫星，可以被接收机在同一频率下接收；也证实了接收机无须安装高精度的原子钟，可以通过接收 4 颗卫星信号实现高精度的三维定位。如果每个用户需要一台原子钟，不仅在当时，即便现在也无法生产廉价的用户装备。

（2）星载原子钟研究

自 1966 年，美国空军和宇航公司就一直在改进原子钟，以便将其安装在未来的卫星上。在当时将原子钟安装在卫星上存在两方面的主要风险：首先是技术准备风险，即将没有成熟的原子钟技术改进到适用于卫星安装；其次是经费支持风险，即政府是否愿意给予足够的经费支持，使该项技术最终达到实用的目的。美国空军提出了一个计划以降低相关风险，该计划源于美国空军的 NavSat 计划，1968 年后期 NavSat 计划被纳入 621B 计划中。其研究规划中设想部署一个四星验证系统，使用发射 L 波段的转发器测试原子钟的实用性，从而可以节省成本，降低资金风险。但该提议未能在 621B 计划中实施，原因是测试发现转发器很容易拥堵，无法发射导航信号。

（3）星座布设方案研究

为了试验四星组成的被动导航系统，621B 计划研究了一系列轨道布设方案，包括地球同步轨道与低倾斜轨道，相关研究方案为后续 GPS 星座的布设提供了参考。

2. NRL 的 Timation 计划

子午卫星系统投入运行后两年，即在 1964 年，美国海军启动了第二个卫星计划，命名为 Timation，由海军研究实验室（Naval Research Laboratory，NRL）工作组的资深成员 Roger L. Eas-ton 领导。NRL 的 Timation 计划旨在研发卫星被动定位技术，同时实现跨全球的不同时间中心的时间协调。该计划与空军的 621B 计划并行实施且相互竞争，在该计划中研发了一系列的实验卫星，第一颗被命名为 Timation 1。该卫星重 85 磅(约 38.6 kg)，具备 6 瓦的电力，于 1967 年 5 月 27 日发射。

Timation 1 的主要特点是装载了一颗非常稳定的石英钟。其基本定位技术是利用卫星的信号结构，在用户位置同步卫星时钟与用户时钟(利用这一思想，可以降低用户接收机对高质量时钟的依赖)。NRL 的工程师们在测试时钟误差的过程中，遇到了两个主要的问题，其一是太阳辐射会造成时钟频率的漂移，其二是电离层会导致定位误差。

NRL 于 1969 年 9 月 30 日发射了第二颗卫星 Timation 2，其轨道高度为 500 英里(约 805 km)。为了消除电离层的延迟影响，卫星采用了类似子午卫星系统的双频率方案。其上搭载的石英钟有望具有稳定的精度，但在太阳风暴期间仍然观察到了很大的频率漂移。随着实验的进展，NRL 将定位精度提高到了 200 英尺(约 61 m)。

Timation 计划的最后一颗卫星发射于 1974 年 7 月。不过此时，Timation 计划已经归并到 GPS 联合计划之中了。位于洛杉矶的 GPS 联合计划办公室(GPS Joint Program Office，JPO)将该卫星重新命名为导航技术卫星(Navigation Technology Satellite，NTS-Ⅰ)。该卫星质量达 650 磅(约 295 kg)，具备 125 瓦的电力，轨道高度为 13 890 km。

NTS-Ⅰ搭载了两个小型的铷钟，是由德国一家名为 Efratom 的小商业公司独立研发的。该原子钟仅需要 13 瓦的电力，且仅重 4 磅(约 1.8 kg)，在当时这一成果是相当了不起的。NRL 对其进行了一些电子改装，但仍然无法令其在轨道上受辐射的情况下保持稳定。

NRL 的测试表明，无法预测改进后的铷钟对温度变化的敏感程度，这一问题在使用双轴重力梯度作为稳定系统的卫星上表现得相当明显。由于双轴重力梯度稳定系统在当时的卫星高度条件下，并不能达到理想的稳定效果。后期由 JPO 研发的 NDS 卫星采用了一种全新的三轴、高度控制稳定系统，从而避免了卫星姿态不稳定造成的温度变化，由此解决了铷钟在卫星上的应用。

NRL 后来为 GPS 联合计划办公室研发了第二颗也是最后一颗卫星，即 NTS-Ⅱ。该卫星搭载了两台改进的铯钟，由位于马萨诸塞州的频率与时间系统公司(Frequency and Time Systems，FTS)研发。NTS-Ⅱ于 1977 年 6 月发射，原期望它会成为 GPS 测试星座的一员。但不幸的是，搭载在 NTS-Ⅱ上的测距信号发射器在 JPO 卫星发射之前就无法工作了。尽管有一台铯钟在轨道上持续运转了一年多的时间，但定量的时间漂移一直未能精确测定。在这一系列的失败工作之后，铯钟实验未能得到任何定论。

在之后的工作中，NRL 确定了一项抗辐射计划(radiation-hardening program)，与 FTS 签约研发一款抗辐射铯钟。该款时钟被搭载到了第四颗 GPS 业务卫星上(NDS-4，1978 年 12 月发射)。但不幸的是，该钟由于电力故障在仅仅运行 12 h 后就夭折了。FTS 很快发现了问题并修改了设计。从 NDS-5 开始，装载到卫星上的铯钟能够很好地工作,与铷钟性能相当甚至更加稳定。

到1972年,部分五角大楼官员意识到,基于卫星的导航系统在军事应用领域具有极大的价值,同时美国国防部正在使用的数以百计的定位导航设备需要昂贵的维修与更新费用,如果能使用一套新系统替代所有系统,将会节省巨大的成本。但来自621B与Timation计划的竞争理念导致争论异常激烈,使得五角大楼的决策者无法做出决定,故统一导航系统的研发直到1973年才逐步得到认可。

3. JPO的GPS计划

在海军与空军并行从事相关研究的过程中,双方高层由于技术交流的需求,不断进行互访与沟通,终于由于双方的了解和认同走向了合作。双方于1973年9月召开了一个非常忙碌的三天会议确定了联合研发计划的开展。到1974年1月GPS计划基本成型,当时联合项目办公室仅约30名成员,有许多挑战性工作,其中5项涉及工程技术的工作尤为困难,这5项工作是:

① 确定GPS导航信号CDMA码的信号结构;

② 研发适用于星载的长寿命、抗干扰原子钟;

③ 实现快速、精准的卫星轨道预测;

④ 研发并测试卫星运行寿命,期望能达10年;

⑤ 研发一系列GPS用户装备。

基于该5项挑战性的工作,下面对GPS计划研发过程的主要技术进展加以简述。

挑战性工作1:确定GPS导航信号CDMA码的信号结构

选择GPS的信号结构原则上在621B计划中已经得到确定,但仍然有大量细节结构有待确定。最主要的工作是,在CDMA码的基础上,需要把民用的信号与军用信号加载上去。为了研制出详细的信号结构,JPO成立了一个强大的团队。

相关的研究内容包括:确定C/A码信号长度为1023位,避免与多普勒频移相关的信号相互干扰。确定导航信号的数据流按50 bit/s下传,通过这一细小的信息管道,传输所有卫星导航参数,包括卫星轨道位置信息、系统时间、卫星时钟预测数据、卫星健康状态信息以及C/A码交接给P/Y码的时间信息等。另外,还有部分信息,包括单频用户需要使用的电离层传播延迟模型参数等。此外,为了快速捕获从地平线升起的新的卫星信号,整个星座中的其他卫星的星历也应该包括在下传的信号之中,要求对下传电文的每一个字节进行明确定义。

当时设计的这些信号结构,其中大约95%自1975年确定后直到今天都没有再进行改动,无疑属于一项很了不起的成果。

挑战性工作2:研发适用于星载的长寿命、抗干扰原子钟

1966年,美国空军和海军都意识到,开发一种精确的基于稳定时间的单向导航定位(即被动定位)系统是必须的,其中高精度、高稳定的时间系统必不可少。铯原子钟早在20世纪50年代中期被发明、试验并投入商业应用领域。但当时在商业应用领域最大的问题是,铯原子钟体重大而且耗电,同时如果放置在卫星轨道上运行,无法抵抗太空辐射。

前面在621B计划的介绍中,提到了NRL在1964年着手研究相关的问题。第一颗Timation卫星发射时,搭载的是一台石英钟,其频率随时间产生了明显漂移。第二颗Timation卫星搭载的也是石英钟,具有温度控制器,其性能有所改观,但仍然无法满足GPS卫星的需求。

基于NRL前期的研究工作,在JPO成立之初,JPO决定在GPS业务卫星上采用原子钟,不再考虑研发石英钟。前述提及Timation计划中采用了当时体积最小的原子钟,搭载在第三颗Timation卫星上,并在JPO成立后发射,被JPO命名为NTS-Ⅰ,但因卫星姿态稳定系统未能达到理想的工作状态,使得对铷钟的性能改进未能达到预期的效果。

1974年夏天,JPO成立了一个独立研发GPS卫星铷钟的机构,其研发工作被作为NRL铯钟研发工作的备选,以防NRL的工作出现意外。同期卫星制造商Rockwell公司被选中用于制造GPS业务卫星,机构成立后,Rockwell公司的Hugo Fruehauf联系了德国的Efratom公司,后者当时是NRL的合作公司(前面提到,当时Efratom公司制造出了世界上体积最小、耗电最小的原子钟)。由于小小的Efratom公司没有能力研发具备抗辐射能力且满足太空运行的铷震荡器,Rockwell公司成立了一个专门与Efratom公司合作的团队,其中包括Rockwell公司的主要工程师Hugo Fruehauf等人以及Efratom公司的个别人员。经过卓越的努力,这个团队为1978年2月发射的第一颗GPS卫星研发了满足太空运行的铷原子钟。

NRL相关研发部门的铯钟研发工作并没有中断,仍然在同期持续进行,直到JPO发射第四颗GPS卫星时,才搭载了NRL研发的铯钟,不过性能稳定的铯钟直到后期GPS Block Ⅱ卫星发射时才得以成功运行。

当时GPS Block Ⅱ卫星上搭载了两台Rockwell公司制造的铷钟和两台NRL研制的铯钟。NRL的研究对卫星原子钟的研发同样做出了极大的贡献,铯卫星原子钟的性能表现相当稳定,优于铷钟。

挑战性工作3:实现快速、精准的卫星轨道预测

由于GPS系统仅在美国本土建立监测站跟踪卫星,卫星会在其监测视野之外运行很长时间,因此对其轨道的预测则变得非常重要。为了实现预期的定位精度,对卫星的长距离跟踪定位也必须达到相当高的精度,例如对卫星在跟踪9万英里(约15万千米)之后，对其跟踪定位精度仍应保持在数米之内。

在 GPS 早期研发阶段，这是一项极具挑战的课题。如此高精度的预测工作，必须顾及地球的极移(earth pole wander)、地球潮汐、相对论效应、卫星姿态调整、太阳与地球辐射以及地面跟踪站的位置等各方面的影响。以地球的极移为例，在大概 400 天的周期里，极移的变化范围大概可达到数十英尺，这一变化结果必须在轨道预测模型中有所反映。幸运的是，GPS 本身就是测量这一结果的重要技术。

另外一项重要影响因素就是监测站仅仅使用 GPS 信号进行定位，换言之，它们使用了被动定位方法，并没有使用当时的双向定位方法，所以提高轨道跟踪测量，必须进一步提高监测站自身的定位精度。

子午卫星系统在轨道的精确预测方面做出了极大贡献，但其方法需要跟踪过长时间，无法提供快速的轨道预测。初期 GPS 主控站与注入站位于美国空军的范登堡(Vandenberg)基地，后来移到科罗拉多州的施里弗(Schriever)空军基地，在加利福尼亚州的范登堡基地又建立了一个副主控站。除了主控站，同期在美国本土以外的全球范围又建立了 10 多个监测站，可以实现对 GPS 卫星精确跟踪测量，从而很好地解决了快速、精准的卫星轨道跟踪预测这一挑战性工作。

挑战性工作 4：研发并测试卫星运行寿命，期望能达 10 年

如果卫星的寿命过于短暂，则维系 24 颗卫星星座的正常运转的费用将会过于高昂。俄罗斯的 GLONASS 卫星只有 2～3 年的寿命，故每年需要发射 8～12 颗卫星以确保整个星座的正常运转。只有非常富有的国家，才能承担这样的高昂费用。GPS 星座最初的 10 颗卫星平均寿命为 7.6 年，其中 3 号与 10 号卫星寿命超过了 9 年。

研发长寿命的卫星，需要解决三方面至关重要的问题：其一，冗余设备(如时钟、电力放大器)在卫星上的配备；其二，配件的严格挑选以及其运行过程中性能下降的精确评估；其三，在轨运行过程中不间断地对卫星工作状态进行分析测试。GPS 卫星的寿命现在可达到 10～12 年，未来应该具有更长的寿命，从而维持整个星座的运行，每年只需发射 2～3 颗卫星。

挑战性工作 5：研发一系列 GPS 用户装备

用户接收机的研发，在当时主要的挑战工作，是把用于计算实时定位的软件装载到相对原始的电子设备中。不同的用户装备虽然各具特色，但当时却拥有共同的特点——体积大、耗电强。随着电子技术的快速发展，这些问题均得到了快速解决。

4. GPS 的最根本创新

由于 621B 计划与 Timation 计划为 GPS 的研发提供了大量的研究基础，所以有学者甚至认为 GPS 研发过程中，并没有根本性的技术创新。为了突出这些卓越的创新性工作，有必要对 GPS 研发过程中的根本性创新加以总结。

首先，对CDMA的修正(即PRN码)是GPS研发过程中最明显的创新。前面提到，该信号使得接收机在无须高精度原子钟的情况下，仍然能得到高精度的定位结果。今天对于普通GPS接收机来说，可以同步接收10颗以上卫星的GPS信号，且这些信号使用同一频率。理论上接收机可以接收的卫星数是没有限制的。通过使用常规的处理算法，用户可以接收多颗卫星信号，瞬时得到比单独接收4颗卫星更高的精度。其中包含了一项技术，以确保GPS定位的完整性。该技术被称为接收机自主完整监测(Receiver-Autonomous Integrity Monitoring, RAIM)技术，其作用是可以排除异常卫星的影响，确保GPS定位结果的完整性。

其次是载波差分定位技术，也曾被称为载波跟踪的技术，通过使用信号载波进行测量，结合差分GPS定位技术，可以使相对定位结果达到厘米级，现在的测量人员可以轻松得到厘米级的三维定位结果。接收机通过使用所谓的Hatch/Eschenbach滤波器重建载波信号实现编码转换(code-transition)测量，该方法可以极大地降低原编码测量的噪声。

此外，将惯性导航测量单元与GPS信号集成也是一项根本性创新，两者的结合使得相关的接收机极具抗干扰能力，同时可实现定位与姿态的全面测量。这一成果的主要贡献者是来自Intermetrics公司的Dale Klein和Ed Copps。

如果不考虑621B计划与Timation计划的相关研究内容，单纯将GPS与子午卫星系统相比，则其创新点表现为以下三点：其一，星座布局的改变；其二，精密原子钟的研发与使用；其三，测距码的使用。

1.3.4　结语

GPS原则上不属于任何个人的发明创造，它是一套在大量技术与理念驱动下完成的系统，但相关技术的应用与设计是整个JPO团队的成果，团队成员来自美国大量的研究机构。两项最重要的基础工作是：

(1) 由Jim Woodford和Hideyoshi Nakamura在1964/1966年为美国空军及621B计划所做的综合性研究工作，探索了几乎所有卫星定位技术的方案，包括主动与被动定位技术，并提出了卫星定位对原子钟的需求。特别地，对621B计划中提到的4颗卫星可见的定位概念进行了详细分析，成为GPS设计的基础，从而确保了用户接收机使用简单的石英钟即可实现高精度的定位工作。

(2) 在621B计划中，CDMA被动测量信号的选取与验证也是非常重要的基础工作，这些测试工作进一步验证了四星方案、单频信号传输，以及对GPS接收机无须原子钟就可以实际工作的可行性。

这些基础工作对前述GPS研究过程中五方面的挑战性工作提供了重要的支撑。回顾历史，APL研发的子午卫星系统，其所使用的双频信号校正电离层延迟影响的方法以及卫星轨道预测技术，对 GPS 的最终成功奠定了非常好的基础。此外，NRL 与 Rockwell 研发的星载原子钟对 GPS 系统的建设做出了巨大贡献。

GPS 系统建成之后，一直处于不断更新发展中，其现代化计划(modernization program)，包括很多方面，我们将在第 4 章再进一步介绍。

注：本节主要内容来自 GPS 官网，感兴趣的读者可参考 www. gpsworld. com 相关内容。

思考题

1. 什么是卫星导航定位，其有哪些用途？
2. 传统测绘与卫星导航定位分别解决了哪些定位问题？
3. 要建立一套卫星导航定位系统，有哪些必须解决的问题？
4. 子午卫星系统研发过程中，解决了哪些对卫星导航定位发展而言是举足轻重的技术？
5. 子午卫星系统的优缺点分别有哪些？
6. GPS 研发过程中，解决了哪些关键技术？其最根本的创新技术是什么？
7. 北斗定位系统有哪些独特点？目前星座的运行状态与定位精度如何？
8. 搜索网络资料，了解北斗定位系统目前的应用情况。
9. 搜索网络资料，比较 GPS、GLONASS、Geolileo、BeiDou(北斗，BD)四大定位系统各自最新的发展动态。

第2章

卫星导航定位系统所涉及的时间系统

由于卫星导航定位系统服务于我们的现实生活，因此，必须基于朴素的时空表达方式，解决低速与正常重力条件下的定位问题；但同时，卫星本身又处于太空轨道且高速运行，故又必须引入复杂的时空表达方式，来解决卫星实时运行的定位问题。因而，卫星导航定位系统必须涉及多种时间系统，一方面为导航定位提供精准的时间服务，另一方面导航定位系统的精准时间也可以与服务于日常生活的传统时间进行关联融合。

2.1　时间系统的概念

对于定位而言，如果已知目标与待定目标之间处于相对固定或静止的状态，则无须考虑时间的问题，如在传统地形图测绘中的定位情形。但卫星定位系统中，需要把在太空轨道上高速运行的卫星的瞬时位置作为已知值，推算全球任意位置待定点的坐标。由于运动物体的位置描述与表达必须使用时间，因此，在卫星导航定位过程中，对时间的精准测量必不可少。

在日常生活中，太阳、月亮等天体运行变化，给我们提供了客观的时间感受与参照，同一地区生活的人们，会有相同的时间感受。但由于地球的形状及自转规律，不同地区生活的人们会感受到不同的时间差异，这种情况下，只有使用计时装置，如钟表，才可以统一这种差异感。但钟表由于制造等原因，如果没有严格统一的参照体系，时间稍长，则会产生混乱。所以，计时装置的相互标校是最早的时间系统（或框架）。

时间一词一般有两种含义，即时长与时刻。时长用于描述事物发生的某个过程，如1分钟、2小时、数年等；年、月、日、时、分、秒均可作为时长的单位。时刻用于描述事物发生的特定时间点，如早晨7点15分、晚间8点、2018年3月23日中午12点10分等。显然时刻有其参考点，说7点钟，是把0点作为起始参考点，说2018年是把公元元年作为起始参考点。因此，建立一套时间系统，必须具备时长，即描述时间的基本单位，此外必须具备时刻的参考点，用于描述时刻。

从学术角度而言，对时间系统的定义可理解如下：一套描述和测量时间的标准和方法，包括时间的起始参考点（或参考基准）、时长（即时间间隔长度）的测量标准。为了落实时间系统的定义，需要建立一套实际运行的时间系统框架，即通过守时（时间频率测量和比对）、授时，在全球范围内或某一区域内实现和维持一套稳定的时间系统。

按上述对时间系统的定义，采用不同的时间参考点与不同的时长基准，可以建立不同的时间系统。到目前为止，使用地球自转、公转和原子跃迁频率均可以作为建立时间系统的基准，因而，我们日常一般有下面三套时间系统：

① 世界时系统：以地球自转周期为基准的时间系统，其时间单位为“日”，这种时间系统有恒星时和太阳时，精度约为 1 ms；因为其服务于日常生活，主要依靠天文观测来维持。

② 历书时系统：以地球公转周期为基准的时间系统，其时间单位为“年”；与世界时一样，服务于日常生活，主要依靠天文观测维持。

③ 原子时系统：以原子内部电子跃迁时所辐射或吸收的电磁波频率为基准的时间系统，其稳定度可达 10^{-15}，精度可达飞秒级；主要通过分布于全球的数百台原子钟维持。

注：时间的国际标准单位为秒(s)，派生出的单位有毫秒(ms，10^{-3} s)，微秒(μs，10^{-6} s)，纳秒(ns，10^{-9} s)。此外还有皮秒(ps，10^{-12} s)和飞秒(fs，10^{-15} s)。一般说某个时间的精度或稳定度，是相对于该时间的时长基准而言的，例如，说世界时的精度为 10^{-7}（即 1 ms），是以日为单位而非秒为单位而言的。

前面笼统地阐述了时间系统，下面我们首先回顾太阳时、世界时等概念，然后再阐述原子时，以及将世界时与原子时融合在一起的协调世界时（UTC）。此外，为了说明直接服务于导航系统的专用时间系统，最后阐述 GPS 的时间系统（GPST）。

2.2 太阳时与恒星时

太阳时与恒星时都是以测量地球自转周期为基准的时间系统，由于日出日落、斗转星移给人们带来的时间感受最为强烈，因此在历史长河中，测量恒星和太阳的视运动，是确定人类生活时间的唯一基准。

欲测量地球自转周期，可以选择某一恒星或天球上某一位置为参考点，以测站的子午圈作为量度周日视运动的起止线，参考点连续两次通过该子午线的时间间隔为地球自转的一个周期，目前这种测量方法的精度约为 1 ms。以太阳为参考点即为太阳时系统，以恒星为参考点即为恒星时系统。

2.2.1 太阳时

以太阳圆面视中心为参考点，以其周日视运行周期为时长基准，测定太阳圆面视中心连续两次经过测站子午圈的时间间隔，即可得到真太阳时。显然对我们的生活来说，这是最直观的时间测量方法。1 个真太阳日分为 24 小时，再划分为分、秒等单位。习惯上，真太阳时的起点是半夜(下中天、子夜)。显然不同地方，具有不同的真太阳时，其相互时差为地方子午圈经度差。

由于地球相对于太阳的运行周年存在变化，离太阳的距离不同，地球在轨道上运行的角速度也有所不同，因而真太阳时，并非均匀的时间系统。为了得到周年均匀的时间系统，方便我们使用时钟这样的计时器进行测量，取真太阳时周年运行过程中的平均值，即假定地球轨道是一个正圆而非椭圆，地球绕太阳以正圆轨道做匀速运动，与真太阳时一样取春分点为参考点，由此建立的太阳时称为平太阳时。

平太阳时符合人们的生活习惯，故日常使用一般采用平太阳时，说北京时间，就是指北京当地的平太阳时。在天文学上，为了得到便于天文直观表达且更精准的时间，通常使用恒星时。

2.2.2　恒星时

由于恒星并非完全静止不动，因此在天文学上，恒星时并没有选择某一恒星为参考点，而是选择春分点为参考点。黄道(地球绕太阳运行的轨道面)与天球赤道有两个交点，分别为春分点和秋分点。其中春分点表现为太阳由南向北移动经过赤道上空的时刻(也即北半球春季的中间点，故名为春分)。通过测量春分点两次经过测站子午圈的时间间隔确定恒星日的时长；由于春分点本身并非天球上直接可观测的目标，故春分点的测量是通过天文观测间接测算得到的一个理论位置。换言之，恒星时的测量是通过大量天文观测推算的结果，并非如前面所述，在某测站通过观测某恒星两次经过测站子午圈的间隔确定。当然，观测某一天或某一时段内的恒星时，仍然可采用此种方法确定。

对于长期观测而言，需要考虑春分点在天球上移动的问题。地球自转轴在太阳、月球以及行星引力的影响下，会产生缓慢的进动，因此，春分点在天球上存在缓慢移动，表现为每年向西移动约 50″。从而，一个地球自转周期日与一个恒星日之间有微小差别，约为 0.008 s。换言之，一个回归年比一个恒星年要短，大概每 72 年相差 1 天。

从严格的理论上来讲，春分点一直处于运动变化之中，故将其在某一时刻的实际位置，称为真春分点，以此真春分点假定为观测参考点所得到的时间，称为真恒星时。

为了得到一定时期内稳定不变的理论参考点，将一定时期内春分点位置的平均值作为一个固定参考点，则称之为平春分点，以此平春分点为观测参照得到的恒星时则称为平恒星时。平春分点连续两次经过测站上中天的时间间隔为 1 个恒星日，分为 24 小时。

太阳时与恒星时实质上都是以地球自转为周期(即时长基准)测量的时间系统，但两者又不完全相同：其一，时长基准不同，1 个太阳日与 1 个恒星日的长度不同；其二，计算起始点不同，太阳日以下中天(子夜 0 点)为起算点，恒星日以上中天(中午 12 点)为起算点。两者之间有严格的换算关系，感兴趣的读者可以参考文献[3]第 4 章的相关内容。

2.2.3 世界时

平太阳时是一种地方时,所以不同地区的平太阳时是不一致的。地球不同地方的平太阳时,其时差最大显然为 24 小时。为了在全球建立一个统一的时间系统,在 1884 年于华盛顿召开的国际子午线大会上讨论规定,以格林尼治子午线为起点,将全球划分为 24 个时区,相邻时区相差 1 小时,由此建立了以格林尼治子午线为起始计算点的平太阳时,称为世界时(Universal Time,UT);相对于后期的修正,此世界时称为 UT0。不同地方,在此世界时的基准上加上时差,即得到了本地的地方时,如北京时间为 UT 加 8 小时。

随着观测精度的不断提高,在世界时中引入了地球自转变化因素的修正,把引入极移改正后的世界时称为 UT1,把再经过地球自转速度季节性改正后的世界时称为 UT2。

2.3 原子时、协调世界时与 GPS 时

由于通过天文观测无法得到高精度的时间测量结果,而卫星定位系统必须使用非常精准的时间系统,因此以原子钟为载体的原子时成为卫星定位系统的必然选择。下面对其相关概念加以阐述。

2.3.1 原子时

在第 1 章 GPS 的产生与发展部分,我们提到原子钟的研发过程。国际上定义统一的原子时(Atomic Time,AT)是在 1967 年 10 月召开的第十三届国际计量大会上,定义位于海平面上的铯 133 原子基态的两个超精细能级间,在零磁场中跃迁辐射振荡 9 192 631 770 周所持续的时长,作为原子时的 1 个秒长。取 1958 年 1 月 1 日 0 时为原子时的参考时刻,即在此时原子时与世界时对齐。但后来发现,由于当时测量技术手段所限,并未将原子时与世界时对齐,两者相差 0.0039s。故现有原子时与世界时之间的表达式为

$$(AT - UT0)_{1958.0} = -0.0039s$$

除了铯原子钟,后来还研发了铷原子钟、氢原子钟,所以广义上而言,原子时就是在特定条件下,以原子能级跃迁的某一稳定频率为时长基准的时间系统。

在全球范围内,由于受不同区域外部环境以及制造工艺的影响,所有原子钟不可能具有完全一致的精准时间。因此,必须在全球范围内建立一个维持统一原子时的时间系统,称其为国际原子时(International Atomic Time, TAI)。国际重力与测量局(International Bureau of Weights and Measures),依据全球约 69 个不同地区实验室的大约 400 台原子钟所给出的数据,经过统一处理后确定 TAI(https://www.timeanddate.com/)。

2.3.2 协调世界时

世界时尽管可以通过改正提高精度，但这个精度是指对地球自转一周和回归一周的测量精度，并非指在漫长的岁月中稳定保持某个时长的精度。随着地球自转的变缓，世界时的一天将越来越长，由于日常生活习惯于地球自身的运行规律，所以世界时的这种缓慢变化也符合我们的日常生活。

但原子时的建立与太阳、恒星无关，其理论上是一套与我们日常生活无关的时间系统，其精度可以达到千百万年不差一秒的程度。随着现代各类工业技术的发展，世界时的精度无法满足相关技术的要求，故将两者协调统一是科技发展的必然，卫星导航定位系统则是其中一个典型的应用案例。

国际无线电科学协会在 20 世纪 60 年代建立了协调世界时(Coordinated Universal Time，UTC)，UTC 的当前版本是由国际电信联盟建议的。UTC 的秒长取与 TAI 完全一致，其余部分取世界时 UT1。由于 TAI 非常稳定，而反映我们日常生活的日地关系时间 UT1 客观而言并不稳定，因此随时间流逝，TAI 与 UT1 会产生差异，为了让 TAI 与 UT1 保持一致，规定将两者之间的差异保持在 0.9 s 以内，用跳秒的方式补偿 TAI 与 UT1 的差异，而 UT1 相对于 TAI 不稳定的秒部分，向 TAI 对齐。所以，协调世界时在本质上是使用国际原子时对世界时的秒部分加以修正的结果。

由于 UTC 比世界时精准，因此几乎所有国家和地区都在采用 UTC 作为自己的时间系统。国际相关时间服务部门在播发 UTC 的同时，也会播发 UTC 与 UT1 之间的差值，所以想使用世界时的用户，依然可以基于 UTC 得到 UT1。

2.3.3 GPS 时

GPS 卫星导航定位系统作为一套独立运行的系统，具有自己的时间系统。GPS 的时间系统称为 GPS 时(GPST)，是由 GPS 地面监控系统和 GPS 卫星上搭载的所有原子钟共同维持的一个原子时。其起始时刻点为 1980 年 1 月 6 日 0 时，即在此时刻 GPS 时与 UTC 严格对齐。

由于国际原子时 TAI 对齐于 1958 年，故 GPS 时与 TAI 累积相差的秒数截止到 1980 年 1 月 6 日 0 时已达 19 s。GPS 时与 TAI 除了因对齐时间不同产生的 19 s 差之外，由于两套原子时之间运行状态的差异，还存在微小的时间差 C_0，两者关系一般表达为：$\text{TAI}-\text{GPST}=19\text{ s}+C_0$。关于 C_0 的值，国际上有专门单位测定并公布，其数值一般在 10 ns 之内。

截至目前国际上有四大导航系统，GPS、Galileo、GLONASS 和北斗(BD)，各有自己的原子时系统，而 GLONASS 采用了 UTC 时间系统。BD 时与 UTC 对齐于 2006 年 1 月 1 日，Galileo 系统时与 TAI 时差不超过 50 ns。

2.4 建立在相对论框架下的时间系统

在牛顿力学的时空框架下，时间是独立于空间存在的，不受引力与速度的影响，当我们对时间的测量精度要求不高时，将时间按牛顿力学的观点看待是没有问题的。

但在卫星导航定位系统中，对时间的测量精度要求很高，需达到 10^{-14} 的稳定度甚至更高，此时必须考虑相对论效应对时间的影响。相对论认为，时间会随物体的运行速度及重力的变化而发生变化（在第 5 章误差部分，我们会阐述相对论中的时间变化规律）。

在天文学领域相关的概念有地球动力学时 TT、太阳质心动力学时 TDB、地心坐标时 TCG 和太阳质心坐标时 TCB，具体内容我们不再展开，有兴趣的读者可以参考相关文献。

地球动力学时 TT 是用于解算围绕地球质心运动的天体的运动方程、编纂卫星星历时所用的一种时间系统，所以在 GPS 卫星的运动方程、星历编纂过程中都采用 TT 时。TT 定义的起算时刻为 1977 年 1 月 1 日 0 时，秒长与 TAI 一致，与 TAI 以及 GPS 时（GPST）的关系如下：

$$\mathrm{TT} = \mathrm{TAI} + 32.184\ \mathrm{s}$$
$$\mathrm{TT} = \mathrm{GPST} + 51.184\ \mathrm{s}$$

2.5 几种时间标示法

时间标示法是为了生活或计时的方便，建立在时间系统基础之上的时间表示方法。在卫星定位导航领域经常会用到多种时间标示方法，如卫星导航测量经常用到年积日，天文或气象领域经常会用到儒略日，还有生活中普遍使用的历法等。

2.5.1 历法

历法与我们的生活密不可分，在卫星导航定位系统数据处理与应用过程中，时间的记录处理必然与历法发生关联，所以有必要在此对通用的历法加以说明。

目前国际上广泛采用的是格里高利历，该历法将一年分为 12 月，除 2 月外，其余各月分别为 30 或 31 天，2 月在闰年为 29 天，平年为 28 天。闰年规定为年号能被 4 整除的年份中，除了那些能被 100 整除但不能被 400 整除的年份外，均为闰年。关于农历等因不再用于科技领域，故在此略过不提。

2.5.2 儒略日

儒略日（Julian Day，JD）是 J. J. Scaliger 于 1583 年为记念他父亲儒略提出来的，是一种不涉及年、月等概念的继续记日法，在天文学、空间大地测量与卫星导航定位中经常使用。儒略日的起算点为公元前 4713 年 1 月 1 日 12 时，然后逐日累加。儒略日与公历之间具有严格的换算公式，有兴趣或计算需要的读者可自己查阅文献或相关教程（如本书所列文献[4]第 2.5 节内容）。

由于儒略日的起算点过早，用于表示当前日期时间会引入很大一个常数值，为方便使用，将儒略日的起算时间调整到 1858 年 11 月 17 日平子夜，从而产生简化儒略日，与儒略日相差常数值 2 400 000.5。

有时需要在儒略日与 GPST 之间进行转换，为方便使用，下面给出两者的转换关系式。

(1) 儒略日到 GPST 的转换

由于 GPST 的起算时刻为 1980 年 1 月 6 日 0 时，对应儒略日数为 2 444 244.5，则儒略日 JD 换算为 GPST 的周数 WN 公式如下：

$$\mathrm{WN}=\mathrm{int}[(\mathrm{JD}-2\,444\,244.5)/7]$$

儒略日换算为 GPST 一周内的秒数 TOW 的计算公式如下：

$$\mathrm{TOW}=\mathrm{mod}\{\mathrm{JD}-2\,444\,244.5,\ 7\}\times 604\,800.0$$

(2) GPS 时到儒略日的转换

GPST 的周数 WN 和周内秒数 TOW 分别转换为天数，再加上 GPST 起算时刻的天数，即可得到对应的儒略日时：

$$\mathrm{JD}=\mathrm{WN}\times 7+\mathrm{TOW}/86\,400+2\,444\,244.5$$

2.5.3 儒略日与格里高利历的转换

设分别使用 Y、M、D、H、min、S 表示年、月、日、时、分、秒（使用 y、m、h 表示计算过程中的年、月、时），则由格里高利历转换到儒略日的计算公式为

$$\mathrm{JD}=\mathrm{int}[365.25\mathrm{y}]+\mathrm{int}[30.6001(\mathrm{m}+1)]+\mathrm{D}+\mathrm{h}/24+1\,720\,981.5$$

其中，$\mathrm{h}=\mathrm{H}+\mathrm{min}/60+\mathrm{S}/3600$，int[]为取整函数，一般 $\mathrm{int}[x]\leqslant x$。

当 $\mathrm{M}\leqslant 2$ 时，$y=\mathrm{Y}-1$，$\mathrm{m}=\mathrm{M}+12$；当 $\mathrm{M}>2$ 时，$\mathrm{y}=\mathrm{Y}$，$\mathrm{m}=\mathrm{M}$。

取 a、b、c、d、e 为过程参数，则儒略日转换为格里高利历的计算过程如下：

$$\begin{aligned}
a &= \mathrm{int}[\mathrm{JD}+0.5] \\
b &= a+1537 \\
c &= \mathrm{int}[(b-122.1)/365.25] \\
d &= \mathrm{int}(365.25\times c) \\
e &= \mathrm{int}[(b-d)/30.6001] \\
\mathrm{D} &= b-d-\mathrm{int}[30.6001\times e]+\mathrm{frac}(\mathrm{JD}+0.5) \\
\mathrm{M} &= e-1-12\times\mathrm{int}[e/14]
\end{aligned}$$

$$Y = c - 4715 - \text{int}[(7 + M)/10]$$

$$N = \text{mod}\{\text{int}[JD + 0.5], 7\}$$

其中，int[]为取整函数，frac()为取小数部分函数。上列公式中只列出了转换到年月日的公式，没有列出计算时分秒的公式，如有需要，可用 D 的小数部分为基础继续计算得到时分秒。N 为一周的星期几。此公式来源于文献[4]，有兴趣读者可进一步参考文献，在此不再展开说明。

2.5.4 年积日

年积日顾名思义即为一年中累积的天数，从当年的 1 月 1 日开始为 1，1 月 2 日为 2，因为 1 月有 31 天，故到 2 月 2 日，年积日为 32，依次累加。年积日在卫星导航定位中通常用于区分观测时段，也常用于观测文件命名，在有些气象改正模型中也用到年积日。

由于儒略日与历法之间有详细的转换公式，因而将历法表示的年月日转换为年积日时，可以先进行儒略日与历法的转换，再进行儒略日与年积日的转换。

如已知当天的儒略日 JD，以及当年 1 月 1 日对应的儒略日 JD_0，则当天的年积日 DOY 为

$$DOY = JD - JD_0 + 1$$

反之，如果知道当天的年积日 DOY，则当天的儒略日由下式计算得到：

$$JD = JD_0 + DOY - 1$$

此外，天文计算中有时会用到两个概念，儒略年与儒略世纪。一个儒略年定义为 365.25 天；而一个儒略世纪定义为 100 个儒略年，即 36 525 天为一个儒略世纪。

思考题

1. 太阳时、恒星时和世界时之间有什么区别和联系？
2. 世界时 UT 和国际原子时 TAI 之间是如何建立关联的？
3. GPS 时和原子时有什么不同？
4. UT 和 UTC 有什么不同？
5. UTC 与 TAI 之间是什么关系，两者之间是如何协调一致的？
6. 什么是儒略日？
7. 什么是年积日？请计算学习本章内容当日的年积日。

第3章

卫星导航定位系统所涉及的坐标系统

从几何学与物理学的角度而言，表达一个点的位置与速度必须建立一个平面坐标系，表达三维点位则必须建立一个三维坐标系。为了表达地球上点的三维位置，我们必须建立一个相对于地球静止不动的地球坐标系。为了表达卫星在轨道上的实时位置，需要以天空为背景建立一个坐标系，即通常所说的天球坐标系。

由于地球自转以及公转过程并不是理想的匀速状态，存在微小的变化与摄动，为了实现高精度的定位目标，对地球坐标系与天球坐标系自身的定义以及测量必须精准。因此在下面内容中，我们会给出地球坐标系与天球坐标系的精确定义及微小变化与摄动参数的描述，同时也给出两类坐标系之间的转换关系。

3.1 地球坐标系

在大地测量中，通常有两类地球坐标系，即地心坐标系与参心坐标系。地心坐标系以地球质心为参考原点，由于卫星运行轨道的计算以地球质心为参考原点，故在卫星导航定位中涉及的地球坐标系一般指地心坐标系。

为了不同表达形式的需要，地心坐标系又定义为两种形式：① 地心空间直角坐标系；② 地心大地坐标系。

如直观简单地考虑地心坐标系的定义，取地心为坐标系的原点 O，沿地球自转轴指向地球北极方向为 Z 轴，由地心指向零子午线与赤道交点方向为 X 轴，按右手系规则，则 Y 轴垂直于 XOZ 平面。

原则上，我们期望上述定义的坐标系是一个静止不动的参考系，但随着地球观测领域的不断深入，发现地球北极并不是固定不动的，而是处于一个缓慢漂移状态，即存在所谓的极移(polar motion)，如图 3-1 所示，北极处于缓慢地变化中。

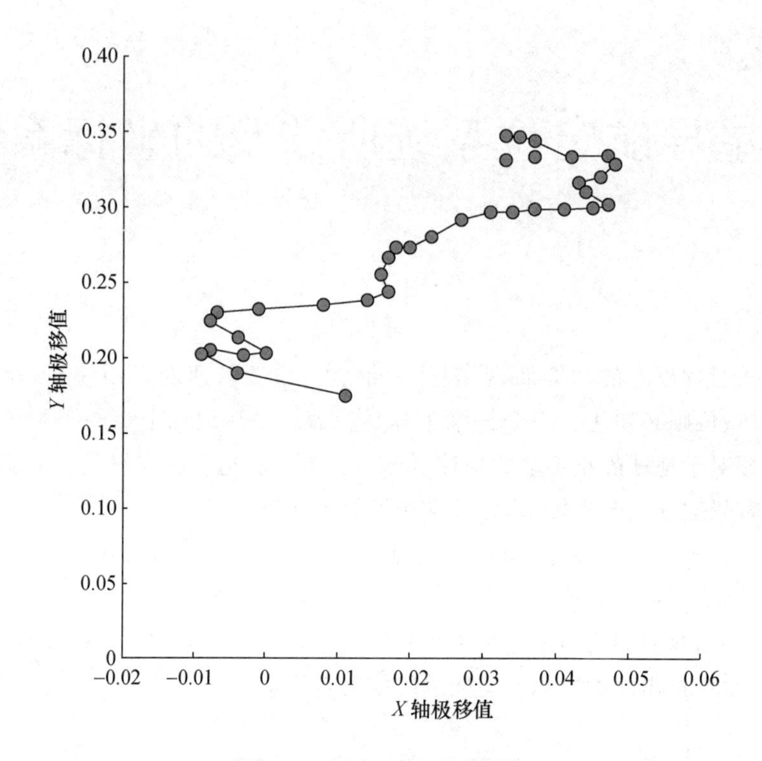

图 3-1　1962—1997 极移变化

图中变化曲线来自国际地球自转与参考系统服务(International Earth Rotation and Reference Systems Service, IERS)网站(www.iers.org)的观测数据,显示了35年间地球北极点无规则的移动情况。

在高精度的监测情况下,不仅北极处于不断的变化之中,而且地球质心的位置也被发现处于微小的变化之中,因此基于上述简单考虑定义的地心坐标系,在一定的时间段内,由于其相对于地球一直处于变化之中,因而以此坐标系表达的地表点,也会处于微小的变化之中,换言之,一个处于微小变化中的坐标系,本身无法完全准确地表达地面静止点坐标。

但对于某一时刻,此坐标系可以被看作是静止不动的,即对于瞬时观测的情形,上述定义是没有问题的,完全可以准确表达地表任意一点。故我们将某一时刻的地心坐标系称为瞬时地球坐标系,或真地球坐标系。

为了统一、精确地表达长时间内观测的点位数据,我们需要一个在很长时间内固定不动的地球坐标系,为此IERS定义了一个通用的协议地球坐标系,称为国际地球参考系(International Terrestrial Reference System, ITRS),相关参数规定如下:

① 坐标原点位于地球质心(地球质量包括大气);

② 尺度为广义相对论意义下的局部地球框架内的尺度;

③ 坐标轴的指向由 BIH1984.0 来确定(BIH 为 Bureau International de l'Heure 的缩写,意为国际时间局,英文为 International Time Bureau);

④ 坐标轴的指向随时间的变化应满足"地壳无整体旋转"这一条件。

上述第③条中,定义 X 轴指向 BIH 历元 1984 年的零子午线与赤道的交点,Z 轴指向 BIH 历元 1984 年的协议北极,即取长时间观测的均值。

基于该定义,IERS 采用了多种高精度大地测量技术,包括甚长基线干涉技术(VLBI)、卫星激光测距技术(SLR)、GPS、多普勒无线定位技术(DORIS)等,建立并维持了一套国际地球参考框架 ITRF(International Terrestrial Reference Frame),该框架采用直角坐标系表示,是目前国际上公认的精度最高的地球参考框架。

关于 ITRS 的具体定义,对于非大地测量专业的人士来说,我们无须深究,只需知道该坐标系的概念及其与其他坐标系之间的转换关系即可。

随着观测资料的累积与数据处理方法等的不断改进,IERS 不断地对 ITRF 进行修正,发表了很多不同版本的 ITRF,各版本之间具有详细的转换参数,这些转换参数其实是不同版本 ITRF 之间的平移、旋转与缩放。感兴趣的读者可以参考 IERS 的相关网站(https://www.iers.org/IERS/EN/DataProducts/ITRF/itrf.html),其上有详细的参数及说明。

图 3-2 所示为 ITRF2014 与过去其他各版本之间的转换参数,其中 T_X、T_Y、T_Z 为三个平移量,R_X、R_Y、R_Z 为三个旋转量,D 为比例尺参数,具体计算公式为图 3-2 中表格下方所给公式。

GPS 卫星定位系统采用的是世界大地坐标系(World Geodetic System, WGS)的 1984 版本,即现在众所周知的 WGS84 坐标系,此后该版本也在不断更新。WGS84 的定义与 ITRF 基本一致,其精度与 ITRF2000 的差异小于 1 cm,故在平常应用中,完全可以将 WGS84 与 ITRF 同等看待,不过 WGS84 更多地使用空间大地坐标系形式(即经纬度与高程)表达点的三维位置。

在前面提到的瞬时地球坐标系(即真地球坐标系)与协议地球坐标系(即 ITRF)之间,如果考虑两种坐标系以同样的质心为原点,则其之间的差异仅为由于极移产生的旋转变换。如果我们知道某观测时刻 t_i 时的极移在 ITRF 框架下的观测值(X_p, Y_p),则可通过构建旋转矩阵 $\boldsymbol{R}$,将某观测时刻 t_i 的瞬时地球坐标系(真地球坐标系)下的坐标$(x, y, z)_{t_i}$变换为 ITRF 下的坐标(X, Y, Z),具体变换公式可写为

$$\begin{bmatrix} X \\ Y \\ Z \end{bmatrix} = R_X(-Y_p)R_Y(-X_p)\begin{bmatrix} x \\ y \\ z \end{bmatrix}_{t_i} = \begin{bmatrix} 1 & 0 & 0 \\ 0 & \cos Y_p & -\sin Y_p \\ 0 & \sin Y_p & \cos Y_p \end{bmatrix}\begin{bmatrix} \cos X_p & 0 & \sin X_p \\ 0 & 1 & 0 \\ -\sin X_p & 0 & \cos X_p \end{bmatrix}\begin{bmatrix} x \\ y \\ z \end{bmatrix}_{t_i} \tag{3-1}$$

ITRF2014 到过去其他 ITRF 间的转换参数

过去的 ITRF	T_X	T_Y	T_Z	D	R_X	R_Y	R_Z
变量单位	mni	nun	mm	PPb	.001″	.001″	.001″
变化率	T_X	T_Y	T_Z	D	R_X	R_Y	R_Z
变化率的单位	mm/y	mm/y	min/y	ppb/y	.001″/y	.001″/y	.001″y
ITRF2008	1.6	1.9	2.4	−0.02	0.00	0.00	0.00
变化率值	0.0	0.0	−0.1	0.03	0.00	0.00	0.00
ITRF2005	2.6	1.0	−2.3	0.92	0.00	0.00	0.00
变化率值	0.3	0.0	−0.1	0.03	0.00	0.00	0.00
ITRF2000	0.7	1.2	−26.1	2.12	0.00	0.00	0.00
变化率值	0.1	0.1	−1.9	0.11	0.00	0.00	0.00
ITRF97	7.4	−0.5	−62.8	3.80	0.00	0.00	0.26
变化率值	0.1	−0.5	−3.3	0.12	0.00	0.00	0.02
ITRF96	7.4	−0.5	−62.8	3.80	0.00	0.00	0.26
变化率值	0.1	−0.5	−3.3	0.12	0.00	0.00	0.02
ITRF94	7.4	−0.5	−62.8	3.80	0.00	0.00	0.26
变化率值	0.1	−0.5	−3.3	0.12	0.00	0.00	0.02
ITRF93	−50.4	3.3	−60.2	4.29	−2.81	−3.38	0.40
变化率值	−2.8	−0.1	−2.5	0.12	−0.11	−0.19	0.07
ITRF92	15.4	1.5	−70.8	3.09	0.00	0.00	0.26
变化率值	0.1	−0.5	−3.3	0.12	0.00	0.00	0.02
ITRF91	27.4	15.5	−76.8	4.49	0.00	0.00	0.26
变化率值	0.1	−0.5	−3.3	0.12	0.00	0.00	0.02
ITRF90	25.4	11.5	−92.8	4.79	0.00	0.00	0.26
变化率值	0.1	−0.5	−3.3	0.12	0.00	0.00	0.02
ITRF89	30.4	35.5	−130.8	8.19	0.00	0.00	0.26
变化率值	0.1	−0.5	−3.3	0.12	0.00	0.00	0.02
ITRF88	25.4	−0.5	−154.8	11.29	0.10	0.00	0.26
变化率值	0.1	−0.5	−3.3	0.12	0.00	0.00	0.02

注：假定$(X、Y、Z)$为 ITRF2014 下的坐标，$(X_S、Y_S、Z_S)$为待转换坐标系下的坐标，则已知上表中参数，可使用下面公式实现两坐标间的转换，表中参数均来自 IERS 技术说明和年度报告，详细使用请参考 IERS 的网站说明。

$$\begin{bmatrix} X_S \\ Y_S \\ Z_S \end{bmatrix} = \begin{bmatrix} X \\ Y \\ Z \end{bmatrix} + \begin{bmatrix} T_X \\ T_Y \\ T_Z \end{bmatrix} + \begin{bmatrix} D & -R_X & R_Y \\ R_X & D & -R_Y \\ -R_X & R_Y & D \end{bmatrix} \begin{bmatrix} X \\ Y \\ Z \end{bmatrix}$$

图 3-2　来自 IERS 网站的 ITRF2014 到过去不同版本 ITRF 之间的转换参数与计算公式

由于极移值 X_p 与 Y_p 为微小值，故可取 $\cos X_p = \cos Y_p = 1$，$\sin X_p = X_p$，$\sin Y_p = Y_p$，由此上式可简化为

$$\begin{bmatrix} X \\ Y \\ Z \end{bmatrix} = \begin{bmatrix} 1 & 0 & 0 \\ 0 & 1 & -Y_p \\ 0 & Y_p & 1 \end{bmatrix} \begin{bmatrix} 1 & 0 & X_p \\ 0 & 1 & 0 \\ -X_p & 0 & 1 \end{bmatrix} \begin{bmatrix} x \\ y \\ z \end{bmatrix}_{t_i} = \begin{bmatrix} 1 & 0 & X_p \\ 0 & 1 & -Y_p \\ -X_p & Y_p & 1 \end{bmatrix} \begin{bmatrix} x \\ y \\ z \end{bmatrix} = [W] \begin{bmatrix} x \\ y \\ z \end{bmatrix}_{t_i} \tag{3-2}$$

3.2　天球坐标系

由于卫星远离地球表面，在距离地球表面数千甚至数万千米的高空运行，因此沿用天文学的坐标表达方式，更有利于表达其运行轨道。在经典的天文学中，由于无法精确测定天体到地球的距离，因此假想存在一个半径无穷大的天球，所有天体均投影在该天球上，天体在该天球上的位置通常采用类似于经纬度的两个球面角表示。但对于卫星来说，我们能精确地测定它的实时位置，如按天文学的方法，在天球上除了方位角，还可使用其轨道半径表达其位置。但为了与地球坐标系表达一致，通常使用空间直角坐标系来表达卫星的瞬时位置，而真正描述卫星运行的轨道则使用许多参数加以表达，后续在第 4 章 4.3 节再详细阐述。

天球坐标系依据所选择的参考原点，分为站心天球坐标系、地心天球坐标系和太阳系质心天球坐标系。显然以太阳系质心为参考的坐标系，不是地球卫星导航所关心的对象，故我们只关心前两种坐标系。

在 GPS 测量中使用较多的是地心天球赤道坐标系（简称天球坐标系），其定义如下：

天球坐标系的原点位于地球质心，X 轴指向春分点，Z 轴与地球自转轴重合指向北天极，Y 轴按右手系规则垂直于 X 轴与 Z 轴组成的平面。

由于地球在自身的轨道上运行的过程中，并不是处于一个完全理想的轨道平面，也并非处于理想的匀速自转状态，所以该天球坐标系定义中的春分点和北天极会处于不断微小变化中，这种微小的变化在较长的时间内会累积很大的坐标表达误差，因此必须精确地测定这些变化，并在计算过程中加以处理，才能得到精准的天球坐标系。

在天文学长期的观测研究中，把影响春分点与北天极变化的因素分别定义为岁差和章动。在顾及岁差与章动影响的基础上，定义一个不考虑岁差与章动影响的天球坐标系称其为真天球坐标系，即由观测时刻的地心、春分点位置以及北天极所确定的天球坐标系；相应地，定义经过章动改正后的真天球坐标系称为平天球坐标系，定义经过岁差改正后的平天球坐标系为协议天球坐标系。

协议天球坐标系定义如下：

国际上约定，取地球质心为原点，将平天球赤道坐标系的 X 轴指向 J2000.0 时的平春分点，Z 轴指向 J2000.0 时的平北极，Y 轴取右手系规则垂直于 X 轴与 Z 轴确定的平面，由此构成国际上通用的协议地心天球赤道坐标系（GCRS）。同样的，GCRS 定义之后，IERS 采用多种长年观测手段，最终在全球建立用于实际测量的国际天球参考框架。其中 J2000.0 指 2000 年 1 月 1 日 0 时（其儒略日为 2 451 545.0）。

为了弄清楚各天球坐标系之间的变换关系，下面对岁差与章动稍加说明。

3.2.1 岁差

影响地球自转进动的因素在天文学上分为两个部分：

其一，由太阳、月球及行星对地球潮汐作用引起的地球在天球赤道方向上的进动，导致春分点在黄道（即地球公转平面）上每年向西移动约 50.39″，称为赤道岁差。可以通俗地理解为，地轴在运行过程中，产生了类似陀螺旋转过程中的倾斜。如以黄道面为参考，其固定不动，则可看作地球以其质心为中心，绕过地球质心且垂直于黄道面的竖轴（北黄极），产生了缓慢的周期性旋转，构造了一个倾角为 23.5°的锥体，该旋转过程的周期约为 26 000 年。在此旋转过程中，赤道与黄道的两个交点（即春分点和秋分点），其位置会沿着黄道不断向西移动。总体而言，在一个回归年中，由于日月引力的影响，春分点产生的向西移动量约为 50.39″。

其二，由于行星的引力导致的黄道面发生变化，进而产生的春分点在天球赤道上每年向东移动约 0.1″的现象，称为黄道岁差。由于行星引力导致的黄道面的变化，表现为黄赤交角每年减小约 0.47″的微小变化。此变化可以通俗地理解为，黄道平面以太阳为中心，产生了向下旋转，使黄道面与赤道面的交点在赤道上每年向东移动了约 0.1″。

赤道岁差与黄道岁差合称为总岁差，表现为天球的平北天极绕北黄极，以 25 800 年为周期的圆周运动，圆周的半径角度为黄赤交角。（黄极是指通过天球中心，且垂直于黄道平面的直线与天球表面的交点）。

国际上有许多岁差模型，可以简单地由给定的观测时刻通过计算得到岁差参数，如基于观测时刻 t_i 与参考时刻 t_0 的时间差可以使用一些模型很容易得到岁差参数 η、ζ、θ。此三参数可以构造旋转矩阵实现从 t_i 时刻的平天球坐标系与 t_0 时刻的平天球坐标系（即协议天球坐标系 GCRS）之间旋转变换。

国际天文学会给出的 IAU2006 岁差模型用于计算三参数的计算公式如下：

$$
\begin{aligned}
\eta =& 2.650\,545 + 2306.083\,227t + 0.298\,849\,9t^2 + 0.018\,018\,28t^3 \\
& - 5.971 \times 10^{-6}t^4 - 3.173 \times 10^{-7}t^5 \\
\zeta =& 2.650\,545 + 2306.077\,181t + 1.092\,734\,8t^2 + 0.018\,268\,37t^3 \\
& + 2.8596 \times 10^{-5}t^4 - 2.904 \times 10^{-7}t^5 \\
\theta =& 2004.191\,903t - 0.429\,493\,4t^2 - 0.041\,822\,64t^3 - 7.089 \times 10^{-6}t^4 \\
& - 1.274 \times 10^{-7}t^5
\end{aligned}
$$

式中 t 的单位为离参考时刻 J2000.0 的儒略世纪数，计算所得三参数的单位为角度秒(mas)。基于此计算式，如果定义观测时刻 t_i 的平天球坐标系值为$[X_p \quad Y_p \quad Z_p]_{t_i}$，对应 GCRS 坐标系下值为$[X_G \quad Y_G \quad Z_G]$，则基于此计算式得到岁差三参数的情况下，观测时刻的平天球坐标系值与协议天球坐标系之间转换公式为

$$\begin{bmatrix} X_p \\ Y_p \\ Z_p \end{bmatrix}_{t_i} = [P]\begin{bmatrix} X_G \\ Y_G \\ Z_G \end{bmatrix} = R_Z(-\zeta)R_Y(\theta)R_Z(-\eta)\begin{bmatrix} X_G \\ Y_G \\ Z_G \end{bmatrix} \tag{3-3}$$

3.2.2　章动

章动主要是由于月球绕地球的公转轨道面与地球赤道平面之间的交角以 18.6 年为周期，在 18°17′～28°35′之间往复变化而引起的，表现为天球的真北天极绕平北天极做顺时针 18.6 年为周期的椭圆运动。该椭圆轨迹的长半径为 9.2″，短半径为 6.9″。

同样，国际上有许多章动模型可用于计算章动参数，如广泛使用的 IAU2000 章动模型，可以利用观测时刻与参考时刻的时间差以及太阳、月球等的位置相关参数，计算得到由章动导致的黄经(也即天球经度，春分点为 0 经度)变化量 $\Delta\psi$、黄赤交角 ε 及其变化量 $\Delta\varepsilon$(关于具体的计算以及有关 IAU2006 模型的详细阐述，感兴趣的读者可进一步参考文献[3]和[4])。由该三参数值可以构造旋转矩阵，实现真天球坐标系与平天球坐标系之间的旋转变换。

如式(3-4)，如果定义观测时刻 t_i 的真天球坐标系值为$[X_n \quad Y_n \quad Z_n]_{t_i}$，平天球坐标系值为$[X_p \quad Y_p \quad Z_p]_{t_i}$，则在已知章动三参数：黄经变化量 $\Delta\psi$、黄赤交角 ε 及其变化量 $\Delta\varepsilon$ 的情况下，观测时刻 t_i 的真天球坐标值$[X_n \quad Y_n \quad Z_n]_{t_i}$ 与平天球坐标系值$[X_p \quad Y_p \quad Z_p]_{t_i}$ 之间的转换公式为

$$\begin{bmatrix} X_n \\ Y_n \\ Z_n \end{bmatrix}_{t_i} = [N]\begin{bmatrix} X_p \\ Y_p \\ Z_p \end{bmatrix}_{t_i} = R_X(-\varepsilon-\Delta\varepsilon)\,R_Z(-\Delta\psi)\,R_X(\varepsilon)\begin{bmatrix} X_p \\ Y_p \\ Z_p \end{bmatrix}_{t_i} \tag{3-4}$$

反变换为

$$\begin{bmatrix} X_p \\ Y_p \\ Z_p \end{bmatrix}_{t_i} = [N]^{-1}\begin{bmatrix} X_n \\ Y_n \\ Z_n \end{bmatrix}_{t_i} = R_X(-\varepsilon)\,R_Z(\Delta\psi)\,R_X(\varepsilon+\Delta\varepsilon)\begin{bmatrix} X_n \\ Y_n \\ Z_n \end{bmatrix}_{t_i} \tag{3-5}$$

此计算过程，我们可以理解为真天球坐标系与平天球坐标系之间存在绕 X 轴旋转的同时，还存在绕 Z 轴旋转的变换。

由前面对天球坐标系的定义以及对岁差与章动的阐述，我们对如何得到瞬时天球坐标系(即真天球坐标系)及其与协议天球坐标系(即 GCRS)之间的关系有了清晰的了解。

天球坐标系用于计算卫星轨道、编制卫星星历，因此 GPS 的卫星轨道通常是在该坐标系中建立并解算的。由于定位与导航的主要目的是为了确定静止或运动目标在地球坐标系下的点位，因此我们必须建立天球坐标系与地球坐标系之间的变换关系。

3.3 ITRS 与 GCRS 间的坐标转换

在前面两节中，我们对地球坐标系和天球坐标系有了清晰的了解，在本节我们对两者之间的变换关系做进一步阐述。

ITRS 与 GCRS 一样，是在较长时期内相对稳定的坐标参考系，而真地球坐标系（或真地心坐标系）与真天球坐标系被认为是仅在观测时刻处于稳定状态的三维坐标系。在 3.1 节我们讨论了真地球坐标系与 ITRS 间的变换关系，在 3.2 节又详细讨论了真天球坐标系与 GCRS 之间的变换关系，因此我们只需要在此弄清真地球坐标系与真天球坐标系之间的关系，就可以建立起 ITRS 与 GCRS 之间的完整的变换关系。

真地球坐标系，即观测时刻的地球坐标系定义，在 3.1 节有阐述，定义其坐标系原点 O 在地心（质心），X 轴指向零子午线与赤道交点，Z 轴指向地球自转轴北极，而 Y 轴则按右手系规则确定，垂直于 XOZ 平面。

真天球坐标系，也即观测时刻的天球坐标系，在 3.2 节已经阐述，同样定义其坐标系的原点位于地球质心，X 轴指向春分点，Z 轴与地球自转轴重合指向北天极，Y 轴按右手系规则垂直于 XOZ 平面。

从两者的定义可以看出，两个坐标系具有相同的原点与 Z 轴，且 X 轴均处于赤道平面，差异仅在于 X 轴的指向有所不同，一个指向零子午线与赤道交点，一个指向春分点。很明显，如果知道春分点在观测时刻的格林尼治真恒星时 GAST，即知道春分点在真地球坐标系中的位置，则完全可以确定两坐标系 X 轴之间的夹角，由此夹角可构建旋转矩阵，实现两坐标系之间的旋转变换。

关于 GAST 的计算，天文学方面有相关的公式，如公式(3-6)利用观测时刻的儒略世纪数、黄赤交角、黄经章动、交角章动以及含极移改正的世界时 UT1，可计算得到 GAST 的值：

$$\begin{aligned}\mathrm{GAST} = \frac{360^{o}}{24^{\mathrm{h}}}(&\mathrm{UT1} + 6^{\mathrm{h}}\,41^{\mathrm{m}}\,50.548\,41^{\mathrm{s}} + 8\,640\,184.812\,866^{\mathrm{s}} \cdot t \\ &+ 0.093\,104^{\mathrm{s}} \cdot t^{2} - 6.2^{\mathrm{s}} \times 10^{-6} \cdot t^{3}) + \Delta\psi\cos(\bar{\varepsilon} + \Delta\varepsilon)\end{aligned} \tag{3-6}$$

显然此式计算的结果单位是角度秒，式中，t 为观测时刻离 J2000.0 的儒略世纪数；$\Delta\psi$ 为黄经章动，$\Delta\varepsilon$ 为交角章动，均可由章动模型计算得到；$\bar{\varepsilon}$ 为仅顾及岁差时的黄赤交角，其值可用下面公式由观测时刻 t 的儒略世纪数据计算得到：

$$\bar{\varepsilon} = 23^{\circ}\,26'21.448 - 46.815t - 0.000\,59''t^{2} + 0.001\,813''t^{3} \tag{3-7}$$

求得 GAST 之后，则可以构建旋转矩阵 R，实现真天球坐标系到真地球坐标系的变换，即只需将真天球坐标系绕其 Z 轴旋转 GAST 角度后，即得到真地球坐标系。

假设定义观测时刻 t_i 的真天球坐标系下的坐标值为$[X_n \quad Y_n \quad Z_n]_{t_i}$，对应真地球坐标系（瞬时地球坐标系）下的坐标为$(x, y, z)_{t_i}$，若已知真春分点格林尼治恒星时 GAST，则有

$$\begin{bmatrix} x \\ y \\ z \end{bmatrix}_{t_i} = [R]\begin{bmatrix} X_n \\ Y_n \\ Z_n \end{bmatrix}_{t_i} = \begin{bmatrix} \cos\mathrm{GAST} & \sin\mathrm{GAST} & 0 \\ -\sin\mathrm{GAST} & \cos\mathrm{GAST} & 0 \\ 0 & 0 & 1 \end{bmatrix}\begin{bmatrix} X_n \\ Y_n \\ Z_n \end{bmatrix}_{t_i} \tag{3-8}$$

回顾并综合 3.1 节和 3.2 节的内容，我们事实上已经建立了由协议天球坐标系 GCRS 到协议地球坐标系 ITRS 之间的详细变换关系，这一过程可总结如下：

(1) 真地球到协议地球

$$\begin{bmatrix} X \\ Y \\ Z \end{bmatrix} = \begin{bmatrix} 1 & 0 & 0 \\ 0 & 1 & -Y_p \\ 0 & Y_p & 1 \end{bmatrix}\begin{bmatrix} 1 & 0 & X_p \\ 0 & 1 & 0 \\ -X_p & 0 & 1 \end{bmatrix}\begin{bmatrix} x \\ y \\ z \end{bmatrix}_{t_i}$$

$$= \begin{bmatrix} 1 & 0 & X_p \\ 0 & 1 & -Y_p \\ -X_p & Y_p & 1 \end{bmatrix}\begin{bmatrix} x \\ y \\ z \end{bmatrix} = [W]\begin{bmatrix} x \\ y \\ z \end{bmatrix}_{t_i}$$

(2) 真天球到真地球

$$\begin{bmatrix} x \\ y \\ z \end{bmatrix}_{t_i} = [R]\begin{bmatrix} X_n \\ Y_n \\ Z_n \end{bmatrix}_{t_i} = \begin{bmatrix} \cos\mathrm{GAST} & \sin\mathrm{GAST} & 0 \\ -\sin\mathrm{GAST} & \cos\mathrm{GAST} & 0 \\ 0 & 0 & 1 \end{bmatrix}\begin{bmatrix} X_n \\ Y_n \\ Z_n \end{bmatrix}_{t_i}$$

(3) 平天球到真天球

$$\begin{bmatrix} X_n \\ Y_n \\ Z_n \end{bmatrix}_{t_i} = [N]\begin{bmatrix} X_p \\ Y_p \\ Z_p \end{bmatrix}_{t_i} = R_X(-\varepsilon-\Delta\varepsilon)\,R_Z(-\Delta\psi)\,R_X(\varepsilon)\begin{bmatrix} X_p \\ Y_p \\ Z_p \end{bmatrix}_{t_i}$$

(4) 协议天球到平天球

$$\begin{bmatrix} X_p \\ Y_p \\ Z_p \end{bmatrix}_{t_i} = [P]\begin{bmatrix} X_G \\ Y_G \\ Z_G \end{bmatrix} = R_Z(-\zeta)\,R_Y(\theta)\,R_Z(-\eta)\begin{bmatrix} X_G \\ Y_G \\ Z_G \end{bmatrix}$$

综合上述公式，该过程可使用一个公式表达如下：

$$\begin{bmatrix} X \\ Y \\ Z \end{bmatrix}_{\mathrm{ITRS}} = [W][R][N][P]\begin{bmatrix} X \\ Y \\ Z \end{bmatrix}_{\mathrm{GCRS}} \tag{3-9}$$

或
$$\begin{bmatrix} X \\ Y \\ Z \end{bmatrix}_{\text{GCRS}} = [P]^{-1}[N]^{-1}[R]^{-1}[W]^{-1}\begin{bmatrix} X \\ Y \\ Z \end{bmatrix}_{\text{ITRS}} \tag{3-10}$$

一般而言，对于卫星的轨道计算，GCRS到ITRS的转换工作并不要求用户或接收机制造商去处理，而是由国际导航服务机构(International GNSS Service, IGS)完成转换并发布，用户可以依据自己的观测时刻，获取由IGS提供的岁差、章动、地球自转以及极移参数，或直接获取IGS实时发布的精密星历中的卫星质心在ITRS中的位置和速度用于卫星轨道位置精密计算。一般来说，对于后续章节提到的基于广播星历的卫星轨道计算而言，协议天球坐标系到真天球坐标系之间的摄动参数，由卫星导航系统的地面监测站与控制站采集数据并完成处理，接收机制造商一般仅处理真地球坐标系下的卫星轨道位置计算。上述讨论各坐标系间关系的目的，是让大家弄清楚整个卫星导航所用的坐标系框架，以便对整个定位原理、概念与体系有一个清晰的了解。

3.4 北斗导航系统所涉及的时间和坐标系统

北斗导航系统采用北斗时间系统(BeiDou Time, BDT)，也是一种原子时，与UTC时间在2006年1月1日0时对齐，但仍有秒差，在100 ns以内。BDT与UTC的闰秒信息在北斗导航电文中给出。

北斗导航系统采用的坐标系理所当然是我国的国家大地坐标系CGCS2000，该大地坐标系采用国际ITRF97参考框架，参考历元采用J2000.0。在该框架的基础上，由我国空间大地控制网、天文大地网、GPS连续运行基准站以及空间大地网联合平差建立的一个质心大地坐标系。具体框架由大约2600个遍布全国的GPS大地控制点和约5万个加密点构成，一级控制点的精度为3 cm，二级加密点的精度为30 cm。目前实际维护运行主要依赖分布于全国的一系列连续运行GNSS参考站以及少数国外测量站。该坐标系的正式启用直到2008年7月1日才开始，其具体理论定义如下：

① 坐标系原点：位于地球总质量(包括陆地、海洋和大气)的中心；

② 尺度单位：采取广义相对论意义下的地球框架下的米长；

③ X轴指向格林尼治零子午线与赤道交点，Z轴指向国际时间局(BIH)1984.0定义下的方向，此定义假定地球无局部运行且为刚体；

④ 相关大地测量常数为

地球椭球体长半轴：$a=6\,378\,137$ m

椭球体扁率：$f=1/298.257\,222\,101$

地球引力常数：$GM=3.986\,004\,418\times10^{14}\ \text{m}^3/\text{s}^2$

地球自转角速度：$\omega=7.292\,115\times10^{-5}$ rad/s

思考题

1. 什么是地球坐标系？
2. 什么是协议地球坐标系？它是如何定义的？
3. 什么是 ITRS？什么是 ITRF？两者之间有何关系？
4. 什么是极移？它对地球坐标系的定义有什么影响？
5. GPS 采用什么坐标系定位？
6. 什么是瞬时地球坐标系？它与 ITRF 之间存在什么关系？
7. 什么是天球坐标系？什么是协议天球坐标系？它是如何定义的？
8. 什么是岁差？它产生的机理是什么？
9. 什么是章动？它产生的机理是什么？
10. 解决岁差的影响，需要进行哪两个坐标系之间的变换？
11. 如何解决章动产生的影响？解决过程需要利用哪些参数？
12. 真地球坐标系与真天球坐标系间有何关系？
13. 请简述如何将卫星在天球坐标系下的坐标变换到地球坐标系下。
14. 北斗导航系统所使用的坐标系统和时间系统分别是什么？
15. 我国的大地坐标系 CGCS2000 是如何定义的？

第 4 章

卫星导航定位系统的组成及信号结构

卫星导航定位系统是整个卫星导航定位技术的主体，导航领域的学者都应该对其有全面详细的了解或掌握。目前全球有 4 套代表性的卫星导航定位系统，分别是 GPS、GLONASS、Galileo 和北斗。考虑到各系统在组成以及定位处理方面大同小异，本章仅阐述 GPS 卫星导航定位系统的组成，以及 GPS 卫星的信号结构，作为后续相关的信号处理与数据分析的基础知识。其他卫星导航系统组成及信号结构等资料，限于作者的精力与时间，不再整理，期望读者通过对 GPS 的透彻了解能达到触类旁通的目的，感兴趣的读者可阅读相关资料做进一步学习。

4.1 GPS 卫星导航定位系统的组成

GPS 卫星导航定位系统由三部分组成：空间部分（即 GPS 卫星星座部分）、地面监控部分和用户部分（主要为接收机部分）。下面做概略介绍，较详细全面的内容可参考 GPS 官网 www.gps.gov 的相关页面。

4.1.1 空间部分

空间部分（space segment）由 GPS 卫星和星座组成，下面先对 GPS 系统在其发展过程中研发的各型号卫星及其功能做简单阐述，然后再简要介绍整个星座的构成。

1. GPS 卫星

卫星作为导航定位的核心部分，其主要功能有以下几个方面：

① 接收并存储来自地面控制系统的导航电文；

② 在原子钟的驱动下自动生成测距码和载波；

③ 将测距码和导航电文调制到载波上播发给用户；

④ 接收地面主控站指令，调整自身的运行轨道以及控制其上的各种设备和配件的启用，维护卫星自身系统的正常运行。

GPS 卫星按其研发的不同阶段，被分为试验卫星和工作卫星，而工作卫星按其更新换代又被命名为不同的型号。

其中试验卫星型号为 Block Ⅰ,用于整个导航系统的方案论证及系统的试验与改进。该型号卫星重 774 kg,设计寿命为 5 年,1978—1985 年,美军于加利福尼亚州的范登堡空军基地用 AtlasF 火箭先后发射了共 11 颗该型号卫星,其中 7 颗发射失败,最后一颗卫星工作至 1995 年年底。

工作卫星包括 Block Ⅱ、Block ⅡA、Block ⅡR/R-M 和 Block ⅡF 以及最近的 Block Ⅲ等各型号卫星。型号中的Ⅱ代表第二代,由于第一代是试验卫星,故工作卫星从第二代开始,下面对第二代各型号卫星分别加以简单介绍。

(1) Block Ⅱ卫星

该系列卫星是第一批发射的工作卫星,从 1989 年 2 月到 1990 年 10 月在佛罗里达州肯纳维拉尔空军基地用 Delta Ⅱ火箭发射了共 9 颗 Block Ⅱ卫星,与试验卫星相比,该型号卫星可存储更长时间的导航电文,并具有实施 SA(Selective Availability,即对未授权的用户提供不精确的导航信息)和 AS(Anti-Spoofing,即反电子欺骗,用于防止 GPS 信号受干扰)的能力。

(2) Block IIA 卫星

该系列卫星是 Block Ⅱ卫星的升级版,由 Rockwell 公司(现在属波音公司)研发,该型号系列卫星总共研发了 19 颗,其 SVN(Space Vehicle Number,空间飞行器编号)为 22～40。第一颗 Block ⅡA 发射于 1990 年 11 月,而最后一颗发射于 1997 年 11 月,2016 年该系列所有卫星停止工作,成为历史。该型号卫星为普通用户发射 C/A 码,为军方用户发射 P(Y)码,其设计寿命为 7.5 年。

(3) Block ⅡR 卫星

该系列卫星设计用于补充Ⅱ/ⅡA 系列卫星,R 含义为 Replenishment,表示补充、补给的意思。该系列卫星由 Lockheed Martin 公司研发,先后共研发了 13 颗,SVN 编号分别为 41～47、51、54、56、59～61。该系列卫星于 1997 年 7 月第一次成功发射,2004 年 11 月最后一次发射。与 Block Ⅱ相比,该系列卫星主要的改进是增加了对卫星钟的监控。最近的星座显示(图 4-1),截至 2021 年 3 月,在轨还有 7～8 颗 Block ⅡR 卫星处于正常工作状态,说明其目前仍然是 GPS 星座的主要工作卫星。

(4) Block ⅡR-M 卫星

该系列卫星是ⅡR 系列的升级版,M 的含义是指现代化(Modernized),同样由 Lockheed Martin 公司研发,其 SVN 编号为 48～50、52～53、55、57～58。第一颗该系列卫星发射于 2005 年 9 月,最后一颗发射于 2009 年 8 月。图 4-1 列表显示目前星座中有 7 颗该系列卫星处于正常工作状态。与ⅡR 系列相比,该系统卫星的改进之处主要在于:增加了第二个民用信号 L2C 码,此外还增加了两个军用信号,同时实现了对军用信号强度

GPS CONSTELLATION STATUS FOR 03/18/2021

Plane	Slot	SVN	PRN	Block-Type	Clock	Outage Date	Nanu-Type	Nanu-Subject
A	1	65	24	IIF	CS	18 MAR 2021	FCSTDV	2021013 - SVN65 (PRN24) FORECAST OUTAGE JDAY 077/1815 - JDAY 078/0615
A	2	52	31	IIR-M	RB			
A	3	64	30	IIF	RB			
A	4	48	7	IIR-M	RB			
B	1	56	16	IIR	RB			
B	2	62	25	IIF	RB			
B	3	44	28	IIR	RB			
B	4	58	12	IIR-M	RB			
B	5	71	26	IIF	RB			
B	6	77	14	III	RB		LAUNCH	2020077 - SVN77 (PRN14) LAUNCH JDAY 310
						02 DEC 2020	USABINIT	2020086 - SVN77 (PRN14) USABLE JDAY 337/0107
C	1	57	29	IIR-M	RB			
C	2	66	27	IIF	RB			
C	3	72	8	IIF	CS			
C	4	53	17	IIR-M	RB			
C	5	59	19	IIR	RB			
D	1	61	2	IIR	RB			
D	2	63	1	IIF	RB			
D	3	45	21	IIR	RB			
D	4	67	6	IIF	RB			
D	6	75	18	III	RB			
E	1	69	3	IIF	RB			
E	2	73	10	IIF	RB			
E	3	50	5	IIR-M	RB			
E	4	51	20	IIR	RB	12 MAR 2021	FCSTSUMM	2021014 - SVN51 (PRN20) FORECAST OUTAGE SUMMARY JDAY 071/0454 - JDAY 071/1125
E	5	76	23	III	RB	01 OCT 2020	USABINIT	2020046 - SVN76 (PRN23) USABLE JDAY 275/1627
E	6	47	22	IIR	RB			
F	1	70	32	IIF	RB			
F	2	55	15	IIR-M	RB			
F	3	68	9	IIF	RB			
F	4	74	4	III	RB			
F	6	43	13	IIR	RB			

图 4-1　GPS 星座卫星分布状态(2021-03-18)

的控制。

(5) Block ⅡF 卫星

该系列卫星可以看作在ⅡR-M 系列的基础上进一步升级完善的成果,由波音公司开发,其 SVN 编号为 62～73。第一颗ⅡF 卫星发射于 2010 年,目前星座中已经有 11 颗ⅡF 卫星在正常工作,是整个星座的骨干卫星。该系列卫星与ⅡR-M 相比,增加了第三个民用信号 L5,同时使用了铷铯混合原子钟,使原子钟的精度达到前所未有的精度(每天漂移小于 80×10^{-9} s)。此外,卫星的设计寿命可达 12 年。总之,ⅡF 系统卫星在性能、精度以及卫星运行寿命方面均有了很大提高(如图 4-2 所示)。

(6) Block Ⅲ卫星

该系列卫星正处于 Lockheed Martin 公司研发阶段,按其设计期望,Ⅲ系列卫星将会在ⅡF 系列的基础上,增加第四个民用信号 L1C。不再使用 SA 政策,卫星上装备激光反射器用于地面对卫星轨道的精准定位跟踪,同时卫星的设计寿命可达到 15 年。第一颗 Block Ⅲ卫星已于 2018 年 12 月发射,如图 4-1 星座列表所示,目前已经有 4 颗Ⅲ系列卫星,2 颗处于正常工作状态。图 4-3 为 Block Ⅲ系列卫星外观。

图 4-2　目前 GPS 星座中的工作卫星

从左到右其型号依次为 Block ⅡR、Block ⅡR-M 和 Block ⅡF

图 4-3　GPS Block Ⅲ系列卫星概念图

2. GPS 星座

所谓星座，是指由许多卫星按不同的轨道面和位置组成的空间结构。图 4-4 所示为 GPS 卫星星座，由 24 颗卫星分布于 6 个轨道面组成，相邻轨道的升交点赤经之差为 60 度，每个轨道上均匀分布 4～6 颗卫星。轨道长半径为 26 560 km，各轨道面的倾角（即与赤道面的夹角）为 55 度，卫星运行周期为 12 h。高度角取 15 度时，任一地点可观察到 4～8 颗卫星，当高度角取 10 度时，任一地点最多可观察到 10 颗卫星，从而可确保全天时较好的定位导航服务。截至本书校对时刻，星座卫星运行状况如表 4-1 和图 4-4 所示，6 个轨道面分别分布有 4～6 颗，共 31 颗卫星。最新的卫星在轨状态，请浏览 GPS 官网查看。

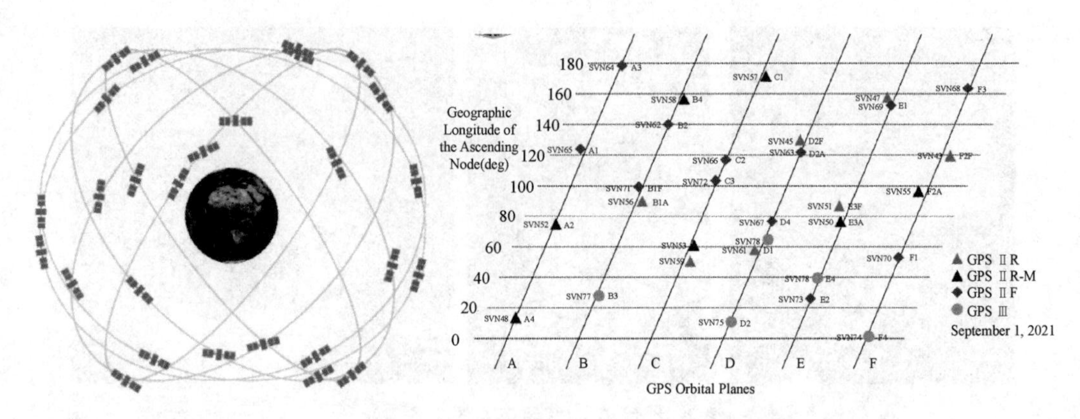

图 4-4　左图为 GPS 星座，图中地球大小与卫星轨道高度按真实比例绘制；右图为 2021 年 9 月 1 日的所有卫星在轨位置分布，纵线为轨道面，横线为纬度

4.1.2　地面监控部分

地面监控部分(operational control segment)由分布于全球的一系列设施组成一个网络，用于跟踪 GPS 卫星、监测它们信号的传输、分析计算观测数据并发送指令与数据到整个星座。目前地面监控部分由 1 个主控站、1 个副主控站、11 个注入站和 16 个监测站组成。

1. 主控站

主控站(Master Control Station)是整个地面监控系统的核心部分，位于科罗拉多州的联合空间中心，其主要功能或任务包括：

◇ 为整个 GPS 星座提供指令与控制；

◇ 使用全球监测站数据计算卫星的精准位置；

◇ 生成卫星导航参数等信息以便上传给卫星；

◇ 监测卫星广播与星座系统的完整性，以确保整个星座处于健康精确的运行状态；

◇ 负责卫星维修和异常问题解决，包括替换卫星以维持星座的最佳状态等；

◇ 目前美国空军使用被称为 AEP 和 LADO 的两套系统用于控制工作和非工作卫星，详细信息可参考 https://www.gps.gov/systems/gps/control/。

副主控站是主控制站的一个完整备份，以应对主控站停止运行的异常情况。

2. 监测站

监测站(Monitor Station)分布于全球 16 个位置，其中 6 个由空军主管，10 个由 NGA 主管，其主要功能在于：

◇ 在 GPS 卫星经过其上方天空时，对其进行跟踪；

◇ 收集导航信号、伪距和载波测量结果以及大气参数等相关数据；

◇ 将观察结果发送给主控站用于卫星轨道等相关计算；

◇ 使用性能优越的 GPS 接收机，进行监测站控制点定位测量、电离层参数测量等。

3. 注入站

注入站(Ground Antenna & Remote Tracking Station)由 4 个专用 GPS 地面天线站和 7 个军方卫星控制网远程跟踪站组成，其主要功能有以下三个方面：

◇ 负责给 GPS 卫星发送指令、上传导航数据以及处理程序；

◇ 收集卫星广播的导航电文；

◇ 利用 S 波段进行通信，并通过 S 波段进行测距，为卫星早期在轨与异常情况响应提供支持。

4.1.3　用户部分

用户部分(user segment)主要是 GPS 接收机(目前绝大多数接收机不仅限于接收 GPS 卫星信息，而且已经融合了多个卫星导航定位系统，从而实现了多卫星系统信息的融合定位)，当然还包括使用者或相关终端以及采集其他信息(如气象、方向、长度等信息)的相关仪器与工具。接收机整体上由天线单元、射频处理单元和数字处理单元以及电源和输入输出接口等外设配件组成。具体在下文 Novatel 公司 OEM 板卡介绍中有详细阐述。

从应用的角度而言，卫星导航已经成为全球信息领域的一种基础设备，自由、开放且具备可靠性能的卫星导航信号、模块及相关设备在现代生活的方方面面得到了应用和发展，从日常使用的移动电话、穿戴式设备、车辆船只到银行与电力系统等，卫星导航的应用几乎无处不在。

卫星导航相关的产品几乎遍布整个经济领域，如在农业、制造、采矿、测绘、物流、通信网络、银行系统、金融市场乃至国家电网，甚至一些无线服务业领域，卫星导航设备或模块均不可或缺，为交通安全、辅助搜救、应急救援等方面提供保障，对新一代空中交通安全起着重要作用。此外，卫星导航设备在天气预报、地震监测和环境保护等方面均有着重要作用，在军事领域的应用尤为重要，从士兵到武器系统，卫星导航装备必不可少。

其实用户部分对于读者而言，最需要了解的是接收机构成、性能及其使用。由于涉及的相关应用领域实在太多，故无法以某一款接收机为例来说明用户部分的全部内容。本书使用通用的 OEM 板卡为例，阐述用户部分的相关内容。

国内外有大批卫星导航接收板卡及接收机制造商，国外著名的公司如 Novatel、Trimble 等，国内知名的公司如北斗星通、合众思壮等。小公司也有很多，如第 10 章实验课所用板卡，来自北斗时代公司。国内这些公司一般是经由代理国外产品，做二次开发逐步发展起来的，后续主要依靠推广北斗接收机逐步占领市场，下面选择三个典型的公司及其产品简略介绍一二。

1. 加拿大 Novatel 公司的产品

加拿大 Novatel 公司提供的 GNSS 产品包括接收机、天线和 GNSS 应用系统等，典型的产品主要有：OEM 系列接收机及板卡、高性能天线、提供最高精密定位方案的综合数据处理软件以及用于 GNSS 增强系统的产品，如地面参考站专用接收机等。

Novatel 公司的 OEM 产品非常有名，在我国有很多代理产品，目前该公司已经推出了 OEM7 系列产品。其 OEM 产品可实现单块板卡定位导航，两块板卡组合进行 RTK 或定向测量。下面是 OEM6 板卡的一般性能与物理参数：

① 可以接收并跟踪 GPS 卫星的 L1、L2 和 L2C、伽利略卫星的 E1、北斗卫星的 B1 以及星基卫星增强系统 SBAS 和准天顶卫星系统 QZSS 等信号；

② 其单点定位精度可达 1.5/1.2 m，DGPS 差分定位精度可达 0.4 m，SBAS 差分定位精度可达 0.6 m，RTK 定位精度可达 1 cm＋1 ppm；双天线组合后，航向测量精度在一定基线长度下(如 0.5 m)可达 0.2 度；

③ 定位结果输出频率为 50 Hz；其定时精度中误差为 20 ns；测速精度中误差为 0.03 m/s；

④ 物理尺寸为 46 mm×71 mm×11 mm；质量＜24 g；输入电压 3.3 VDC；接收所有卫星的功耗为 1.2 W；

⑤ 工作温度介于－40℃～＋85℃；湿度 95％；适用于高速运行载体跟踪定位。

图 4-5 所示板卡主要由两部分组成：Radio Frequency (RF) Section 即无线射频部分和 Digital Section 即数字部分也即信号处理部分。RF 部分连接天线，通过天线接收 GNSS 信号进行滤波放大处理，然后将信号转换为中频信号交由数字部分进行处理。RF 部分同时负责通过同轴电缆为天线的低噪声放大器(Low Noise Amplifier, LNA)供电。数字部分的核心是 Novatel 的 MINOS6 ASIC (Application Specific Integrated Circuit，应用特别集成电路)，其负责将中频信号加以数字化并进行处理，从中获取 GNSS 定位信息，包括位置、速度和时间。此外，该部分还负责系统的输入与输出，其 I/O 模块部分提供了多种串口供板卡与其他模块或电脑进行通信。如 COMx 为三个串口，主要用于连接电台或调参电脑；USB 主要用于数据读取；CAN communications 主要用于集成大型运输工具上的通信总线接口。OEM6 还配有一个因特网接口，可直接将 GNSS 相关信息通过网络读取。

OEM 板卡要组装成一个完整的接收机，还需要板卡包装壳(用于屏蔽外界高频信号的干扰)、供电电源(如果外接天线与板卡电源不兼容的话,还需要考虑专门为天线供电)、GNSS 天线以及数据通信与传输装置等配件。

天线对于接收机而言非常重要,其主要功能在于:捕获 GNSS 信号,将卫星发射的电磁信号转为电信号,供接收机 RF 单元处理。GPS 天线有多种类型,如单极天线、微带天线和锥形天线,目前常用的主要是微带天线,其结构简单,单双频均可使用。不同性能质量的天线,在抗干扰、相位测量甚至抗多路径效应方面均有不同的性能表现,高精度的定位必须选用高性能的天线。

图 4-5 中下端中间框中标注可选外接频率参考,主要是针对 OEM 系列板卡中,部分板卡内部时钟精度不能满足更高的定位要求时,可连接一个外部高稳定度震荡器,以提高时间精度。

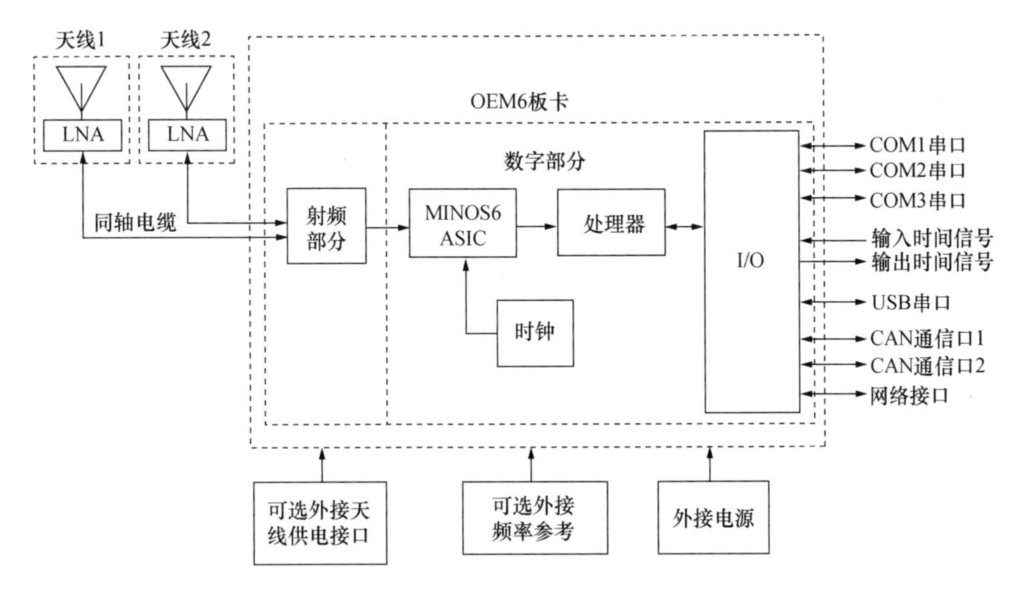

图 4-5　Novatel 6 系列接收机系统结构(产品包括:OEM615、OEM617、OEM617D 和 OEM628)

2. 美国 Trimble 公司的产品

美国 Trimble(天宝)公司与 Novatel 公司一样,也提供 OEM 板卡,其中 BD9 系列产品性能与物理参数如下:

➢ BD9 系列产品通道数在 200 以上;

➢ 可接收 GPS 卫星的 L1、L2、L5 信号,GLONASS 卫星的 L1、L2、L3 信号,北斗卫星的 B1、B2 信号,Galileo 卫星的 E1、E5a、E5b 信号;

➢ 所有板卡均可接收星基增强信号 SBAS;

➢ 其板卡物理尺寸介于 4～10 cm,质量介于 20～90 g;功耗介于 1～2 W;

➢ 其工作温度介于−40℃～+85℃；湿度95%；

➢ 单基站差分RTK定位精度水平位置可达0.8 cm+1 ppm，高程定位精度可达1.5 cm+1 ppm；DGNSS差分水平定位精度为0.25 m+1 ppm，高程定位精度可达0.5 m+1 ppm。接收SBAS星基差分信号时，单块板卡水平定位精度可达0.5 m，高程定位精度可达0.85 m。

随着北斗系统的不断发展和完善，国内也有许多公司在不断研发类似的OEM板卡以及成型的GNSS导航产品，下面我们以实验课用到的一款产品为例稍加介绍。

3. 国内北斗时代公司的产品

国内北斗时代公司与国际公司一样，也提供OEM产品，其中，BGG90 OEM板卡是其一款低端实用产品，是北斗B1+GPS L1+GLONASSL1三系统单频OEM板卡，其主要性能与物理参数如下：

➢ 具有80个通道，可接收北斗B1、GPS L1和GLONASS L1等载波，同时能接收星基差分SBAS信号，且预留了Galileo信道；

➢ 单点定位精度中误差为1.5 m，星基差分精度0.6 m，DGPS差分精度为0.4 m，伪距测量卫地距的精度GPS、BDS和GLONASS均可达10 cm；载波相位测量精度GPS与BDS为0.5 mm，GLONASS为1 mm；静态差分水平定位精度可达2.5 mm，高程定位精度可达5.0 mm；动态差分RTK水平定位精度可达10 mm，垂直定位精度可达20 mm；授时精度为20 ns；测速精度为0.03 m/s；

➢ 物理尺寸为40 mm×71 mm×13 mm，质量26 g，功耗为1 W；

➢ 定位结果输出频率为1/5/10/50 Hz可选。

同类型的产品，国内还有很多，感兴趣的读者可上网搜索或联系相关供应商咨询了解。

4.2 GPS载波、测距码与导航电文

GPS卫星所发射的信号由载波、测距码和导航电文三部分组成，本节内容旨在对GPS卫星所发射的信号有一个全面的了解，其他卫星导航系统在此三方面的结构与性能与GPS相似，由本节内容可以触类旁通。

4.2.1 载波

载波是通信领域的概念，专指用于加载调制信号的无线电波。GPS卫星目前有三种民用载波L1、L2和L5，因其频率位于微波的L波段，故以L开头命名。由于过低的频率在电离层中有严重的延迟效应，会造成过大的测量误差，而过高的频率，却容易在对流层

大气中，受水汽和氧气吸收谐振严重，产生较大的延迟误差，故选择适中频率的 L 波段用于传送测距码和导航电文。其他导航系统也采用多种载波进行信息传输与定位测量，功能与 GPS 载波一致，只是频率稍有不同，读者可查阅相关资料做进一步了解。

GPS 卫星原子钟的基准频率为 $f_0=10.23$ MHz。L1 载波取基准频率 154 倍的倍频处理后得到的 $f_1=1575.42$ MHz，其波长为 19.03 cm。L2 载波取基准频率 120 倍的倍频处理后得到的频率 $f_2=1227.60$ MHz，其波长为 24.42 cm。L5 载波取基准频率 115 倍的倍频处理后得到的 $f_5=1176.45$ MHz，其波长为 25.48 cm。多种载波可以通过算法消除电离层产生的延迟，在数据处理过程中，组合更多的线性观测方程，有利于未知数的消除与解算。L3、L4 载波的频率分别为 1381 MHz、1379 MHz，其服务于军用导航，在此我们对其不予考虑。

由于载波具有稳定的波长，故通过相位测量可以得到很高精度的测量结果，因此，在 GNSS 定位导航中，除了使用测距码测定卫地距之外，通常使用载波进行高精度的定位测量与导航，相关内容将在后续章节详加阐述。

4.2.2　测距码

卫星定位需要确定卫星至定位点的距离，即卫地距，测距码主要用于解决这一问题。测距码(Ranging Codes)是一种二进制伪随机码，码元排列看似杂乱无章，呈随机噪声状态，事实上严格按预设的规律进行编码。伪随机码的产生并不是由软件完成，而是由硬件电路完成的，通过设计由若干个多级反馈移位寄存器构成的逻辑电路，经过平移、截断以及求异或操作等一系列操作处理后产生所谓的 m 序列，即伪随机码。

GPS 卫星导航采用了码分多址技术，所有的卫星广播同样频率的信号，故为了保证每颗卫星信号接收的独立性，或精准区分不同卫星，GPS 使用了这种随机码对每颗卫星加以区分。因此，伪随机码生成的主要目的除了实现卫地距测量外，还用于唯一标识卫星，同时确保不同的随机码之间相互独立、不产生干扰，从理论算法角度而言，测距码之间必须正交。

测距码伪随机序列中的每一位二进制数称为一个码元或一个比特，每个码元持续的时间或传播时所对应的空间距离称为码元的宽度，码元发生器每秒钟所输出的码元个数称为码速率，用比特数/秒或 bps 表示，两组伪随机码进行异或操作相加时的规则，按下列操作法则，相加但无进位：

$$0 \oplus 0 = 0;\quad 0 \oplus 1 = 1;\quad 1 \oplus 0 = 1;\quad 1 \oplus 1 = 0$$

按测距码结构及性能，GPS 测距码分为三种：用于实现主要导航测距的精码 P 码，用于执行反欺骗模式(Anti-Spoofing mode)的 Y 码和用于捕获 P 码(或 Y 码)的 Coarse/Acquisition (C/A)码，在 P 码未公开前，C/A 码是唯一可用的民用测距码。从Ⅱ R-M、

ⅡF 系列卫星开始，L2CM 码和 L2CL 码也开始由卫星发送，但顾及接收机成本及性能因素，L2C 码的普及尚有待发展。

此外，还有 L1C 码与 L5 码随着民用化的不断发展，会得到广泛使用。测距码的详细内容请参考网站 www. gps. gov 发布的 IS-GPS-200 文件内容，在此我们仅对 P 码和 C/A 码的结构稍做介绍，方便大家了解 GPS 的测距码的生成原理。

1. C/A 码

图 4-6 所示为 C/A 码一个完整的逻辑电路生成图，该逻辑电路中主要包含 G1 寄存器与 G2 寄存器两部分，各生成一个序列，分别称为 G1 和 G2 序列。两个序列生成之后再通过一个逻辑操作单元，进行异或操作相加后生成 C/A 码。

G1 和 G2 序列每个周期中含有 1023 个字节或码元，如图 4-6 左侧所示，它们各由一个 10 级移位寄存器产生。如图 4-6 右侧图中所示，两个 10 级移位寄存器，在频率为 1. 023 Mbps 的信号驱动下产生码序列。

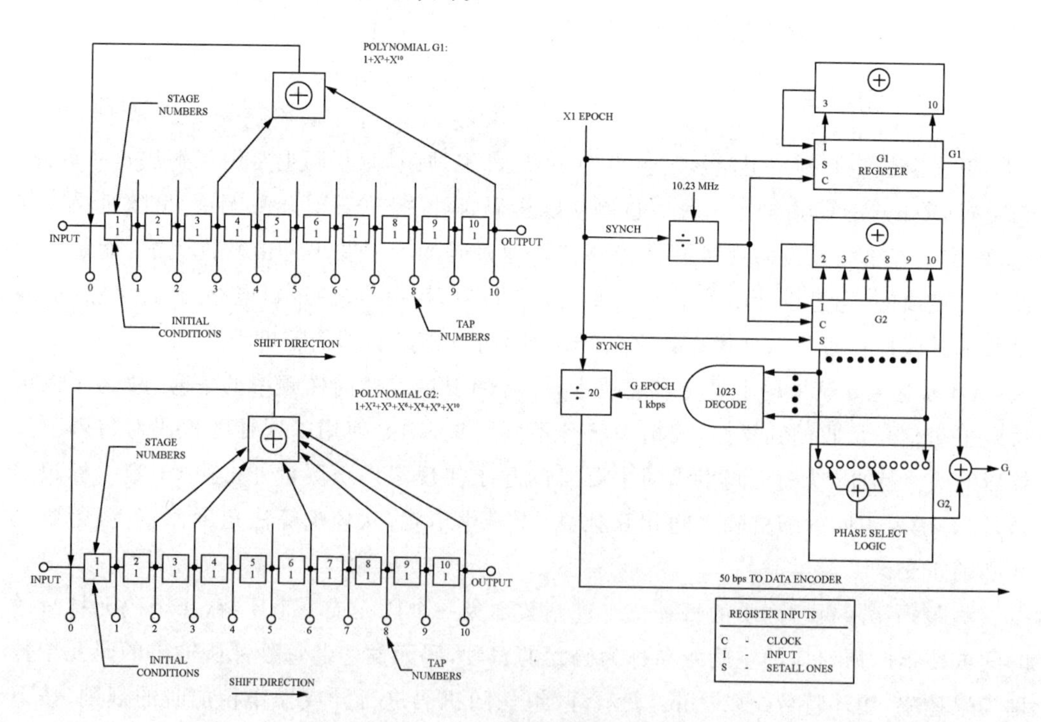

图 4-6　C/A 码生成逻辑电路图

左图上边为 G1 序列，左图下为 G2 序列，右图为 C/A 码的逻辑电路总图。

G1 寄存器的特征多项式为 $1+X^3+X^{10}$，即将第 3 级和第 10 级寄存器中的输出异或操作相加后反馈输入给第一级寄存器，结果使用第 10 级寄存器的输出；G2 寄存器的特征多项式为 $1+X^2+X^3+X^6+X^8+X^9+X^{10}$，即 2、3、6、8、9、10 寄存器的输出异或操作求和后作为反馈输入给第一个寄存器，而输出则选用两个不同寄存器单元的输出异或操作相加后的结果，不同的选择方式，可以从 G2 得到 37 个不同的输出，再与 G1 的输出异或操作后，产生 37 个不同的 C/A 码，从而可使 GPS 星座中的每颗卫星具有唯一的标识。C/A 码的主要作用在于两个方面：

其一，用于捕获卫星信号：因其长度仅为 1023 bit，如按 50 bps 的速率进行搜索，则只需 20.5 s 即可捕获 C/A 码，再由导航电文快速捕获 P 码。

其二，利用 C/A 码可进行快速测距：当传输速率一定时，已知其码元长度，即可确定单位码元对应的传播距离。C/A 码播发的码速率为 1.023 Mbps，一个字节，即 1 bit 所占用的传播时间约为 0.97 μs，算式为

$$t=\frac{1\ \mathrm{s}}{1023\ \mathrm{kbit}}=\frac{1\times10^{6}\ \mu\mathrm{s}}{1.023\times10^{6}\ \mathrm{bit}}=0.977\,517\ \frac{\mu\mathrm{s}}{\mathrm{bit}}$$

如设无线电波传播速度为 3×10^{9} m/s，则一个码元对应的空中传播距离，即其长度约为 293 m。如果接收机对码元长度的测量精度可达 1/100，则卫星到接收机的伪距测量精度只能达到 2.93 m，由于此精度不高，故称 C/A 码为粗码。

2. P 码

由 C/A 码的测距精度可知，欲达到更高的测量精度，必须有更高的码速率，即更短的码元长度。如果码速率提高 10 倍，则理论上，伪距测量精度会提高 10 倍，即可以使卫地距的测量达到 0.293 m，这就是 P 码的构造目的。

显然提高码速率，相应地要提高码的长度，否则在过短的时间内难以捕获。如果考虑与 C/A 码同等的处理条件，P 码的长度应该为 C/A 码的 10 倍。从编码理论及其技术的层面而言，要为 30 多颗卫星分别提供具有唯一标识且相互正交无干扰的伪随机码，并不是一件容易的事。当时的科学家经过长期的研究，提出了一种比较复杂的 P 码编码方法，其大致思路如下：

与 C/A 码的产生一样，首先构造两个伪随机码序列 X1 和 X2，X2 序列比 X1 序列长 37 bit，两个序列通过异或操作生成 P 码。在此操作过程中，X2 序列分别移位 1～37 再与 X1 序列进行异或操作，从而生成 37 个 P 码，分别用于不同卫星。

X1 序列则由两个子序列 X1A 和 X1B 进行异或操作后产生，其均由原子钟的基础频率驱动，即其频率为 10.23 MHz，分别由一个 12 级的线性反馈移位寄存器产生。

X1A 的特征多项式为 $1+X^{6}+X^{8}+X^{11}+X^{12}$。12 级移位寄存器可以产生一个长度为 $2^{12}-1=4095$ bit 的序列。基于算法的要求，4095 中的三位在移位过程中截断，使用 4092 bit。为了得到足够长度的 P 码，研究者采用 X1A 的 3750 个周期作为 X1 序列的完整长度，即其一个周期的长度为 4092×3750 bit，新的一个周期，则采用重置移位寄存器到初始状态循环生成。

X1B 子序列采用的多项式为 $1+X^1+X^2+X^5+X^8+X^9+X^{10}+X^{11}+X^{12}$。X1B 采用截断 2 位的方式重设初始状态，故其单个周期长度为 4093 位，从而使得 X1A 与 X1B 在进行异或操作相加时，当 X1A 处于整周期时，X1B 并不处于其整周期，从而使 X1A 与 X1B 在各自的周期内相互错开，直到 X1A 完成 3750 个周期、X1B 完成 3749 个周期后再重置逻辑电路。由此使得 X1 码不仅具有足够的长度，且具有很好的伪随机性。

X2 序列与 X1 序列生成的过程相似，同样由两个子序列异或操作相加后生成。但 X2 序列比 X1 序列长 37 位，通过对 X2 序列移位后再与 X1 序列异或操作，可以生成 37 个 P 码，分别用于不同卫星。

P 码在早期仅用于军方，后来 Y 码替代 P 码为军方专门使用后，考虑到经济因素，P 码后期为民间用户开放。

限于篇幅，同时顾及相似性的原因，其他测距码如 L2C 码、L5 码等，在此不再赘述，感兴趣的读者可以通过网络资料加以了解。

4.2.3 导航电文

测距码可以给出卫星到定位点的粗略距离，仅从定位的角度而言，为了完成地面点定位测量，还必须知道观测时刻卫星在轨道上的位置，导航电文的一项主要功能就是为定位计算提供卫星的在轨位置信息。当然导航电文还有其他诸多方面的功能。

导航电文与测距码一样，调制在 L 载波上，由卫星天线发射到地面，由接收机天线接收或由地面监测站天线接收。其实质为由一系列二进制码组成的信号，主要包含了卫星在空间的轨道参数、卫星钟的改正参数、电离层延迟修正参数以及卫星的工作状态等相关信息。地面接收到这些信息后，可以很快计算出卫星的瞬时位置，同时利用其他相关参数进行测距误差改正(关于测距误差，我们会在第 5 章详细阐述)。导航电文也被称为 D 码，即数据码(Data code)。

1. 导航电文的总体结构

卫星在轨运行时，会通过载波不间断地发送一帧帧的导航电文。每一帧电文包含 5 个子帧，其长度为 1500 bit，发送速率为 50 bps，故播发每一帧电文的时间为 30 s。一个子帧的长度为 300 bit，规定一个字含 30 bit，故一个子帧由 10 个字组成，每个子帧的发送时间为 6 s，每个字节的发送时间为 20 ms。

第 1、2、3 子帧的内容对于每一帧而言是相互独立的，而第 4、5 子帧的内容用于给出整个星座概略的情况，内容长度远超两个子帧，因而在一帧内无法完成播发，需要利用连续的 25 帧才能完整播发一遍，如图 4-7 所示，4、5 两个子帧标绘有所不同，表示了其内容在帧间的连续性。严格来说，一个完整的导航电文长度应该是 25×1500 bit，按 50 bps 的速率播发，用户需要 750 s 才能接收到一个完整的导航电文，这也就是为何用户接收机存在冷启动与热启动区别的主要原因。由于4、5两个子帧的内容更新频率低，或者说更新的时间间隔较长，故每次定位不一定需要重新完整接收。冷启动指接收机需要完整接收整个导航电文，而热启动则不需要重新接收4、5两个子帧，直接使用接收机已有的存贮结果，这种情况主要用于测量定位作业间隔较短的情形。

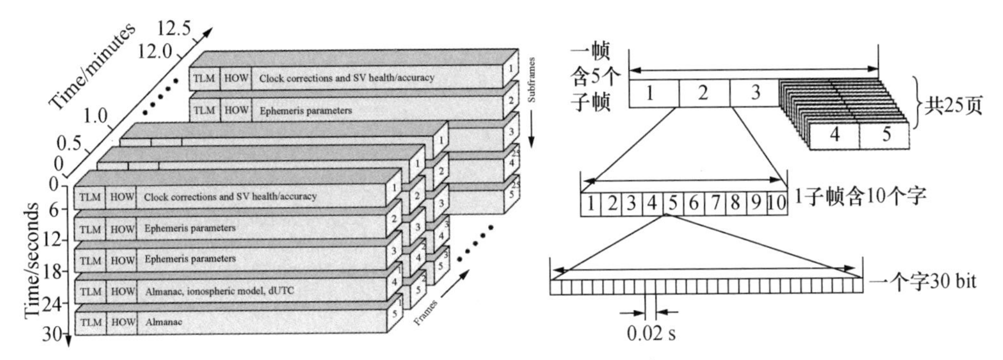

图4-7　GPS导航电文结构示意

下面我们对整个导航电文所发送的信号结构稍加阐述，以方便大家了解电文底层的内容，有利于将来涉及底层电文读取以及处理方面的研发工作。

每一子帧前面两个字为遥测字(Telemetry Word, TLM)和握手字(Hand Over Word, HOW)，如前所述，每一子帧播发时间持续6 s，故TLM和HOW每6 s重复一次。两个字的结构如图4-8所示，每个字由30个bit构成，最后6个bit为奇偶校检位，故每个字的电文内容只有24 bit。TLM前8 bit为同步码，为一个子帧的起点，9～22 bit为遥测电文内容，主要描述了地面监控系统在注入数据时的一些相关信息，23 bit、24 bit为空闲备用bit。

握手字HOW的前17 bit给出的是P码中X1码的下一子帧在开始的时刻(在本星期内以周日凌晨0点为参考)，其计时单位为6 s，由于P码特别长，故接收机可以利用该参考时刻，可从给定的位置快速捕获P码，而无须搜索整个P码。

HOW字的第18 bit为一个警告标志，当其值为1时，表示该卫星的URA(User Range Accuracy)可能比导航电文中给出的值更差，故用户使用该卫星定位可能有风险；第19 bit表示是否实施AS技术，如为1则表示实施AS技术，使非授权用户无法直接利用导航电文进行定位；第20～22 bit给出的是当前子帧的编号，即五个子帧的编号1～5。第23～24 bit用于辅助奇偶校验。

由于每个子帧的前两个字均为TLM和HOW，故下面每个子帧的介绍从第3个字开始，我们依次介绍1～5个子帧的内容。

2. 导航电文第1子帧内容

第1子帧的结构如图4-9所示，第3个字前10 bit为WN(Week Number)，即GPS星

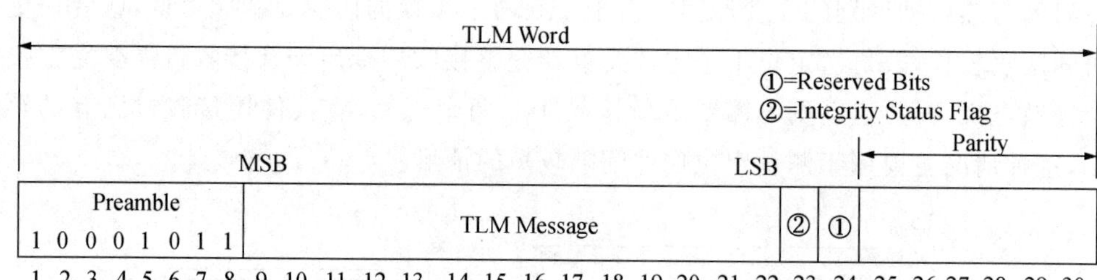

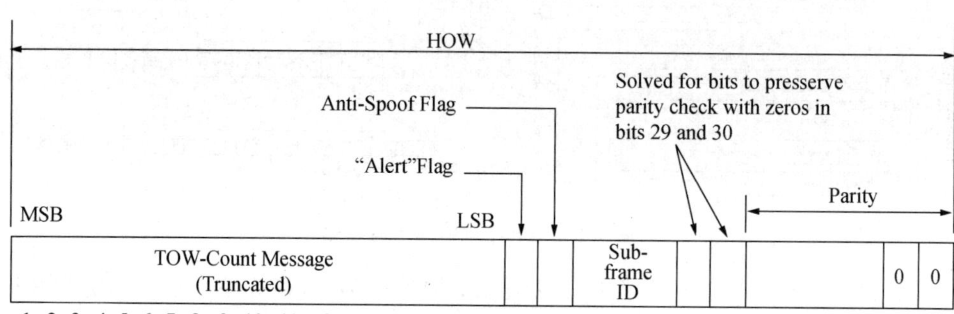

图 4-8 TLM 与 HOW 的结构

期数，其值为 1024 的余数；第 3 个字的 11 bit、12 bit 表示在 L2 载波上的是 C/A 码还是 P 码，值为 00 表示调制的是 P 码，为 01 则表示调制的是 C/A 码；第 13～16 bit 给出了卫星 URA 值的指数；第 17～22 bit 给出了卫星的工作状况(SV Health)；第 23 bit、24 bit 与第 8 个字的 1～8 bit 组合构成卫星钟的数据龄期 IODC 的值。

第 4 个字的第 1 bit 表示 L1 载波上的 P 码是否调制导航电文，从第 2 bit 开始，第 5、6 两个字，直到第 7 个字的前 16 bit，IS-GPS-XXX 系列资料未给出明确说明，故我们在此不再详述。第 7 个字的 17～24 bit 为 L1 与 L2 载波信号群延之差 TGD。

第 8 个字前 8bit 与第 3 字的 23 bit、24 bit 合成 IODC；其 8～24 bit 以及第 9 个字的前 8 bit，第 9 个字的 9～24 bit，第 10 个字的 1～22 bit，分别给出了 4 个卫星钟误差改正参数 t_{oc}、a_{f2}、a_{f1} 以及 a_{f0}。

下面我们对第 1 子帧中的一些主要参数的含义稍做进一步的说明。

(1) 星期数 WN

其表示电文发送时刻离 GPS 起始时刻(即 1980 年 1 月 6 日子夜零时)的星期数，取 1024 的整数倍，截去了冗余的表示数。

(2) 用户测距精度 URA

如图 4-10 所示，URA 指数对应 URA 测距精度，即用户使用该卫星进行伪距测量时，其所能达到精度的一个数理统计指标。例如，当指标 $N=2$ 时，URA 的测距精度应介

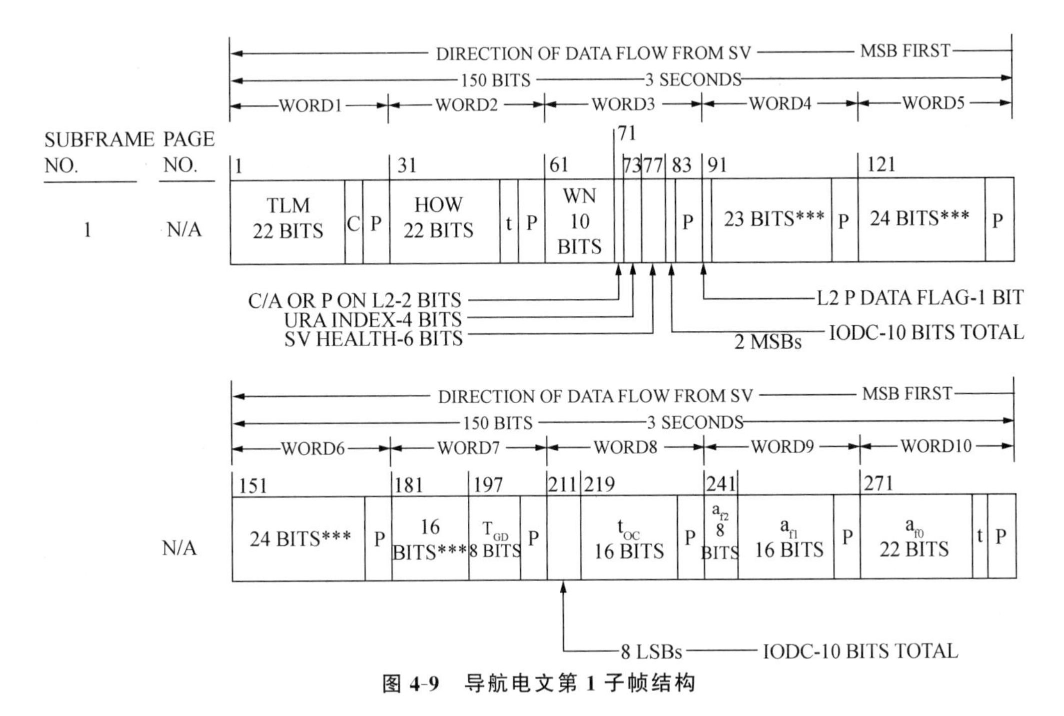

图 4-9　导航电文第 1 子帧结构

于 3.4～4.85 m。该指标通过估算定位精度，可用于定位过程中选择卫星，并得到最佳的定位结果。

指标	URA/m
0	0.00 <URA≤ 2.40
1	2.40 <URA≤ 3.40
2	3.40 <URA≤ 4.85
3	4.85 <URA≤ 6.85
4	6.85 <URA≤ 9.65
5	9.65 <URA≤ 13.65
6	13.65 <URA≤ 24.00
7	24.00 <URA≤ 48.00
8	48.00 <URA≤ 96.00
9	96.00 <URA≤ 192.00
10	192.00 <URA≤ 384.00
11	384.00 <URA≤ 768.00
12	768.00 <URA≤ 1536.00
13	1536.00 <URA≤ 3072.00
14	3072.00 <URA≤ 6144.00

图 4-10　用户测距精度与指标对应关系

(3) 卫星健康状况 SV Health

其给出了该卫星的工作状况是否正常的信息,其中第 1 位反映导航资料的总体情况,若该位为 0,则表示全部导航资料正常,若其值为 1,则表示部分导航资料有问题。后 5 位则具体给出了各信号分量的健康值,详细内容,可参考 IS-GPS-200 文件的相关部分。

(4) 卫星钟资料龄期 IODC

该参数为用户给出了卫星钟以及星历资料的发布历数,以便用户检查其数值的变化。

(5) L1 与 L2 信号群延 T_{GD}

L1 和 L2 信号在卫星时钟驱动下生成,从信号生成到离开发射天线的相位中心之间的时间称为信号群延。由于 L1 信号与 L2 信号是通过不同的电路产生的,故其产生的群延有所不同,其公共部分被自动包含在卫星钟差之中,两者之差又可分为系统误差即 T_{GD},其绝对值一般不超过 15 ns。另一部分为随机误差,其值不大于 3 ns,在普通单点定位中一般不予以考虑。T_{GD} 由厂家在卫星发射期间测定,但由于其会随时间变化,故其准确值需要通过地面站长期跟踪观测确定,然后再不断通过电文发送给用户,用于时钟或者说卫地距改正。

(6) 卫星钟误差系统及改正

第 8、9、10 字给出的参数 t_{oc}、a_{f0}、a_{f1} 以及 a_{f2},可用于建立卫星信号发射时刻或某一观测时刻 t 与标准 GPS 时间之间的误差关系,通常使用下面两个公式加以表达:

$$\begin{cases} t_f = t - \Delta t \\ \Delta t = a_{f0} + a_{f1}(t - t_{oc}) + a_{f2}(t - t_{oc})^2 + \Delta t_r \end{cases} \tag{4-1}$$

其中,t_f 为改正后的时刻,t_{oc} 为拟合这几个参数的参考时刻,a_{f0} 为参考时刻 t_{oc} 时的卫星钟差;a_{f1} 为参考时刻 t_{oc} 时的卫星钟的钟速或称频偏;a_{f2} 为参考时刻 t_{oc} 时的卫星钟加速度的一半,从参考时刻到观测时刻,此三个系数认为是固定不变的。

这些系数是由全球定位系统的地面控制系统利用双频接收机的观测资料计算得到的,故原则上仅适合双频接收机的改正,对于单频接收机而言,需要在该公式的基础上再加上群延改正 T_{GD}。

Δt_r 为由于 GPS 卫星非圆形轨道引起的相对论效应修正项,其详细计算我们在第 5 章误差部分进一步阐述。

需要注意的是,在早期 t_{oc} 的更新时间较长,可能存在 $(t-t_{oc})$ 值较大的情况,对于 $(t-t_{oc})$ 值过大的情况应该进行求差,以避免由于数值的计算,产生计算错误。例如 $(t-t_{oc})$ 的秒数值不应该大于一个星期的二分之一秒数,也即观测时刻与参考时刻间的时间差不应该超过半周。具体情况,应该通过检查卫星钟参数的更新周期而定。另外,需要说明的是,由于钟差改正参数的调整,$(t-t_{oc})$ 的值也有可能是负值,即时钟理论校准的参考时刻被设置成未来时间,从目前观测数据来看,数值可能延后达数月。关于具体的卫星钟校正理论与方法，有兴趣的读者请进一步查阅相关资料。

3. 导航电文第 2、3 子帧内容

这两个子帧的内容主要包括卫星的轨道参数，这些轨道参数用来计算在导航电文有效时段内任一时刻 t，卫星在轨道上的空间位置及其运行速度。这些参数归纳起来主要有两类，其一是开普勒轨道六参数，分别用下面符号表达：

$\sqrt{A}$：卫星轨道椭圆长半轴的平方根；

e：卫星轨道椭圆偏心率；

i_0：参考时刻的卫星轨道面倾角；

Ω_0：参考时刻的升交点赤经；

ω：轨道椭圆近地点角距；

M_0：参考时刻的平近点角；

其二是轨道摄动九参数，分别用下面符号表达：

Δn：平均角速度的改正量；

$\Omega_{\rm dot}$：升交点赤经变化量；

$i_{\rm d}$(IDOT)：卫星轨道面倾角变化率；

以及 6 个用于描述卫星在轨道上瞬间位置三轴方向的摄动量，包含卫星在轨道上受到的多种影响因子，诸如地球重力场变化、太阳光压、月球及行星引力变化等，三轴方向的摄动量分别表达为

升交角距(也称升交距角)u 的余弦及正弦调和改正项的振幅 $C_{\rm uc}$，$C_{\rm us}$；

轨道倾角 i 的余弦及正弦调和改正项的振幅 $C_{\rm ic}$，$C_{\rm is}$；

卫星矢径 r 的余弦及正弦调和改正项的振幅 $C_{\rm rc}$，$C_{\rm rs}$。

图 4-11 所示为第 2 子帧电文结构，前面两个字为 TLM 和 HOW，第 3 个字开始为轨道参数。

第 3 个字的前 8 位为星历发布时间 IODE，后 16 位为 $C_{\rm rs}$；

第 4 个字的前 16 位为平均角速度的改正量 Δn，后 8 位与第 5 个字的 24 位合成卫星平近点角 M_0；

第 6 个字的前 16 位为 $C_{\rm uc}$，后 8 位与第 7 个字的 24 位合成卫星轨道偏心率 e；

第 8 个字有前 16 位为 $C_{\rm us}$，后 8 位与第 9 个字的 24 位合成轨道长半径平方根$\sqrt{A}$；

第 10 个字的前 16 位为星历发布(或参考)时刻 $t_{\rm oe}$，第 17 位为一个标志位，第 18～23 位为卫星钟改正数龄期 AODO。

图 4-12 所示为第 3 子帧结构，第 3 个字前 16 位为 $C_{\rm ic}$，后 8 位与第 4 个字的 24 位合成 $t_{\rm oe}$时刻的升交点赤经 Ω_0；第 5 个字的前 16 位为 $C_{\rm is}$，后 8 位与第 6 字的 24 位组成轨道倾角 i_0；第 7 个字的前 16 位为 $C_{\rm rc}$，第 8 位与第 8 个字的 24 位合成近地点角距 ω，第 9 个

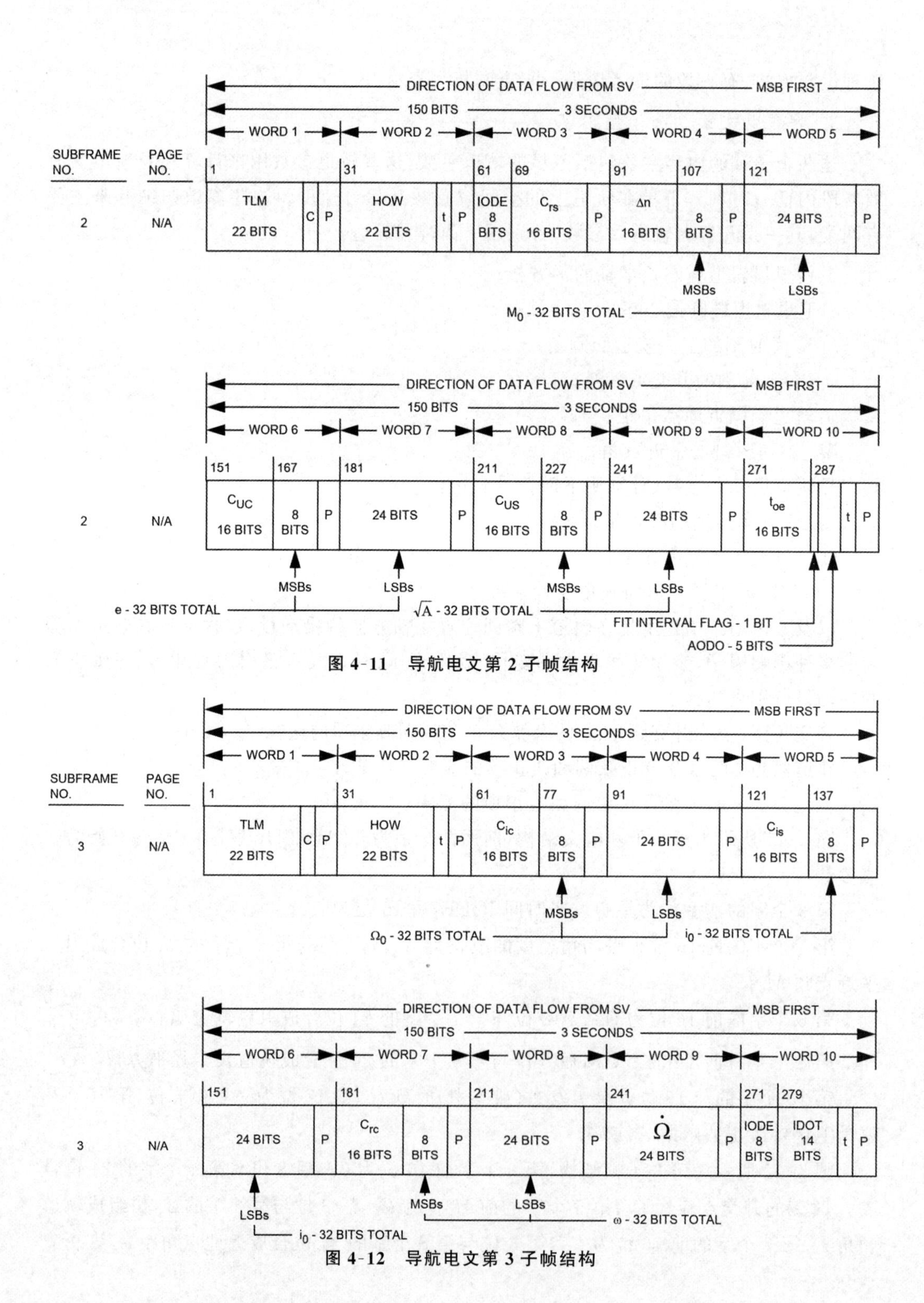

图 4-11 导航电文第 2 子帧结构

图 4-12 导航电文第 3 子帧结构

字的 24 位为升交点赤经 Ω_0 的变化量 Ω_d，第 10 个字的前 8 位为星历发布期数 IODE，后 14 位为轨道倾角 IDOT 的变化率。

导航电文符号的含义如表 4-1 所示，列在此处便于大家在阅读英文文献过程中加以对照。

表 4-1　导航电文参数符号及其含义

参数	含义
M_0	参考时间的平均异常(Mean Anomaly at Reference Time)
Δn	平近点角的变化率(Mean Motion Difference From Computed Value)
e	偏心率(Eccentricity)
$\sqrt{A}$	半长轴的平方根(Square Root of the Semi-Major Axis)
Ω_0	周历元轨道平面上的升交点经度(Longitude of Ascending Node of Orbit Plane at Weekly Epoch)
i_0	参考时刻的轨道倾角(Inclination Angle at Reference Time)
ω	近地点角(Argument of Perigee)
Ω_{dot}	升交点赤经变化率(Rate of Right Ascension)
I_{dot}	轨道倾角变化率(Rate of Inclination Angle)
C_{uc}	纬度参数(也即升交角距)的余弦谐波校正项的幅值(Amplitude of the Cosine Harmonic Correction Term to the Argument of Latitude)
C_{us}	纬度参数(也即升交角距)的正弦谐波校正项的幅值(Amplitude of the Sine Harmonic Correction Term to the Argument of Latitude)
C_{rc}	轨道半径的余弦谐波校正项的幅值(Amplitude of the Cosine Harmonic Correction Term to the Orbit Radius)
C_{rs}	轨道半径的正弦谐波校正项的幅值(Amplitude of the Sine Harmonic Correction Term to the Orbit Radius)
C_{ic}	倾角的余弦谐波校正项的幅值(Amplitude of the Cosine Harmonic Correction Term to the Angle of Inclination)
C_{is}	倾角的正弦谐波校正项的幅值(Amplitude of the Sine Harmonic Correction Term to the Angle of Inclination)
t_{oe}	星历的参考时间(Reference Time Ephemeris)
IODE	星历龄期(星历 Issue of Data)

为计算与理解方便，表 4-2 列出导航电文单位。

表 4-2　导航电文主要参数字节数、比例因子以及单位

参数名称	参数的字节数	参数的比例因子	个别参数的有效范围	单位
IODE	8			(详参文献)
C_{rs}	16*	2^{-5}		米
Δn	16*	2^{-43}		半圆/秒

（续表）

参数名称	参数的字节数	参数的比例因子	个别参数的有效范围	单位
M_0	32*	2^{-31}		半圆
C_{uc}	16*	2^{-29}		弧度
e	32	2^{-33}	0.03	无量纲
C_{us}	16*	2^{-29}		弧度
$\sqrt{A}$	32	2^{-19}		$\sqrt{米}$
t_{oc}	16	2^4	604 784	秒
C_{ic}	16*	2^{-29}		弧度
Ω_0	32*	2^{-31}		半圆
C_{is}	16*	2^{-29}		弧度
i_0	32*	2^{-31}		半圆
C_{rc}	16*	2^{-5}		米
ω	32*	2^{-31}		半圆
Ω_{dot}	24*	2^{-43}	−6.33E-07 to 0	半圆/秒
IDOT	14*	2^{-43}		半圆/秒

* Parameters so indicated shall be two's complement, with the sign bit（＋or－）occupying the MSB.

4. 导航电文第 4、5 子帧内容

这两个子帧的内容很多，主要给出了整个星座卫星的星历，但由于受限于比特数空间，所给出的星历精度不如第 2、3 子帧，但这些星历参数对用户了解整个星座的运行状态非常重要。其主要功能有两个方面：其一，用户软件可以依据第 4、5 子帧内容进行卫星可见性预报，估算观测的 DOP 数值，从而可制订适当的观测计划；其二，有利于快速捕获卫星信号，因为可以预知卫星所处的位置，可以基于测站概略坐标计算卫星信号到测站的传播时间，由此可加快信号捕获时间。

为了给出 GPS 时与 UTC 时间的转换关系，以及为单频用户给出大气改正参数，如图 4-13 在第 4 子帧的第 18 页给出了电离层延迟改正参数和时间改正参数，电离层的 8 个改正参数分别是 α_0、α_1、α_2、α_3、β_0、β_1、β_2、β_3，我们将在后续误差改正一章中用到。

导航电文给出的 UTC 时间改正参数，如表 4-3 所示，表中同时给出了各参数 bit 数及其数值单位和尺度因子。这些参数由地面控制系统基于卫星钟、地面钟以及各类相关观测值计算而来，一般至少每 6 天更新一次，以保证其精度。基于这些参数，一方面用户可以求得任一时刻 GPS 时与 UTC 时的时差；另一方面，用户可以得到跳秒数以及跳秒发生的时刻，从而可以改正 UTC 时间。

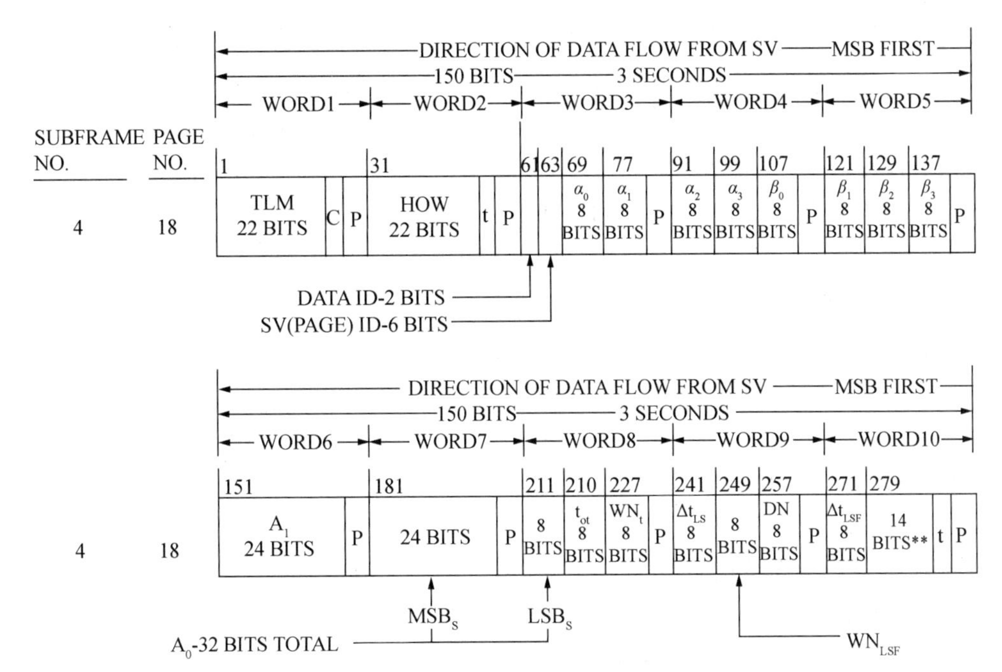

图 4-13　导航电文第 4 子帧的部分结构，给出了电离层改正参数及时间改正参数

表 4-3　时间改正参数的长度及单位

参数名称	参数的 bit 位数	比例因子	有效值范围	单位
A_0	32*	2^{-30}		秒
A_1	24*	2^{-50}		秒/秒
Δt_{LS}	8*	1		秒
t_{ot}	8	2^{12}	0 to 602，112	秒
WN_t	8	1		周
WN_{LSF}	8	1		周
DN	8	1	1 to 7	天
Δt_{LSF}	8*	1		秒

跳秒发生的时间是由跳秒发生的星期数 WN_{LSF} 和当前星期的第几天 DN 给出的，即跳秒在当天结束前发生。GPS 时 t_{GPS} 与 UTC 时 t_{UTC} 的计算关系，可以采用下面三种公式（注：下面计算过程中 t_{GPS} 为已经得到式(4-1)改正的时间）：

① 当跳秒还未发生，且离跳秒时间大于 6 小时，其计算公式如下：

$$t_{GPS}-t_{UTC}=\Delta t_{UTC}=\Delta t_{LS}+A_0+A_1\left[t_{GPS}-t_{ot}+604\,800(WN-WN_t)\right]_s \quad (4\text{-}2)$$

式中，Δt_{LS} 为跳秒数，A_0、A_1 为多项式系数，t_{ot} 为 UTC 资料的参考时刻，通常为 4096 s 的

整数倍，由于一般 UTC 资料每 6 天更新一次，故该时刻通常位于资料段的中间时刻；WN 为 GPS 星期数（自 1980 年 1 月 6 日子夜零时起算，为节省空间，WN 在电文中的值以 1024 取模，即不大于 1023，由第 1 子帧给出），WN_t 为 UTC 参考星期数，604 800 为一周时间内的秒数。

② 离跳秒时间前后不大于 6 小时，计算公式为

$$t_{UTC} = W[\text{modulo}(86\,400 + \Delta t_{LSF} - \Delta t_{LS})]$$
$$W = (t_{GPS} - \Delta t_{UTC} - 43\,200)[\text{mudulo}(86\,400)] + 43\,200 \tag{4-3}$$

③ 跳秒发生 6 小时之后，其计算公式如下：

$$t_{GPS} - t_{UTC} = \Delta t_{LSF} - \Delta t_{LS} + A_0 + A_1\,[t_{GPS} - t_{ot} + 604800 \times (\text{WN} - \text{WN}_t)]_s \tag{4-4}$$

图 4-14 为第 5 子帧的部分电文结构，第 5 子帧的 1～24 页给出了 SV1～24 号卫星的概略星历，第 4 子帧的第 2～4、5～10 页分别给出了 25～32 号卫星的概略星历。第 4 子帧的第 25 页和第 5 子帧的第 25 页则分别给出了卫星健康状况。地面控制系统正常情况下，每隔一段时间（如 6 天以内）会对第 4、5 子帧的数据进行更新。

4.3 GPS 卫星位置的计算

4.2 节我们阐述了导航电文的内容，主要包括描述卫星的轨道参数、时间参数、卫星健康状况以及大气改正参数等。给出这些参数的主要目的，在于让地面接收机了解卫星的在轨运行位置、卫星时钟校正参数、卫星的健康状况以及星座信息等。从地面接收机的定位角度而言，通过导航电文，让地面接收机快速得到观测时刻卫星的在轨位置。

为了计算卫星轨道位置，在基于前面章节所述的坐标系统以及时间系统的有关知识之外，在这一节，我们还需要了解卫星轨道运行的相关物理知识，即开普勒定律；其次再了解关于卫星在轨位置计算的相关理论。

4.3.1 开普勒定律

开普勒定律很好地描述了两个天体之间的引力及卫星天体绕中心天体运行的相关物理规律。当把地球视为均质天体，且不考虑地球引力之外的其他影响，如月球或太阳引力等因素，则卫星与地球的运动关系可以用开普勒定律完整描述，其包括三大定律。

1. 开普勒第一定律

卫星运动的轨道为一椭圆，其焦点与地球质心重合。设 r 为卫星到地心的距离，a 为卫星轨道椭圆长半径，e 为该椭圆轨道偏心率，f 为真近点角（其物理意义，参见图 4-15），由于卫星任意时刻在轨道上相对于近地点的位置与时间成正比，则 r 与 f 的关系式为

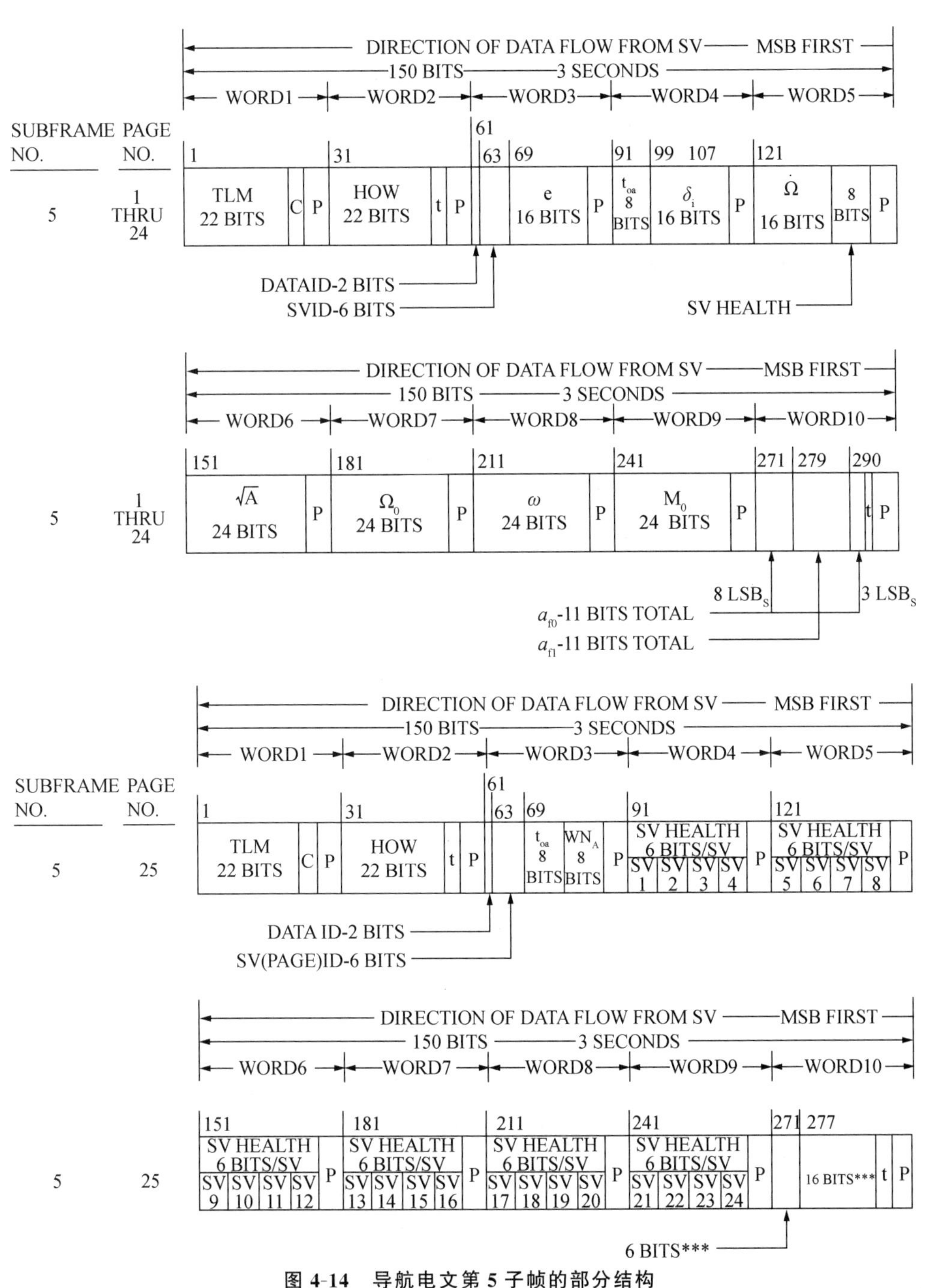

图 4-14　导航电文第 5 子帧的部分结构

$$r = \frac{a(1-e^2)}{1+e\cos f} \tag{4-5}$$

2．开普勒第二定律

在轨道上以任意点为起点，卫星到地心连线构成的向量在单位时间内扫过的面积均相等。该定律反映了卫星在轨道上的运行特性，如：近地点运行速度快，远地点运行速度慢。

3．开普勒第三定律

卫星轨道长半轴的立方与卫星轨道周期 T 的平方之比为一个常量，即地球引力常数 $GM/4\pi^2$。表达为公式有

$$a^3/T^2 = GM/4\pi^2 \tag{4-6}$$

假设卫星运动的平均角速度为 n，则有 $n=2\pi/T$，变换(4-6)式代入 n 即有

$$n = (GM/a^3)^{1/2} \tag{4-7}$$

此式表明，卫星轨道长半轴确定后，卫星在轨道上运行的平均角速度是一个与中心天体质量及其引力常数有关的常量。

基于上述三定律，我们可以通过一些轨道参数推算任意时刻卫星在轨道上的位置。

4.3.2 卫星轨道位置地心坐标计算

1．轨道参数

图 4-15 为卫星轨道与地心及天球赤道关系图，其中 XOY 三轴表示了天球坐标系，X 轴指向春分点。在天球坐标系下，卫星轨道常用的几个轨道参数定义如下：

升交点 N：卫星轨道与天球赤道的交点；

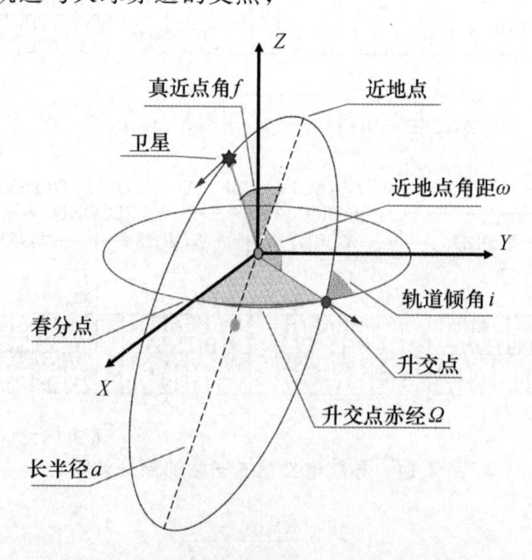

图 4-15 卫星轨道与地心及天球赤道关系示意

升交点赤经 Ω：升交点与春分点间的夹角；

卫星轨道面倾角（简称轨道倾角）i：即卫星轨道平面与天球赤道平面之间的夹角；

近地点角距 ω：在卫星轨道平面上，从升交点至近地点之间的地心夹角；

真近点角 f：在卫星轨道平面上，从近地点至卫星实际位置处的地心夹角，表达了卫星在轨道上的实际观测时刻 t 所处的瞬时位置。

由于卫星实际运动轨道受日月引力、行星引力、太阳风、地球表面大气、重力场、潮汐以及地球内部质量分布不均等各方面影响，故在计算过程中必须考虑这些影响因子。除了上述用于描述卫星轨道规则运行的参数外，还需要一些参数用于描述卫星受这些不规则影响因子在轨道上摄动变化的参数。在导航电文中给出了 9 个摄动参数，用于描述卫星在轨道上受这些摄动影响的变化量，分别是：

升交点 N 在天球赤道上的位置变化率表现为 $\mathrm{d}\Omega/\mathrm{d}t$，即导航电文中的 Ω_{dot}；

轨道倾角的变化率 $\mathrm{d}i/\mathrm{d}t$，即导航电文中的 I_{dot}；

卫星平均角速度的变化量 Δn；

升交角距 u 的余弦及正弦调和改正项的振幅 C_{uc}、C_{us}；

轨道倾角 i 的余弦及正弦调和改正项的振幅 C_{ic}、C_{is}；

卫星矢径 r 的余弦及正弦调和改正项的振幅 C_{rc}、C_{rs}；

图 4-16 为摄动参数与其他轨道参数的关系，这些摄动参数概括了所有开普勒方程未考虑的因子，包括前面第 3 章讨论天球坐标系时所提及的岁差与章动的影响。在计算中引入这些摄动参数，即完成了对所有未考虑因子的修正。

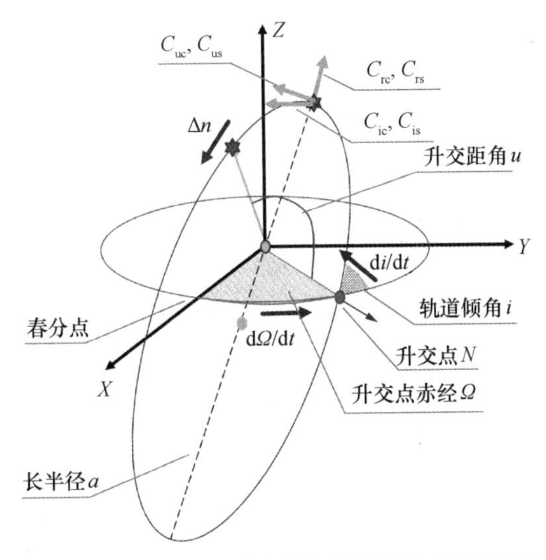

图 4-16　卫星轨道摄动参数与其他轨道参数的关系

2. 导航文件说明

轨道计算需要以上这些参数,这些参数由导航电文给出,或我们可直接由 OEM 导航板卡读取。一般情况下,用户接收机在接收到导航电文后会生成一种标准格式文件,此格式称为 RINEX(Receiver Independent EXchange)格式,是一种与接收机无关的数据交换格式。1989 年由 Astronomical Institute, University of Berne 的 Werner Gurtner 提出了第一个版本,目前已经成为卫星导航接收机使用的一种通用数据格式,其存储方式为 ASCII/文本文件,目前常见使用的仍然是 2.x 版本,用于采集数据的存储和后期处理。

按文件存储的内容,RINEX 文件类型通常有:观测数据文件、导航电文文件、气象数据文件等。由于这一节我们仅讨论卫星轨道位置计算,故在此仅展示导航电文文件的格式与内容,以方便实验环节对所用数据的了解。观测数据文件我们在第 10 章 10.3.2 节有详细阐述。

表 4-4 展示了一个用记事本打开的导航电文文件,对于该文件格式的详细说明,请查看本书相关附件文档,为简练起见,我们对计算过程中用到的一些关键性及相关内容加以介绍。

表 4-4 导航电文 RINEX 格式文件示例

文件(F) 编辑(E) 格式(O) 查看(V) 帮助(H)

```
     2.10           N:  GPS NAV DATA                        RINEX VERSION / TYPE
JPS2RIN 1.07        RUN BY              04-SEP-01 13:20     PGM / RUN BY / DATE
build October 30, 2000 (c) Topcon Positioning Systems       COMMENT
    .2235D-07   .2235D-07  -.1192D-06  -.1192D-06           ION ALPHA
    .1290D+06   .4915D+05  -.1966D+06   .3277D+06           ION BETA
    .465661287308D-08  .168753899743D-13   319488      1130 DELTA-UTC: A0,A1,T,W
    13                                                      LEAP SECONDS
                                                            END OF HEADER
 7 01  9  4  9 59 44.0  .394901260734D-03  .387672116631D-10  .000000000000D+00
     .228000000000D+03 -.138750000000D+02  .543415492579D-08 -.101085380239D+01
    -.417232513428D-06  .120551300934D-01  .368431210518D-05  .515375120926D+04
     .208784000000D+06  .931322574615D-08 -.123603373253D+01  .264495611191D-06
     .944765906161D+00  .300218750000D+03 -.199943296834D+01 -.870929134837D-08
    -.653598653579D-10  .000000000000D+00  .113000000000D+04  .000000000000D+00
     .200000000000D+01  .000000000000D+00 -.186264514923D-08  .228000000000D+03
     .208799000000D+06
13 01  9  4  9 59 44.0 -.481214374304D-05 -.454747350886D-12  .000000000000D+00
     .600000000000D+01 -.225000000000D+02  .473519723997D-08  .781274356790D+00
    -.122375786304D-05  .188760610763D-02  .259466469288D-05  .515369892502D+04
     .208784000000D+06  .335276126862D-07  .193650899233D+01  .149011611938D-07
     .969553772961D+00  .333250000000D+03  .901582558418D-01 -.838142054838D-08
    -.188936441390D-09  .000000000000D+00  .113000000000D+04  .000000000000D+00
     .200000000000D+01  .000000000000D+00 -.116415321827D-07  .774000000000D+03
     .208799000000D+06
 1 01  9  4 10  0  0.0  .193310435861D-03  .147792889038D-11  .000000000000D+00
     .166000000000D+03 -.248750000000D+02  .474519765653D-08 -.311447558422D+01
    -.136531889439D-05  .504714518320D-02  .268220901489D-05  .515374749756D+04
     .208800000000D+06  .968575477600D-07  .195770043888D+01 -.260770320892D-07
     .965370522140D+00  .329406250000D+03 -.172314458485D+01 -.830927468607D-08
    -.173221501085D-09  .000000000000D+00  .113000000000D+04  .000000000000D+00
     .400000000000D+01  .000000000000D+00 -.325962901115D-08  .422000000000D+03
     .208799000000D+06
 4 01  9  4 10  0  0.0  .576881226152D-03 -.187583282241D-10  .000000000000D+00
     .195000000000D+03 -.250312500000D+02  .413231498465D-08  .238621932869D+01
    -.114925205708D-05  .545852934010D-02  .113416463137D-04  .515378430557D+04
     .208800000000D+06  .540167093277D-07 -.132884154953D+00  .147148966789D-06
     .973307813857D+00  .167062500000D+03 -.414280964991D+00 -.772817905253D-08
    -.375015620906D-09  .000000000000D+00  .113000000000D+04  .000000000000D+00
     .200000000000D+01  .000000000000D+00 -.605359673500D-08  .451000000000D+03
     .208799000000D+06
```

此文件分为两部分，文件头与数据体，文件头共 8 行，每一行 80 个字，前 60 个字为文件内容，右边 61～80 个字为本行内容的注释。

表 4-4 展示的示例文件，文件头部分，第一行数据前 60 个字占据的内容是：2.10 N：GPS NAV DATA，其表达了 RINEX 版本和数据类型，其中 NAV DATA 含义为导航数据。

第二、三行为生成该文件的程序名称、运行机构名称及文件生成日期；

第四行和第五行为电离层的 alpha 参数与 beta 参数，第六行为一系列 UTC 时间改正参数，第七行给出了 GPS 时与 UTC 时之间的跳秒数据，第八行头文件结束。

从第九行开始下面所有内容均为数据体，每一个数据块按相同的参数数值进行排列，一个数据块对应一颗卫星的星历参数，表 4-4 显示有四大块数据，表示了 4 颗卫星的广播星历。

为了详细了解数据块中每一个数值对应的参数，下面再通过表 4-5 给出表 4-4 中单个数据块中各个数值所对应的参数符号，如前文所提及，每个符号有其固定的物理意义。

数据块前的数值，表示了该卫星的 PRN 编号，接着是表 4-5 对应的内容，共有 8 行，其内容依次为：星历发布的时间（年、月、日、时、分、秒），也可以看作卫星钟的参考时刻，可由其计算得到卫星钟改正数的参考时刻 t_{oc} 值；接着是 3 个卫星钟差改正参数；忽略第二行的 IODE，其余从第二行到第六行的 I_{dot}，为卫星的 6 个轨道参数加 9 个摄动参数共 17 个卫星轨道相关参数，主要用于卫星轨道位置计算。

表 4-5　导航电文各主要参数在单个卫星数据块中的位置解析

Satellite Number，Epoch(t_{oc})	a_0 [7]	a_1 [8]	a_2 [9]
IODE [10]	C_{rs} [11]	Δn [12]	Mo [13]
C_{uc} [14]	e [15]	C_{us} [16]	$\sqrt{a}$ [17]
t_{0e} [18]	C_{ic} [19]	Ω [20]	C_{is} [21]
I_0 [22]	C_{rc} [23]	ω [24]	Ω_{dot} [25]
I_{dot} [26]	L_2 [27]	GPS Week [28]	L2 P code [29]
Satellite accuracy(URA) [30]	Satellite health [31]	T_{GD} [32]	IODC [33]
T_{om} [34]	Interval [35]		

Epoch 卫星时钟的参考时刻，格式为　年　月　日　时　分　秒，由其可转换得到 t_{oc}。

然后是 L2 载波上的 P 码伪距标志、GPS 星期数、当前卫星精度指标、卫星健康状态、T_{GD}群延改正数；卫星钟参数的数据龄期 IODC；以及来自交接字中的 P 码片段时刻 T_{om}，在 GPS 电文中，t_{oc}的秒数值与 T_{om}一致，所以在计算时，为方便，可以使用 T_{om}代替 t_{oc}。Interval 为星历拟合区间标志，若未知则置零。在具体计算过程中，考虑到这些参数的 bit 位数、尺度因子以及单位等信息，需要参考上一节中的表 4-2 内容。

导航文件记录的是广播星历，是接收机在定位过程中实时接收到的星历，目前 GPS 导航电文的更新周期为一小时，精度可以达到 2 米左右。除了广播星历，还有精密星历，是卫星过境时由多个观测站跟踪得到的数据，通过综合分析处理后得到的星历。

下面分别阐述利用广播星历和精密星历进行卫星在轨位置计算的过程。

3. 用广播星历计算卫星在轨道上的位置

（1）基于卫星轨道参数的卫星位置计算原理

如图 4-17，XYZ 为真天球坐标系，$X'Y'Z'$ 为真地球坐标系，两个坐标系之差为真恒星时 GAST。我们需要知道卫星在地球坐标系中的三维坐标值，从而方便地面点定位。

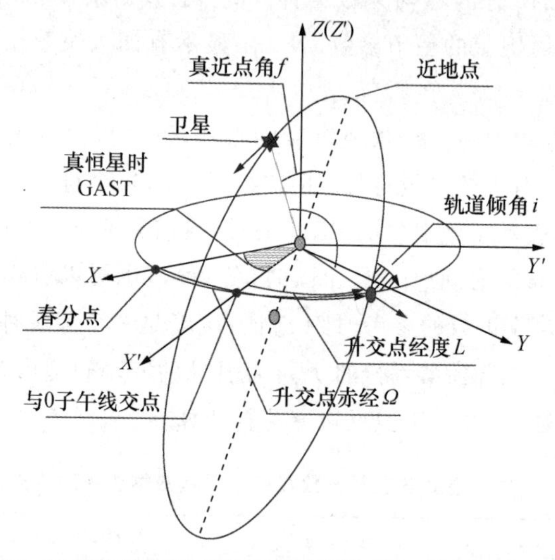

图 4-17　卫星轨道参数、真地球坐标系与真天球坐标系间的关系

地面定位观测或导航过程中，用户需要知道的是观测瞬间的点位置，因此，我们相应地要知道观测时刻卫星在轨道上的位置，也就是说，我们要通过导航电文所给的参数，计算出真天球坐标系下，卫星的三维位置。然后再将其通过真天球坐标系与真地球坐标系的关系转换到真地球坐标系下，由于实际应用时，地面点位置必须在地球坐标系，或者说协议地球坐标系下，因此严格来说，后续还得将真地球坐标系下的卫星坐标，转换到协议地球坐标系下，用于地面点位置的计算。

由于卫星参数的表达，是以卫星轨道平面即二维平面表达的，因此，首先需要计算出卫星在其轨道平面内的位置，即以其轨道焦点（即地球质心）为参考点的坐标值（x，y）；然后，旋转卫星轨道平面，将卫星坐标由轨道平面变换到真天球坐标系的三维空间中；再继续从真天球坐标系到真地球坐标系的变换，以及真地球坐标系到协议地球坐标系的变换。除轨道平面外，三维坐标系之间的变换我们已经在第 3 章有过详细阐述，下面重点阐述轨道平面内的坐标计算,以及从二维平面到三维坐标系的变换。

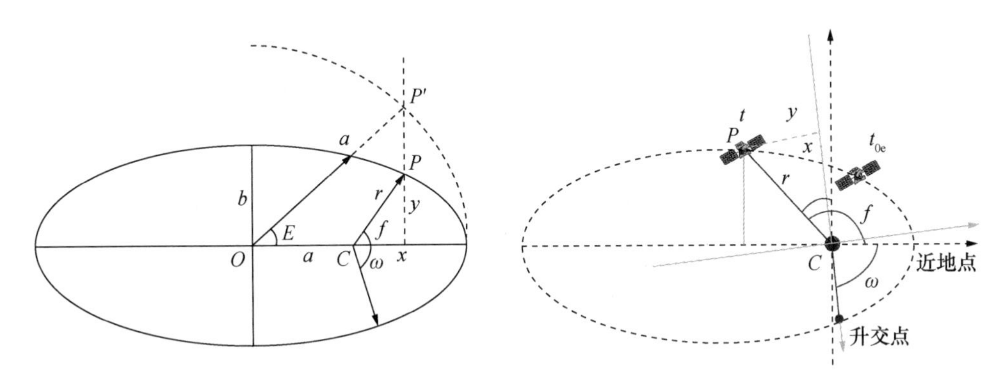

图 4-18　卫星在二维轨道平面的位置表达及真近点角与平近点角的几何关系

(2) 轨道平面内的卫星坐标计算

如图 4-18 中左图所示,P 为卫星轨道上一点(即卫星实时位置),a 为轨道长半径,b 为轨道短半径,O 为椭圆轨道中心,C 为椭圆轨道焦点(即地球质心),r 为矢径,即点 P 到焦点 C 的长度;以 a 为半径,以 O 为圆心画圆,如图中虚线所示,过 P 作垂直于 OC 的直线,交该圆于 P',则角 $P'OC$ 为偏近点角 E,f 为真近点角;点 P 在椭圆上的坐标以 C 为原点,可表示为

$$x' = r\cos f;\quad y' = r\sin f \tag{4-8}$$

此坐标表达式默认轨道椭圆的长半轴为 x 轴,过 C 点垂直到长半轴为 y 轴,但在真实的物理空间,过 C 点指向升交点是天球坐标系的 X 轴,也是卫星轨道位置的参考点,故如图 4-18 右图所示,坐标计算时,我们应该将真近点角 f 替换为升交角距 $u=\omega+f$,从而将 X 轴由原来的轨道椭圆长半轴换为天球坐标系的 X 轴;相应地,轨道平面的 Y 轴垂直于 X 轴指向近地点方向,从而有

$$x = r\cos u;\quad y = r\sin u \tag{4-9}$$

由于在 x 与 y 的表达式中,r 和 u 需要真近点角和偏近点角计算得到,而真近点角需要由偏近点角计算得到,故下面先讨论偏近点角的计算。

椭圆轨道的开普勒方程是:$E-e\sin E=M$,其中 E 为偏近点角,e 为轨道偏心率,M 为平近点角;欲得到 E,需先知道 M。由于导航电文给出了参考时刻 t_{oe}时的平近点角 M_0 以及卫星在轨道上运行的角速度变化量。如果知道卫星运动的平均速度,则可计算得到某观测时刻 t 时的平近点角 M。由开普勒定律可知,卫星运动的平均角速度可利用轨道半径 A 及地球引力常数 GM 得到,即有

$$n_0 = \sqrt{GM/A^3} \tag{4-10}$$

其中,G 和 M 分别为万有引力常数和地球总质量,其乘积为常量 $GM=3.986\,005\times$

$10^{14}\,m^3/s^2$。A 为卫星轨道长半径，导航电文给出的是$\sqrt{A}$，故计算前需对$\sqrt{A}$求平方。

由导航电文给出的角速度变化量 Δn，可得平均角速度 $n=n_0+\Delta n$，从而可得到观测时刻 t 的平近点角为

$$M = M_0 + n(t - t_{oe}) \tag{4-11}$$

由开普勒方程给出的平近点角与偏近点角的关系式：$E=M+e\sin E$，已知 M 和 e，可用迭代法或微分改正法求解得到 E 的值（关于具体迭代法，请参考第 10 章实验部分）。

求得 E 之后，可由下式得到真近点角 f：

$$f = \arctan\left(\frac{\sqrt{1-e^2}\,sin\,\mathrm{E}}{cos\,\mathrm{E} - \mathrm{e}}\right) \tag{4-12}$$

从而可得到升交角距的非精准值 $u'=\omega+f$。

在前面式(4-9)x 与 y 的表达式中，矢径 r 与升交角距 u 均存在摄动影响，由于尚未考虑摄动改正量，故此时的升交角距为非精准值。

如图 4-18 所示，由于卫星在轨道上运行时，受各种引力及太阳风等多种因素影响，在矢径方向、轨道正切方向以及垂直轨道面方向均存在一个正弦摄动量和一个余弦摄动量，即前述广播星历中的摄动量参数 C_{rc}、C_{rs}、C_{uc}、C_{us}、C_{ic}、C_{is}。设矢径 r 的摄动改正项为 δ_r，升交角距 u 的摄动改正项为 δ_u，轨道倾角 i 的摄动改正项为 δ_i，其计算公式分别如下：

$$\begin{cases}\delta_u = C_{uc}\cos 2u' + C_{us}\sin 2u' \\ \delta_r = C_{rc}\cos 2u' + C_{rs}\sin 2u' \\ \delta_i = C_{ic}\cos 2u' + C_{is}\sin 2u'\end{cases} \tag{4-13}$$

由此，我们得到改正后的升交角距 u、矢径 r 与轨道倾角 i 分别为

$$\begin{cases}u = u' + \delta_u \\ r = r' + \delta_r = a(1 - e\cos E) + \delta_r \\ i = i_0 + \delta_i + I_{dot}(t - t_{oe})\end{cases} \tag{4-14}$$

式中，a 为卫星轨道长半径，其值由广播星历计算为$(\sqrt{A})^2$；i_0 为由广播星历给出的 t_{oe} 时刻的轨道倾角，I_{dot} 即广播星历给出的轨道倾角变化率。由此，基于下面公式可以得到在轨道平面内卫星的坐标值：

$$x = r\cos u;\quad y = r\sin u \tag{4-15}$$

得到卫星在其轨道平面内的二维坐标后，我们还需要将该二维坐标转换为三维地球坐标。基于第 3 章介绍的知识，原则上首先我们需要将卫星轨道平面坐标转换为天球坐标系下的坐标，然后再将天球坐标转换为地球坐标。

(3) 轨道平面坐标到瞬时天球坐标及瞬时地固坐标系中的变换

回顾图 4-19，真天球坐标系 XYZ 和真地球坐标系 $X'Y'Z'$ 之间主要表现为 X 与 X' 轴不重合，一个指向春分点，一个指向零子午线交点，两者之间存在一个夹角，即为真恒

星时 GAST。因而真天球与真地球坐标系之间的变换非常简单。因此我们考虑将轨道二维坐标系直接变换到真地球坐标系下。

由于卫星轨道在真天球坐标系中存在一个升交点赤经 Ω，故将轨道平面 xoy 直接变换到真地球坐标系下与其 XOY 平面重合时，Z 轴方向的实际需要旋转的量为 $\Omega-\mathrm{GAST}$，该值在地球坐标系下，本质为观测时刻 t 的升交点经度值 L。

从物理空间的角度而言，具体的旋转变换过程是：将卫星轨道平面先绕其 x 轴逆向旋转 i 角（i 即为轨道倾角），再绕真地球坐标系的 Z 轴逆向旋转 L 角。由于星历中并没有直接给出 L 值，下面我们先推导 L 的计算式。

星历给出了参考时刻 t_{oe} 时的升交点赤经 Ω_{toe} 及其变化率 Ω_{dot}，同时给出了本周开始时刻的格林尼治恒星时 $\mathrm{GAST}_{\mathrm{week}}$，故在观测时刻 t 的升交点经度值 L 可由下面计算过程得到：

设地球自转角速度为 ω_{e}，本周开始时刻，即周日午夜 0 点时刻，格林尼治恒星时为 $\mathrm{GAST}_{\mathrm{week}}$，从本周开始时刻至观测时刻的时长为 t，则观测瞬间的格林尼治恒星时为

$$\mathrm{GAST}=\mathrm{GAST}_{\mathrm{week}}+\omega_{\mathrm{e}}\times t \tag{4-16}$$

其中地球自转常数项 $\omega_{\mathrm{e}}=7.292115\times10^{-5}$ rad/s。

观测时刻 t 的升交点赤经 Ω 为

$$\Omega=\Omega_{\mathrm{toe}}+\Omega_{\mathrm{dot}}(t-t_{\mathrm{oe}}) \tag{4-17}$$

则

$$L=\Omega-\mathrm{GAST}=\Omega_{\mathrm{toe}}+\Omega_{\mathrm{dot}}(t-t_{\mathrm{oe}})-\mathrm{GAST}_{\mathrm{week}}-\omega_{\mathrm{e}}\times t \tag{4-18}$$

令 $\Omega_0=\Omega_{\mathrm{toe}}-\mathrm{GAST}_{\mathrm{week}}$，整理上式有

$$L=\Omega_o+\Omega_{\mathrm{dot}}(t-t_{\mathrm{oe}})-\omega_e\times t \tag{4-19}$$

此式中 Ω_0 和 Ω_{toe} 均由导航电文给出，在得到这两个参数后，在已知观测时刻的条件下，即可求得 L。得到 L 后，由于轨道倾角 i 已知，故可进行如下旋转变换。为了方便矩阵计算，首先将轨道平面坐标系扩展为三维坐标系，即由 $[x,y]$ 变为 $[x,y,0]$；然后按前述变换过程，参考图 4-18，首先将轨道平面绕其 x 轴旋转轨道倾角 i，使其与赤道面重合；再将其绕 Z 轴旋转 L 角，使其 x 轴与真地球坐标系的 X 轴重合，从而即得观测时刻所处的真地球坐标系下的坐标，具体计算公式如下：

$$\begin{Bmatrix}X\\Y\\Z\end{Bmatrix}=R_Z(-L)\,R_X(-i)\begin{pmatrix}x\\y\\0\end{pmatrix}=\begin{pmatrix}x\cos L-y\cos i\sin L\\x\sin L+y\cos i\cos L\\y\sin i\end{pmatrix} \tag{4-20}$$

（4）真地球坐标系到协议地球坐标系的变换

由于在实际应用中，我们需要使用协议地球坐标系下的坐标值，故上述观测时刻真地球坐标系下的坐标值，还需要做进一步的变换处理。回顾第 2 章内容，真地球坐标系

与协议地球系之间只存在极移变换。设极移值为(x_p, y_p)，卫星轨道位置在协议地球坐标系下的坐标值为$[x, y, z]_{\mathrm{CTS}}$，则有

$$\begin{pmatrix} x \\ y \\ z \end{pmatrix}_{\mathrm{CTS}} = R_Y(-x_P)R_X(-y_p)\begin{pmatrix} X \\ Y \\ Z \end{pmatrix} = \begin{pmatrix} 1 & & x_p \\ & 1 & -y_p \\ -x_p & y_p & 1 \end{pmatrix}\begin{pmatrix} X \\ Y \\ Z \end{pmatrix} \tag{4-21}$$

4. 用精密星历计算卫星在轨道上的位置

由于广播星历是一种实时播发的星历，其由地面监测站收集的数据，每隔一段时间如 1 小时预报一次星历参数，虽然间隔并不长，但卫星轨道的变化受多种摄动因素影响，严格来说每个运行瞬间均存在微小变化，因此，广播星历预报的星历参数存在一定误差，在对定位导航精度要求较高的领域，其无法满足相关的应用需求。例如，在高精度单点定位过程，如果期望得到厘米级的定位精度，则卫星广播星历精度必须控制在厘米级以内，在这种情况下，广播星历无法满足要求，必须采用精密星历。

精密星历是由地面跟踪站通过各种观测手段，实时跟踪卫星在轨道上的运行状况，再加以综合计算得到的后处理星历，因此其精度相当高，可达到厘米级的精度水平。此类星历，目前一般通过互联网可以得到，IGS 网站提供了最佳的互联网获取途径，用户可以通过访问该网站下载地址：ftp://igscb.jpl.nasa.gov/pub，下载到自己感兴趣时段的数据产品。

IGS 精密星历早期采用 SP3(Standard Product ＃3)格式发布，后来于 2002 年 9 月，Steve Hilla 建议使用扩展的精密星历格式 SP3-c，其为一种在卫星大地测量中广泛采用的数据格式，由美国国家大地测量委员会提出，专门用于存储导航卫星的精密轨道数据。

SP3-c 格式的星历文件提供了 15 分钟等间隔的卫星坐标与运行速度，采用全球 ITRF 参考框架，具体数据样例，可以访问 IGS 网站了解。

由于 SP3 格式的精密星历是以离散形式给出了卫星位置和速度，因而用户需要采用这些离散点数据，运用曲线拟合方程，通过内插算法得到观测时刻的卫星位置。可以采用的内插方法有很多种，常用的有切比雪夫多项式，被认为是具有最佳拟合效果的表达式，下面给出其原理公式：

设用 n 阶切比雪夫多项式来逼近时间段$[t_0, t_0+\Delta t]$内的卫星星历，将时间变量 t 变换为位于区间$[-1,1]$中的变量 τ，则：$\tau=2(t-t_0)/\Delta t-1$，由此卫星的坐标表达式写为

$$X(t) = \sum_{i=0}^{n} C_{xi}\, T_i(t) \tag{4-22}$$

其中，C_{xi} 为切比雪夫多项式的系数，根据已知卫星坐标，用最小二乘法拟合出该多项式系数，即可用上式计算任一时刻 t 的卫星坐标。其中 T_i 的递推公式如下：

$$T_0(\tau) = 1$$

$$T_1(\tau)=\tau$$
$$T_2(\tau)=2\tau\times\tau-1$$
$$T_n(\tau)=2\tau T_{n-1}(\tau)-T_{n-2}(\tau),\quad |\tau|\leqslant 1,\ n\geqslant 2 \tag{4-23}$$

关于精密星历的可视化与如何使用切比雪夫多项式进行插值计算，我们在 10.1.7 节有详细的阐述，想结合该部分学习的读者可进一步参考。

除了切比雪夫多项式，常用的还有拉格朗日多项式，其基本原理如下：

若已知函数 $y=f(x)$ 的 $n+1$ 个节点 x_0，x_1，x_2，…，x_n，及其对应的函数值 y_0，y_1，y_2，…，y_n，则对于插值区间内的任意一点，其函数值为

$$f(x)=\sum_{k=0}^{n}\prod_{\substack{i=1\\ i\neq k}}^{n}\left(\frac{x-x_i}{x_k-x_i}\right)y_k \tag{4-24}$$

内插理论上不会得到比已知点坐标更高的精度，但采用足够多阶（如 17 阶）的多项式内插时，据信可以得到精度优于 5 mm 的符合精度。

关于精密星历的使用与计算，请进一步参考第 10 章 10.1.8 节中的内容。

4.3.3　卫星的可视性预报与精度因子计算

导航电文中的第 4、5 两个子帧给出了卫星的历书信息，这些信息可用于求解各卫星的概略位置，其优势在于通过预先了解卫星的位置及星座上卫星的分布状况，有助于接收机搜索卫星，快速捕获信号，提高数据的计算质量，在现实应用中具有非常重要的意义。

要进行可视性预报，必须在接收机接收到完整星历文件之后，将星历文件解码得到星座中的所有卫星星历参数，再采用前面提到的轨道计算模型求得所有卫星的空间坐标。之后，我们还需要进行下面两步计算才能实现卫星的可视性预报。

下面我们首先阐述在已知卫星的协议地球坐标的情况下，如何计算其相对于测站的高度角和方位角。

1. 计算卫星相对于测站的高度角和方位角

如图 4-19，高度角是指卫星位置到测站点连线 D 与过测站点的水平面 S 之间的夹角，当我们给出一个高度截止角 E_0 时，高度角大于该截止角的卫星才处于可见范围之内。

设协议地球坐标系下，测站点的坐标为 $[X_0, Y_0, Z_0]$，观测到的卫星 i 的坐标为 $[X_i, Y_i, Z_i]$。首先将测站点的三维直角坐标转换为以经纬度表示的大地坐标 $[L_0, B_0]$，具体计算公式如下：

$$\tan L_0=\frac{Y_0}{X_0}\quad \tan B_0=\frac{Y_0+N\cdot e^2\cdot\sin B_0}{\sqrt{X_0^2+Y_0^2}} \tag{4-25}$$

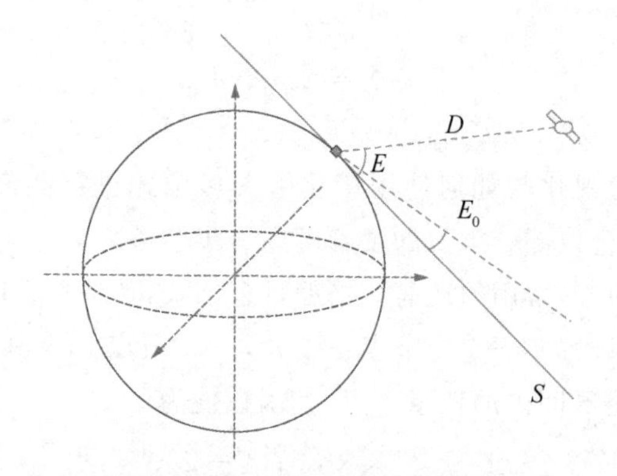

图 4-19　通过卫星高度角判断可预见性

式中，N 为过测站卯酉圈的曲率半径，e 为 WGS-84 椭球的偏心率，显然此式中的大地纬度 B_0 需要通过迭代算法求解才行（具体计算，请参考第 10 章 10.3.1 节相关内容）。

得到测站大地坐标 $[L_0, B_0]$ 之后，使用下面公式将卫星三维坐标转换为以测站点为原点的站心直角坐标系下的坐标 $[x_i, y_i, z_i]$，站心直角坐标系的 z 轴，过站心垂直于地平线向上，与过测站点的 WGS84 椭球体法线重合。其 x 轴过站心与子午线重合指向北极，y 轴过站心指向正东。

基于测站点坐标 $[X_0, Y_0, Z_0]$ 和卫星 i 的坐标 $[X_i, Y_i, Z_i]$ 进行 $[x_i, y_i, z_i]$ 的计算公式为

$$
\begin{bmatrix} x_i \\ y_i \\ z_i \end{bmatrix} = \begin{bmatrix} -1 & 0 & 0 \\ 0 & 1 & 0 \\ 0 & 0 & 1 \end{bmatrix} \cdot R_Y(90 - B_0) \cdot R_Z(L_0) \cdot \begin{bmatrix} X_i - X_0 \\ Y_i - Y_0 \\ Z_i - Z_0 \end{bmatrix}
$$

$$
= \begin{bmatrix} -\sin B_0 \cos L_0 & -\sin B_0 \sin L_0 & \cos B_0 \\ -\sin B_0 & \cos B_0 & 0 \\ \cos B_0 \cos L_0 & \cos B_0 \sin L_0 & \sin B_0 \end{bmatrix} \begin{bmatrix} X_i - X_0 \\ Y_i - Y_0 \\ Z_i - Z_0 \end{bmatrix} \tag{4-26}
$$

得到卫星的站心坐标后，则可利用下面公式计算得到卫星的高度角 E_i 和方位角 A_i：

$$
\begin{cases} E_i = \arctan \dfrac{z_i}{\sqrt{x_i^2 + y_i^2}} & (-90^\circ \leqslant E_i \leqslant 90^\circ) \\ A_i = \arctan \dfrac{y_i}{x_i} & (0^\circ \leqslant A_i \leqslant 360^\circ) \end{cases} \tag{4-27}
$$

2. 计算测站位置上的几何精度因子 GDOP

GDOP 是一个用来衡量观测时刻星座结构的总指标，GDOP 含义为 Global Dilution of Precision，描述了卫星相对于测站的空间几何分布状态。理论上，测站观测到的所有卫星如果对称均匀地分布于测站上空，则观测的定位结果精度最好，因此，GDOP 反映了

星座中卫星分布对定位精度的影响。

具体计算依据来源于定位解算方程，其中未知参数的协因数阵恰好为星地距离的余弦量，设星站间距离为 r，卫星坐标为$[x_i, y_i, z_i]$，同时令

$$\cos\alpha = x_i/r,\quad \cos\beta = y x_i/r,\quad \cos\gamma = z_i/r$$

其中，

$$r = \sqrt{x_i^2 + y_i^2 + z_i^2} \tag{4-28}$$

则同时观测到 4 颗卫星时的星座协因数矩阵为

$$\boldsymbol{Q}_P = \begin{bmatrix} \cos\alpha_1 & \cos\beta_1 & \cos\gamma_1 & 1 \\ \cos\alpha_2 & \cos\beta_2 & \cos\gamma_2 & 1 \\ \cos\alpha_3 & \cos\beta_3 & \cos\gamma_3 & 1 \\ \cos\alpha_4 & \cos\beta_4 & \cos\gamma_4 & 1 \end{bmatrix} \tag{4-29}$$

定义 GDOP 为

$$\mathrm{GDOP} = \sqrt{\mathrm{trace}\,(\boldsymbol{Q}_P^T\boldsymbol{Q}_P)^{-1}} = \sqrt{\sigma_{11}^2 + \sigma_{22}^2 + \sigma_{33}^2 + \sigma_{44}^2} \tag{4-30}$$

除了 GDOP，还有用于估算三维位置精度的 PDOP，估算垂直分量精度因子的 VDOP 以及水平分量精度因子的 HDOP 等，其计算公式分别如下：

$$\mathrm{PDOP} = \sqrt{\sigma_{11}^2 + \sigma_{22}^2 + \sigma_{33}^2} \tag{4-31}$$

$$\mathrm{VDOP} = \sqrt{\sigma_{33}^2} \tag{4-32}$$

$$\mathrm{HDOP} = \sqrt{\sigma_{11}^2 + \sigma_{22}^2} \tag{4-33}$$

如果已知定位中误差 σ_0，则乘以这些精度因子，可以得到对应的测量误差。

思考题

1. 请简述 GPS 卫星导航定位系统的主要组成，说明各部分的主要功能是什么。
2. GPS 卫星所用的载波有哪些？其波长大致是多少？
3. GPS 测距码有哪些？请查阅并了解其他卫星导航系统所用的测距码。
4. 卫星导航所用测距码的特点以及优点是什么？
5. 欲确定卫星在轨道上的位置，需要接收导航电文的哪几个子帧，大概需要接收多长时间？
6. 如欲知道整个星座卫星的健康状况，需要接收哪几个子帧的电文，大概需要接收多长时间？
7. 电离层改正参数与卫星钟差改正参数分别在哪个电文子帧中给出？
8. 与时间相关的参数，需要从哪几个子帧中查找？导航电文中有哪些与 UTC 时间相关的参数？

9. 如果你需要知道卫星在轨道上的运行速度，导航电文中有哪些参数可供使用？
10. 卫星轨道九参数是指哪几个参数？
11. RINEX 文件的用途是什么？请简述 RINEX 导航文件的主要格式与内容。
12. 请简述卫星轨道位置计算过程，说明计算需要哪些已知数。
13. 如何利用精密星历计算卫星轨道位置？
14. 什么是卫星的可视性？如何进行卫星的可视性预报？
15. 什么是 GDOP？如何得到其数值？

第5章

GPS卫星导航定位中的误差分析

通过第1章我们知道，子午卫星导航系统提供的定位精度在数百米左右，主要原因是限于当时的条件，对影响定位的诸多误差无法从根本上减弱或消除。对于GPS或者其他卫星导航系统而言，如果不严格处理影响定位的诸多误差因素，同样无法实现高精度的定位。事实上，现有四大导航定位系统，均提供了良好的定位结果，说明其对各类误差因素的处理均达到了较为理想的水平。本章对影响定位的主要误差因素进行较为全面的阐述，包括其产生的机理与减弱或消除的方法，从而有利于我们在研究工作或实际应用环节，有效或明确地获取、处理、分析导航定位数据。

5.1 误差概述

卫星导航定位中，所有的误差按其产生的根源可分为：与卫星有关的误差、与信号传播有关的误差、与接收机有关的误差以及其他误差。

与卫星有关的误差主要包括卫星钟误差、卫星硬件延迟误差、卫星星历误差、相对论效应误差以及卫星天线偏差等；与信号传播有关的误差主要包括电离层延迟误差、对流层延迟误差、多路径效应误差等；与接收机有关的误差主要包括接收机时钟误差、接收机硬件延迟误差、接收机天线误差以及接收机噪声误差等；其他误差主要包括地球自转误差、地球固体潮误差、海洋潮汐误差以及大气负荷误差等。这些误差对定位的影响大小不等，最大可达数十米甚至数百米。如果不了解其作用机理并采用恰当的措施进行消除，则无法得到理想的定位结果。

依据这些误差的规律与特点，总体而言，有两类方法可用于消除或减弱这些误差的影响，即模型改正法和求差法。前者通过研究这些误差产生的机理，建立误差产生的理论模型，通过观测相关参数或因子而计算误差；后者通过建立观测方程，在观测方程之间求差，从而消除代表误差的未知数，达到消除误差影响的目的。

从误差产生的特点而言，误差又可分为偶然误差和系统误差，系统误差一般具有一定的规律性，采用建立模型的方法可以较好消除，而偶然误差则一般具有一定的统计性规律，通过较多的观测值，采用统计检测的方法可加以限制。

前面基于误差产生的根源，所列举的三类误差，即与卫星有关的误差、传播误差以及与接收机有关的误差，总体而言，主要体现为系统性误差，因此，多数可采用模型改正法加以消除，如果辅以求差法，则可在很大程度上达到消除其影响的目的。至于定位导航过程中的偶然误差，一般仅在定位解算过程加以估计检验，给出偶然误差的大小。通常利用增加观测次数削弱其影响，而无法从根本上消除定位过程中的偶然误差。

5.1.1 模型改正法

有一些误差产生的机理具有很强的规律性，如时钟误差与时间积累有密切关系，相对论效应误差与速度和重力有严格的数理关系，均可采用较为严格的公式加以描述和计算，因而，基本上可以很好地消除这两种误差。

如果所建立的模型与实际误差之间并不存在严格的描述模型，很显然无法达到精确消除其误差影响的目的。例如：电离层以及对流层对信号传播的影响与大气中的电子含量以及大气状态参数有密切关系，但由于其范围太广，无法获得精确的计算参数值，故只能采用近似方法加以处理。目前，对于单点定位而言，影响定位精度的最大误差因素是电离层对信号传播的影响，全球电离层的精密监测是一项相当困难的工作，因此卫星导航电文中所给的电离层参数，与实际信号传播路径上的电离层参数之间存在较大差异，虽然相关领域的学者在努力提高对电离层实时监测的精度，但较大范围的监测仍然没有特别有效的手段来处理这一问题。

对流层的误差影响与电离层有些类似，但相对而言其影响较弱，一般在数米之间。

5.1.2 求差法

模型改正法主要是对单个参数观测值的误差改正，而求差法用于方程组建与求解过程中，通过方程之间的关系，将含有误差的未知项从方程组中剔除，从而实现消除其误差影响定位结果的目的。

观测量与待求未知量之间可以建立观测方程，针对一颗卫星一个历元的观测数据一般可以建立一个观测方程，通过很多个历元的观测数据，可以建立很多个方程。一般而言，这些方程式中含有相同的观测量与未知数，而且对于导航定位而言，我们想知道其结果数值的未知数通常只有坐标值，故可以在这些方程之间，通过两两求差，消除一个或多个含有误差的非坐标未知数，从而达到不直接求解这些非坐标未知数，却能达到最终精确定位的目的，这就是求差法的原理。

举例而言，当两台接收机同时跟踪到同一颗卫星时，此卫星的时钟误差、星历误差对两台接收机的同步观测影响是一致的，故两台接收机分别建立的方程，通过求差法可以消除该卫星的时钟误差和星历误差（注：星历误差由于不是直接观测量，消除程度与两接收机间距离有关)。又例如,一台接收机同时跟踪两颗卫星时,对这两颗卫星分别建立的观测方程中,接收机的时钟误差是相同的,因而通过对这两个观测方程求差,可消除该接收机的时钟误差。

显然,如果我们无法建立严格的观测方程,则无法使用求差法有效消除相关误差。典型的误差如多路径效应以及接收机噪声误差,在没有找到其规律之前,无法采用模型改正消除,也无法简单地采用求差法加以彻底消除。对于多路径效应误差,一般采用选取较好的天线、较好的观测环境等办法减弱或消除,而接收机噪声误差,只能通过防止外境干扰、远离辐射源等措施减弱其影响。

为了深入了解各项误差的产生机理,下面我们逐个阐述卫星定位过程中的一些主要误差,对这些误差的处理方法,在单点定位过程中,主要采用的是模型改正法,在差分定位和相对定位过程中,则一般采用求差法加以消除。关于求差法,我们将在第7章和第8章讲述差分定位与相对定位时,再详细阐述其具体的处理方法。

5.2　相对论效应误差

时间的相对论效应是由于位于轨道上的时钟与处于地面上的时钟,其运行速度以及所处的重力位有较大差异而产生的。其影响分为两方面:卫星轨道按圆形运动时的相对论效应和椭圆轨道相对于圆形轨道变化的影响效应。下面分别就此两方面详加阐述。

5.2.1　卫星轨道视为正圆时的相对论效应

相对论包括狭义相对论和广义相对论,前者讨论速度与时间的关系,后者讨论引力与时间的关系。由于卫星一方面在高速运行,另一方面所处轨道离地面有数万千米,有较大引力位变化,故对其产生的误差影响有速度与引力位变化两个方面,下面对其影响从两个方面加以阐述。

1. 狭义相对论效应

狭义相对论认为,设光速为常量 c,若某一物体在惯性空间中静止状态的时间为 t_0,当它相对于其静止状态以速度 v 运行时,其运行时的时间 t 可表达为

$$t = \gamma t_0$$

其中

$$\gamma = 1/\sqrt{1-(v/c)^2} \tag{5-1}$$

由于时间和频率是倒数关系,将上式中的时间 t 替换为频率 f,则可推导求得静止状态(即处于地面)的频率 f 和运行状态(即处于卫星轨道)的频率 f_s 之间的近似关系表达式为

$$f_s = f\sqrt{1-(v/c)^2} \approx f\left(1-\frac{v^2}{2c^2}\right) \tag{5-2}$$

则频率的变化量 Δf_1 为

$$\Delta f_1 = f_s - f = -\frac{v^2}{2c^2}f \tag{5-3}$$

此表达式中，两个速度值和一个频率值均为正值，故其结果为负值。说明，当原子钟从地面移到卫星轨道上，处于速度 v 运行时，频率会降低，时间相对被延长，即变慢了。如设 GPS 卫星在轨平均速度为 v=3874 m/s，光速 c=299 792 458 m/s，则 $\Delta f_1=-0.835\times 10^{-10}f$。

2. 广义相对论效应

广义相对论理论认为，设光速为常量 c，当某一物体处于引力位 A 时，其时间为 t，当其被放置在引力位 B 时，其时间将变为 t'，两个时间之间的关系式可写为

$$t' = t/\sqrt{1+2\Delta U_{BA}/c^2} \tag{5-4}$$

其中，ΔU_{BA} 为 A 和 B 两点处的势能差，具体表达式为

$$\Delta U_{BA} = U_B - U_A = -\frac{GM}{R_B} - \left(-\frac{GM}{R_A}\right) = GM\left(\frac{1}{R_A}-\frac{1}{R_B}\right) \tag{5-5}$$

式中，G 为引力常数，M 为引力源的质量，R_A 和 R_B 分别为 A、B 两点离引力中心的距离。对于卫星时钟而言，上面表达式中的 M 为地球质量，设 R_A 为地球半径，R_B 为卫星轨道半径。我们同样将时间替换为频率，将 R_A 换为地球半径 R，R_B 换为卫星轨道半径 r，则上面(5-4)式可重写为

$$f' = f\sqrt{1+2\Delta U_{BA}/c^2} \approx f\left(1+\frac{\Delta U_{BA}}{c^2}\right) = f + f\frac{GM}{c^2}\left(\frac{1}{R}-\frac{1}{r}\right) \tag{5-6}$$

式(5-6)中，由于 $\Delta U_{BA}/c^2$ 是小值项，为去除根式忽略其二次项，可近似展开为简单的加式表达。

因而，在广义相对论效应影响下，频率的变化量 Δf_2 为

$$\Delta f_2 = f' - f = f\frac{GM}{c^2}\left(\frac{1}{R}-\frac{1}{r}\right) \tag{5-7}$$

此表达式中地球半径 R 远小于卫星轨道半径 r，故 Δf_2 为正值，即原子钟从地面移到轨道位置时，引力减小使得原子钟频率增加，原子钟时间被相对缩短，即时间变快了。

此式中取 $GM=3.986\,005\times10^{14}\ \mathrm{m^3/s^2}$，$R$=6378 km，$r$=26 560 km，则有 $\Delta f_2=5.284\times10^{-10}f$。显然重力变化对原子钟的影响要远大于卫星运行速度对原子钟的影响。

3. 两者综合影响

将式(5-3)的狭义相对论与式(5-7)的广义相对论的钟频效应相加即得综合影响

结果：

$$\Delta f = \Delta f_1 + \Delta f_2 = -v^2 f/(2c^2) + f\frac{GM}{c^2}\left(\frac{1}{R}-\frac{1}{r}\right) = \frac{f}{c^2}\left(\frac{\mu}{R}-\frac{\mu}{r}-\frac{v^2}{2}\right) \quad (5\text{-}8)$$

式中用 μ 替换了常量 GM。

根据开普勒第三定律，卫星在轨道上的运行速度由半径决定，上式中 $v^2/2$ 项可表达为

$$\frac{v^2}{2} = \frac{\mu}{r} - \frac{\mu}{2a}, \quad (5\text{-}9)$$

其中，a 为卫星轨道长半径。

如果我们令 $a=r$，即视卫星轨道为圆形，则上式变为

$$\frac{v^2}{2} = \frac{\mu}{r} - \frac{\mu}{2r} = \frac{\mu}{2r} \quad (5\text{-}10)$$

将式(5-10)代入式(5-8)则有

$$\Delta f = \Delta f_1 + \Delta f_2 = \frac{\mu}{c^2}\left(\frac{1}{R}-\frac{3}{2a}\right)f \quad (5\text{-}11)$$

如果取地球平均半径 $R=6378$ km，卫星轨道半径均值 $r=26\ 560$ km，光速 $c=299\ 792.458$ km/s，GM 常数取浮点数 $3.986\ 005\times10^{14}$ km^3/s^2，则可求得 Δf 的值为

$$\Delta f = 4.443 \times 10^{-10} f \quad (5\text{-}12)$$

此式表明 GPS 卫星的原子钟，如果从地面移到圆形轨道上时，相对论对其频率的影响是一个稳定值，即 $4.443\times10^{-10} f$。当卫星轨道确定时，该值为一个已知数。由于 GPS 卫星轨道是一个很接近正圆的椭圆轨道，故使用该值可以校正大部分的相对论效应值。具体的校正做法是在卫星发射之前，在地面上将卫星钟频率人为降低 4.443×10^{-10}，当卫星发射到运行轨道上，处于正常运行状态时，其频率自动会恢复到 f 值。

5.2.2　卫星轨道椭圆变化量的相对论效应

虽然我们做了前面的处理，但卫星实际上是运行于椭圆轨道上的，椭圆轨道的半径变化产生微小的相对论效应，对时间的影响仍然不可忽略。假设卫星轨道偏心率为 $e=0.01$，则椭圆轨道变化引起的相对论效应对时间的影响可达 22.9 ns，对应测距的影响为 6.864 m，这么大的误差即使在单点定位中也不能忽略，故椭圆轨道变化部分的相对论效应必须加以校正。

前面式(5-8)和式(5-9)中，如果我们不令 $a=r$，卫星椭圆轨道半径的严格表达式是

$$r = \frac{(1-e^2)a}{1+e\cos f} \quad (5\text{-}13)$$

式中，e 为卫星轨道偏心率，f 为卫星轨道上的真近点角，而 f 又可使用偏近点角 E 表达为

$$\cos f = \frac{\cos E - e}{1 - e\cos E} \tag{5-14}$$

则综合式(5-13)、式(5-14)和式(5-9)，对式(5-8)进行推导整理并简化，可得到严格的表达式：

$$\Delta f = \Delta f_1 + \Delta f_2 = \frac{\mu}{c^2}\left(\frac{1}{R} - \frac{3}{2a}\right)f - \frac{2f\sqrt{a\mu}}{t\,c^2}e\sin E \tag{5-15}$$

式中，$\frac{\mu}{c^2}\left(\frac{1}{R}-\frac{3}{2a}\right)f$ 部分即前面 5.2.1 节讲述的常量部分，$-\frac{2f\sqrt{a\mu}}{t\,c^2}e\sin E$ 部分即为考虑椭圆轨道半径变化部分的影响。由于该表达式为频率，去除其中包含的 f 与 t 项，转写为时间，即得由轨道变化引起的相对论时间效应的改正值，令其为 Δt_r，则有

$$\Delta t_r = -\frac{2\sqrt{a\mu}}{c^2}e\sin E \tag{5-16}$$

如果直接表达为卫地距误差，即有

$$\Delta\rho = -\frac{2\sqrt{a\mu}}{c}e\sin E \tag{5-17}$$

在进行卫星轨道定位计算时，基于此式可计算轨道在半径方向的变化量。在利用精密星历进行轨道位置速度计算时，并不使用此公式，而是使用如下表达式：

$$\Delta\rho = -\frac{2}{c}X \cdot \hat{X} \tag{5-18}$$

式中，X 表达卫地距向量，$\hat{X}$ 表达卫地距方向卫星的运动速度，也即卫地距变化量。

一般在普通单点定位中，利用公式(5-16)计算相对论时间改正时，必须事先计算出观测时刻卫星在轨道上的偏近点角 E。

5.2.3 接收机时钟的相对论效应

放置于地面的接收机，由于存在地球自转速度影响，也会产生相对论效应。设地球自转引起的接收机位置处的速度为 V_r，则该运动速度对接收机钟频产生的相对论效应为

$$\Delta f_R = -V_r^2 f/(2c^2) \tag{5-19}$$

V_r 在不同的纬度取值不同，理论上赤道处具有最大速度，约为 464 m/s，由此速度产生的相对论效应值为 $0.012\times10^{-10}f$，中纬 45 度位置产生的相对论效应值约为 $0.006\times10^{-10}f$。换算为时间，经测算在我国境内的平均影响约为卫星时钟相对论效应影响的 1%。考虑到在实际观测过程中，该部分的影响无法与接收机的物理钟差分开，故一般计算处理时，对此值不再单独考虑，一并按接收机时钟误差(简称钟差)加以处理。

5.3　卫星时钟误差

5.3.1　广播卫星钟差

卫星采用原子钟，其精度很高，但存在随着时间延长而产生的漂移误差，通过研究发现卫星原子钟的时间漂移特性可以采用下面方程进行较好的描述：

$$\Delta t = a_0 + a_1(t - t_{oc}) + a_2(t - t_{oc})^2 + \int_{t_{oc}}^{t} y(t)\mathrm{d}t \tag{5-20}$$

式中，t 为当前时刻，t_{oc}为时钟校正时刻，也即参考时刻。a_0 为在 t_{oc}时刻的钟差，a_1 为在 t_{oc}时刻的钟速也即时钟漂移速度；a_2 为在 t_{oc}时刻的时钟漂移的加速度。此三参数是通过对原子钟长时间地不断跟踪观测并检校得到的，然后再通过广播星历发送给接收机。

(5-20)式中的积分项 $y(t)\mathrm{d}t$ 表现为一个无规律的偶然误差，无法通过观测确切得知，只能通过较长时间的统计特性来体现。其物理特性表现为我们通常所说的原子钟的稳定度，如铯原子钟的日稳定度可优于 2×10^{-13}。

对于 GPS 卫星而言，Δt 表达的是卫星原子钟与标准 GPS 时之差，也称为卫星钟的物理同步误差。通常地面控制系统会将其值控制在 1 ms 之内，即当一颗卫星的钟差接近 1 ms 时，地面控制站会对其做出调整，即令卫星钟与地面钟接近同步。由于 1 ms 的钟差，对应近 300 km 的测距误差，故必须利用 Δt 对卫星钟差进行改正。为了得到精密的原子钟时间，目前 GPS 卫星都配备有两台原子钟。

由第 4 章导航电文一节内容可知，卫星钟差参数是通过导航电文播发给用户的，即每 30 s 播发一次。经过 Δt 改正后，该部分卫星钟差仍然有残余，称为数学同步误差，为 2～5 ns，产生的测距误差为 0.6～1.5 m。如果要得到更精密的时间或更高的定位精度，则需要采用精密卫星钟差进行改正。

由于此钟差并未考虑因轨道变化以及重力变化而引起的相对论效应，故需对卫星钟差改正在 Δt 的基础上再加上相对论效应改正 Δt_r。不考虑式(5-20)中随机项的影响，则总的卫星钟差 Δt_{SV}可写为

$$\Delta t_{SV} = a_0 + a_1(t - t_{oc}) + a_2(t - t_{oc})^2 + \Delta t_r \tag{5-21}$$

导航电文给出时钟参考时间 t_{oc}可能比观测时间 t 要晚，即$(t - t_{oc})$可能为负值，但此时差值为负并不影响时钟误差的改正。据观测目前 GPS 导航电文给出的 a_2 值通常为 0，故按目前的实际情况，此式实为一直线方程，即卫星钟差的变化呈较好的直线特性。关于 t_{oc}的取值，即卫星钟的校正参数计算问题，感兴趣的读者可进一步参考 GPS 时钟改正的相关资料。

5.3.2 精密卫星钟差

前面提到精密卫星星历是由分布于地面的监测站跟踪过境卫星实际观测到的星历，其中包含精密卫星钟差。精密卫星钟差的发布是包含在精密星历中的。目前主要发布机构有IGS(国际卫星导航服务机构，本章5.4节详细介绍)和NASA，IGS通过网络或其他广播方式给用户提供精密卫星钟差。

由于精密星历只有实时跟踪观测卫星才能得到，故一般有一定的时延，但也可基于长时间的精准观测值计算精密预报星历。按时延长短，精密星历分为：超快速预报星历、超快速观测星历、快速星历和最终星历4类。超快速预报星历通常可用于精密单点定位，其余类型的精密星历，一般用于事后精密定位，如地面沉降监测、大坝变形监测、大陆板块移动等等。

精密时钟误差通常与精密轨道参数编制在同一个文件中(第10.1.8节对SP3格式即精密星历文件有详细的介绍)，精密星历文件中包含了精密轨道参数和精密卫星钟参数。

基于与精密轨道参数同样的格式，在SP3文件中，直接给出了每隔一定时间间隔的卫星钟差值，故不再使用模型进行改正。任意时刻的精密钟差值基于给定的数值，通过插值方法计算得到。由于钟差具有很强的随机性，故不宜采用高次多项式插值，一般建议采用普通线性内插来计算任意时刻的钟差。采样间隔越小，显然得到的钟差精度越高，但间隔较小时，计算量则较大，故具体计算视定位精度需求而定。

目前IGS给出的卫星钟差精度可达到0.1 ns，数据的时间间隔一般为15 min，更精密的数据采样间隔为5 min和30 s。表5-1给出了各类星历中发布的卫星钟差精度、发布时延、数值间隔以及更新频率等。

表5-1 IGS精密卫星钟差

卫星星历中的卫星钟差	精度(中误差)	发布时延	数值采样间隔	更新频率
广播星历中的卫星钟差	2～5 ns	实时	天	
超快速预报星历中的卫星钟差	3 ns	实时	15 min	4次/d
超快速观测星历中的卫星钟差	150 ps	3～9 h	15 min	4次/d
快速星历中的卫星钟差	75 ps	17～41 h	5 min	每天
最终星历中的卫星钟差	75 ps	12～18 d	30 s	每周

从表5-1中可以看到，与广播星历的钟差相比，地面监测站实时跟踪获得的观测星历，其精度要好近一个量级或一个量级以上。

5.3.3 硬件时延误差

卫星到地面接收机的距离测量,主要是通过测距码和载波测定的,两者都需要精密的时间测量。理论上,测距信号的传输时间,应该从信号产生开始,但卫星上信号是从相关电路模块产生,再传输到发射天线,然后由发射天线经由大气传输到地面或其他地方的。

一般而言,我们认定载波及信号的传输速度为光速(注:在大气中的传输,我们在 5.5 和 5.6 两节再深入分析其时延影响),在卫星上从信号产生模块到天线部分的传输速度,经检测其并不是光速,由此而产生的时延误差被称为卫星硬件时延误差或信号在卫星内的群延差。很显然,不同的信号由于其产生的电路不同,故其所对应的硬件时延误差也不相同。

对于 GPS 卫星而言,广播星历中所给出的该部分卫星钟差参数是使用调制在 L1 和 L2 载波上的两个 P 码来测定预报的,因而仅适用于使用 L1P 码和 L2P 码定位的情况,对于使用其余码的情形,还需要在广播星历误差改正的基础上,加上其对应的群延差改正数,对于不同的测距码,具体的计算公式如下:

① L1P 码测距卫星时钟改正:

$$\Delta t_{SV}^{L1P} = \Delta t_{SV} - T_{GD} \tag{5-22}$$

② L2P 码测距卫星时钟改正:

$$\Delta t_{SV}^{L2P} = \Delta t_{SV} - \lambda T_{GD},$$

其中

$$\lambda = (f_1 / f_2)^2 = 1.646\,94 \tag{5-23}$$

③ L1C 码测距卫星时钟改正:

$$\Delta t_{SV}^{L1C/A} = \Delta t_{SV} - T_{GD} + ISC_{L1C} \tag{5-24}$$

④ L2C 码测距卫星时钟改正:

$$\Delta t_{SV}^{L2C} = \Delta t_{SV} - T_{GD} + ISC_{L2C} \tag{5-25}$$

⑤ L5I5 码测距卫星时钟改正:

$$\Delta t_{SV}^{L5I5} = \Delta t_{SV} - T_{GD} + ISC_{L5I5} \tag{5-26}$$

⑥ L5Q5 码测距卫星时钟改正:

$$\Delta t_{SV}^{L5Q5} = \Delta t_{SV} - T_{GD} + ISC_{L5Q5} \tag{5-27}$$

式(5-24)～式(5-27)中的 ISC 项均由相应的导航电文给出,具体可参考相关码的导航电文详细说明,在导航电文中未给出 ISC 的情况下,对 ISC 项可不用考虑。这些公式总体反映出不同的测距码测得的伪距在进行时钟改正时,应该使用其对应的硬件延迟改正参数 ISC。在前面讲解的导航电文中,并没有提及 ISC 项,原因是对于单频接收终端,用 $L1$ 载波上的 C/A 码测量的精度过低,使用 ISC 的改正意义并不大。但对于高精度定位，必须考虑此项改正。

经过硬件延迟改正和相对论时间改正后的 Δt_{SV}^{z} 称为卫星钟的数学同步误差，其精度可达到 2 ns，反映了卫星钟经实时星历（包括广播星历和精密实时星历）改正后的终极精度，其取决于上述几个公式中各项参数的测定。

5.4 卫星星历误差

卫星在其轨道上运行过程中的真实位置与经由地面观测值推算出来的理论位置之间是有差异的，通常地面观测值推算的卫星在轨位置参数由广播星历或精密星历给出，故此项误差称为星历误差。广播星历给出了在参考时刻 t_{oe} 的卫星轨道参数及其变化率，然后基于相关轨道公式计算出观测瞬间的卫星位置以及运行速度。精密星历以一定的时间间隔直接给出了卫星在空间的三维坐标和三维运行速度，然后基于插值算法求得观测瞬间卫星在轨道上的位置与运行速度。

由于卫星运行轨道可以较好地用方程描述，故星历误差总体上具有系统性，但每颗卫星之间由于没有任何运行上的关联，故相对星历误差具有随机性。

由于在定位计算过程中，星历作为已知数参与计算，因此其误差或精度直接影响定位结果。对于单点定位或者说绝对定位而言，这种影响无法消除，唯一的办法就是不断提高星历精度。下面对广播星历与精密星历对定位的误差影响分别加以阐述，方便对定位结果进行精度估计。

5.4.1 广播星历误差

GPS 导航系统由分布于全球的数十个地面监测站不间断地跟踪观测卫星，然后利用观测数据拟合预估出卫星在某参考时刻的 6 个轨道个数，以及 9 项综合考虑地球形状因子、潮汐、太阳辐射等多种因素影响的摄动参数（也称轨道改正数，在第 4 章中已有所述）。

为了提高广播星历误差，自 2002 年以来，美国地球空间情报局 NGA 和 GPS 联合工作办公室 JPO 共同支持实施了一项精度改进计划 L-AⅡ，其主要内容包括：

① 把 NGA 所属的 6～11 个地面跟踪站的观测资料逐步添加到广播星历的定轨资料中，使所有 GPS 卫星在任意时刻至少有一个地面站对其进行实时跟踪观测；

② 对卫星定轨和预报中所使用的动力学模型进行改进。

基于 IGS 从 2002—2006 年共 5 年间对广播星历的统计检验，证实了实施 L-AⅡ计划后，到 2006 年几乎所有卫星的三维位置中误差降到 2 m 左右。后续不断采用改进措施，截至 2012 年，通过综合评估，IGS 给出的广播星历误差声称大约为 1 m。

5.4.2　精密星历误差

精密星历主要是为了满足大地测量、地球动力学研究等精密应用领域的需要而研究生产的一种星历。目前有两种精密星历，第一种是 IGS 提供的精密星历，如表 5-2 所示。

表 5-2　IGS 精密星历

名称	精度/cm	发布时延	数值采样间隔	更新频率
广播星历	100	实时	天	
超快速预报星历	5	实时	15 min	4 次/d
超快速观测星历	3	3～9 h	15 min	4 次/d
快速星历	2.5	17～41 h	15 min	每天
最终星历	2.5	12～18 d	15 min	每周

第二种是 NASA 发布的为全球差分 GPS 系统提供的实时差分改正数。两种精密星历均可从网上免费下载获取。

卫星星历误差最终取决于轨道计算所用的数学模型、地面跟踪站网络的规模与其分布状态、地面跟踪站所用控制点的精度以及地面跟踪站对卫星观测的时长等各种因素。求算卫星在轨位置的过程，可以看成利用地面已知点和卫星定位观测方程，反算卫星在轨位置的过程。

作为已知数，其对单点定位的影响是直接的，其所具有的误差值，基本上会全部反映到定位结果中。但对相对定位而言，通过求差法可极大降低其影响，甚至可忽略不计。由于求差法相关的观测方程等内容在后续章节才讲述，故在此我们仅给出星历误差对定位结果的一种估计。据大量试验结果表明，使用 GPS 卫星进行静态相对定位观测时，卫星星历误差对定位结果的影响一般可用下式来估计：

$$\frac{\Delta b}{b} = \left(\frac{1}{4} \sim \frac{1}{10}\right) \times \frac{\mathrm{d}\rho}{\rho} \tag{5-28}$$

式中，Δb 为卫星星历误差所引起的基线测量误差，b 为基线长度，$\mathrm{d}\rho$ 为卫地距方向的星历误差，ρ 为卫地距。式中系数部分的取值介于 1/4～1/10，具体视观测基线的位置、方向、观测历元的多少与时间长短以及观测过程中卫星的分布状态等因素而确定。假设星历误差 $\mathrm{d}\rho = 1$ m，取卫地距为 20 200 km 时，则观测基线的相对误差 $\Delta b/b$ 介于 $(0.3 \sim 0.12) \times 10^{-9}$。即使基线长度取 5000 km，基线的观测误差最大仅为 0.15 cm。此结论表明，星历误差在相对定位中，一般情况可以忽略不计。

5.4.3　削弱星历误差的主要方法

由前述已知，可采用多种途径削弱星历误差的影响，在此加以归纳：

① 对于实时单点定位或绝对定位而言，基本无法消除星历误差的影响；如果采用IGS实时广播的超快速预报星历，则可以将该误差的影响降低到5 cm，但对于普通用户而言，要使用IGS的超快速预报星历，并不方便。

② 对于事后定位的应用而言，下载使用IGS等机构发布的精密星历，可以极大地改善星历误差影响。

③ 在具备基线或已知控制点的情况下，通过建立相对观测，可以极大地消除星历误差的影响，即使单频接收机定位，采用广播星历时的相对静态定位也可以达到毫米级的精度。

④ 利用已有的差分网或CORS网进行定位，可以很好地消除星历误差（相关内容将在第7～8章介绍）。

5.4.4 国际GNSS服务

1. IGS的职能

IGS（the International GNSS Service）最早于1993年由国际大地测量协会IAG为支持大地测量与地球动力学研究而建立，由于当时仅有GPS，故当时的名称为the International GPS Service，随着后来GLONASS等卫星导航系统的发展，其中的GPS一词被替换为GNSS。

IGS早在1994年就开始向全球开放性地提供高质量的GNSS数据产品。其产品为全球科研、教育以及商业领域等许多方面的应用与发展提供了极为重要的支持。

IGS由来自超过100多个国家的200多个代理机构、大学以及研究机构组成，这些机构均是志愿参与且自己提供相关经费的。概略来说，共同参与支持为全球提供的服务主要有：

① 为全球提供卫星导航系统的高精密卫星轨道数据；

② 提供免费开放的高精度数据产品服务于科学发展与大众需求，这些产品间接地服务于全球经济领域数以百万计的用户；

③ 为国际地球参考框架（ITRF）的建立与优化不断提供来自全球400多个观测站的数据产品；

④ 为大地测量及相关学术研究提供支持。

IGS的主要任务是提供高精度的GNSS数据、产品和服务，密切相关的领域包括ITRF精化、地球相关监测（包括形状变化、自转、极移等）、卫星精密定轨、对流层与电离层状态监测以及精密定时等与科学及社会发展密切相关的诸多应用。具体而言，IGS的产品主要包括：

① GNSS卫星星历（目前仍然主要是GPS与GLONASS数据）；

② 地球自转参数；

③ 全球跟踪站位置坐标及速度；

④ 卫星及跟踪站的时钟信息；

⑤ 天顶方向对流层延时估计；

⑥ 全球电离层参数分布图等。

2. IGS 的机构组织

IGS 的机构组织粗略而言主要由数据中心、分析中心、中央局(Central Bureau)、管理委员会、工作组以及遍布全球的卫星跟踪网组成。

卫星跟踪网是 IGS 的基础，由分布于全球的 400 多个永久、不间断运行的大地测量观测站构成。不断跟踪各类导航系统和增强系统的卫星，主要包括 GPS、GLONASS、Galileo、BeiDou、QZSS 和 SBAS 等。

跟踪站的数据由 4 个 IGS 的数据中心和多个数据分中心存档管理，由数据分析中心有序地进行分析处理，然后交由其调度中心合成 IGS 的官方产品。7 个数据分析中心分别是：

① CODE——瑞士伯尔尼大学的欧洲定轨中心；

② NRCan——加拿大自然资源部的大地资源分部；

③ GFZ——德国地球科学研究所；

④ ESA——欧洲空间中心；

⑤ NGS——美国马里兰州的国家大地测量局；

⑥ JPL——美国加州喷气推进实验室；

⑦ SIO——美国加州斯克里普斯海洋研究所。

IGS 的核心产品集包括卫星轨道参数、时钟参数、地球自转参数以及跟踪站位置坐标等，会由 IGS 工作组和试验项目组共同做进一步优化处理。

IGS 的实时服务主要是为全球范围内的精密单点定位(Precise Point Positioning，简称 PPP)提供 GNSS 轨道与时钟改正参数。目前实时服务主要提供 GPS 卫星的精确轨道与时钟参数，主要用于科学试验、地球物理监测、灾害监测与预警、天气预报、时间同步、GNSS 星座监测等。

除了前文所给表 5-1 及表 5-2 中所列精密时钟及精密星历外，IGS 还发布了其他高精度成果，如极移成果精度优于 0.0005″，日长变化成果精度优于 0.5 ms/d，跟踪站坐标一年的观测成果精度介于 3～30 mm。关于数据产品的详细信息，感兴趣的读者可访问其官网(www.igs.org)。

5.5 电离层延迟误差

5.5.1 电离层对卫星信号传播的影响

电离层位于大气顶端，离地面高度从 60 km 到 1000 km 均为电离层区域。由于太阳光中各种射线以及高能粒子的作用与影响，电离层中存在大量被电离的电子和正离子，因此对电磁波的传播有很大的影响。电磁波在穿越电离层的过程中，其传播速度所受的影响程度主要取决于电离层中电子的密度以及信号自身的频率。由于受其影响，信号在电离层的传播速度不再是标准的光速，如果仍以真空中的标准光速计算，则会产生较大的测距误差。由于卫星高度角的不同，信号穿越的电离层路径也有所不同，卫星在观测站天顶方向时，电离层误差一般为十几米，但在高度角为 5 度时，该项误差可超过 50 米。因此，即使对定位精度要求不高的普通导航应用，也必须对该项误差加以改正才行。目前在影响定位的所有误差中，电离层误差的影响是最大的。

电磁波信号在电离层中的传播对于伪距信号和载波来说，其受到的影响是不同的。相关研究表明，对于单一频率的电磁波（如卫星信号载波）而言，其在电离层中的传播速度为相速。而对于测距码来说，由于其是加载在载波之上的，结合第 4 章的内容可知，两种测距码 C/A 码和 P 码，连同导航电文均是被加载在 L1 载波上发射出来的。这样形成一组不同频率的电磁波信号，作为一个整体在电离层中传播，其传播速度表现为群速。下面我们直接给出载波传输的相速与测距码传输的群速表达式。

设载波受电离层影响产生的相折射率为 n_p，则其在电离层中传播的相速 v_p 可表达为

$$v_p = c / n_p \tag{5-29}$$

设测距码受电离层影响产生的群折射率为 n_g，则其在电离层中传播的群速 v_g 可表达为

$$v_g = c / n_g \tag{5-30}$$

设载波频率为 f，则据电磁波在电离层传输的相关理论，电离层对载波影响的相折射率可近似以频率表达为

$$n_p = 1 + \frac{a_1}{f^2} + \frac{a_2}{f^3} + \frac{a_3}{f^4} + \cdots \tag{5-31}$$

相应地，电离层对测距码传播的群折射率可近似表达为

$$n_g = 1 - \frac{a_1}{f^2} - \frac{a_2}{f^3} - \frac{a_3}{f^4} - \cdots \tag{5-32}$$

上面两式中的系数 a_i 是与电离层中电子密度相关的量，由于频率值很大，通常忽略

二次项以上的高次项，则两种折射率可简写为

$$n_p = 1 + \frac{a_1}{f^2}, \quad n_g = 1 - \frac{a_1}{f^2} \tag{5-33}$$

显然两种折射率在电离层中的偏差数值大小相等，但符号相反。依据电离层信号传播相关理论，a_1 的取值约为

$$a_1 = -40.3\,N_e \tag{5-34}$$

式中，N_e 为电离层中的电子密度。由于 a_1 为负值，将其代入式(5-33)，则群速的折射率大于 1，故信号在电离层中的传播速度小于真空中的光速；而相速的折射率则相反，故载波在电离层中传播的速度大于光速。在卫星导航中，载波与测距码受电离层影响的现象被称为色散效应。

综合式(5-29)、式(5-30)、式(5-33)及式(5-34)，载波与测距码在电离层中传播的相速和群速可分别表达为

$$v_p = \frac{c}{1 - \dfrac{40.3\,N_e}{f^2}}, \quad v_g = \frac{c}{1 + \dfrac{40.3\,N_e}{f^2}} \tag{5-35}$$

由于式中$\dfrac{40.3N_e}{f^2}$部分的数值一般在 $10^{-6} \sim 10^{-7}$（式中 N_e 的数值量级约为 $10^{-11} \sim 10^{-12}$，而 f 的量级为 10^{-9}），又由于对小值项 ε 而言，有 $1+\varepsilon \approx \dfrac{1}{1-\varepsilon}$成立，故为方便后面计算，将(5-35)式近似表达为

$$v_p = c\left(1 + \frac{40.3\,N_e}{f^2}\right), \quad v_g = c\left(1 - \frac{40.3\,N_e}{f^2}\right) \tag{5-36}$$

5.5.2　电离层误差公式推导

由于信号传播速度受到电离层影响，故卫星到地面接收机的真实距离与测量距离之间会产生误差，我们把卫星信号受电离层影响的卫地距测量值与真实卫地距之间的差值称为电离层误差。

从理论上讲，由于整个电离层自上而下，不同的高度和不同的区域，其电子密度不同，因此卫星信号穿越电离层时，在整个传播路径上，会存在折射率处处不同的情况，换言之其实际传播速度处处不同，从而要得到真实的传播距离 s，严格来说必须对所有传播路径上，不同速度对应的不同路径进行累加才行，故理论的计算式应该是不同速度在对应时间段上的积分：

$$s = \int v\mathrm{d}t \tag{5-37}$$

对于伪距测量，即测距码测量而言，设其在电离层中的传播时间为 Δt，则其在电离层

中的传播距离为

$$\rho_g = \int_{\Delta t} c\left(1 - \frac{40.3\,N_e}{f^2}\right)\mathrm{d}t = \int_{\Delta t}\left(c - c\,\frac{40.3\,N_e}{f^2}\right)\mathrm{d}t$$

$$= c\Delta t - \frac{40.3}{f^2}\int_{\Delta t} c\,N_e\,\mathrm{d}t = c\Delta t - \frac{40.3}{f^2}\int_{\Delta t} N_e c\,\mathrm{d}t$$

式中，$c\Delta t$ 部分为信号不受电离层影响的传播距离，真正受电子密度影响的部分则为带负号的后半部分，将积分变量变换为 $\mathrm{d}s = c\mathrm{d}t$，积分间隔变为积分路径，则有

$$\rho_g = c\Delta t - \frac{40.3}{f^2}\int_s N_e \mathrm{d}s \tag{5-38}$$

上面表达式写成误差公式为 $\rho_g = c\Delta t + (V_{\mathrm{ion}})_g$，其中 $(V_{\mathrm{ion}})_g$ 为电离层对测距码测量时，所产生的影响误差，具体表达式为

$$(V_{\mathrm{ion}})_g = -\frac{40.3}{f^2}\int_s N_e \mathrm{d}s \tag{5-39}$$

类似地，我们可推导得到电离层对载波测距的影响误差为

$$(V_{\mathrm{ion}})_p = \frac{40.3}{f^2}\int_s N_e \mathrm{d}s \tag{5-40}$$

两式表明，在仅顾及电离层信号折射率的二次项时，电离层对测距码信号以及载波的延迟影响，大小相等、符号相反。由于误差表达式中的 N_e 仍然是一个未知量，故下面需要对该部分做进一步的阐述。

5.5.3　电子密度及其分布特征

从地表向上，大气密度随大气层高度增加会逐渐减小，因而其中的电子密度也相应地会降低；而从外太空到地表，随着太阳光穿越大气层厚度的增加，其能量会逐渐衰减，从而其激发气体分子电离的能量越来越弱，也即随大气高度的降低，电子密度也会有相应的衰减。由于这两个方向的作用趋势相反，因此，电子密度会在某个大气层高度达到最大值。实践表明一般在离地表 300～400 km 的大气层高度，电子密度具有最大值。

此外，由于太阳对大气层的辐射强度与太阳从早到晚的辐射角大小有关，而且白天与晚上差异更大，因此电子密度也与地方时 t 有密切关系。

总体而言，如果要精确表达电子密度，必须建立其与大气层高度以及地方时的关系，也即电子密度值应该是高度 H 与地方时 t 的二元函数：$N_e = f(H, t)$。

但在现实中我们会发现，要使用函数精确描述电子密度在任一地点的变化过程非常困难，目前尚无有效手段获取任意地点、任意高度、任意时段的电子密度。为了简化问题，引入一个概念：总电子含量（Total Electon Content，缩写为 TEC），采用间接手段解决问题。

TEC 定义为沿卫星信号传播路径 s 上，底面为单位面积的柱体中所含的总电子数，

通常以每立方米电子数或每立方厘米电子数为单位来表达。由于电子数量庞大，经常采用10^{16}个电子数/m^3为1个单位，简写为1 TECU。将该定义写为数学表达式即为

$$\mathrm{TEC} = \int_s N_e \mathrm{d}s \tag{5-41}$$

因而，前面的式(5-39)和式(5-40)可分别重写为

$$(V_{\mathrm{ion}})_g = -\frac{40.3}{f^2}\mathrm{TEC} \tag{5-42}$$

$$(V_{\mathrm{ion}})_p = \frac{40.3}{f^2}\mathrm{TEC} \tag{5-43}$$

很显然，要得到电离层改正数，必须知道TEC的数值。为了获取TEC的数值，用于误差改正，我们先要了解TEC数值的变化及其分布特性。

如前所述，由于接收机在不同的观测时刻，对不同的卫星进行观测，对于接收机而言，卫星信号穿越电离层的路径可能完全不同。卫星的高度角越小，信号穿越电离层的路径越长，TEC的数值累积越大；相反高度角越大，TEC数值越小。当卫星在观测站天顶方向时，理论上TEC数值达到最小，把此时的TEC值称为垂直总电子含量(Vertical Total Electon Content，缩写为VTEC)。由于VTEC是一个可与观测站位置密切关联的总电子含量，故通常用VTEC表达一个地理位置相关的电离层特征。

对于一个固定的地理位置，其VTEC与其地方时，即与当地太阳的高度角密切相关。图5-1揭示了某地两天时间的24小时VTEC的变化曲线。从曲线上可以明显看出，在一天时间内随太阳辐射强度的增减，电子含量也相应地发生增减变化。但同时两天的电子含量变化也不尽相同。

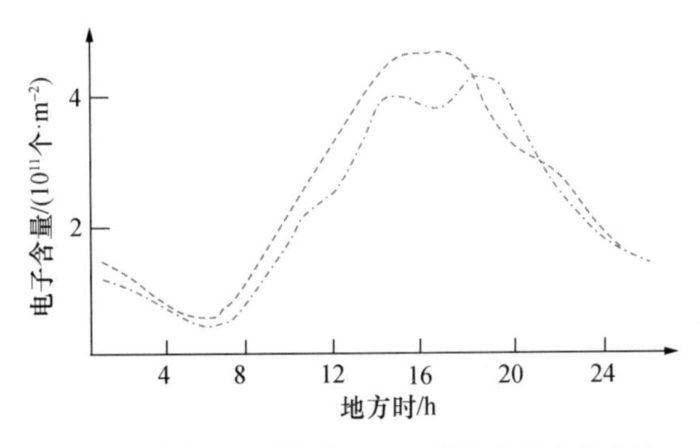

图5-1　某地两天时间内VTEC随地方时变化曲线

此外，据常年观测，太阳活动的剧烈程度大致以11年为周期，当太阳活动处于高峰的年份时，导致电离层产生的VTEC值比活动低峰的年份要大近4倍。与观测VTEC的年变化和太阳活动黑子数的变化成正相关。另外，由于地球形状以及自转等因素，太阳辐射对各地的影响受纬度及经度的变化而变化，图5-2反映了全球电离层VTEC值在

某一时刻的分布状态。

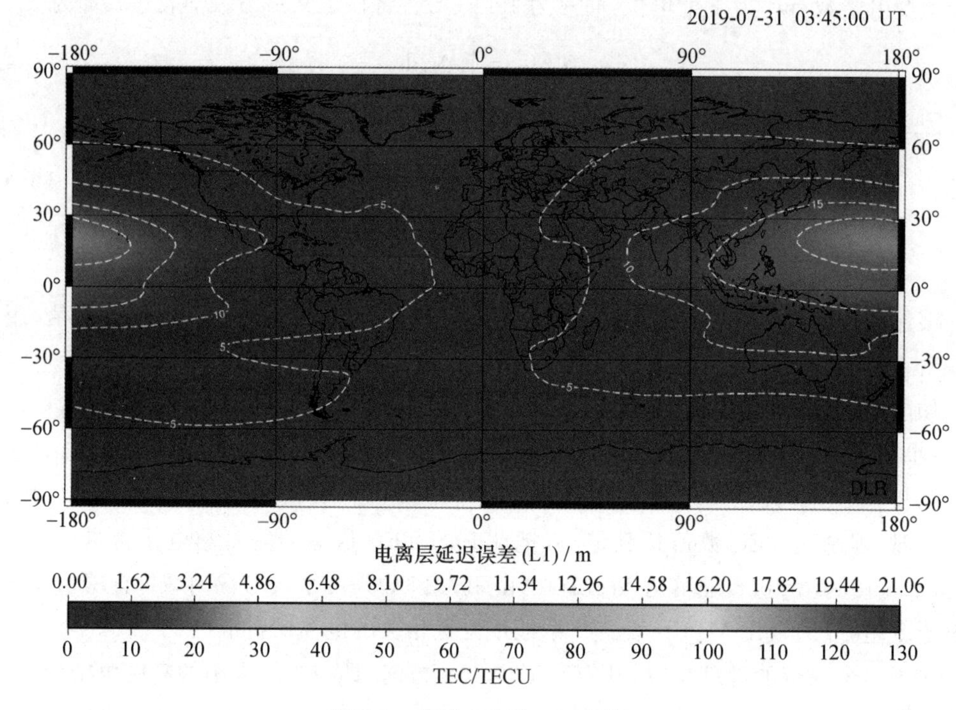

图 5-2 全球 1 小时 TEC 预报

图 5-2 所示的全球 1 小时 TEC 预报(也即 VTEC)数据由德国空间中心(德文:Deutsches Zentrum für Luft- und Raumfahrt e. V.,简写为 DLR,英文名为 German Aerospace Center)提供。DLR 设立有一个电离层监测与预报中心(Ionosphere Monitoring and Prediction Center,缩写为 IMPC),该中心提供实时的电离层状态信息与数据服务,包括对电离相关的活动进行预测预报。

DLR 提供的 1 小时预报结果,其误差在 5 min 之内,且每 15 min 更新一次。该预报结果的格网分辨率为纬度 2.5°、经度 5°。1 小时的预报是基于全球实测的 TEC 数据,同时赋予前一小时到前一天之内的所有 TEC 变化值不同权重而综合计算得到的结果。

总体而言,VTEC 值有年变化、日变化的规律性特征,但每一天、每一个地方又不完全相同,存在着一定随机性的变化。因此,要准确获取 VTEC 值是比较困难的。目前常用以下三种方法估计 VTEC 的值:

① 根据全球各电离层观测站长期积累的观测资料建立全球性的经验模型,用户可利用这些经验模型提供的公式来计算任一时刻任一地点的 VTEC,其中较为著名的模型有 Bent 模型、Klobuchar 模型、国际参考电离层模型等。GPS 广播星历所给电离层参数使用的就是 Klobuchar 模型。

② 采用双频接收机进行观测可以消除电离层延迟。

③ 利用双频接收机的观测数据可建立当地的电离层模型，用于单频接收机的观测改正。其中较为有名的就是 IGS 提供的全球电离层格网模型以及 DLR 提供的 1 小时全球预报图等。

下面对这三种方法分别加以介绍。

5.5.4 电离层改正模型

虽然国际上有许多用于电离层改正的模型，但最为常用的仍然是 Klobuchar 模型，其中主要原因是 GPS 广播星历中所发布的电离层参数，就是该模型中的几个系数，故作为单频观测的基本改正模型，我们在此主要讲述该模型的理论与计算过程。对于其他模型，感兴趣的读者可查阅相关文献做进一步了解。

Klobuchar 模型基于图 5-1 的电离层日变化曲线特征，采用一个余弦函数近似描述一天内 24 h，电离层中电离子对电磁波传播所产生的延迟影响。

以地方时为准，将晚上 22 点到早上 7 点之间的 TEC 视为常数，故其产生的时延影响也应视为常数，取值为 5×10^{-9}，即 5 ns。

自 7 点后到 22 点前这一段时间内的 TEC 变化视为余弦函数的正半部分，则受 TEC 的影响，天顶方向使用载波 L1 上的测距码进行测距时(由于此改正精度较低，仅适用于伪距码测量，故此处提及使用 L1 上的测距码)，电离层对其所产生的延迟影响如图 5-3 所示。

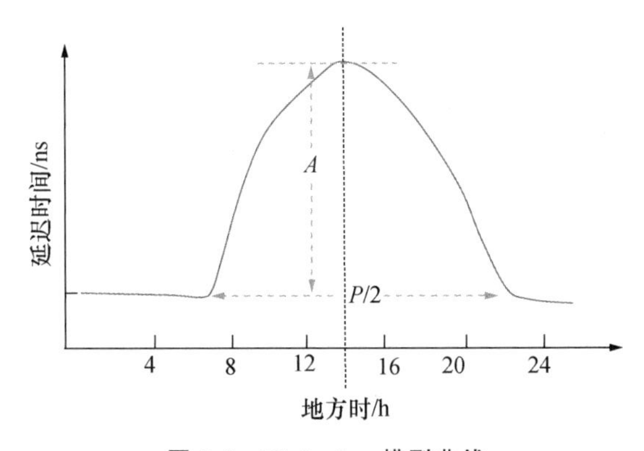

图 5-3　Klobuchar 模型曲线

对应于图 5-3 的曲线，Klobuchar 模型的表达式为

$$T_g = 5\times10^{-9} + A\cos\frac{2\pi}{P}(t-14) \tag{5-44}$$

式中，T_g 表达了电离层对 L1 载波上测距码产生的总时延，t 为地方时，其中 14 表示下午

两点，即一日之内电离层影响达到峰值的时刻。公式中的振幅 A 与周期 P 又分别可用一个多项式拟合函数表达，对应函数分别为地磁纬度 φ_m 的 3 次多项式：

$$A = \alpha_0 + \alpha_1 \varphi_m + \alpha_2 (\varphi_m)^2 + \alpha_3 (\varphi_m)^3$$

$$P = \beta_0 + \beta_1 \varphi_m + \beta_2 (\varphi_m)^2 + \beta_3 (\varphi_m)^3$$

此两式中 α_i 和 β_i 为广播星历中的 8 个电离层参数，是由卫星地面监测系统根据当天以及前几天的太阳平均辐射流计算得到的参数。

由于 A 与 P 的表达式中含有地磁纬度 φ_m，故在进行公式(5-44)计算之前，必须得到观测站相关的地磁纬度值。此外，对于每一次具体的定位观测而言，所接收到的卫星信号各自穿越的电离层路径不同，故在得到观测站天顶方向的 T_g 值后(实为后续提到的穿刺点天顶方向的 T_g 值)，必须将其转换为实际信号路径上的电离层影响。因此，我们需要采用以下步骤进行伪距码定位观测过程中电离层时延影响的改正计算。

1. 计算前的近似处理

前面提到，电离层离地面从 60 km 一直到 1000 km 的高度，是一个很广阔的区域，卫星信号通常不会恰好在天顶方向，因此沿一定角度穿越电离层时，整个传播路径上，严格来说，每个点的经度(也即地方时)与纬度均不相同，因此需要对整个传播路径按微分路径段 ds 求积分才能得到总的电离层延迟影响。为了简化此问题，采用 VTEC 替代实际传播路径上电子总量的计算。即使如此，由于垂直方向电子密度仍然处处不同，严格来说，仍然需要求微积分的方式进行计算。为了进一步简化问题，实际计算采用下面近似做法：

如图 5-4 所示，将整个电离层不考虑其厚度，简化为了一个离地高度为 350 km 的球面，简称其为中心电离层。卫星信号传播路径，即卫星位置与观测站 M 连线，与中心电离层会有一个交点 N，一般称此点为穿刺点。

显然，信号穿越的路径，并不在实际测站上空，以 VTEC 表达的话，应该是穿刺点处的 VTEC 值。实际上前面公式(5-44)中的时间 t 与地磁纬度 φ_m 是穿刺点 N 处所对应的值。

下面的几个步骤主要是为了计算穿刺点处的时间 t 与地磁纬度 φ_m，其中涉及一些未知数的几何关系如图 5-4 所示。

2. 计算观测站点 M 与穿刺点 N 之间的地心夹角 EA

假设卫星相对于观测站 M 的高度角为 e，则 EA 可按下面公式计算(感兴趣的读者，可基于地球半径、卫星轨道半径以及中心电离层高度等参数推导得此式)：

$$EA = \left(\frac{445^\circ}{e + 20^\circ}\right) - 4^\circ \tag{5-45}$$

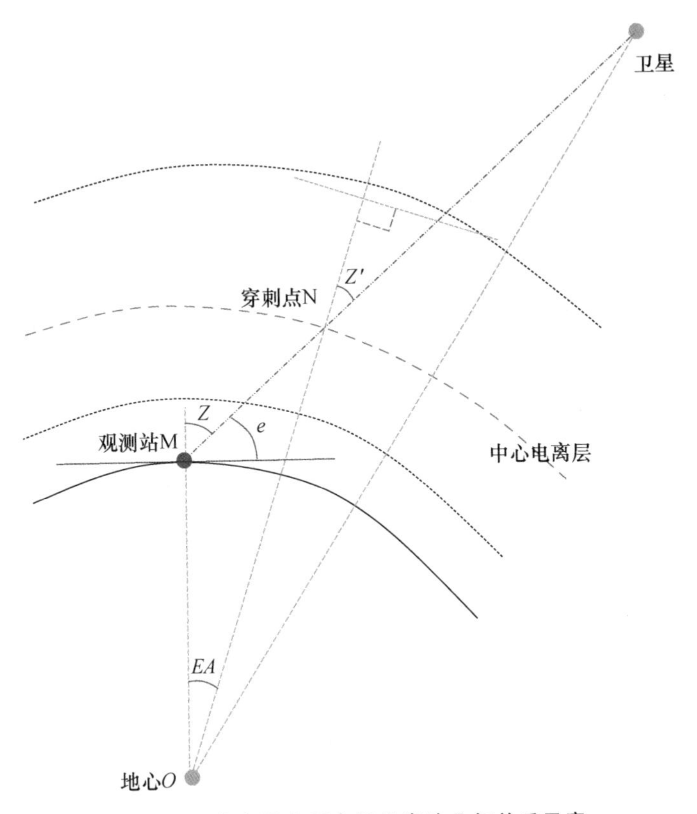

图 5-4　电离层穿刺点近似表达几何关系示意

3. 计算穿刺点 N 处的地心纬度与地心经度

设卫星方位角为 α，观测站 M 处的地心纬度和地心经度分别为 φ_M 和 λ_M，则穿刺点 N 处对应的地心纬度 φ_N 与地心经度 λ_N 的计算公式分别为

$$\varphi_N = \varphi_M + EA \cdot \cos\alpha \tag{5-46}$$

$$\lambda_N = \lambda_M + EA \cdot \sin\alpha / \cos\varphi_M \tag{5-47}$$

4. 计算观测瞬间穿刺点 N 处的地方时

由于地方时可由观测时刻的世界时 UT 和当地经度确定，故由式(5-47)得到穿刺点处的地心经度 λ_N 后，可由下式得到穿刺点处的地方时 t：

$$t = \mathrm{UT} + \lambda_N / 15 \tag{5-48}$$

此式表达的时间单位为小时，与式(5-44)中的时间单位一致。

5. 计算穿刺点 N 的地磁纬度

由式(5-46)和式(5-47)得到穿刺点处的地心纬度 φ_N 和地心经度 λ_N 后，基于地磁坐标系与地心坐标系之间的关系，可以推导得到穿刺点处对应的地磁纬度：

$$\varphi_m = \varphi_N + 10.07°\cos(\lambda_N - 288.04°) \tag{5-49}$$

地磁北极所在处的地心纬度和经度分别为 79.93°和 288.04°,式中数值 10.07°为 90°减地磁北极纬度值 79.93°。

使用上述步骤中的公式可以得到 Klobuchar 模型表达式(5-44)中的地方时 t 和地磁纬度 φ_m,由于模型中 α_i 和 β_i 为广播星历中的 8 个电离层参数,故其为已知值,从而可以计算出穿刺点处的电离层时延值。但此时延为穿刺点处天顶方向的时延,我们要求的是信号传播方向的时延,则必须将此值从天顶方向变换为倾斜的信号传播路径方向的时延值。

6. 投影函数

如图 5-4 所示,穿刺点处角 Z'所对应的天顶方向的直角边与斜边之比为角 Z'的余弦,直角边代表为天顶方向的长度,斜边代表卫星信号传播方向的长度,由于时延与路径长度成正比,故天顶方向的时延 T_g 与信号路径传播方向的时延 T_g' 有如下关系:

$$T_g = T_g' \cdot \cos Z' \tag{5-50}$$

将未知数 T_g' 移到左边,转写为

$$T_g' = T_g \cdot \sec Z' \tag{5-51}$$

如果已知卫星高度角为 el,则可经推导求得 $\sec Z'$的近似表达式为

$$\sec Z' = 1 + 2\left(\frac{96° - e}{90°}\right) \tag{5-52}$$

以上为 Klobuchar 模型的完整计算步骤和公式。该模型的优点是:用户无须观测其他信息,仅利用广播星历,在知道观测时间的情况下,即可计算出所观测卫星信号在电离层中的时延改正数。适用于对单频接收机在实时快速定位观测过程中的电离层误差修正。

据检验,Klobuchar 模型的改正精度为 50%~60%,故仅适用于日常普通导航定位,不能满足高精度的定位要求。

瑞士伯尔尼大学的 IGS 分析中心 CODE,自 2000 年以来,开始基于实测的电离层相关参数对 Klobuchar 模型参数进行不断优化。利用两个月的数据检验表明,CODE 提供的预测 Klobuchar 模型参数,比 GPS 广播星历提供的参数要好很多。感兴趣的读者可访问伯尔尼大学 CODE 的网站(http://www.aiub.unibe.ch/research/code__analysis_center/ index_eng.html),了解其相关研究的详细信息。

5.5.5 利用双频观测进行电离层延迟改正

由于电离层对不同频率的电磁波具有不同的影响,换言之,电离层对信号的延迟影响与信号的频率有关,如式(5-42)、式(5-43)所示,延迟影响与电磁波频率的平方成反比,由此可利用两个不同频率的信号观测,通过线性组合求差的方法消除电离层的影响,所

以高精度卫星导航定位接收机或终端均具备双载波甚至多个载波的观测能力。

由于观测既可以使用测距码，也可以使用载波，故下面分别从两种观测值的角度讨论利用 L1 和 L2 两个频率观测消除电离层延迟影响的方法。

1. 基于双频测距码观测的电离层延迟改正

设卫星到地面接收机的真实距离为 ρ，由于受电离层影响，设 L1 载波上的测距码测量得到的距离为 ρ_1'，对应的时延影响改正为 t_{g1}；设 L2 载波上的测距码测量得到的距离为 ρ_2'，对应的时延影响改正为 t_{g2}；则我们可列出下列方程组：

$$\begin{cases}\rho = \rho_1' + t_{g1} \\ \rho = \rho_2' + t_{g2}\end{cases} \tag{5-53}$$

设 L1 载波的频率为 f_1，L2 载波的频率为 f_2，则结合式(5-42)，(5-53)式可重写为

$$\begin{cases}\rho = \rho_1' - \dfrac{40.3}{f_1^2}\mathrm{TEC} \\ \rho = \rho_2' - \dfrac{40.3}{f_2^2}\mathrm{TEC}\end{cases} \tag{5-54}$$

为简写起见，令式中 $40.3 \cdot \mathrm{TEC} = K$，则(5-54)式可重写为

$$\begin{cases}\rho = \rho_1' - \dfrac{K}{f_1^2} \\ \rho = \rho_2' - \dfrac{K}{f_2^2}\end{cases} \tag{5-55}$$

对此两方程式相减有

$$\rho_1' - \rho_2' = \frac{K}{f_1^2} - \frac{K}{f_2^2} = \frac{K}{f_1^2}\left(\frac{f_2^2 - f_1^2}{f_2^2}\right) = \frac{40.3}{f_1^2}\mathrm{TEC}\left(\frac{f_2^2 - f_1^2}{f_2^2}\right) \tag{5-56}$$

回顾式(5-39)，用 $(V_{\mathrm{ion}})_{g1}$ 表示载波 L1 的测距码测量产生的时延，同时将此式中的频率 f_1 与 f_2 用其数值，即 $f_1 = 1575.42\ \mathrm{MHz}$、$f_2 = 1227.60\ \mathrm{MHz}$ 替换，则(5-56)式可为

$$\rho_1' - \rho_2' = -(V_{\mathrm{ion}})_{g1}\left(\frac{f_2^2 - f_1^2}{f_2^2}\right) = (V_{\mathrm{ion}})_{g1}\left(\frac{f_1^2}{f_2^2} - 1\right) \approx 0.6469\,(V_{\mathrm{ion}})_{g1} \tag{5-57}$$

如果我们用 $(V_{\mathrm{ion}})_{g2}$ 表示载波 L2 的测距码测量产生的时延，则有

$$\begin{aligned}\rho_1' - \rho_2' &= \frac{K}{f_1^2} - \frac{K}{f_2^2} = \frac{K}{f_2^2}\left(\frac{f_2^2}{f_1^2} - 1\right) \\ &= \frac{40.3}{f_2^2}\mathrm{TEC}\left(\frac{f_2^2}{f_1^2} - 1\right) = (V_{\mathrm{ion}})_{g2}\left(\frac{f_2^2}{f_1^2} - 1\right) \approx 0.3928\,(V_{\mathrm{ion}})_{g2}\end{aligned} \tag{5-58}$$

整理式(5-57)和式(5-58)，可以得到：

$$(V_{\mathrm{ion}})_{g1} = 1.545\,83(\rho_1' - \rho_2')$$

$$(V_{\text{ion}})_{g2} = 2.545\,82(\rho_1' - \rho_2') \tag{5-59}$$

此式表明，当分别采用载波 L1 和 L2 的测距码进行观测时，只需得到用两个载波测距码观测的卫地距 ρ_1' 和 ρ_2'，即可分别求得两载波上测距码受电离层影响的时延改正数，从而也就能得到不受电离层影响的真实卫地距测量值。我们在上面公式基础上继续推导，可得到不受误差影响的真实卫地距测量值的计算式。

将公式(5-59)的结果代入公式(5-53)，则有

$$\begin{cases} \rho = \rho_1' + 1.545\,83(\rho_1' - \rho_2') \\ \rho = \rho_2' + 2.545\,82(\rho_1' - \rho_2') \end{cases} \tag{5-60}$$

整理此两式可得无误差的卫地距计算式：

$$\rho = 2.545\,83\,\rho_1' - 1.545\,83\,\rho_2' \tag{5-61}$$

此式表明，双频接收机仅在利用两个载波测距码同时观测的情况下，可以很好地消除电离层的影响，得到不受电离层影响的卫地距观测值。

如果伪距码测量值存在噪声误差，设观测值 ρ_1' 与 ρ_2' 的测量噪声分别为 m_1 和 m_2，则由式(5-61)可计算 ρ 的测量噪声误差 m：

$$m = \sqrt{(2.545\,83m_1)^2 + (1.545\,83m_2)^2} \approx \sqrt{6.48\,m_1^2 + 2.39\,m_2^2}$$

如假定 $m_1 = m_2$，则有 $m = 3m_1$，即最终伪距观测噪声误差为单频伪距观测噪声误差的 3 倍。这一点说明，虽然双频伪距码观测可以有效地消除电离层影响，但同时会扩大噪声误差对观测结果的影响，因此双频接收机制造过程中，应该对屏蔽信号噪声的影响更加严格；换言之，在顾及设备质量前提下，较单频接收机应更加注意观测条件。

2. 基于双频载波相位观测的电离层延迟改正

载波相位观测值为载波的整周数 N 和不足一整周的相位值 φ 的和，如果用 ρ_1' 表示使用载波 L1 观测得到的卫地距观测值，用 ρ_2' 表示使用载波 L2 观测得到的卫地距观测值，ρ_1' 与 ρ_2' 对应的时延改正分别为 t_{p1} 和 t_{p2}；又设载波 L1 的波长为 λ_1，载波 L2 的波长为 λ_2，则有

$$\begin{cases} \rho = \rho_1' + t_{p1} = (\varphi_1 + N_1)\,\lambda_1 + t_{p1} \\ \rho = \rho_2' + t_{p2} = (\varphi_2 + N_2)\,\lambda_2 + t_{p2} \end{cases} \tag{5-62}$$

由前面双频测距码的观测推导结果，如式(5-61)可以看出，最终结果可以表达为两个观测值的线性组合。故为简便起见，下面直接通过构建线性组合方程式的方法，推导双频载波相位观测结果的表达式。

引入系数 m 和 n，假定双频载波相位观测值 ρ_1' 与 ρ_2' 的线性组合表达式为

$$\rho_x = m\rho_1' + n\rho_2' \tag{5-63}$$

变换式(5-62)的左半部分，并代入上式有

$$\rho_x = (m+n)\rho - mt_{p1} - nt_{p2} = (m+n)\rho - m\frac{K}{f_1^2} - n\frac{K}{f_2^2}$$

为使 ρ_x 不受电离层时延影响，即其中不包含任何误差，则上式必须满足：

$$\begin{cases} m+n=1 \\ m\dfrac{K}{f_1^2} + n\dfrac{K}{f_2^2} = 0 \end{cases}$$

由此两个条件方程式，可以推导求得 m 和 n 的表达式为

$$m = \frac{f_1^2}{f_1^2 - f_2^2}, \quad n = \frac{-f_2^2}{f_1^2 - f_2^2} \tag{5-64}$$

将其代入式(5-63)，则载波相位的无电离层影响的观测值可表达为

$$\begin{aligned} \rho &= \frac{f_1^2}{f_1^2 - f_2^2}\rho_1' - \frac{f_2^2}{f_1^2 - f_2^2}\rho_2' \\ &= \frac{f_1^2}{f_1^2 - f_2^2}(\varphi_1 + N_1)\lambda_1 - \frac{f_2^2}{f_1^2 - f_2^2}(\varphi_2 + N_2)\lambda_2 \\ &= \frac{f_1^2\lambda_1}{f_1^2 - f_2^2}\varphi_1 - \frac{f_2^2\lambda_2}{f_1^2 - f_2^2}\varphi_2 + \frac{f_1^2\lambda_1}{f_1^2 - f_2^2}N_1 - \frac{f_2^2\lambda_2}{f_1^2 - f_2^2}N_2. \end{aligned}$$

由于 $\lambda_1 = c/f_1$，$\lambda_2 = c/f_2$，则有

$$\rho = \frac{cf_1}{f_1^2 - f_2^2}\varphi_1 - \frac{cf_2}{f_1^2 - f_2^2}\varphi_2 + \frac{cf_1}{f_1^2 - f_2^2}N_1 - \frac{cf_2}{f_1^2 - f_2^2}N_2 \tag{5-65}$$

由式(5-65)可以看出，由于整周数 N_1 和 N_2 在实际观测时刻是未知的，故无电离层影响的载波相位观测值的组合为

$$\varphi_x\lambda_x = \frac{cf_1}{f_1^2 - f_2^2}\varphi_1 - \frac{cf_2}{f_1^2 - f_2^2}\varphi_2 \tag{5-66}$$

其中整周数的组合为

$$N_x\lambda_x = \frac{cf_1}{f_1^2 - f_2^2}N_1 - \frac{cf_2}{f_1^2 - f_2^2}N_2 \tag{5-67}$$

由于在载波相位测量过程中，观测值通常仅有信号锁定后的整周数和不足一整周的相位测量值 φ_1 和 φ_2，完整的整周数 N_1 和 N_2 通常是未知的。为了求得两个载波的整周数，还需要采取一些措施，相关内容将在第 7、8 章详细讲解。

虽然尚不能求解式(5-65)中的整周数，但很显然，上面两式中不再存在电离层延迟影响，故只要求得 N_1 和 N_2，即可由式(5-65)得到不受电离层影响的高精度卫地距测量值，从而可实现高精度的定位导航。

在上述推导过程中，可以发现，得到伪距观测值后就可以求得卫地距真值，似乎没有必要再推导利用载波相位观测求得卫地距真值的计算过程。上述过程中，在卫地距中仅仅考虑了电离层误差的影响，而没有考虑其他误差，由前面内容知道，影响卫地距测量值

的因素很多，在伪距观测与载波相位观测过程中，这些误差的表现与处理也并不完全相同，所以我们有必要对两种观测方式均予以讨论。

5.5.6 利用双频观测数据构建模型实现电离层改正

使用具备双频载波的接收机价格相对昂贵，单频接收机或接收模块在卫星导航用户群体中占绝大多数，由于导航电文中提供电离层参数仅能实现50%～60%的改正，为了进一步提高单频接收机的定位精度，进一步修正电离层延迟影响，可使用双频接收机的实测资料建立区域或全球的高精度VTEC模型，为单频接收机提供更精准的电离层改正模型或参数。

为方便阅读起见，下面我们重写5.5.5节的公式(5-54)，由此公式知道，卫星信号路径上的TEC与卫地距的伪距码观测值ρ_1'和ρ_2'以及真值之间存在以下关系：

$$\begin{cases}\rho = \rho_1' - \dfrac{40.3}{f_1^2}\mathrm{TEC} \\ \rho = \rho_2' - \dfrac{40.3}{f_2^2}\mathrm{TEC}\end{cases} \tag{5-68}$$

由于载波频率f_1、f_2为已知值，故组合两式，可推导得到TEC的表达式为

$$\mathrm{TEC} = 9.524\,37(\rho_1' - \rho_2') \tag{5-69}$$

式中，TEC的单位为10^{16}个电子/m^3(即以TECU为单位)，ρ_1'和ρ_2'以米为单位。类似的方法可推导出采用载波相位观测值时，TEC的计算公式为

$$\mathrm{TEC} = 9.524\,37(\lambda_1\varphi_1 - \lambda_2\varphi_2) + 9.524\,37(\lambda_1 N_1 - \lambda_2 N_2) \tag{5-70}$$

得到TEC之后，由穿刺点处的天顶距Z，可进一步求得穿刺点处的VTEC为

$$\mathrm{VTEC} = \mathrm{TEC}\cdot\cos Z \tag{5-71}$$

利用公式(5-71)可以求得一个测站对应穿刺点处的VTEC值，为了获取一个区域的电离层状态分布，则可选择规则分布的m个观测站，假如在每个观测站上对n颗卫星进行观测k个历元，则可基于$m\times n\times k$个数据，对该观测区域拟合出一个形如$\mathrm{VTEC}=f(B,L,t)$曲面函数模型，该函数模型建立了VTEC与经纬度以及时间的关系，从而对于单频用户而言，只需知道自身的观测位置与观测时间，即可获得其天顶方向的VTEC值，从而用于改正其卫地距观测值。

由于接收机制造成本的下降，以及各卫星系统多种民用载波的不断发展，目前多频接收机越来越多，未来采用这种方式进行电离层改正的应用可能会有所减少。

此外，该方法却不失为一种很好的电离层状态监测手段，在空间物理领域有较广的应用。除了双频，还可以采用多频来实现更高精度的电离层状态观测。此外，通过卫星信号延迟测量，可以观测对流层中的大气参数，甚至可以观测土壤水分的变化等，感兴趣

的读者可进一步查阅资料了解相关的研究进展。

5.6　对流层延迟误差

5.6.1　对流层对卫星信号的影响

虽然从大气科学的角度，大气层可划分为多层，除了电离层、对流层之外还有平流层等，但在讨论大气对卫星信号的影响时，除了前面讨论的电离层外，我们将电离层以下的部分，均归为对流层，也即讨论大气对卫星导航信号的误差影响时，整个大气层只分为电离层与对流层两部分。由于目前仍然没有很好的模型或方法，准确描述电离层之外大气部分对导航信号的影响，故对整个大气层的简化，主要是为了建立误差模型的方便。

对流层大气成分比较复杂，其对电磁波信号的延迟影响比较严重，与分析电离层对电磁信号传播的影响一样，我们需要先了解电磁波在对流层中的传播特性。

假定电磁波在对流层一点处的折射系数为 n，当电磁波在真空中的传播速度为 c 时，则其在对流层一点处的传播速度为 $V=c/n$。设电磁波在整个对流层中的传播时间为 Δt，则其在对流层中传播所经过的路径长度 ρ' 为

$$\begin{aligned}\rho' &= \int_{\Delta t} V\mathrm{d}t = \int_{\Delta t} \frac{c}{n}\mathrm{d}t = \int_{\Delta t} \frac{c}{1+(n-1)}\mathrm{d}t \\ &= \int_{\Delta t} c[1-(n-1)+(n-1)^2-(n-1)^3+\cdots]\mathrm{d}t\end{aligned}$$

忽略此式中$(n-1)$的高次项，仅保留其一次项，则上式可近似为

$$\begin{aligned}\rho' &= \int_{\Delta t} c[1-(n-1)]\mathrm{d}t = \int_{\Delta t} c\,\mathrm{d}t - \int_{\Delta t} c(n-1)\mathrm{d}t \\ &= c\Delta t - \int_{\Delta t}(n-1)c\mathrm{d}t = c\Delta t - \int_s (n-1)\mathrm{d}s\end{aligned}$$

由于受对流层影响，实际传播时间 Δt 较真空光速传播时间有所增加，故应对信号的实际传播路径去除受折射率变化而增加的部分，即对流层引起的延迟部分，用符号 V_{trop} 表达对流层延迟，即有

$$V_{\text{trop}} = -\int_s (n-1)\mathrm{d}s \tag{5-72}$$

即应在真空速度计算结果之上，再加上改正项 V_{trop} 方为真实传播距离。

据相关研究，在标准对流层大气状态下，信号的波长 λ 与其折射系数 n 之间存在下列关系：

$$(n-1)\times 10^6 = 287.604 + 4.8864\lambda^{-2} + 0.068\lambda^{-4} \tag{5-73}$$

此式中波长的单位是微米。从此式可以看到，波长的变化对折射率的影响是极小

的。以红光波长为例，经估算式中波长的负2次项对折射率仅能产生2个单位在10^{-6}级别的影响。由于此式中波长的多次项为负，因此，只有两个很短的波长之间才会产生较明显的折射率对比。对于GPS的L1、L2两个载波而言，按此式计算，其在对流层中产生的折射率可近似为1.000 287 604，显然此结果表明，上式中除常数项外，由于L载波波长过大，其多次项产生的影响几近忽略。L1、L2两个载波在波长接近的情况下，在对流层中的折射率几乎完全一致，换言之，GPS卫星信号的两个载波在对流层中传输时，所受延迟影响基本相同，故无法像处理电离层延迟误差那样，采用双频观测消除对流层大气对信号的延迟影响。

但这并不意味着，所有的电磁波测量工具受对流层的延迟都是无法处理的。在激光雷达测距中，高级精密设备会采用双色激光，可有效地去除对流层大气影响，这是因为其所采用的红色以及蓝色激光波长均很短，接近0.7 μm，而GPS载波的波长约为20 cm，两者相差甚远。

由于无法采用双频方法消除延迟，故由式(5-72)可知，只能像处理单频信号在电离层中的传播影响一样，在对流层中想办法计算整个传播路径上的折射率，并计算其积分值才能得到理论上准确的传播路径长度。

由于$(n-1)$的值很小，通常为方便表达，令$N=(n-1)\times10^{6}$，并称N为大气折射指数。与计算电离层TEC的方式相类似，先想办法计算出天顶方向的延迟量，然后再通过投影函数的方法，计算出实际传播路径上的延迟量。

为了得到天顶方向各处的大气折射系数，则必须先知道天顶方向各处的大气参数，研究表明，对流层大气的主要参数：气压P、气温T和湿度e等与大气高度h具有很好的梯度关系，因此，如果知道地面上这些参数的测量值，则可以基于这些参数与高度的梯度变化关系，求得沿天顶方向任一点处的各参数的数值，从而也就能得到对应的大气折射系数，然后基于积分公式，可以求得总的延迟量。

由于严格的公式需要复杂的推导，我们在此直接引用前人的成果。Smith和Weintranb两人，通过大量的实验研究于1953年建立了大气折射系数N与气压P、温度T、水汽压e之间的关系：

$$N = N_{\mathrm{d}} + N_{\mathrm{w}} = 77.6\,\frac{P}{T} + 77.6 \times 4180\,\frac{e}{T^{2}} \tag{5-74}$$

式中大气折射系数被分为两部分，干气部分折射系数N_{d}，湿气部分折射系数N_{w}。式中P和e的单位均为毫巴(mbar)，气温T使用绝对温度表达。

基于此式中折射系数与大气参数的关系，结合大气参数与大气高度的梯度关系，Hopfield推导建立了一个对流层延迟量的计算模型，被广泛用于单点定位过程中的对流层延迟改正，下面对其加以详细阐述，方便我们在实际应用中的计算处理。

5.6.2　对流层误差模型

1. Hopfield 模型

对流层中大气的气压 P、温度 T、湿度 e 与离地面的高度 h 成很好的梯度关系，Hopefield 采用了下面表达式描述相关梯度关系：

$$\begin{cases} \dfrac{\mathrm{d}T}{\mathrm{d}h} = -6.8℃/\mathrm{km} \\ \dfrac{\mathrm{d}P}{\mathrm{d}h} = -\rho g \\ \dfrac{\mathrm{d}e}{\mathrm{d}h} = -\rho g \end{cases} \tag{5-75}$$

式中，ρ、g 分别为大气密度与重力加速度。此式表明，高度每增加 1 km，气温下降 6.8℃，直至对流层外边缘气温下降至绝对零度为止，当然这是一种理论化的处理方式，与实际并不相符；同时，气压 P 与水汽压 e 随高度增加具有相同的下降值 ρg。

结合式(5-72)和式(5-74)，经过积分推导，同时引入一个简略的投影函数，将天顶方向的延迟量，变换为卫星信号路径方向的延迟量，综合可得到 Hopefield 模型如下：

$$\Delta S = \Delta S_d + \Delta S_w = \frac{K_d}{F_d} + \frac{K_w}{F_w} \tag{5-76}$$

式中，ΔS 为卫星信号传播路径方向的总延迟量，是一个长度值，其单位为米；此外，式中各变量的含义如下：

ΔS_d 为卫星信号路径上的干气部分影响产生的延迟量，单位为米；

ΔS_w 为卫星信号路径上的湿气部分影响产生的延迟量，单位为米；

K_d 为观测站天顶方向的干气部分延迟，即与水汽无关的部分；

K_w 为观测站天顶方向湿气部分的延迟；

F_d 为由天顶至信号传播路径方向的干气部分的投影函数；

F_w 为由天顶至信号传播路径方向的湿气部分的投影函数；

式(5-76)中的变量 K_d、K_w，有详细的表达式如下：

$$\begin{cases} K_\mathrm{d} = 155.2 \times 10^{-7} \cdot \dfrac{P_\mathrm{s}}{T_\mathrm{s}}(h_\mathrm{d} - h_\mathrm{s}) \\ K_\mathrm{w} = 155.2 \times 10^{-7} \cdot \dfrac{4810}{T_\mathrm{s}^2} e_\mathrm{s}(h_\mathrm{w} - h_\mathrm{s}) \end{cases} \tag{5-77}$$

此式中 h_d、h_w 分别为干气部分和湿气部分的对流层平均高度，单位为米，其具体计算式如下：

$$\begin{cases} h_\mathrm{d} = 40136 + 148.72(T_\mathrm{s} - 273.16) \\ h_\mathrm{w} = 11\,000 \end{cases} \tag{5-78}$$

式中，h_d 为计算大气干分量的最大高度，其在地表温度为 0 时，值为 40.136 km，地表温度每升高 1℃，对应的高度值相应升高 148.72 m；而 h_w 是一个与地表温度无关的量，换言之，无论地面温度如何变化，大气湿部分的最大高度均为 11 km。

式(5-77)、式(5-78)两式中 P_s、T_s、e_s 分别为观测站处的气压、温度和水汽压，温度的单位为摄氏度，气压与水汽压的单位均为毫巴(mbar)。

式(5-76)中的两个投影函数 F_d 和 F_w 是卫星高度角的函数，设卫星的高度角为 E（其值单位为度），其表达式分别为

$$F_d = \sin\sqrt{E^2 + 6.25}, \quad F_w = \sin\sqrt{E^2 + 2.25} \tag{5-79}$$

则总的对流层延迟为

$$\Delta S = \frac{K_d}{\sin\sqrt{E^2 + 6.25}} + \frac{K_w}{\sin\sqrt{E^2 + 2.25}} \tag{5-80}$$

虽然我们并没有给出详细的推导过程，但可以明显看出，模型的推导是建立在对大气状态近似处理的基础上的，因此该改正模型必然存在一定的误差。经验表明，该模型仅当卫星处于天顶方向时可以取得最好的结果，在高海拔地区效果并不理想。为了在高海拔地区得到更好的改正，下面我们简述另一个对流层改正模型，即 Saastamoinen 模型。

2. Saastamoinen 模型

该模型同样基于气体定律推导而来，由 Saastamoinen 于 1972 年给出，模型具体的表达式为

$$\Delta S = 0.002\,277\sec E\left[P + \left(\frac{1255}{T} + 0.05\right)e - B\,(\tan E)^2\right] + \delta R \tag{5-81}$$

式中，P、T、e 分别为观测站处的气压、温度与水汽压；E 为卫星高度角。

B 与 δR 是两个可由查表(表 5-3 和表 5-4)得到的常数，其中 B 随高程变化，单位为毫巴(mbar)。δR 由一个二维表确定，表的行变量为以海平面为基准的测站高程；表的列变量为卫星天顶距(也即高度角)。通过该表知道测站处的海拔高和卫星天顶距，可查表得到 δR 值，其单位为米。对于高程以及天顶距不在表中的情况，可由表中数值对其线性插值得到。

表 5-3　Saastamoinen 模型中系数 *B* 的待查表(仅部分，非全表内容)

高程/km	B/mbar
0.0	1.156
0.5	1.079
1.0	1.006
1.5	0.938
2.0	0.874

（续表）

高程/km	B/mbar
2.5	0.813
3.0	0.757
4.0	0.654
5.0	0.563

表 5-4　Saastamoinen 模型中系数 δR 的待查表(仅部分,非全表内容)

单位:m

天顶距	以海平面为基准的测站高度/km							
	0	0.5	1.0	1.5	2.0	3.0	4.0	5.0
60°00′	0.003	0.003	0.002	0.002	0.002	0.002	0.001	0.001
66°00′	0.006	0.006	0.005	0.005	0.004	0.003	0.003	0.002
70°00′	0.012	0.011	0.010	0.009	0.008	0.006	0.005	0.004
73°00′	0.020	0.018	0.017	0.015	0.013	0.011	0.009	0.007
75°00′	0.031	0.028	0.025	0.023	0.021	0.017	0.014	0.011
76°00′	0.039	0.035	0.032	0.029	0.026	0.021	0.017	0.014

3. 对流层模型改正的效果以及特点

除以上两种模型外,还有其他一些有名的模型,如 Black 模型。鉴于这些模型的原理与使用方法与 Hopefield 模型大同小异,考虑到大家的学习精力,在此不再赘述,有兴趣的读者可参考相关文献。

长期研究与实践表明,采用 Hopefield 等对流层模型进行大气延迟改正,在观测站的天顶方向,模型所得结果与实际验证值可以很好地相符,这是由于模型的建立是基于天顶方向的大气特性而来。同时该模型的建立采用的大气梯度特性,在低海拔吻合得更好,所以在高海拔地区,Saastamoinen 模型比 Hopefield 模型效果有更好的表现,故为了提高改正效果,建议在高原地区使用 Saastamoinen 模型。

此外,由于卫星信号路径方向的延迟是基于投影函数变换而来的,不同的投影函数会得到不同的变换结果,因此模型所采用的投影函数,对信号传播路径方向的计算非常重要,尤其当卫星高度角较小时,不同的投影函数所引入的差异较大。但对于普通单点定位的精度而言,此差异并不明显,实验表明,即使卫星高度角为 15 度,不同模型所求得的延迟互差仅在数厘米之内。但几个厘米的误差,对于高精度单点定位而言已经是较大误差,因此在精密单点定位中,对流层延迟改正尽可能采用最好的投影函数。

5.6.3 水汽压计算

前面 Hopefield 模型中提到的气象元素包括气温 T_s、气压 P_s 以及水汽压 e_s，其中气温和气压均可使用温度计和气压计直接测量，但水汽压 e_s 目前无法直接测量，需要通过测定干湿温度间接求得，具体有两种方式计算。

1. 基于相对湿度 RH 进行计算

有一些温度计带有测定相对湿度的传感器，如果相对湿度 RH 已知，假设当前测站温度为 T_s，则可利用下面公式计算出水汽压：

$$e_s = RH \cdot \exp(0.213\,166\,T_s - 0.000\,256\,908\,T_s^2 - 37.2465) \tag{5-82}$$

2. 基于干温和湿温进行计算

该过程相对复杂一点，需要先计算出饱和水汽压，再结合干湿温度与气压值计算出实际的水汽压。

① 设饱和水汽压为 e_w，则由湿温 T_w 可得

$$e_w = 1013.246 \cdot \left(\frac{373.16}{T_w}\right)^{5.028\,08} \cdot e^{-g(T_w)} \tag{5-83}$$

式中 373.16 为绝对温度，表示的水的沸点，又 $g(T_w)$ 的计算式为

$$g(T_w) = g_1(T_w) + g_2(T_w) + g_3(T_w) \tag{5-84}$$

而 $g_1(T_w)$、$g_2(T_w)$、$g_3(T_w)$ 的表达式分别为

$$\begin{cases} g_1(T_w) = 18.197\,28 \cdot \left(\dfrac{373.16}{T_w} - 1\right) \\ g_2(T_w) = 0.018\,726\,5 \cdot \left\{1 - \exp\left[-8.039\,45 \cdot \left(\dfrac{373.16}{T_w} - 1\right)\right]\right\} \\ g_3(T_w) = 3.1813 \times 10^{-7} \cdot \left\{\exp\left[26.1205 \cdot \left(\dfrac{373.16}{T_w}\right)\right] - 1\right\} \end{cases} \tag{5-85}$$

② 基于饱和水汽压 e_w、干温 T_s、湿温 T_w、气压 P_s，则可由下式计算得到水汽压 e_s：

$$e_s = e_w - 4.5 \times 10^{-4} \cdot (1 + 1.68 \times 10^{-3}\,T_w) \cdot (T_s - T_w) \cdot P_s \tag{5-86}$$

式中，温度以绝对温度零点 −273.16 为参考点，单位为 K，气压与水汽压的单位均为毫巴(mbar)。

5.6.4 气象参数测定及误差

通过前面的讲述我们知道，对流层延迟改正模型的推导，是通过测定地面附近的气象元素，并假定气象元素的变化与高度变化呈很好的梯度关系而建立的。然而一般来说，地表并不都是平坦的，也不都是单一的植被，由于地表起伏变化以及各种植被的不均一特性，乃至于城镇居民生活以及工业环境影响，很难用实测具体一个点位上的气象元

素值代表一定范围内的气象元素均值。为此我们一定要弄明白，气象元素测定过程是为了得到代表整个区域的大气状态参数，所以务必要弄明白影响这一获取代表性大气参数过程的诸多因素，以便在实际测量过程中尽可能回避产生误差的因素，得到尽可能理想的代表性气象元素值。

1. 气象参数测量误差

基于一般性的理论与经验，地面气象参数测量过程中，相关的误差主要来源于三个方面：

(1) 测站气象参数的测量误差

使用气象仪表进行地面气象参数测量过程中，温度、气压以及湿度的测量由于仪器本身的精度以及测量人员操作的问题，主要存在以下两方面的误差：

① 测量仪表本身的误差；

② 人员操作误差：如温度计读数时手持部位不正确或脸部靠得太近，口鼻呼气等均会对温度、湿度传感器产生影响。

(2) 测站气象参数的代表性误差

所谓代表性误差，就是以一点处的气象参数测量值代表观测站地表附近的气象参数均值。由于现实环境复杂多样，一般很难用一点上的测量值代表一个区域的均值，所以一般采用经验性的方法加以解决，具体而言，有以下几方面的经验可供参考：

① 地表植被覆盖差异很大的情况下，测定气象元素的位置应考虑选择在对区域气象参数有主导影响的地表区域。例如：在大面积岩石沙土裸露的地表，如果零散分布一些绿色植被，其上部的气温较岩石沙土区域上部可能相差好几度，在这种情况下，观测站应设在岩石沙土区域；如果情形相反，则应设在绿色植被区域。

② 山地区域的阳坡、阴坡以及山谷与山顶，其温度与湿度均可能差异很大，在这种地区下，应该因地制宜，尽可能选择具有代表性的位置测定气象元素。例如，在山坡靠近山顶的地方测量时，应该选择山顶无风的位置测定气温与湿度；在较开阔的山谷测量时，应该在周边山坡选择多个地点测定气象元素，取均值作为待测点的气象参数值。

③ 在存在人居因素对气象参数影响较大的地方，应该选择远离相关影响的位置进行测量。如冬季不应在有供暖设备的房屋、帐篷或生火做饭的地点附近测量。

相关的注意事项，在野外 GPS 测量规范中也有说明，故在实际外业的测量过程，应该在认真阅读相关操作规范与手册后进行。

(3) 实际大气状态与大气模型间的差异

我们知道，前面所述对流层延迟模型严格来说是一种半经验半理论性质的公式，是一种对大气状态简化的计算方法，其所描述的大气状态与真实大气状况很难完全相同，故其计算结果与真实值之间存在差异是必然的。另外，在模型的建立过程中，根本就没有考虑实际大气环境中风雨雷电等日常发生的各类天气现象。但是现实中,限于目前的技术水平,人类还无法实时或快速地获取整个地表任何一点处的大气参数,故对流层的延迟改正,目前只能在这个水平层次解决问题,模型与实际大气状态之间的差异,对于单点定位而言,估计在未来很长时期仍将是无法完全消除或有效减弱的一个误差因素。

2. 对流层延迟改正的精度评估

为了评估对流层延迟改正的精度,有人专门进行了相关研究(如参考文献[4]),比较了在几个典型气象参数条件下模型的误差值。具体而言,在标准气压条件下,给定相对湿度分别为50%和95%,温度分别给定为0℃、10℃、20℃、30℃、37℃时,气压、气温以及相对湿度的测量误差分别为1 mbar、1℃以及1%时,模型改正后的剩余误差如表5-5所示。

表5-5 气象元素误差对测站天顶方向对流层延迟的影响

单位:mm

温度/℃	标准大气压、相对湿度50%			标准大气压、相对湿度95%		
	$\Delta P=1$ mbar	$\Delta T=1$℃	$\Delta RH=1\%$	$\Delta P=1$ mbar	$\Delta T=1$℃	$\Delta RH=1\%$
0	2.3	2.3	0.7	2.3	4.3	0.7
10	2.3	3.9	1.3	2.3	7.4	1.3
20	2.3	6.4	2.3	2.3	12.1	2.3
30	2.3	9.3	3.9	2.3	18.7	3.9
37	2.3	13.0	5.4	2.3	24.6	5.4

对表5-5中结果,举一例而言,当地表温度为20℃、大气压为标准大气压状态(即为海平面高度)、相对湿度为50%,即大约为北京初夏或初秋时的天气情况时,如果气压的测量误差有1 mbar,则对流层延迟改正会有2.3 mm的残差;在同样条件下,如果湿度有1%的测量误差,也会产生2.3 mm的改正残差,而1℃的气温测量误差,却会产生6.4 mm的残差,所以温度测量误差的影响比较显著。

当相对湿度取95%的情况时,在同样20℃的气温条件下,同样的气压与湿度的测量误差引起的延迟改正误差没有变化,但温度测量误差产生的影响却上升了近1倍,达到12.1 mm。这说明相对湿度的变化,对气象元素测量导致的误差影响很大,换言之,在南方或北方的夏季,即湿润的地区,气象元素测量过程中,务必要留意对温度进行精准测量。

5.6.5 标准气象元素法

我们知道平常使用的车辆导航系统、手机等移动终端在进行定位时,并没有进行气象元素的测定,那么是否意味着,在其定位过程中,并没有考虑大气延迟改正呢?

为了解决此类快速或实时定位终端的需求，在对定位精度要求并不高的情况下（如普通车辆导航过程中），可以采用标准气象元素法。该方法假定海平面处的气象元素值为一组标准值，取其值为：温度 $T=20℃$、气压 $P=1013.25\ \mathrm{mbar}$、湿度 $RH=50\%$。设观测站的海拔高程为 h 时，可依据下式求得观测站处的气象元素值：

$$\begin{cases} T_s = T - 0.0065 \cdot h \\ P_s = P \cdot (1 - 0.0000266 \cdot h)^{5.225} \\ RH_s = RH \cdot \exp(-0.0006396 \cdot h) \end{cases} \tag{5-87}$$

由此，无须采用气象仪表进行实际气象元素的测定，只需知道测站海拔高程，即可求得气象元素的值，从而可采用前面的改正模型计算对流层延迟改正。

显然，这只是一种近似的做法，没有考虑气象元素的日变化、月变化乃至年变化，因此气象元素误差，尤其温度的误差可能会很大，即便如此，引入此改正比完全不使用改正，定位精度仍然会有所改善。理由是毕竟对流层的高度从地面以上达数十千米，即使地面气象元素变化较大，但高空气象元素的变化相对平稳，上述公式仍有一定的描述意义，尤其对于气压来说，其梯度变化相对稳定，具有较好的参考意义。

5.6.6　无气象参数改正模型

除了标准气象元素法，国际上还常用一些无气象参数的对流层延迟改正模型，主要基于全球常年观测的年平均气象资料而建立，如 EGNOS 模型。该模型是欧盟 EGNOS 在一种称为 UNB3 的模型基础上建立的天顶方向的对流层延迟改正模型，其所用的参数包括气压、温度、水汽压、温度梯度和水汽压梯度。这些气象参数并非实测，而是通过建立其与平均海平面上的相应气象参数、年积日以及观测站地理位置之间的关系，利用固定纬度处的年平均值与年变化量，插值计算得到的。

如表 5-6 和表 5-7 所示，分别为 5 个不同纬度海平面位置的 5 个气象参数：气压 P_0、温度 T_0、水汽压 e_0、温度梯度 $\mathrm{d}T$、水汽压梯度 $\mathrm{d}e$ 等的年平均值和年平均变化值。

表 5-6　不同纬度海平面位置的气象元素年平均值

纬度/(°)	P_0/mbar	T_0/K	e_0/(%)	$\mathrm{d}T/(\mathrm{K}\cdot\mathrm{m}^{-1})$	$\mathrm{d}e/(\mathrm{mbar}\cdot\mathrm{m}^{-1})$
≤15	1013.25	299.65	26.31	6.30×10^{-3}	2.77
30	1017.25	294.15	21.79	6.05×10^{-3}	3.15
45	1015.75	283.15	11.66	5.58×10^{-3}	2.57
60	1011.75	272.15	6.78	5.39×10^{-3}	1.81
≥75	1013.00	263.65	4.11	4.53×10^{-3}	1.55

表 5-7　不同纬度海平面位置的气象元素年平均变化值

纬度/(°)	ΔP_0/mbar	ΔT_0/K	Δe_0/(%)	$\Delta \mathrm{d}T$/(K·m^{-1})	$\Delta \mathrm{d}e$/(mbar·m^{-1})
≤15	0.00	0.00	0.00	0.00	0.00
30	−3.75	7.00	0.00	0.25×10^{-3}	0.33
45	−2.225	11.00	−1.00	0.32×10^{-3}	0.46
60	−1.75	15.00	−2.50	0.81×10^{-3}	0.74
≥75	−0.50	14.50	2.50	0.62×10^{-3}	0.30

设表中纬度 i 处的气象元素年均值为 Avg_i，其相应的年均变化量为 Amp_i，则任一纬度 L 处的气象元素年均值 Avg_L 和年均变化量 Amp_L 可由下式计算得到：

$$\mathrm{Avg}_L=\begin{cases}\mathrm{Avg}_{15} & L\leqslant 15\\ \mathrm{Avg}_{75} & L\geqslant 75\\ \mathrm{Avg}_i+\dfrac{(\mathrm{Avg}_{i+1}-\mathrm{Avg}_i)}{15}\times(L-L_i) & 15<L<75\end{cases}\tag{5-88}$$

$$\mathrm{Amp}_L=\begin{cases}\mathrm{Amp}_{15} & L\leqslant 15\\ \mathrm{Amp}_{75} & L\geqslant 75\\ \mathrm{Amp}_i+\dfrac{(\mathrm{Amp}_{i+1}-\mathrm{Amp}_i)}{15}\times(L-L_i) & 15<L<75\end{cases}\tag{5-89}$$

式中，Avg_{15}、Avg_{75}、Amp_{15}、Amp_{75} 分别表示纬度 15°和 75°处的气象元素年均值和年变化均值，同时公式也说明，当纬度大于 75°或小于 15°时，直接取表中值不再插值；Avg_{i+1}、Avg_i、Amp_{i+1}、Amp_i 分别表示与测站所在位置的纬度相邻的表格中纬度值所对应的气象元素值。例如：观测站所处纬度为 40°，则 $i+1$ 对应纬度 45°，i 对应纬度 30°。Avg_{i+1}、Avg_i、Amp_{i+1}、Amp_i 分别为表 5-6 和表 5-7 中，纬度 45°和纬度 30°所对应的气象元素年均值和年变化均值。而 L_i 则为表中与测站相邻的低纬度值，如假设测站纬度为 40°时，L_i 值则取表中 30°。

由于气象元素呈周年变化趋势，故在求得观测站海平面位置年均值的基础上，再求观测当天的海平面位置的气象元素值。设观测当天所对应的年积日为 doy，各气象元素达到年均最小值时所对应的年积日表示为 $D_{\min}$，其在南半球和北半球分别取固定值：北半球 $D_{\min}=28$，南半球 $D_{\min}=211$。由此，基于前面两式计算得到的观测站处的 5 个气象元素的年均值和年变化均值，再利用下式可求出观测当天对应的 5 个气象元素值。

假设我们用 $F(P_0,T_0,e_0,\mathrm{d}T,\mathrm{d}e)$ 表示观测当天的 5 个气象元素函数，则具体计算公式为

$$F(P_0,T_0,e_0,\mathrm{d}T,\mathrm{d}e)=\mathrm{Avg}_L+\mathrm{Amp}_L\cdot\cos\left[(\mathrm{doy}-D_{\min})\cdot\frac{2\pi}{365.25}\right]\tag{5-90}$$

由此式可以得到观测当天的观测站海平面高度的 5 个气象元素值，然后再计算测站

实际高程处天顶方向的对流层延迟改正。此改正在该 EGNOS 模型中同样分别按干部分的影响和湿部分的影响计算，先计算观测站位置海平面高度的干湿延迟 K_d 和 K_w，具体计算公式为

$$\begin{cases} K_d = \dfrac{a_1 \cdot R \cdot P_0 \cdot 10^{-6}}{g} \\ K_w = \dfrac{a_2 \cdot R \cdot e_0 \cdot 10^{-6}}{[g(de+1) - dT \cdot R]\, T_0} \end{cases} \tag{5-91}$$

式中，a_1、a_2、g、R 分别为常数项，其取值分别为

$a_1 = 77.064\ \mathrm{K/mbar}$，　$a_2 = 38\,200\ \mathrm{K^2/mbar}$，　$g = 9.784\ \mathrm{m/s^2}$，　$R = 287.054\ \mathrm{JK/kg}$，其中 K、J、mbar、s 分别为温度单位、热量单位、气压单位和时间单位。

由式(5-91)得到的是观测站平面位置对应的海平面处的对流层干湿延迟改正，需再利用观测站海拔高转换为观测站实际高程处对应的干湿部分延迟 S_d 和 S_w，具体计算公式为

$$\begin{cases} S_d = K_d \left(1 - \dfrac{dT \cdot h}{T_0}\right)^{\frac{g}{R \cdot dT}} \\ S_w = K_w \left(1 - \dfrac{dT \cdot h}{T_0}\right)^{\left(\frac{g}{R \cdot dT} - 1\right)} \end{cases} \tag{5-92}$$

式中，h 为测站海拔高，g 值取 $9.806\,654\ \mathrm{m/s^2}$。

EGNOS 模型由于很好地考虑了气象元素的年均值、年变化量以及与年积日相关的变化规律，同时也很好地考虑了气象元素的梯度变化规律，所以要比标准气象元素法优越很多，其全球平均对流层改正效果较好，但是在某些地区的偏差仍旧较大。该模型已经应用于美国、欧洲等地区的增强导航系统中，据评估其改正精度可达到 5～6 cm(具体可参考文献[6][7])。无须实际进行气象参数测量，仅基于测站纬度与海拔即可得到如此高精度的改正，不失为一种非常优秀的模型。当然在实际天气存在异常的情况下，该模型的估计结果仍然与实际的气象参数存在较大出入，因此，并不大适合气象变化较大的情形。

另外该模型构建所用观测资料有限，故可基于更多的观测资料或结合特定地区，如中国境内，做进一步的改进。国内外有很多相关的文献阐述了相关的改进工作，感兴趣的读者可做进一步了解。

5.6.7　投影函数的高精度模型研究

我们在 5.6.2 节阐述对流层模型时，提到了投影函数，即将天顶方向的对流层延迟，采用函数变换到与卫星高度角一致的信号传播路径上，如公式(5-79)所列出的 Hopfield 模型中的干湿两个分量的投影函数。在 Saastamoinen 模型中，投影函数被直接整合在模

型公式(5-81)中了。前面提到，将天顶方向的对流层延迟变换到卫星实际高度角方向，所采用的投影函数不同，其改正效果也有所不同，故采用好的投影函数可极大提升对流层延迟改正的效果，在高精度的单点定位过程中，这一点非常重要。

国际上有许多学者针对上述问题提出了许多投影函数模型，其中著名的有 NMF 模型、VMF1 模型、UNB 系列模型、GMF 模型等。这些模型大体可分为两类：一类是基于已有气象观测资料建立的经验性模型，代表性的模型有 NMF 模型和 GMF 模型；另一类是结合实际气象观测资料建立的模型，代表性的有 VMF1 模型。下面对 NMF 模型用到的投影函数以及 VMF1 模型稍加介绍。

1. NMF 模型

该模型是利用全球 26 个探空气球站的观测资料建立的一个全球性模型，其所用到的投影函数分成干分量的投影函数和湿分量的投影函数，由于其表达式与计算比较复杂，下面分开阐述。

(1) 干分量投影函数计算

设卫星高度角为 E，测站海拔高为 h，则干分量的投影函数 m_{d} 的表达式为

$$m_{\mathrm{d}}=\frac{\dfrac{1}{1+\dfrac{a_{\mathrm{d}}}{1+\dfrac{b_{\mathrm{d}}}{1+c_{\mathrm{d}}}}}}{\dfrac{1}{\sin E+\dfrac{a_{\mathrm{d}}}{\sin E+\dfrac{b_{\mathrm{d}}}{\sin E+c_{\mathrm{d}}}}}}+\left[\frac{1}{\sin E}-\frac{\dfrac{1}{1+\dfrac{a_h}{1+\dfrac{b_h}{1+c_h}}}}{\dfrac{1}{\sin E+\dfrac{a_h}{\sin E+\dfrac{b_h}{\sin E+c_h}}}}\right]\times\frac{h}{1000} \tag{5-93}$$

式中，系数 a_h、b_h、c_h 为常数，取值分别为：$a_h=2.53\times10^{-3}$、$b_h=5.49\times10^{-3}$、$c_h=1.14\times10^{-3}$；而系数 a_{d}、b_{d}、c_{d} 的计算需要按观测站所在的纬度值进行插值计算。已知纬度 15°、30°、45°、60°、75°处，三个系数 a_{d}、b_{d}、c_{d} 的年平均值 $a_{\mathrm{d(avg)}}$、$b_{\mathrm{d(avg)}}$、$c_{\mathrm{d(avg)}}$ 以及年均波动值 $a_{\mathrm{d(amp)}}$、$b_{\mathrm{d(amp)}}$、$c_{\mathrm{d(amp)}}$ 分别如表 5-8 和表 5-9 所示。

表 5-8 NMF 模型干分量投影函数中，不同纬度处系数 a_{d}、b_{d}、c_{d} 的年平均值

纬度/(°)	$a_{\mathrm{d(avg)}}/10^{-3}$	$b_{\mathrm{d(avg)}}/10^{-3}$	$c_{\mathrm{d(avg)}}/10^{-3}$
15	1.276 993 4	2.915 369 5	62.620 505
30	1.268 323 0	2.915 229 9	62.837 393
45	1.246 539 7	2.928 844 5	63.721 774
60	1.219 604 9	2.902 256 5	63.824 265
75	1.204 599 6	2.902 491 2	64.258 455

表 5-9　NMF 模型干分量投影函数中，不同纬度处系数 a_d、b_d、c_d 的年均变化值

纬度/(°)	$a_{d(amp)}/10^{-5}$	$b_{d(amp)}/10^{-5}$	$c_{d(amp)}/10^{-5}$
15	0.0	0.0	0.0
30	1.270 962 6	2.141 497 9	9.012 840 0
45	2.652 366 2	3.016 077 9	4.349 703 7
60	3.400 045 2	7.256 272 2	84.795 348
75	4.120 219 1	11.723 375	170.372 06

则当观测站纬度介于 15°～75°时，其所对应的投影函数中的系数 a_d、b_d、c_d 可分别由下面插值公式计算得到，为便于理解，我们以系数 a_d 为例写出该插值公式：

$$\begin{aligned} a_d(\varphi,t) = & a_{d(avg)}(\varphi_i) + [a_{d(avg)}(\varphi_{i+1}) - a_{d(avg)}(\varphi_i)] \times \frac{\varphi - \varphi_i}{\varphi_{i+1} - \varphi_i} \\ & + a_{d(amp)}(\varphi_i) + [a_{d(amp)}(\varphi_{i+1}) - a_{d(amp)}(\varphi_i)] \\ & \times \frac{\varphi - \varphi_i}{\varphi_{i+1} - \varphi_i} \times \cos\left(2\pi \frac{t - t_0}{365.25}\right) \end{aligned} \tag{5-94}$$

式中，t 为观测当天的年积日，t_0 为参考时间的年积日，北半球取值为 28，南半球取值为 211；φ 为观测站处的纬度，$a_d(\varphi,t)$表示测站 φ 处、年积日为 t 的观测当天、投影函数中系数 a_d 的值；φ_i 和 φ_{i+1}则分别表示在上面表格中与测站纬度上下相邻的参考纬度值，即表 5-9 中的 15°、30°、45°等值，如当测站纬度为 40°时，φ_i 取表中 30°而 φ_{i+1}取表中 45°。

对于系数 b_d、c_d 而言，其计算方式与 a_d 完全一致。

公式(5-94)给出的是介于纬度 15°～75°的观测站对应的投影函数中的系数插值公式，而对于小于 15°或大于 75°的观测站，系数 a_d、b_d、c_d 的计算公式分别为(同样我们以 a_d 为例列出公式)：

$$a_d(\varphi,t) = a_{d(avg)}(1) + a_{d(avg)}(15) \times \cos\left(2\pi \frac{t - t_0}{365.25}\right) \tag{5-95}$$

$$a_d(\varphi,t) = a_{d(avg)}(75) + a_{d(avg)}(75) \times \cos\left(2\pi \frac{t - t_0}{365.25}\right) \tag{5-96}$$

(2) 湿分量投影函数计算

仍然设卫星高度角为 E，湿分量的投影函数 m_w 的表达式为

$$m_w = \frac{\dfrac{1}{1 + \dfrac{a_w}{1 + \dfrac{b_w}{1 + c_w}}}}{\dfrac{1}{\sin E + \dfrac{a_w}{\sin E + \dfrac{b_w}{\sin E + c_w}}}} \tag{5-97}$$

显然湿分量的投影函数与测站高程无关，与干分量的投影函数相比，仅有一项。式中系数 a_w、b_w、c_w 的取值同样需要采用插值方法，但由于湿分量的影响在对流层的延迟中仅占约十分之一，故仅考虑其年均值，不再考虑其年均变化量，则前面插值公式(5-94)简化为

$$a_w(\varphi,t) = a_{w(avg)}(\varphi_i) + [a_{w(avg)}(\varphi_{i+1}) - a_{w(avg)}(\varphi_i)] \times \frac{\varphi - \varphi_i}{\varphi_{i+1} - \varphi_i} \tag{5-98}$$

系数 b_w、c_w 的计算与 a_w 相同，插值时采用的已知纬度处的系数值如表 5-10 所示。

表 5-10　NMF 模型湿分量投影函数中，不同纬度处系数 a_w、b_w、c_w 的年平均值

纬度/(°)	$a_{w(avg)}/10^{-4}$	$b_{w(avg)}/10^{-3}$	$c_{w(avg)}/10^{-3}$
15	5.802 187 9	1.427 526 8	4.347 296 1
30	5.679 484 7	1.513 862 5	4.672 951 0
45	5.811 801 9	1.457 257 2	4.390 893 1
60	5.972 754 2	1.500 742 8	4.462 698 2
75	6.164 169 3	1.759 908 2	5.473 603 9

当观测站纬度小于 15°或大于 75°时，不再做插值，均取 15°或 75°时的值。应用经验表明，NMF 模型在中纬度地区效果很好，但在高纬度地区以及赤道地区效果不大理想。

2. VMF1 模型

该模型是由维也纳理工大学的大地测量研究所建立的，与 NMF 模型在形式上相似，由于该校网站更新的缘故，现已找不到当年实施项目的详细信息，项目简介中所提内容应该是当年为了对 EGNOS 模型更好地优化，使之更好地适应奥地利地区的工作。模型中的系数 a_d 和 a_w 是基于实测的气象资料生成的经纬格网来提供的，该经纬格网提供了经度方向 2.5°，纬度方向 2°的分辨率，同时格网点数据有时间上的分辨率，每隔 6 小时采集一次新数据；而系数 b_d 和 c_w 是依据欧洲中尺度天气预报中心 40 年的观测资料计算求得的。

VMF1 被认为是目前精度和可靠性最好的模型。精密单点定位使用该模型所求得的测站高程精度要比其他模型更好。但该模型要使用实测气象资料，故不适用于实时定位，如果在快速定位中使用的话，需要考虑定位结果受气象资料获取时间的延迟影响。

5.7　多路径效应误差

多路径效应误差也称多路径误差，是与接收机密切相关的一项误差。当接收机安放在某处进行观测时，接收机天线能接收到的信号不仅有直接来源于卫星的信号，也有卫星信号经过地表或周边建筑物墙面等反射到达接收机天线的信号。如图 5-5 所示，信号

S 直接来源于卫星，而信号 S′ 则经过天线旁边的地面反射到达接收机天线，此类信号被称为反射信号。对于普通接收机而言，如果缺乏强有力的算法，它无法区分信号 S 与 S′，从而造成测量误差，严重时所造成的信号干涉会使接收机对卫星信号失锁，影响定位工作。

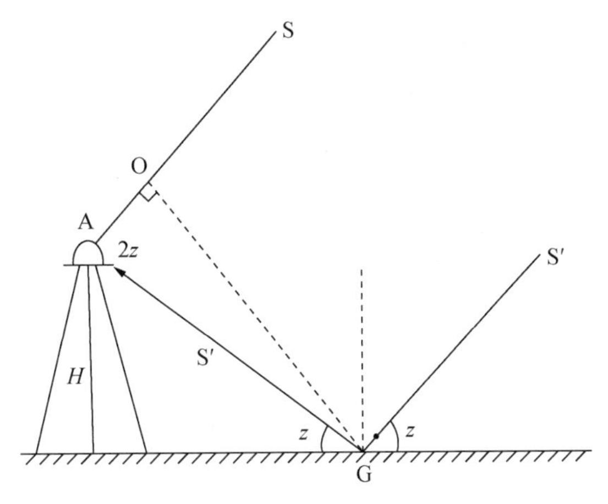

图 5-5　卫星信号接收过程中的多路径效应示意

如果仔细观察的话，反射信号有三类来源，除了地面反射或墙面反射外，另两类反射来源于导航卫星星体和大气传播过程中的散射。为了弄清楚多路径误差的影响机理以及它的误差大小，以便有针对性地减弱或消除它的影响，下面我们分别讨论测距码和载波相位观测时的多路径效应影响。

5.7.1　测距码观测时的影响

测距码观测原理，我们在第 6 章会讲解，此处简要说明一下。其测量原理是使用接收机中的已知测距码与天线接收到的卫星发射的测距码进行码相关计算，当两个码的相关系数达到最大时，就认为接收机捕获到了卫星信号，从而锁定了信号观测的瞬间时刻。如果接收机无法区分反射信号与直达信号，错误地与反射信号进行比对，显然会造成信号的观测误差。如果反射信号比较强，可能会让接收机时而与直达信号进行测距码比对，时而与反射信号进行测距码比对，从而无法稳定地锁定信号，产生错误的观测结果。

在使用测距码观测时，由于使用了码元相关法锁定信号，故理论上多路径误差不会超过一个码元的宽度。P 码的码元宽度为 29.3 m，如果以 P 码进行观测，则实际多路径误差不会大于这一数值。早在 20 世纪 80 年代有相关实验表明，使用 P 码进行观测时，多路径误差在中等反射条件，如测站周边为林地、田野等环境时，一般为 1～3 m；在高反射条件下，如测站周边存在水面、墙面或光滑路面等情形时，此误差一般为 4～5 m。

对测距码观测时引入的多路径效应误差，我们可以进行简单推导，从而在理论上明确其误差的产生机理。如图 5-5，直达信号 S 与反射信号 S′经过不同路径到达接收机天线后，由于反射信号经过了更长的路径，故与直达信号之间存在所谓的程差，设其值为 ΔS，则基于图中的几何关系有

$$\Delta S = \mathrm{GA} - \mathrm{OA} = \mathrm{GA}(1-\cos 2z) = \frac{H}{\sin z}(1-\cos 2z) = 2H\sin z \tag{5-99}$$

式中，H 为图中所示天线高。如果接收机无法区分直达与反射信号，则此程差实为测量误差。如果天线高为 2 m，反射角 z 为 30°，则程差为 2 m，即单颗卫星的伪距测量误差会达到 2 m；显然天线越高，反射角从 0～90°间越大，该误差值会越高，但最大值如前所述，不应超过一个码元的传播宽度，即 29 m。所以，理论上，观测时将天线放置地面误差最小，同时尽可能远离造成强反射信号的水面或墙面等位置。

5.7.2 载波相位观测时的影响

载波作为一种余弦或正弦波，用函数可以表达为

$$S_{\mathrm{d}} = \alpha\cos\varphi \tag{5-100}$$

由于反射信号比直达信号经过的路程更长，故可认为它相对于直达信号，在一个整周内存在相位时延 $\Delta\varphi$。同时，由于信号经过反射后必然有衰减，令反射系数为 β，如其值为 0，则表示信号全被反射面吸收；如其值为 1，则表示反射信号强度与原入射信号相同，由此，反射信号可表达为

$$S_{\mathrm{r}} = \beta\alpha\cos(\varphi+\Delta\varphi) \tag{5-101}$$

两种信号进入接收机之后，自然表现为叠加信号，其表达式可写为

$$\begin{aligned} S &= S_{\mathrm{d}} + S_{\mathrm{r}} \\ &= \alpha\cos\varphi + \beta\alpha\cos(\varphi+\Delta\varphi) \\ &= \alpha\cos\varphi + \beta\alpha[\cos\varphi\cos\Delta\varphi - \sin\varphi\sin\Delta\varphi] \\ &= (1+\beta\cos\varphi)\alpha\cos\varphi + (\beta\sin\Delta\varphi)\alpha\sin\varphi \\ &= \sqrt{1+\beta^2+2\beta\cos\Delta\varphi}\,\alpha\cos\left(\varphi + \arctan\frac{\beta\sin\Delta\varphi}{1+\beta\cos\Delta\varphi}\right) \\ &= \beta_m\alpha\cos(\varphi+\Delta\varphi_m) \end{aligned} \tag{5-102}$$

上式中

$$\beta_m = \sqrt{1+\beta^2+2\beta\cos\Delta\varphi}, \quad \Delta\varphi_m = \arctan\frac{\beta\sin\Delta\varphi}{1+\beta\cos\Delta\varphi}$$

由于 β_m 仅在振幅方向发生变化，对于相位测量来说，不会影响距离测量结果，故不考虑 β_m 部分的影响。

由于 $\Delta\varphi_m$ 是 $\Delta\varphi$ 的函数，故应该在 $\frac{\partial(\Delta\varphi_m)}{\partial(\Delta\varphi)}=0$ 时，$\Delta\varphi_m$ 取最大值，即有

$$\frac{\partial(\Delta\varphi_m)}{\partial(\Delta\varphi)}=\frac{\beta\cos\Delta\varphi+\beta^2}{[1+\beta^2+2\beta\cos\Delta\varphi]}=0 \tag{5-103}$$

由此式得

$$\beta\cos\Delta\varphi+\beta^2=0$$

即 $\cos\Delta\varphi=-\beta$ 时，$\Delta\varphi_m$ 有最大值。

继续推导可得，当 $\Delta\varphi=\pm\arccos(-\beta)$ 时，$\Delta\varphi_m=\pm\arcsin\beta$ 为最大值。

此时取最大反射系数 $\beta=1$，则 $\Delta\varphi_m=90°$，即相位延迟1/4周，对应波长为 $\lambda/4$，如取波长值为20 cm，则得载波观测时，最大的距离测量误差为5.0 cm。

该推导过程仅为单颗卫星信号产生的最大误差，实际情况会是多个路径信号叠加的结果，此时前面式(5-104)可以写为

$$S_n=\sqrt{1+\sum_{i=1}^{n}\beta_i^2+2\sum_{i=1}^{n}\beta_i\cos\Delta\varphi_i}a\cos\left(\varphi+\arctan\frac{\sum_{i=1}^{n}\beta_i\sin\Delta\varphi_i}{1+\sum_{i=1}^{n}\beta_i\cos\Delta\varphi_i}\right) \tag{5-104}$$

从而有

$$\Delta\varphi_{m_n}=\arctan\frac{\sum_{i=1}^{n}\beta_i\sin\Delta\varphi_i}{1+\sum_{i=1}^{n}\beta_i\cos\Delta\varphi_i} \tag{5-105}$$

与式(5-103)的情况类似，我们会推导出结果，即当所有 $\Delta\varphi_i$ 取90°时，多个叠加信号产生的误差达到最大值。由于信号叠加波长未发生变化，故经估算，实际产生的最大距离误差仍约为5 cm。这说明，载波相位测量过程中，在不存在整周模糊度误差的情况下，$\lambda/4$ 已经是最大的测量误差了。

此结论虽然显示多信号叠加所产生的误差与单信号误差一致，但事实上，多信号叠加会导致整周模糊度误差增加，所以在反射信号严重干扰的情况下，多路径效应直接或间接造成的误差会接近一个波长，即20 cm左右。由于使用载波相位测量的过程，一般要求结果精度较高，此误差的影响必须采取相关措施予以削弱或消除。

5.7.3 消除多路径效应的方法与措施

前面我们虽然从理论上对多路径误差的产生进行了推导和理解，但现实环境非常复杂，我们无从测定信号的反射角，甚至不了解信号的反射方向，因此很难消除多路径效应误差，对明显存在多路径效应的环境，只能采用一定的方法或措施来弱化其对定位的误差影响。

由前面的推导公式可以看出，无论伪距观测还是载波观测，多路径效应误差的产生，均与天线高度、信号反射角以及周边反射物的反射强度有关，因此减弱或消除多路径效

应的影响应从这三方面的因素出发加以考虑：

(1) 选择恰当的观测位置

由于强反射物会产生较大误差，故观测位置的选择应该避开诸如平静的水面、光滑的墙面。此外，也不应在山坡、山谷和狭小盆地中设站观测，因为周边反射面过多；前面提及，由于误差与天线高密切相关，故不应过高架设天线，尽可能靠近地面安置天线。

(2) 改进软硬件接收机装置

由于反射信号绝大多数来自地面，故最简单的硬件改进装置是在天线下方安装抑径圈或抑径板，可以很好地遮挡来自地面的反射信号。

在软件方面，尽量选择具有大高度角的卫星信号进行定位解算，从而可在一定程度上弱化多路径误差。理论上，利用双频载波之间的相位相关技术可在一定程度上消除多路径误差，据称 Novatel 的多路径误差消除技术，可减少 60%的多路径误差；此外，其多路径消除延迟锁相环路技术，据称可减少 90%的多路径误差，感兴趣的读者，可查阅相关资料进行了解。

(3) 适当延长观测时间

由于信号的反射角与卫星的高度密切相关，同时载波相位本身是时间的函数，适当延长观测时间后，在整个观测过程中，多路径误差会表现为一种周期性的变化，因此较长时间的观测有利于平滑误差的影响。当然该方法只适用于较长时间的静态观测，无法用于实时或快速定位。有经验表明，为了有效地消除多路径误差，一般观测时间应大于 20 min。当然，实际的应用需求，观测时间应该视环境条件而定。

5.8 其他误差改正

除了前面所述误差之外，还有其他一些影响较小的误差，如：地球自转改正、地球固体潮误差、海洋潮汐误差、大气负荷误差、天线相位缠绕误差、天线相位中心误差等，其中影响最大的是地球自转改正误差。考虑到用户经常会接触到天线相位中心误差，故对这两种误差加以详细介绍，其他误差会在精密单点定位中视精度需求而考虑，限于精力，在此暂不考虑，感兴趣的读者可参考其他文献。

5.8.1 地球自转改正误差

在地面定位观测过程中，信号从离开卫星到达接收机之间的时间虽然很短，但期间仍然由于地球自转，观测站相对于卫星，或卫星相对于观测站存在移动，如果忽略不计，由此所产生的误差称为地球自转改正误差，也被称为 sagnac 效应。

对于地表观测定位而言，一般均采用地固坐标系或协议地球坐标系，在此坐标系下，观测站认为是固定不动的，因此在卫星信号传播过程中，地球自转造成的结果可认为是卫星相对于测站产生了位移。

设卫星信号发射时刻为 t_1，对应在协议地球坐标系中的卫星坐标为(x_s, y_s, z_s)，到达接收机的时刻为 t_2，其间卫星坐标的变化值为$(\delta x_s, \delta y_s, \delta z_s)$。并设地球自转角速度为 ω，则经过时间$(t_2 - t_1)$后，地球旋转角度为 $\Delta\alpha = \omega(t_2 - t_1)$，由于地球自转造成的卫星坐标变化，可视为是绕 Z 轴旋转 $\Delta\alpha$ 进行的坐标变换，故有

$$\begin{bmatrix} \delta x_s \\ \delta y_s \\ \delta z_s \end{bmatrix} = \begin{bmatrix} 0 & \sin\Delta\alpha & 0 \\ -\sin\Delta\alpha & 0 & 0 \\ 0 & 0 & 0 \end{bmatrix} \begin{bmatrix} x_s \\ y_s \\ z_s \end{bmatrix}$$

$$\approx \begin{bmatrix} 0 & \Delta\alpha & 0 \\ -\Delta\alpha & 0 & 0 \\ 0 & 0 & 0 \end{bmatrix} \begin{bmatrix} x_s \\ y_s \\ z_s \end{bmatrix} = \begin{bmatrix} \omega(t_2 - t_1) y_s \\ -\omega(t_2 - t_1) x_s \\ 0 \end{bmatrix} \tag{5-106}$$

该坐标变化值即为地球自转产生改正量，如不加考虑即为误差。将此卫星坐标变化值加到 t_1 时刻的卫星坐标(x_s, y_s, z_s)上则得 t_2 时刻的卫星坐标，然后以 t_2 时刻的卫星坐标计算测站的定位结果，从而可避免地球自转造成的误差。

如果不考虑该项坐标变化值，则在时间$(t_2 - t_1)$内，由于卫星坐标变化，会造成卫地距的计算产生误差 $\delta\rho$，假设待测点的坐标为(X, Y, Z)，则由卫地距的计算公式：

$$\rho = \sqrt{(X - x_s)^2 + (Y - y_s)^2 + (Z - z_s)^2}$$

求微分可得

$$\begin{aligned} \delta\rho &= \frac{\partial\rho}{\partial x_s}\delta x_s + \frac{\partial\rho}{\partial y_s}\delta y_s + \frac{\partial\rho}{\partial z_s}\delta z_s \\ &= \frac{X - x_s}{\rho}\omega(t_2 - t_1) y_s - \frac{Y - y_s}{\rho}\omega(t_2 - t_1) x_s \quad (\text{因 } \delta z_s \text{ 为 } 0\text{，故此处仅余两项}) \\ &= \frac{\omega(t_2 - t_1)}{\rho}[(X - x_s) y_s - (Y - y_s) x_s] \\ &= \frac{\omega}{c}((X - x_s) y_s - (Y - y_s) x_s) \end{aligned} \tag{5-107}$$

式中，c 为光速，显然对于不同的观测地点，以及卫星处于不同轨道位置时，所产生的自转改正值有所不同。取卫星截止高度角为 15°，当测站位于赤道时，可求得的 $\delta\rho$ 的最大值可达 36 m，显然这么大的伪距观测值在稍高精度的单点定位中必须予以考虑。

5.8.2　天线相位中心误差

卫星导航定位观测过程中，所测量的卫星到接收机的距离，是指从卫星发射天线的相位中心到接收机天线的相位中心之间的距离。通常，接收机的天线几何参考点，也即

用户认为的其实际观测的点位(一般可视为天线的几何中心点),与天线的相位中心并不是同一个点,两者之间的差异应予以精确测定。原则上这一问题,应该由天线制造商在天线出厂时予以精确测定。

考虑天线相位中心误差的定位,一般而言都是精密单点定位,故需要采用精密星历,而精密星历中所给出的卫地距测量参考中心是卫星的质心坐标,故需要知道卫星发射天线的相位中心与卫星质心之间的偏差值。但对于用户而言,无法测定这一偏差,故通常需要从所观测的卫星资料中查找。

天线相位中心误差,通常分为两部分,其一是天线的平均相位中心与天线几何参考点之间的偏差,称为天线相位中心偏差(Phase Center Offset,简称 PCO);其二是天线在观测瞬间的相位中心(也称瞬时相位中心)与平均相位中心之间的差值,也称为天线相位中心的变化部分(Phase Center Variation,简称 PCV)。通常对于一个具体的天线而言,PCO 是固定值,而 PCV 则与卫星信号的方向有关,即与卫星所在的高度和方位有关。

2006 年 11 月以前,IGS 一直采用相对天线相位中心改正模型测定 PCO 与 PCV,具体而言,选取某一型号天线作为参考标准,假定该型号天线不存在相位中心改正,即其相位中心偏差为 0 值。然后将其他待测天线与该型号天线共同安置在已知精密长度的短基线上进行相对定位观测,求取待测天线的相位中心偏差。该方法普通用户也可以使用,只需要一台标准天线和一个户外精密基线即可。但该测定方法所得结果是相对于标准天线的,标准天线虽经严格测定,但在实际使用过程中仍然会存在一定偏差。

自 2006 年 11 月之后,IGS 采用绝对相位中心改正模型进行测定。所采用的具体方法分两种:一种是在微波暗室中,使用微波信号发生器产生的 GPS 模拟信号对接收机天线进行检测;另一种是在室外利用真正的 GPS 信号,将天线固定在精密基线上,并通过自动装置对接收机的天线进行旋转、倾斜等动作,测定在该过程中的接收机天线相位中心偏差 PCO 以及相位中心的变化 PCV。

原则上,高级天线制造商会给出其产品的 PCO 以及不同方位、不同天顶距下的 PCV 数据表。用户在任意天顶距和任意观测方位时的 PCV 值,可基于这一数据表通过双线性插值得到,感兴趣的读者可参考文献[4]中所列表格。

思考题

1. 卫星导航定位过程中的误差概括而言主要有哪些?
2. 模型改正法主要用于消除具有什么特征的误差?
3. 求差法主要用于消除具有什么特征的误差?
4. 相对论效应对定位有哪些影响?如何改正或消除其影响?

5. 卫星时钟误差一般是采用什么方式加以消除的？

6. 对于精密定位而言，如何解决卫星钟差的影响？

7. 什么是硬件时延误差？什么是数学同步误差？

8. 广播星历为何含有误差？如何解决广播星历误差？

9. 什么是IGS？它提供哪些产品？都有什么用途？

10. 电离层误差与什么密切相关？使用广播星历如何改正电离层误差？其精度如何？

11. 导航电文中的电离层参数，即模型中的α，β其物理意义各是什么？以1小时更新一次星历考虑，为何卫星在轨道上运行这么长时间，才发送一套模型参数？

12. 多模单频接收机，即可同时接收北斗B1＋GPS L1＋ GLONASSL1的三系统单频接收机，能否依靠三种频率实现电离层延迟改正？

13. 简述利用广播星历进行电离层改正的计算步骤。

14. 理论上如何严格消除电离层误差？请写出相关理论推导过程。

15. 什么是对流层延迟误差？它与哪些因素有关？

16. 常用典型的对流层改正模型是什么？其有何优缺点？

17. 对单点定位而言，对流层改正所能达到的精度大致是多少？

18. 无气象参数改正模型的原理与优点是什么？

19. 多路径误差是如何产生的？采用哪些方法可较好地消除多路径误差？

20. 采用伪距观测和载波观测时，所产生的多路径误差大致各为多少？

21. 什么是地球自转改正？在什么情况下不能忽略此项误差改正？

22. 什么是天线相位中心误差？一般如何测定该项误差？

第6章

卫地距测量与单点定位方法

第2章和第3章阐述了导航定位所需的时间系统与坐标系统;第4章阐述了卫星导航系统的星座以及信号结构等,让我们明白了整个导航系统的体系框架,尤其了解到导航信号的内容究竟是什么,用户如何通过导航电文所给参数计算得到观测时卫星的在轨位置;第5章重点讨论了影响定位精确性的各种误差,让我们明白了要得到高精度的定位结果应该如何处理这些误差,避免其对定位结果产生较大影响。

具备前面知识之后,本章我们开始了解真正的定位是如何实现的。单点定位是整个卫星导航的首要目标,为了实现这一宏伟目标,在具备前面所述条件的基础上,我们还需解决两方面的问题:其一,需要知道每颗卫星到接收机的距离;其二,需要知道在具备所有已知数据的条件下,如何建立方程求解定位点的三维坐标。

6.1 简单的卫星导航定位原理

卫星导航定位最基本的原理可用一段简略的文字加以描述,如图6-1所示,位于太空中的高速运行卫星不断地发射信息,即导航电文,告诉地面观测者:我是哪颗卫星、我的位置目前在哪里、当前信号发射时刻是什么。接收机收到卫星信号后,确定信号的接收时刻,由时间差乘以光速即可得到卫星到接收机的距离,已知三颗卫星到接收机的距离,则可以计算出接收机的位置。但是由于卫星处于高速运行状态,故隐含有一个时间未知数,所以,要确定接收机三维位置,必须至少观测并接收4颗卫星信号。此外,该定位过程中,还存在一个最大的问题,如在接收机中使用原子钟的话,接收端过于昂贵,难以推广应用,所以接收机上一般使用普通时钟,故接收机上的时间测量误差较大。为解决该问题,接收机锁定卫星信号后使用一种所谓的时钟调整技术,使其与卫星钟达到同步。如图6-1所示,假设在二维平面上,接收机时钟存在0.5 s的时间误差,当三颗卫星同步发送信号时,会导致三颗卫星的信号交于三个B点,只有不断调整接收机时钟,使此三个B点合并为一个点A时,接收机时钟才会完全与卫星时钟达到同步。

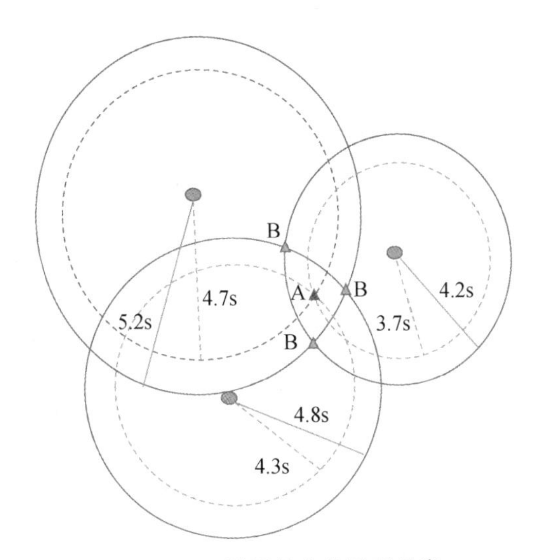

图 6-1　卫星导航定位原理示意

由于造成点位测量误差的因素非常多，当然无法通过这种调整方法完全去除接收机钟差的影响，故剩余的接收机钟差会被当作未知数加以处理，后续章节我们再讨论该问题。

在此我们先要了解的问题是，如何解决卫星到接收机的距离，即卫地距测量问题，否则无法进行后续的点位计算（注："卫地距"只为方便表述引入的词语，事实上可泛指从卫星到地面或空中任一信号终端之间的距离）。

在卫星导航定位中，有两种方式的卫地距测量方法，通常称为伪距测量与载波相位测量。伪距测量使用载波上的测距码进行卫地距测量，载波相位测量在已知载波波长的前提下，由接收机中的锁相环精确测定不足一个整周波长的部分，再通过跟踪载波以及求解未知的整周个数的方式确定卫地距。

使用伪距测量可达到的最高精度，一般为码元长度的 1/100（或称可达 1/1000），故其精度难以达到厘米级或更高的精度。而载波相位测量由于可以精确地测定载波的相位，对载波测量的精度目前可以达到 0.5 mm 甚至更高，所以载波相位测量是实现高精度测量的重要手段。下面我们进一步阐述，在理论方法上是如何实现这两种卫地距测量的。

6.2　测距码测定卫地距

6.2.1　测距码测量原理

载波速度及其传播时间的乘积是测定卫地距的基本原理，载波速度在不考虑传播媒体影响的前提下，其值恒定且认为与光速相等，故关键的问题是如何确定传播时间。如何确切知道测距码的发射时间，相对而言是一个较难的问题，我们在稍后进行讨论，下面我们先阐述，接收机是如何捕获测距码的。

由第4章我们知道，卫星不断地通过载波重复发送测距码，测距码是一系列有随机性规则的编码。要用接收机捕获它，原则上必须事先知道这些编码的内容，因此，接收机只能捕获公开的测距码，如C/A、P码等。以C/A码为例，接收机为了捕获该测距码，具体的方法是，在接收机中同样安装C/A码生成器，不断地生成C/A码。当接收机天线捕获卫星信号，从载波上分离出测距码信号后，不断地送给测距码处理单元。

具体而言，在接收机中实现两路信号的对齐过程，是通过判断其相关系数是否达到最大值的过程。假设测距码的信号结构用函数$u(t)$来表示，卫星信号从发射到达接收机的时延为Δt，则卫星发射的测距码到达接收机时，其表达式为$u(t+\Delta t)$；假设接收机中的测距码信号与卫星中的同步产生，到接收机捕获卫星信号时，其在接收机中的时延为τ，则接收机对齐信号的过程中，其测距码的表达式为$u(t+\tau)$；因而，两个信号的相关系数计算式可表达为

$$R=\frac{1}{T}\int_{T}u(t+\Delta t)\cdot u(t+\tau)\mathrm{d}t \tag{6-1}$$

由于测距码加载到载波后，成为一个振幅为1的余弦或正弦函数，上式在时间T内的积分均值最大值为1。理论上函数$u(t+\Delta t)$与$u(t+\tau)$完全对齐时，在时间区间T内，两者乘积处处为1，但由于噪声的存在，一般无法达到这个理论值，所以一般取其接近1的极值。

接收机中产生的C/A码与卫星发送的C/A码进行相关对齐的过程中，有文献认为接收机在不断调整自己的时钟，从而使两个C/A码对齐。事实上，当接收机同步接收多颗卫星信号时，显然无法同时为不同卫星的测距码调整自己的时钟。就现有技术而言，这一测距码相关过程是由接收机的通道完成的，而且现有OEM接收机板卡的通道数很多，基本上可以为每颗在轨的导航卫星分配一个通道。实际的测距码对齐过程，可以理解为，从载波中得到的测距码进入通道后，由此通道中生成的测距码与不断进入通道的测距码以码元为周期进行处理，求乘积和，当式(6-1)中的R达到最大值时，则认为接收机捕获了该卫星的测距码。显然这一过程无须调整公式中的τ，而是在测定Δt。理论上，调整这两个时间变量中的任一个都是可以的(具体实现过程比较复杂，不同的文献对此有不同详细程度的描述，读者可进一步查阅)。

实现卫星与接收机测距码的对齐，即达到了接收机捕获与锁定卫星信号的目的。有人认为对齐测距码即达到了卫星时钟与接收机时钟的同步，但事实上无法做到这一点，因为整个对齐过程所用的只是很小的一个测距码片段，以C/A码为例，只有1 ms时间长

度，当接收机时间与卫星时间存在 1 ms 以上的时间差时，仅仅对齐 1 ms 片段的测距码是无法实现两个时间同步的。尽管如此，但对齐测距码后，我们已经将接收机时间与卫星时间进行了关联，相当于得到了准确的信号接收时间。

如果从时间分辨率的角度看的话，使用相关系数对齐测距码达到时间同步的精度为 $1/1023\times1/100\ \text{ms}\approx10\ \text{ns}$，即一个 C/A 码元的百分之一长度，约为 10 ns。如果对齐精度能达到千分之一，或捕获 P 码进行对齐的过程中，该过程的同步精度会达到 1 ns。

如果不考虑其他误差，仅对齐测距码的过程可以实现的测量精度是很高的，如前面第 4.1 节提到的北斗时代 OEM 板卡，其伪距测量的精度可达 10 cm，而载波相位测量卫地距的精度可达 0.5 mm。

有了测距码的捕获时间，我们再讨论在接收机中，卫星信号的发送时间以及与接收机时间的同步问题。

再回顾第 4 章的内容，我们发现 C/A 码的长度为 1023 bit，其发射周期严格设为 1 ms，乘以光速，一帧完整的 C/A 码在空间的传播距离 S_{ca} 约为 300 km。如图 6-2 所示，GPS 导航卫星的轨道半径 S_d 为 26 560 km，测站天顶方向的卫地距为 $S_{min}=26\,560-6378=20\,182$ km，而地平线方向据图中几何关系，可求得 $S_{max}=25\,782$ km，两者差值为 5600 km，此值除以 S_{ca} 约为 19。此值表明，卫星从天顶到地平线运行过程中，其相对于测站的距离变化为 1～19 个 C/A 码长度。由前面导航电文长度及发送频率可知，一个导航电文字节的时长为 20 ms，即一个导航电文字节对应 20 个 C/A 码片，因此卫地距从天顶到地平线之间，距离折算为时间的总变化值恰好在导航电文一个字节的传输时间之内。也就是说，当接收机捕获所有卫星后，每颗卫星导航电文中 bit 位到达接收机的时差不会超过 1 个字节的时间长度，即 20 ms。

由卫地距的最短距离和最大距离，换算成 S_{ca} 为单位，则最短距离约 $68S_{ca}$，即 68 ms；而最远距离约为 $86S_{ca}$，即 86 ms，即 GPS 卫星信号从发射到接收所用时间仅在 90 ms 之内。

假定所有卫星时钟的时间严格同步，由于所有卫星的导航电文格式完全一致，因此在卫星时钟频率的驱动下，所有卫星均会同步向地面发送导航电文的每个字节，事实上从导航电文子帧频率 6 s 这一数值可以看出，导航电文的每一子帧是在卫星时钟驱动下严格同步发送的。

假如接收机到所有卫星的距离一样的话，则接收机会同步接收到这些卫星导航电文的每个字节。但由于每颗卫星至接收机的距离有所差异，因此接收到同一个导航电文字节的时刻会有所差异，而这个差反过来表达了各卫星到接收机的距离差。

前面我们知道，通过测距码对齐，得到了接收机捕获信号的准确时间，由于测距码与导航电文是严格同步的，由捕获测距码的时刻，很容易得到当前导航电文的 bit 位时刻。

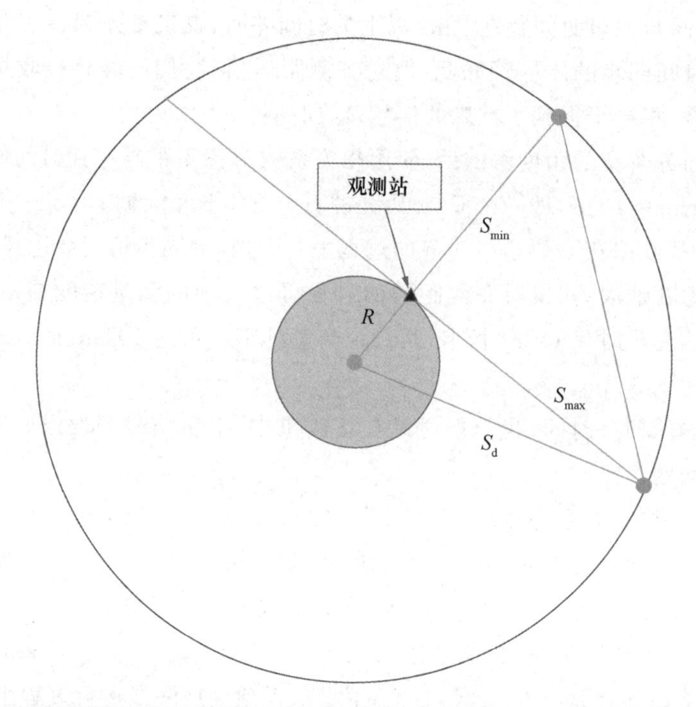

图 6-2　卫星在轨位置到观测站距离的变化，天顶位置离测站最近，地平线位置离测站最远，但最远与最近距离的变化不超过导航电文一个字节的传输距离，即 20 ms

如图 6-3 所示，因为测距码的捕获时刻，总处于一个导航电文的 bit 时间内，得到测距码对齐时刻后，第一个接收到的 bit 位，就是当前要获取的所有卫星时刻同步的导航电文 bit 位。

假定图 6-3 中卫星 1 的导航电文 bit 位是最先由捕获的测距码时刻检测得到的。在假定所有卫星时钟时间同步，且导航电文也是同步传输的前提下，结合所有卫星到接收机的距离不大于 1 个导航电文字节的传输时间的情况，我们会得到如图 6-3 所示的严格意义上的各卫星信号到达接收机的时间差，换言之，在接收机端通过捕获测距码，再检测导航电文的同一个 bit 位，即可得到每颗卫星信号到达接收机的准确时间。得到这个时间，我们认为接收机中的时间与卫星时间接近达到同步。

假如结合导航电文第 1 子帧给出的卫星时钟时间校正参数，即可得到非常准确的信号接收时间，而且基本上与卫星时钟接近同步。但事实上，接收机并没有对所有误差在卫地距测量期间进行处理，所有前面提到的误差，事实上全部包含在卫地距中，这也就是在定位计算过程中，要对各个误差进行处理的原因。

回头再看测距码的发送时间，即所捕获的测距码离开卫星天线的时间。事实上在前面所述的内容之中，根本无法知道在任意时刻所捕获的测距码离开卫星天线的时间。由

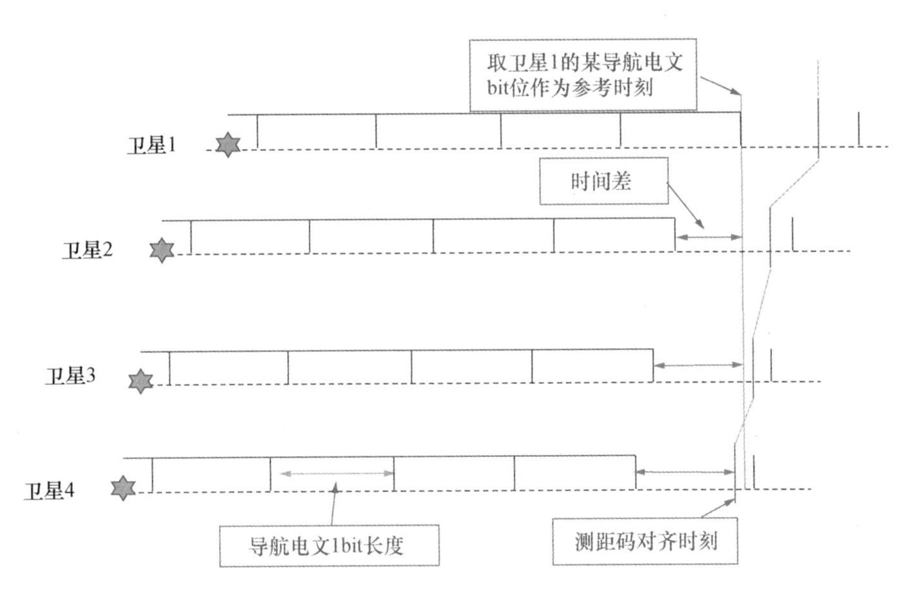

图 6-3　各卫星在原子钟频率驱动下同步发送导航电文,1 个导航电文 bit 时长 20 ms,通过检测导航电文的 bit 位,得到各卫星到接收机的时间差,也即距离差,此差值顾及卫地距的变化范围,原则上不会超过 1 个导航电文 bit 的时间;此过程中,对各卫星时钟的同步精度要求很高

第 4 章内容,我们仅知道导航电文每一子帧发送的时间,以及交接字中所给出的用于捕获 P 码片段的大致时间,并没有给出任一段 C/A 码或 P 码离开卫星天线的准确时间。

按前述卫地距测量原理,为了达到精确测距的目的,必须精确知道信号离开卫星的时刻,显然无法在载波中不停地加入高精准的时间记录,事实上导航系统并没有这么做。那么,在仅知道测距码的捕获时刻的情况下,如何确知所捕获的那段测距码信号的发射时刻呢?

由前面分析可知,图 6-3 中以卫星 1 作参照,我们已经得到了其他卫星相对于卫星 1 的时间差或卫地距差,因此,只需再求得卫星 1 的卫地距值,即可求得所有卫星的卫地距。

在不考虑各卫星信号受干扰的情况下,由于卫星 1 的参考 bit 位接收得最早,故其卫地距应为最短,由此卫地距值可以反算求得信号离开卫星的时间 t_S。

结合图 6-1 所示原理,如图 6-2 所示,我们以天顶方向的最短距离为初值即 $68S_{ca}$开始,不断增加卫星 1 的卫地距值,初以毫秒为步长,次以微秒,再以纳秒为步长,调整 t_S 的时延值(在实际计算时,也可以不断调整卫地距增量),在使图 6-1 多个 B 点收敛于 A 的条件下,则很容易求得 t_S 的真实值,从而得到卫星 1 的卫地距,结合图 6-3 所示的各卫星的时间差,从而可得到所有卫星的卫地距测量值。

事实上,上述调整 t_S 值的过程,就是实现接收机时钟与卫星时钟真正同步的过程,因为无论接收机捕获测距码的时间,或是检测导航电文 bit 位的时刻,均为接收机中的时间,与卫星钟时间并无关联。在此计算过程中,调整时延则是与卫星钟时间同步的过程,此过程实际上是一个数学计算过程。

此计算过程很快,对应图 6-3,我们仅建立 4 个球体方程,通过同步调整球体半径的大小,使其交于一点,即可达到同步目标,可以列出求解方程如下:

$$\begin{cases}(x-a_1)^2+(y-b_1)^2+(z-c_1)^2=(r+c\mathrm{d}t)^2\\(x-a_2)^2+(y-b_2)^2+(z-c_2)^2=(r+\Delta r_1+c\mathrm{d}t)^2\\(x-a_3)^2+(y-b_3)^2+(z-c_3)^2=(r+\Delta r_2+c\mathrm{d}t)^2\\(x-a_4)^2+(y-b_4)^2+(z-c_4)^2=(r+\Delta r_3+c\mathrm{d}t)^2\end{cases}\tag{6-2}$$

此方程组中(a_i,b_i,c_i)分别表示 4 颗卫星的在轨位置,r 表示卫星 1 的卫地距初值,$c\mathrm{d}t$ 表示对卫地距在时间步长 $\mathrm{d}t$ 调整的卫地距增量,c 为光速;Δr_i 表示第 2、3、4 颗卫星与第 1 颗卫星间由导航电文 bit 位检测得到的卫地距差。

显然这是一个四元二次方程组,按消元法,我们可去除二次项,简化为含三个等式的四元一次方程组,使用新的符号表达系数和常数项有

$$\begin{cases}m_1x+n_1y+k_1z-s_1\mathrm{d}t=L_1\\m_2x+n_2y+k_2z-s_2\mathrm{d}t=L_2\\m_3x+n_3y+k_3z-s_3\mathrm{d}t=L_3\end{cases}\tag{6-3}$$

显然此式中当 $\mathrm{d}t$ 取任一常数时,方程组会有唯一解,但事实上并不是每一个解都具有我们希望的物理意义。因此,按前述提及的方法,对 $\mathrm{d}t$ 按合理的步长不断取值,并将式(6-2)的方程组作为误差约束的条件方程,将式(6-3)求得的解代入此方程组进行检验,直到方程组的解收敛为一个三维点坐标解为止(注:此过程所得坐标(x,y,z)未考虑各种误差的处理,并非精确坐标,但可作为接收机的近似坐标)。

上述卫地距测量过程只是一种原理性介绍,帮助读者较为透彻地理解整个卫地距观测值的获取过程,至于卫星导航系统实际采取的相关技术并非如此简陋,感兴趣的读者请进一步查阅相关资料。

使用测距码进行测距定位的优点主要在以下几个方面:

(1) 易于将微弱的卫星信号从环境及背景信号中识别提取出来。卫星信号受限于其工作功率,大概只有 20 多瓦,其信号传播到地面后,尤其在城市环境中,无法与地面上众多的强信号(如:移动信号、电视信号、微波信号以及各种临时无线装置信号)相比。卫星信号的强度,一般只有这些环境信号的万分之一,故只能依赖于测距码独特的信号结构,才能加以分辨提取。

(2) 可快速获取较高的测距精度。由于测距码长度已知,通过对其捕获并锁定,即可获得卫地距。一般测码技术可达到 1/100 码元的精度,更高精度的相关技术,如所谓的

窄相关技术，可使码元的测定精度达到1/1000码元长度，对于精码而言，如这一技术稳定的话，不但其测量速度很快，而且其测量精度也相当令人满意。

(3) 便于使用码分多址技术对卫星进行识别。根据前述内容已知，GPS卫星采用了码分多址技术，即所有卫星采用同一频率发送信号，从而对接收端而言，需要使用多个通道同步接收信号。由于不同的卫星采用了不同的PRN，这些测距码信号互不相关，故接收机中的专用通道，如接收卫星A的通道，绝对不会将卫星B的信号视为A而错误接收。故测距码的这一特性，可以很好地避免信号间的相互干扰，实现对卫星信号的精准识别。

(4) 便于对整个导航系统的控制。由于测距码在不对外公开的情况下，用户无法使用其进行定位测量，故美国军方可以在开放民用部分的同时，仍然方便地为其军用部分提供专用的高精度服务。

6.2.2 测距码观测方程

观测方程这一概念是测量平差中的专业术语，相关理论及方法可参考《测量平差基础》或相关教材中的内容。观测方程一般建立了已知数(或观测值)与未知数之间的线性关系(也有非线性关系，但求解过程通常需要将其线性化)。

对于使用测距码进行卫地距测量这一过程而言，前面提到的最基本的概念是得到信号发射与接收的时间差再将其乘以光速即可。设卫地距的伪距观测值为ρ'，其真实值为ρ，信号发射时刻为t_S，接收时刻为t_R，光速为c，则观测值可表达为

$$\rho' = c \cdot (t_R - t_S) \tag{6-4}$$

由于卫星时钟与接收机时钟均存在一定误差，设其真实观测时刻分别为τ_a和τ_b，误差分别为V_{tS}和V_{tR}，则有

$$\rho' = c \cdot [(\tau_b - V_{tR}) - (\tau_a - V_{tS})] = c \cdot (\tau_b - \tau_a) + cV_{tS} - cV_{tR} \tag{6-5}$$

显然式中$(\tau_b - \tau_a)$为真实的信号传播时间，故$c \cdot (\tau_b - \tau_a)$部分为真实的卫地距。但是，由于电磁波传播受大气层影响，其速度并非光速，而且其在电离层与对流层中的传播速度也是不一致的，故需要引入电离层的一个卫地距改正量V_{ion}，对流层的一个卫地距改正量V_{trop}，才能得到真实的卫地距，由此$c \cdot (\tau_b - \tau_a)$部分还需要加上此两项误差改正才能得到真实的卫地距，故有

$$\rho = c \cdot (\tau_b - \tau_a) + V_{\text{ion}} + V_{\text{trop}} \tag{6-6}$$

将此式变换代入式(6-5)，即有

$$\rho' = \rho - V_{\text{ion}} - V_{\text{trop}} + cV_{tS} - cV_{tR} \tag{6-7}$$

上面这一方程式表达了卫地距真实值与测量值、大气延迟误差以及卫星钟误差与接收机误差之间的关系。由于此方程式中没有接收机的坐标，也没卫星坐标，我们还需要

寻找另外的约束条件,以便将两者纳入定位计算过程。

设第 i 颗卫星在观测瞬间的轨道上的真实位置为$[X^{i'},Y^{i'},Z^{i'}]$,接收机的位置为$[X,Y,Z]$,则第 i 颗卫星到接收机的真实距离,其几何表达式为

$$\rho_i = \sqrt{(X^{i'}-X)^2+(Y^{i'}-Y)^2+(Z^{i'}-Z)^2} \tag{6-8}$$

设第 i 颗卫星到接收机的真实距离为 ρ_i,由于星历存在误差,设由广播星历推算得到的卫星在轨位置坐标为$[X^i,Y^i,Z^i]$,则此坐标值对应的卫地距观测值为 ρ_i';设星历误差在卫地距方向上的投影为 $\delta\rho$,此外,再考虑多路径误差以及测量噪声误差对卫地距测量的影响,分别令其为 $\delta\rho_{\mathrm{mul}}$ 和 ε,则我们可得到一个从坐标及相关误差角度表达卫地距的方程式:

$$\rho_i = \rho_i' + \delta\rho_i + \delta\rho_{\mathrm{mul}} + \varepsilon \tag{6-9}$$

合并式(6-8)与式(6-9),即有

$$\rho_i = \sqrt{(X^i-X)^2+(Y^i-Y)^2+(Z^i-Z)^2} + \delta\rho_i + \delta\rho_{\mathrm{mul}} + \varepsilon \tag{6-10}$$

此式中,我们用卫星在轨位置的星历计算坐标替换了式(6-8)中卫星的真实位置坐标。由于 ρ_i 与 ρ 以及 ρ_i' 与 ρ' 实质上是一致的,将式(6-10)代入式(6-7),两式合并可得

$$\begin{aligned}\rho_i' = &\sqrt{(X^i-X)^2+(Y^i-Y)^2+(Z^i-Z)^2} - V_{\mathrm{ion}} - V_{\mathrm{trop}} \\ &+ cV_{t\mathrm{S}} - cV_{t\mathrm{R}} + \delta\rho_i + \delta\rho_{\mathrm{mul}} + \varepsilon\end{aligned} \tag{6-11}$$

此式即为第 i 颗卫星与接收机之间的伪距观测方程,其中 ρ_i' 为接收机测量得到的伪距观测值,$[X^i,Y^i,Z^i]$为由广播星历计算得到的卫星坐标,其余量均为未知数。为了简化计算,对于这些未知数,考虑到伪距测量的精度不高,可在一定程度上忽略一部分,如星历误差 $\delta\rho$。此外,对于像多路径效应误差 $\delta\rho_{\mathrm{mul}}$,一般情况下较难使用模型处理,故只能在选择测站过程中,通过经验方式加以减弱,在此方程中一般可不予以考虑。测量噪声误差 ε 通常在测绘数据处理中,考虑到其一般服从正态分布,采用平差方法加以处理,故在此方程中也可以不加考虑,从而式(6-11)一般简化为

$$\rho_i' = \sqrt{(X^i-X)^2+(Y^i-Y)^2+(Z^i-Z)^2} - V_{\mathrm{ion}} - V_{\mathrm{trop}} + cV_{t\mathrm{S}} - cV_{t\mathrm{R}} \tag{6-12}$$

此式即为单点定位常用的计算方程式,关于利用此式进行定位解算的过程,在本章6.4节单点定位部分再详细阐述,下面以类似于测距码观测过程的思路,先探讨载波相位测量原理及其观测方程的建立。

6.3 载波相位测量

卫星发射信号用的载波本身也是一种非常稳定可靠的信号,我们知道 GPS 卫星所用 L 波段波长为 20 cm 左右,基于载波相位测量的知识可知,如果能精确测定从卫星到接收

机的载波整周数及不足整周的部分，则很容易实现厘米级的卫地距测量。不但精度远高于测距码结果，而且在早期 GPS 应用中，无须知道精码，可以绕开美国军方对其精码的保密而获取高精度的测量结果。在早期美国军方实施 AS 政策时间，大量测绘领域使用的接收机或一些研究者均采用了一些相关技术，如利用 Z 跟踪技术获取 P 码、利用平方法重建载波或利用提取的 P 码重建载波等技术，得到高精度的测量结果。目前由于开放的民用码较多，如 L1C 码、L5 码等，可通过码相关法重建 L5 载波，实现理想的载波相位测量。载波相位测量目前是高精度静态与动态定位的常规方法，据称目前最高精度可以达到亚毫米级。

6.3.1　重建载波的方法

卫星发射的载波上调制了测距码与导航电文，因此原载波不再是相位连续变化的正弦或余弦波，只有把信号从载波上解调下来，恢复原载波完整连续的同期性相位变化才能用于载波相位测量，该过程被称为载波重建。

重建载波的方法主要有 4 种：码相关法、互相关技术、平方法与 Z 跟踪技术，下面逐一稍加介绍。

1. 码相关法

由于测距码的调制是利用测距码的二进制序列对载波相位进行 0 或 180 度翻转的过程，当测距码已知时，利用接收机中的测距码信号对卫星载波再进行一次调制，即可得到去除测距码，仅含导航电文的载波信号，该方法即为码相关法。由于导航电文的频率相对于载波而言很低，仅为 50 bps，故很容易使用滤波器将导航电文从载波中滤除。

目前 GPS 使用了 L1、L2 以及 L5 载波，由于 L5 码是公开的，故用户接收机很容易重建 L5 载波。在 L1、L2 载波上调制有 C/A 码、P 码、军用 M 码和导航电文，由于 M 码未知，故无法直接使用码相关法得到 L1 和 L2 载波。但可以使用互相关技术得到 L1、L2 载波。

2. 互相关技术

先对载波使用码相关法去除其他已知测距码之后，由于 L1 与 L2 载波上均调制有未知的 M 码，故两个载波上的信号内容完全一致，仅存在时间差，故可保持其中一个载波如 L1 不变，不断调整 L2 载波的延迟时间，使两个载波的相关系数达到极值时，则可以认为该相关结果是两个载波上 M 码的自相关结果，即两个载波上的 M 码达到了完全对齐。由此可以将 L1 载波直接变换为接近 M 码的测距码，用其对 L2 载波进行调制处理，从而可恢复该 L2 载波，反之则可恢复 L1 载波。此处仅为便于理解载波重建给出了一个简易的解释，关于互相关技术的具体细节，感兴趣的读者可进一步了解信号处理相关知识。

3. 平方法

由于信号在载波上的调制是基于信号二进制序列对载波周期的相位翻转，故当对调制后的载波取平方时，则可去除这种翻转，从而得到具备连续相位的载波。

假设原载波表达式为

$$\lambda = A\cos(\omega t + \varphi)$$

则平方后的结果为

$$\lambda^2 = \frac{A^2}{2} + \frac{A^2}{2}\cos(2\omega t + 2\varphi) \tag{6-13}$$

显然此结果已经不是原来的载波，波长仅为原来的一半，从而使载波相位的测量难度增加。另外直接使用平方法，会导致测距码以及导航电文的丢失，故一般在得到导航电文之后，再对载波进行平方法处理，以获得具备连续相位的载波。

4. Z 跟踪技术

早期在 AS 政策下，P 码与军用码 W 码异或操作相加生成 Y 码，未授权用户无法使用 P 码进行精密测距。为了破译 Y 码得到 P 码，实现精密测距，一些研究者发明了所谓的 Z 跟踪技术。

由于后期 GPS 发展，提供了多种民用码以及增加了 L5 载波，故该项技术已经很少使用，在此不再赘述。

6.3.2 载波相位测量原理

接收机在接收到卫星不断发射的载波时，很容易测定其在接收瞬间的相位值，由于卫星并未给出发射瞬间的相位值，故欲得到信号发射瞬间的相位值，理论上，必须使接收机信号与卫星信号严格同步。假定在接收机中安装一个与卫星载波频率完全一致的信号发生器，接收机采用与卫星完全一样的时间系统，并可以与卫星时钟严格同步，则在此条件下，接收机接收到卫星信号后，将其与自己的信号比对，可得到发射与接收时刻内的相位差，即 N 个整周数与不足一整周的相位部分，因波长已知，故可得到卫地距的测量值，如图 6-4 所示。设传输过程的相位差为 $\mathrm{d}\varphi$，则

$$\mathrm{d}\varphi = \varphi_{\mathrm{R}} - \varphi_{\mathrm{S}} = N + Fr(\varphi) \tag{6-14}$$

由前述可知，通过锁定测距码可以实现接收机时钟与卫星时钟的较严格同步，即可以通过同步测距码得到 φ_{R}。但是由于卫星信号传播过程中受误差影响，接收机无法从载波相位的比对中得知信号离开卫星的时间，上面公式中 φ_{S} 事实上是一个未知数，因此用户接收机事实上无法测定图 6-4 中所示的整周数 N。当然，接收机可以使用测距码的成果，确定整周数 N 的初始值，然后在具体的精密定位计算中，进一步通过严密的方程确定 N 的值。在用户定位的过程中，接收机一旦捕获卫星信号，则可使用锁相环技术，精确测

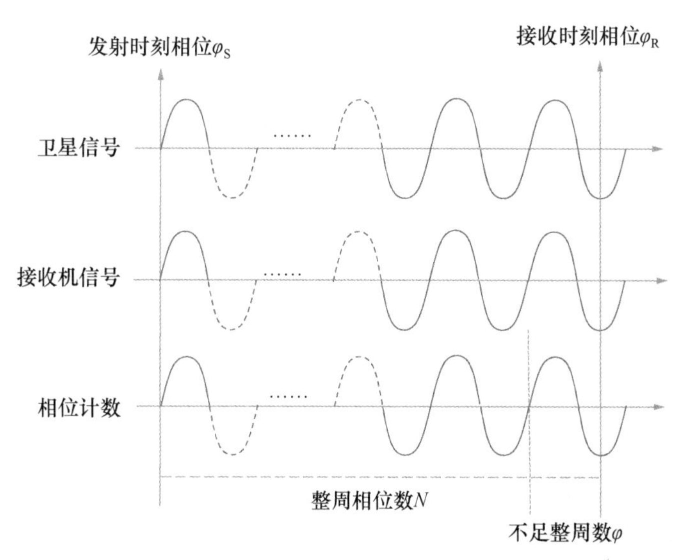

图 6-4　载波相位测量原理

定信号到达接收机后的整周数及不足整周的部分，从而实现跟踪定位，由于卫星在轨道上处于不断运行的状态，故接收机锁定卫星信号后，观测的整周数会不断增加，因而接收机实际的测量值是：$\mathrm{int}(\varphi)+Fr(\varphi)$，所以完整的相位观测值应该表达为

$$d\varphi=\varphi_R-\varphi_S=N+\mathrm{int}(\varphi)+Fr(\varphi) \tag{6-15}$$

6.3.3　载波相位观测方程

设载波相位的观测值，即锁定信号后的观测值为 φ'，卫地距观测值为 ρ'，载波整周数为 N，波长为 λ，对于卫星 i 而言，由载波测量得到的相位值乘以波长即得到卫地距，故有

$$\rho_i'=(\varphi_i'+N_i)\cdot\lambda \tag{6-16}$$

回顾伪距观测方程式(6-11)，将式(6-15)代入式(6-11)，替换 ρ_i'，则有

$$\varphi_i'\lambda=\sqrt{(X^i-X)^2+(Y^i-Y)^2+(Z^i-Z)^2}-N_i\lambda-V_{\mathrm{ion}}-V_{\mathrm{trop}} \\ +cV_{tS}-cV_{tR}+\delta\rho_i+\delta\rho_{\mathrm{mul}}+\varepsilon \tag{6-17}$$

基于与伪距观测误差分析同样的理由，我们不考虑噪声误差、多路径效应误差以及星历误差，则有下面简化的在实际计算过程中使用的载波相位观测方程：

$$\varphi_i'\lambda=\sqrt{(X^i-X)^2+(Y^i-Y)^2+(Z^i-Z)^2} \\ -N_i\lambda-V_{\mathrm{ion}}-V_{\mathrm{trop}}+cV_{tS}-cV_{tR} \tag{6-18}$$

在该方程中，φ_i' 为载波相位观测值，而 N_i 为未知数，此外卫星钟差、接收机钟差以及电离层改正与对流层改正均为未知数。需要说明的是，由于信号群延与载波时延在电离层中表现相反，故此式中的 V_{ion} 与式(6-12)中的符号相反、大小相同。

6.4 单点定位计算

所谓单点定位是使用一台接收机独立确定其位置的一种方法,两台或多台接收机联合定位的方法称为相对定位或差分定位,在后续第7、8章再进行讨论。单点定位的优势是显而易见的,如在车辆、人员等移动目标的快速定位导航、环境监测、灾害应急救援等许多方面有着极为广泛的应用。随着卫星导航定位技术的不断发展,单点定位在向高精度发展,如采用精密星历、高精度载波相位测量以及严密的解算模型与方法等。本节所讨论的单点定位计算仅限于使用伪距观测值与广播星历参数,基于前述的伪距观测方程进行阐述。

虽然前面给出了载波相位的观测方程,而且从计算的角度而言,载波相位的观测方程求解与伪距定位并无本质的差异。但在顾及精度要求的条件下,载波相位解算过程对相关误差项以及未知数的处理与伪距观测单点定位(简称伪距定位)差异较大,比如尽可能使用精密星历,更好的大气校正模型等,同时处理过程要求条件较高,后面仅给出简略说明,感兴趣的读者可查阅其他文献深入学习。

6.4.1 伪距观测单点定位

1. 初始值设定与误差方程建立

伪距定位过程中相关的误差有很多项,经过处理后,这些误差的剩余部分大致数值如表6-1所示,即误差总计在10 m左右。考虑到伪距定位的精度不高,我们仅将接收机钟差作为未知数,而把无法忽略的其余误差使用其相应的模型计算处理后,视为已知数。

表6-1 影响伪距定位的各项误差数值

误差类型	误差值
电离层误差	±5 m
卫星轨道位置误差	±1.5 m
卫星钟误差	±2 m
多路径效应误差	±1 m
对流层误差	±0.5 m
模型计算相关误差	±1 m
误差总计	±11 m

前面我们建立了伪距观测方程，该方程中将接收机坐标$[X,Y,Z]$作为未知数，含有二次方并开平方，由于测量平差理论尚难以处理非线性方程，故必须对该方程进行线性化处理。

我们假定式(6-12)中接收机坐标的初始值为(X^0,Y^0,Z^0)，对于卫星i，其对应的卫地距初值为ρ_i^0，设接收机坐标的微分量，也即误差部分为(V_X,V_Y,V_Z)，则对式(6-12)中的根式部分使用泰勒级数在(X^0,Y^0,Z^0)处展开且仅取一次项，可得到如下线性化观测方程：

$$\rho_i' = \rho_i^0 - \frac{(X^i - X^0)}{\rho_i^0} V_X - \frac{(Y^i - Y^0)}{\rho_i^0} V_Y - \frac{(Z^i - Z^0)}{\rho_i^0} V_Z - (V_{\text{ion}})_i - (V_{\text{trop}})_i + c V_{t\text{S}i} - c V_{t\text{R}} \tag{6-19}$$

为了简写该式，令式中

$$-\frac{(X^i - X^0)}{\rho_i^0} = l_i, \quad -\frac{(Y^i - Y^0)}{\rho_i^0} = m_i, \quad -\frac{(Z^i - Z^0)}{\rho_i^0} = n_i$$

通常称其为测站近似位置到卫星i连线方向的方向余弦。

对于式(6-19)中的误差项而言，除接收机钟差外，前面我们提到可以使用第 5 章所讲的各种误差模型进行计算，因此在解此方程时将其均作为已知数，故除接收机钟差外，其余项归入常数L，则常数项表达式为

$$L_i = \rho_i^0 - \rho_i' - (V_{\text{ion}})_i - (V_{\text{trop}})_i + c V_{t\text{S}i}$$

由式(6-19)可重写为观测误差方程：

$$l_i V_X + m_i V_Y + n_i V_Z - c V_{t\text{R}} = L_i \tag{6-20}$$

式中，$[V_X,V_Y,V_Z]$为坐标改正数，在迭代计算过程中，其表现为坐标增量。由于接收机钟差$V_{t\text{R}}$的单位为时间，为了与坐标改正数统一，我们可直接将$cV_{t\text{R}}$作为一个未知数，其含义为由接收机钟差造成的伪距测量误差。

使用式(6-20)进行实际计算时，电离层改正、对流层改正以及卫星钟差改正均使用第 5 章所讲对应模型进行计算。方程中的三个系数，即前面提到的方向余弦(l_i,m_i,n_i)需要使用接收机的初始坐标，这是由于我们前面使用线性化对方程进行了近似表达。

此外，常数项L_i中的伪距计算值ρ_i^0，也需要接收机的初始坐标。对于接收机的初始坐标值，通常采用的简便做法是将用户接收机初始坐标设为(0，0，0)，代入求解方向余弦(l_i,m_i,n_i)和伪距ρ_i^0的值。由于接收机一般处于地表，其值与卫星坐标相比较小，因此即使将其初始值设为(0，0，0)，方程通过迭代求解，仍然能快速收敛。

当完成第一次计算后，将求得的接收机坐标改正量加到初始值，重新代入进行第二次解算，如此反复迭代直至方程组收敛到给定的限差为止，从而可得到最终理想的接收机坐标解。

对于ρ_i^0的初始值，也有文献建议采用如下方法计算：

根据接收机所给出的观测时刻 t_k 计算信号的发射时刻，由信号传播的时间差得到伪距初值 ρ_i^0：

$$t_k' = t_k + V_{tR} - \Delta t_i \tag{6-21}$$

式中，V_{tR} 为接收机钟差改正数，Δt_i 为信号从卫星 i 到接收机的传播时间，t_k' 为信号发射时刻。对于式中的 Δt_i 的值，第一次计算使用伪距观测值，即 $\Delta t_i = \rho_i'/c$，从而可求得信号发射时刻，由时间差得到 ρ_i^0 值。对 ρ_i^0 可以迭代计算，信号传播时间的迭代式为：$\Delta t_{i+1} = \rho_i^0/c$。

2. 观测误差方程的解算

对于式(6-20)而言，观测地面一个点坐标，包含 4 个未知数，故至少需要建立 4 个方程才能求得唯一解。换言之，需要同步观测 4 颗卫星才能求解得到观测点的坐标。事实上，观测过程中，接收机能搜索到的卫星数目较多，经常远多于 4 颗，此时方程中的已知数远大于未知数，故可利用测量平差中的最小二乘原理，按条件平差理论建立法方程求解最优估计值，具体求解过程如下：

将式(6-20)用线性代数式表达有

$$\begin{bmatrix} l_i & m_i & n_i & -1 \end{bmatrix} \begin{bmatrix} V_X \\ V_Y \\ V_Z \\ cV_{tR} \end{bmatrix} = L_i \tag{6-22}$$

当接收机观测到≥4 颗卫星时，我们会得到一个序列的观测结果，如$[i, j, k, \cdots, h]$，基于式(6-22)，可以建立如下线性观测方程组：

$$\begin{bmatrix} l_i & m_i & n_i & -1 \\ l_j & m_j & n_j & -1 \\ l_k & m_k & n_k & -1 \\ \vdots & \vdots & \vdots & \vdots \\ l_h & m_h & n_h & -1 \end{bmatrix} \begin{bmatrix} V_X \\ V_Y \\ V_Z \\ cV_{tR} \end{bmatrix} = \begin{bmatrix} L_i \\ L_j \\ L_k \\ \vdots \\ L_h \end{bmatrix} \tag{6-23}$$

令

$$A = \begin{bmatrix} l_i & m_i & n_i & -1 \\ l_j & m_j & n_j & -1 \\ l_k & m_k & n_k & -1 \\ \vdots & \vdots & \vdots & \vdots \\ l_h & m_h & n_h & -1 \end{bmatrix}, \quad X = \begin{bmatrix} V_X \\ V_Y \\ V_Z \\ cV_{tR} \end{bmatrix}, \quad W = \begin{bmatrix} L_i \\ L_j \\ L_k \\ \vdots \\ L_h \end{bmatrix}$$

则式(6-23)可简写为线性矩阵表达式：

$$AX = W \tag{6-24}$$

按测量平差推导过程，最终未知数的解为

$$V = (AA^{\mathrm{T}})^{-1} A^{\mathrm{T}} W \tag{6-25}$$

通常令 $N=A^{\mathrm{T}}A$，$K=A^{\mathrm{T}}W$，N 被称为法方程系数阵，未知数的解简写为

$$V = N^{-1} K \tag{6-26}$$

上述推导过程为条件平差常用的方法。如前所述，由于在设置初始值时，我们将坐标值设为(0，0，0)，求得 V 值，也即坐标改正值及接收机钟差的伪距改正值后，将其添加到初始值上，不断迭代直至方程收敛到给定的阀值为止。经验表明，该计算过程收敛很快，一般迭代数次即可。

如果接收机处于静态观测，当观测时间稍长时，接收机的钟差会有变化，故需要按观测历元(即接收机中的观测时间单元)来组建方程组，不同的历元应该采用不同的接收机钟差改正，故在式(6-23)中，未知数 $cV_{t\mathrm{R}}$ 的数量应与观测单元数一致，即一个观测单元有一个接收机钟差改正数。

3. 观测结果的精度评定方法

卫星定位的精度与两个因素有关：其一是观测值的精度，其二是卫星在空间的几何分布状态。尤其第二项是评定定位精度的重要参考指标，通常使用 DOP(Dilution of Precision)反映单点定位的卫星分布结构。DOP 相关值由式(6-24)中的系数矩阵 A 计算得到。在前面我们令 $N=A^{\mathrm{T}}A$，称为法方程系数阵，其逆矩阵 Q 被称为未知数的协因数矩阵，表达式为

$$Q = (A^{\mathrm{T}}A)^{-1} = \begin{bmatrix} q_{11} & q_{12} & q_{13} & q_{14} \\ q_{21} & q_{22} & q_{23} & q_{24} \\ q_{31} & q_{32} & q_{33} & q_{34} \\ q_{41} & q_{42} & q_{43} & q_{44} \end{bmatrix} \tag{6-27}$$

经过前面的求解过程，可以得到最终的协因数矩阵 Q，然后可以使用前面我们在第 4.3.3 节所列的几何精度因子计算公式，求得到观测时刻可见卫星的几何分布因子、三维位置精度因子、高程精度因子以及接收机钟差精度因子等各项精度指标。

尽管现有接收机可以一次性接收到很多颗卫星，但卫星的空间几何分布状态仍然对定位结果的影响至关重要，尤其当定位过程处于周边存在遮挡物等非理想环境时，选择最佳的观测卫星是获取高精度定位结果的一种有效方法。观测卫星与接收机位置构成的几何形体为多面体，研究表明，GDOP 与此多面体的体积成反比，一般而言，多面体体积越大，也即卫星在定位位置上空的分布范围越广、越均匀，则定位精度越高，故应尽可能选择使 GDOP 最小的卫星组进行位置解算。

6.4.2 使用载波相位观测的精密单点定位

精密单点定位涉及较多测量平差的专业知识，比如需要对前面提到的已测整周数进行误差与异常检验，对未知整周数的求解需要采用统计检验算法进行计算，等等。考虑到非测绘专业读者对这方面知识较为欠缺，故在此我们仅对其原理加以简述，不再展开讨论其具体的计算过程。

所谓精密单点定位一般是指利用载波相位观测值以及由 IGS 等组织提供的精密星历和卫星钟差来进行高精度单点定位的方法。如使用实时精密星历定位可达到分米级的精度，如使用滞后约 24 h 的精密星历，可使定位精度达到平面 1～3 cm 误差、高程 2～4 cm 误差的精度。

回顾 6.3.3 节所列的载波相位观测方程式(6-18)，与伪距观测方程一样，接收机坐标未知数处于非线性表达状态，需要进行线性化。采用与伪距观测方程一样的方式进行线性化处理，对卫星 i，可得到如下线性化表达的载波相位观测方程：

$$\begin{aligned}\varphi_i'\lambda =& \rho_i^0 - l_i V_X - m_i V_Y - n_i V_Z - N_i\lambda \\ & - (V_{\text{ion}})_i - (V_{\text{trop}})_i + c V_{tSi} - c V_{t\text{R}} + \Sigma \delta_i \end{aligned} \tag{6-28}$$

φ_i' 为由接收机锁定并开始跟踪卫星 i 后得到的整周数与不到一整周的载波相位数，即接收机的载波相位观测值；N_i 为从卫星到接收机信号锁定之前的载波相位整周度，因其为未知数，通常称为整周模糊度；由于载波相位的观测结果精度很高，需要考虑许多细微的误差，如天线相位偏心误差、固体潮改正误差等，故引入一个未知项 $\Sigma \delta_i$ 对这些细小的误差加以表达，用于补充模型的完整性。

该式中的其余误差需要逐一考虑，对于电离层延迟误差 V_{ion}，由于模型改正有限，必须通过双频观测予以改正；对流层延迟误差 V_{trop} 和接收机钟差可先使用已知模型和伪距测量结果进行改正之后，剩余部分作为未知数进一步求解。

在求解 ρ_i^0 时，不能再使用广播星历，如前所述，按实际需要采用不同精度的精密星历。精密星历最快的更新频率为 5～15 min，GPS 观测历元的时间间隔一般仅为 30 s 或更小，故观测时刻的卫星轨道位置需要利用精密星历提供的位置值采用线性方程内插得到(如本书第 4.3.2 节提到的拉格朗日多项式法)。由于在短时间内卫星运行轨道较为平滑，故此插值法可得到较为理想的卫星位置。

卫星钟差使用模型改正后的精度已经无法满足载波相位测量精度要求，故在模型改正的基础上，再使用精密星历中提供的实时钟差加以改正。

经过上述处理后，观测方程中的未知数还有：测站坐标、接收机钟差、整周模糊度以及对流层延迟改正。

此外，使用载波相位测量过程中，数据的预处理必须进行周跳探测与修复以及整周模糊度的确定，所以，即使经过上述处理，仍然无法像伪距观测方程那样直接进行解算，关于周跳探测与整周模糊度相关的内容，我们将在后面相对定位的章节进行介绍，虽然具体方法并非针对单点定位，但相关措施具有相似性，对关注精密单点定位的相关计算处理仍有参考意义。

如果接收机处于静止状态进行观测，且每秒采集一次载波相位观测值(即观测历元间隔为1 s)，考虑接收机钟差每秒都可能处于变化之中，则每个历元会引入一个接收机钟差改正数，假设观测 n 颗卫星共1 h，则需要求解的未知数总共有：

① 坐标未知数3个；

② 钟差未知数3600个；

③ 整周模糊度 n 个；

④ 对流层改正数1个。

如果接收机处于静止状态，以每秒间隔观测 n 颗卫星1 h后，可以列出 $n\times3600$ 个方程式，由于方程数远大于未知数，故可求解未知数得最优解。

如果接收机在观测过程中一直处于运动状态，则任一历元会引入3个坐标未知数；如观测范围较广，则每隔一段时间需引入一个对流层未知数，如果卫星信号未能及时跟踪，则多次观测过程也需引入一个整周模糊度，从而可能使得欲求解的未知数接近方程数，或甚至大于方程数。

目前对于运动状态的载波相位观测，要实现单点定位，仍然是一项具有挑战性的工作，感兴趣的读者请进一步查阅相关资料进行了解。

精密单点定位的技术优势主要表现在以下几方面：

① 精密单点定位，与差分(或相对)定位相比，不受基站、链路通信质量以及距离的影响，使用简便灵活；

② 目前差分定位或相对定位，需要大量的基站，为了得到高精度定位成果，在全球建立了大量的增强系统，需要花费大量的人力物力，而高精度单点定位可以满足应用需求时，则无须依赖这些增强系统；

③ 目前限于差分定位的局限性，无法实现长距离高精度定位，而精密单点定位则无这一问题，可为国家基础大地网提供高等级控制点观测成果；

④ 由于IGS目前能够提供实时的精密星历以及卫星钟差成果，同时多套卫星定位系统的投入运营以及其所提供的服务质量越来越高，使得精密单点定位的可行性变得越来越好，故其日渐成为卫星导航领域非常重要的一个前沿发展方向。

思考题

1. 使用测距码实现卫地距测量的原理是什么?

2. 使用测距码进行卫地距测量可达到的精度一般为多少?有哪些因素影响该精度?

3. 使用测距码进行定位的优点主要有哪些?

4. 请列出测距码观测方程,并指出其中的已知数与未知数。

5. 接收机如何使用载波实现卫星到接收机的距离测量的?其精度一般为多少?

6. 请写出载波相位观测方程,指出其中的已知数与未知数,并说明如何处理已知数与未知数。

7. 请用框图归纳伪距观测方程的具体求解过程。

8. 使用载波相位观测进行高精度单点定位时,目前存在哪些具有挑战性的工作?

9. 如何评定单点定位的观测精度?

第7章

差 分 定 位

由前面的学习我们知道，单点定位的精度受诸多条件影响，无法达到 1 m 以内的精度水平，更不用说要达到厘米级甚至毫米级的精度水平。但现实中，有大量工程应用需要亚米级以上的精度，为此，在单点定位的基础上，发展出了差分定位和相对定位。本章先阐述差分定位，下一章再探讨相对定位。

7.1 差分定位的概念与分类

7.1.1 差分定位概念

我们在单点定位的计算中会发现，处于同一区域的接收机定位解算时，很多变量是相同的，如卫星轨道参数、卫星钟差、电离层以及对流层延迟改正等，甚至这些误差值的大小也相同。如果能掌握同一区域内个别已知点上的相关观测误差，如大气延迟误差或伪距观测误差，在基于这些误差对于当前区域所有的观测点基本一致的假设前提下，可以直接使用已知点上的误差去修正未知点或待观测点上的误差，从而有望使未知点的定位精度达到与已知点相同或接近的水平。

在导航定位领域，把基于这类思想方法的定位过程称为差分定位。差分定位主要着力于以最简便的方式，为尽可能广泛的用户提供尽可能高精度的定位服务，是解决目前单点定位精度有限的一种非常有效的方法。

差分定位一般需要选定一个已知点位的观测站作为基准站(或称参考站)，原因是其点位已知，故由观测值与已知值之差很容易确定观测误差；另外至少一个观测站作为流动站(或称移动站)；为了将基准站的观测误差发送给流动站，还需要在基准站到流动站之间建立数据传输链路，一个差分系统由此三部分构成。流动站至基准站间的坐标向量在测绘领域通常称其为基线，故差分定位在测绘领域有时也称为基线测量。

7.1.2 差分定位的分类

根据基准站布设的数量与范围通常将差分定位分为：单基准站差分系统、局域网差分系统、广域网差分系统以及广域增强系统。下面对每一类的构成逐一做概略介绍,以便了解其特性。

1. *单基准站差分系统*

所谓单基准站差分,即仅通过一个基准站确定并为用户提供差分改正数,系统由一个基准站、数据通信链路以及至少一个用户流动站组成。

前面提及,对流动站观测值的改正前提是其与基准站处于大致相同的大气状态环境,并观测到相同的卫星组,因此,综合大气环境以及星座分布,通常认为具备这一理想环境的条件是基准站与流动站间的距离不大于15 km。否则两者所观测到的卫星很可能不再相同,所处的大气环境也不尽一致,从而无法按前述一致性规则消除观测过程的许多误差。

在具体单基准站差分系统的构建与工作过程中,有更详细的要求,主要有以下三方面:

① 基准站需具备精确已知的三维大地坐标,视野开阔无遮蔽,不存在容易引起多路径效应的建筑、树木与水塘等地物,无其他易干扰的无线信号塔台;此外基准站应具备获取与播发差分改正数的硬件设备与软件。

② 数据链路可选择性能稳定的电台,考虑较远距离,如10 km及以上,为保证信号的稳定性,可选用功率较大、信噪比较好的天线。

③ 流动站接收机必须配备接收基准站差分信号的装置(对于单基准站差分而言,通常使用无线模块直接传输),同时接收机内部软件应该具备处理差分改正数的相关功能或软件模块。

单基准站的优势在于:系统简便灵活、成本较低、可携带使用,特别适合小范围的作业情况。但随着相对定位技术与设备的成熟,目前常用的是单基准站的相对定位系统,即RTK系统,单基准站的差分系统基本上已经淘汰。便携式RTK系统的硬件构成与单基准站系统基本一致,唯一不同的是对误差的处理方法不同,下一章我们再深入阐述其原理。

2. *局域网差分系统*

由于单基准站系统的服务范围有限,为了扩大服务范围,可以通过布设多个基准站的方式加以解决,从而局域网差分系统由多个基准站、统一的通信系统以及多个流动站组成。一个流动站可接收到多个基准站的改正数,并由多个改正数联合计算求得最佳改正结果,原则上,在多个基准站构成的局域网内定位,可得到更好的定位结果。由于系统是由多个基准站构成的一个差分网络,故称为局域网差分。局域网差分系统有以下几方面特点:

① 各基准站相互独立观测,分别计算并向外播发差分改正数,但播发改正数的格式、

内容与各站标识具备统一的协议标准。

② 由于涉及范围较广，通常直接采用现有的无线通信系统，如目前常用的移动数据业务 GPRS。

③ 流动站接收到多个基准站差分改正数后，按其与基准站的位置关系，对相关改正数进行简单平差计算(常用的有加权平均或最小方差等)，然后对其观测结果进行改正。

局域网差分的优点在于，多个基准站可以提供更为可靠的差分改正信息，由于覆盖范围广，可提供的服务范围也相应较大，可达 500 km 或更广的范围，定位精度也有望达到亚米级的水平。

3. 广域网差分系统

基于局域网的差分方式，如果要在更广的范围内实现差分，则需要布设更多的基准站，从而系统的构建成本很高，而且用户的定位精度还受其与基准站的距离影响。为了实现在更广的范围内布设较少的基准站，同时尽可能降低用户端定位与基准站距离的关联影响，可以考虑基准站不再直接播发坐标改正数，而是将整个区域内流动站定位面临的共同误差，如卫星星历、大气延迟等，由基准站通过不断观测处理后直接播发给用户，流动站用户接收机收到这些误差信息后，基于单点定位方程，直接使用这些误差改正数解算自己的位置，从而可实现更加灵活可靠的定位。

与一般的单点定位过程中计算以及处理误差的方式完全不同，基准站发送的误差不仅经过长期的观测，还具备与已知定位结果比对的条件，因而比一般单点定位过程采用模型改正误差的效果要准确得多，从而得到的定位结果精度也有极大的改善。

广域网差分系统包括基准站网、一个数据处理中心站和一个数据发射中心以及多个流动站。为了给用户提供高精度的改正参数，广域网差分在基准站与数据处理中心站均配备高档设备，其主要工作流程如下：

① 基准站使用双频接收机负责采集原始观测数据以及气象数据，并将各类原始观测数据发送给数据处理中心。

② 中心站收集各基准站数据，计算卫星星历、卫星钟差以及电离层与对流层改正数，并将这些改正数以及相关参数通过数据链路发送给用户。

③ 由于广域网涉及范围很大，基准站与中心站一般使用互联网或移动通信网络进行数据传输，数据发射中心则通过卫星通信、长波通信或网络通信等方式将数据播发给用户。

广域网覆盖范围很广，适合在海洋与沙漠等区域布设。但考虑到广域网的成本及维护问题，现实中面向很大地域的实用系统是广域增强系统。

4. 广域增强系统

由于受地面信号传输的限制，将广域网移到地球同步轨道卫星上，由卫星将相关改正数播发给用户，从而可以很好地解决数据通信的问题，使得高精度单点定位简便易行。

广域增强系统英文全名为 Wide Area Augmentation System，简写为 WAAS。首个 WAAS 是美国联邦航空局 FAA 于 1992 年提出建立的，于 2003 年 7 月正式投入运行。该系统由 2 个主站、25 个基准站以及 4 颗海事卫星组成，主要用于民航飞行及在机场着陆段的精确导航。自 WAAS 之后，有多个国家独立建立了服务于本国或本国周边的广域增强系统，如欧洲的 EGNOS、日本的 MSAS 和 QZSS、中国的 SNAS 以及印度的 GAGAN 系统等。

广域增强系统中的主站负责收集基准站的数据，并进行统一计算处理，将处理后的结果通过天线发送到同步轨道卫星上，同步轨道卫星再通过 L1 波段，模仿导航卫星的信号方式，将差分改正数、C/A 码以及自身的卫星星历发送给用户，所以其不仅发送差分信息，而且自身也充当了定位卫星的功能。

目前市场上许多接收机以及 OEM 板卡均具备接收广域差分信号的功能，不过这些服务并非免费，用户需要付费或购买具备相关功能的板卡后才能正常接收使用。

7.2 差分改正数的计算方法

上一节我们从差分定位系统的组成，尤其是其服务特点以及覆盖范围等方面进行了分类说明；如果从差分改正数计算方式的角度而言，差分定位的方法又可以分为三类：坐标域差分、观测值域差分以及状态空间域差分，下面对每一种差分改正数计算方法稍加阐述。

7.2.1 坐标域差分

坐标域差分是最朴素的一种差分方式，主要用于单基准站差分或局域网差分系统。其思想是在基准站上将观测值计算的坐标值与已知的坐标值相减，差值部分为影响定位观测的误差总和，同时认为基准站周边的测量误差与基准站一致，将此差值也即改正数播发给用户，用户使用此差值对其观测结果进行改正，从而理论上可得到与基准站一样、无误差的观测结果。

假设基准站坐标改正数为$[\Delta x, \Delta y, \Delta z]$，用户接收机观测得到坐标为$[x, y, z]$，则改正后的结果为$[x+\Delta x, y+\Delta y, z+\Delta z]$。当接收机端移动速度较快，且要求精度较高时，需要考虑在基准站生成改正数到用户端接收到改正数的这个时段，改正数的变化率$[\mathrm{d}\Delta x/\mathrm{d}t,\ \mathrm{d}\Delta y/\mathrm{d}t,\ \mathrm{d}\Delta z/\mathrm{d}t]$。此值可由基准站经观测计算发送给用户，再结合用户至基准站的距离计算得到。

假设基准站生成改正数的时刻为 t_0，流动站接收到改正数的时刻为 t，则流动站改正

后完整的结果为

$$
\begin{cases}
x_m = x + \Delta x + \dfrac{\mathrm{d}\Delta x}{\mathrm{d}t}(t - t_0) \\
y_m = y + \Delta y + \dfrac{\mathrm{d}\Delta y}{\mathrm{d}t}(t - t_0) \\
z_m = z + \Delta z + \dfrac{\mathrm{d}\Delta z}{\mathrm{d}t}(t - t_0)
\end{cases} \tag{7-1}
$$

整个改正过程中，由于用户只需要知道坐标改正数等少量信息，故数据传输量很少，适用于各种接收机。基准站在差分改正过程中，使用其已知坐标值，反算改正数，可以很好地改正用户接收机与基准站共有的误差部分，如卫星轨道误差、大气延迟误差、卫星钟差等。为了满足理想的改正要求，原则上，用户接收机应该与基准站接收到同一组卫星信号，且处于相同的大气环境之中，所以坐标域差分只适用于基准站与用户接收机距离有限的情况，如前面提到不大于 15 km。这个距离事实上一般指空旷无遮挡的野外环境，在城市环境要得到理想的结果，该距离一般会缩小到 1 km 以内。

7.2.2　观测值域差分

此处观测值是指伪距，即卫地距的测距码观测值。在基准站上，基于卫星星历求得卫星轨道坐标，与实时观测得到的基准站坐标之间求得卫地距观测值 D_1，同时卫星轨道坐标与基准站已知坐标求得卫地距 D_2，两者之差即为当前卫星的观测值改正数 $\mathrm{d}\rho_i'$。

基准站将其接收到的每颗卫星的观测值改正数发送给用户，用户使用此改正数对其观测到的对应卫星的卫地距进行改正，然后再基于单点定位观测方程进行定位解算，可以得到较好精度的观测结果。

回顾前面伪距观测方程，第 6 章 6.2.2 节式(6-12)应该改写为

$$
\rho_i' + \mathrm{d}\rho_i' = \sqrt{(X^i - X)^2 + (Y^i - Y)^2 + (Z^i - Z)^2} - cV_{tR} + c\mathrm{d}t_r + \varepsilon_r \tag{7-1}
$$

$\mathrm{d}\rho_i'$ 部分包含了大气误差以及卫星钟差改正，故公式中去除了此三项误差。与坐标域改正类似，要求用户接收机与基准站处于相同的大气环境下。但与坐标域差分不同的是，并不要求接收机观测到与基准站完全一致的卫星组，仅要求接收机接收到的卫星包含在基准站接收到的卫星之内即可，这是由于基准站提供观测值改正的卫星如果没有在接收机观测到的卫星中，则此改正对接收机的观测而言没有意义。

由于用户接收机使用了基准站发送的观测值改正后进行坐标计算，故其定位解算方程就使用式(7-1)。前面提到式(7-1)由于 $\mathrm{d}\rho_i'$ 的引入，替换了原式(6-12)中的两项大气改正 V_{ion}、V_{trop}和卫星钟差 cV_{tS}。但由于基准站在广播改正信号的过程中，如果流动端距离较远，严格来说又会引入改正信号的时延 $\mathrm{d}t_r$ 以及改正信号的噪声 ε_r，故在式(7-1)中加入此两项用于完善该方程。在实际解算过程中，可以将此两项一并作为一项未知数看

待求解，或一并归入多路径效应误差中加以处理。由于式(7-1)中不再具有两项大气改正以及卫星钟差改正，与之前第6章伪距单点定位过程中，需要进行多项误差改正的计算相比，流动站的定位解算过程大为简化。

7.2.3 状态空间域(广域)差分

前面两种差分对误差改正的处理相对简洁，基准站与流动站(或移动站)共有的误差源对定位造成的所有误差均被归纳为一个结果，体现在直接定位结果或伪距观测值之中。这种处理方式，虽然简单，但对于处于不同位置的移动用户而言，当其接收到的卫星与基准站不完全一致，同时其所处的大气环境也存在一定差异时，这种强制性改正会表现出一定的不足。

所谓状态空间域差分，实质上是对观测区域内的卫星星历、卫星钟差、大气延迟等所有观测站对应的这些"空间状态"参数，由各个基准站通过不断观测，统一提供给数据处理中心。比如对大气改正参数，数据处理中心利用基准站的观测值，建立服务于该区域的电离层改正模型和对流层改正模型，同时还收集由IGS发布的精密星历与卫星钟差改正参数，将这些信息统一广播给用户。流动站用户则直接使用数据处理中心实时广播的改正模型参数以及精密星历和精密钟差进行定位解算。由于差分系统为流动站提供了更全面、更高精度的误差改正信息，从而流动站利用这些信息，结合自己的观测数据，原则上可以得到比前两种差分更好的定位结果。

状态空间域差分通常用在广域增强系统中，因改正信息与观测信息同步接收，故前面公式(7-1)中的改正信息延迟以及噪声并不存在，此时，除了接收机钟差外，同时在不考虑多路径效应以及一些微小误差影响的条件下，其余误差均可认为包含在 $\mathrm{d}\rho_i'$ 中了，则有状态空间域差分计算公式：

$$\rho_i' + \mathrm{d}\rho_i' = \sqrt{(X^i - X)^2 + (Y^i - Y)^2 + (Z^i - Z)^2} - c\,V_{tR} \tag{7-2}$$

式中的 $\mathrm{d}\rho_i'$ 由用户接收机在接收到广域网发送的相关参数后可快速计算得到，之后接收机由广播星历得到卫星在轨坐标后，直接对每颗卫星列立式(7-2)的方程。此方程中仅有4个未知数，当流动站观测到多于4颗卫星的情况下，可使用最小二乘求定位的最优解并给出精度估计。

对于精密定位的需求，位于地面的数据处理中心需要对一些更新频率较快的参数及时处理并上传到卫星，然后由卫星广播给移动用户。更新较快的参数有：卫星星历每3 min一次、卫星钟差改正每6 s一次。

7.2.4 流动站数据处理

前面阐述了每一种差分定位方法及其工作原理，在此基于流动站角度对数据处理过程做一归纳：

(1) 对于坐标域差分，接收机先进行单点绝对定位，然后使用接收到的坐标值对其定位结果进行改正；解算公式与伪距观测方程一致。

(2) 对于观测值域差分，接收机使用接收到的观测值改正数对自己观测到的每颗卫星的伪距值进行改正，再使用改正后的伪距值进行定位解算，求得观测站坐标；解算所用观测方程式为公式(7-1)。

(3) 采用状态空间域差分时，卫星轨道坐标和卫星钟差均使用从差分系统接收到的精密星历和精密钟差参数进行改正计算；同时使用差分系统提供的大气改正参数或相关模型，基于测站当前的大致位置计算电离层改正数和对流层改正数，使用这些改正数，对伪距观测值改正后，再使用绝对定位方法解算测站坐标，解算所用观测方程式为式(7-2)。

7.3　数据传输标准

在基准站到流动站或主站到流动站之间进行改正信息的发送，涉及数据传输格式的问题，在差分技术的不断发展过程中，逐渐形成了一些代表性的标准格式，如 RINEX 格式和 RTCM 格式，我们需要对其有一定的了解。

RINEX 数据格式适用于事后数据处理，而 RTCM 格式则服务于实时应用。在此我们列出 RTCM 格式的一些介绍，供大家学习参考，进一步详细的资料，请大家参考接收机所附文档资料或访问卫星导航系统的相关网站加以了解。

RTCM 格式实际上包含了所有差分定位与相对定位过程中所需传送参数的定义。在差分定位过程中，一般仅会将基准站的差分改正数发送到流动站，数据链路的负荷相对较小，且只需针对不同的精度需求，发送不同的改正数据即可。但对于相对定位而言，其定位的原理和方法与差分定位不同，实时传送的数据量较大，故数据链路的负荷较大。传输的具体内容，一般视实际应用环境需求进行专门设定。

RTCM-SC-104 传输格式

RTCM(the Radio Technical Commission for Maritime Services)即无线电海事委员会，SC-104 指第 104 专门委员会。RTCM-SC-104 传输格式由该专门委员会制定，该标准最初服务于海事领域，后逐渐扩展到其他领域，目前已经成为国际上通用的一种差分数据传输标准。

RTCM-SC-104 传输格式自 1985 年首次提出 1.0 版本后，经历过多次更改。1990 年发布了 2.0 版本，在该版本中提供了伪距改正以及伪距变化率改正，考虑当时的网络传输条件,对传输的信息经过精简,能以不大于 1200 bps 的带宽传输。1994 年发布 2.1 版本,加入了载波相位观测值,使流动站有可能解算整周模糊度,从而可使流动站能得到精密的差分定位。由于载波相位观测值的加入,数据传输率的要求增加到 4800 bps 以上。1998 年发布 RTCM2.2 版本,在该版本中加入了 GPS 以外的其他星座的信息,如 GLONASS 的改正信息。2001 年发布 2.3 版本,加入了天线相位中心变化信息。目前使用的 3.0 版本则加入了网络 RTK 传输所需的相关信息。随着 RTK 技术的不断发展,事实上 RTCM 的内容已经主要服务于 RTK 技术。

RTCM3.0 主要用于 RTK 和网络 RTK(即在 Internet 上传输的数据格式),由于所需传输的信号量较大,故对传输链路有较高的要求。网络 RTK 的传输格式,取名为 NTRIP,由负责地图学与测地学的德国联邦机构提出,其为一种超文本传输协议。

RTCM 的数据格式与 GNSS 导航电文的格式非常相似,均采用二进制格式,字长与奇偶校验码均相同。但 RTCM 的格式,子帧采用不定长格式,随基站发送的信息量的多少有所变化。

下面以中国卫星导航系统管理办公室于 2015 年年底发布的《北斗/全球卫星导航系统接收机差分数据格式》专项标准(编号 BD 410003—2015)为参照,详细介绍 RTCM 的电文结构。

该标准所定义的差分数据格式采用分层式结构设计,图 7-1 展示了整个报文的组成架构,其共分为应用层、表示层、传输层、数据链路层和物理层 5 个层次:

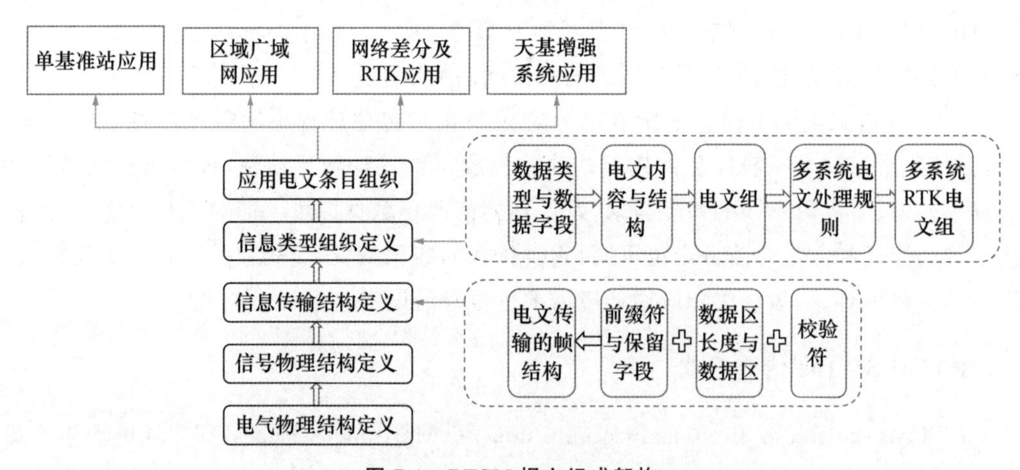

图 7-1　RTCM 报文组成架构

① 应用层:定义差分数据格式所支持的软硬件应用环境与通信方式。

② 表示层:定义了差分数据格式所采用的数据类型、数据字段、电文内容相关格式以及电文组等内容,是本标准的主体。

③ 传输层:定义了发送或接收端差分电文的帧结构。

④ 数据链路层:定义了差分电文数据流在物理层的编码方式。

⑤ 物理层:定义了差分电文数据在电子和机械层面的组建方式。

由于④、⑤涉及的内容过于底层,作为用户一般很少接触,在此不再讨论,有兴趣的读者,可查阅相关资料做进一步了解。

1. 应用层

应用层主要指标准所支持的应用领域以及通信方式,目前该标准可以支持高带宽、广播式和点对点的通信方式,同时支持在海陆空方面进行高精度的应用,均可以获得优于亚米级的实时定位精度,对应于前面所述差分部分的类型,主要支持的应用包括:

(1) 单频、双频及多频 RTK 应用,适用于单基准站差分与相对定位;

(2) 单 GNSS 模式(简称单模)或多 GNSS 模式(简称多模)下的 RTK 应用,适用于局域网及广域网差分与相对定位;

(3) 单模或多模下的网络 RTK 应用,适用于网络环境下的广域网差分与相对定位;

(4) 单模或多模下的 SSR 应用,适用于广域增强系统或天基网差分与相对定位。

2. 表示层

表示层主要是针对所要传输的差分(或相对定位,下同)信息进行一系列的定义,包括涉及所有需传输信息的定义,主要有以下几个方面:

① 定义适合于数据传输和组织的数据类型与数据字段;

② 针对具体所要传输的信息内容,定义相应的电文结构或格式;

③ 依发送的电文内容或服务类型,对不同的电文进行分组,从而构成了不同的电文组;

④ 为了解决使用不同卫星导航系统的卫星数据一起进行差分时,差分信息应采用的电文组、电文类型以及这些电文信息使用的规则等,定义了多系统电文处理规则;

⑤ 针对不同的卫星系统,定义适用于不同 RTK 服务模式下的电文组,即所谓的多系统 RTK 电文组。

下面对相关内容分小节稍做详细阐述。

(1) 数据类型与数据字段

数据类型与数据字段的定义均用来描述差分电文的内容。差分电文使用的数据类型全部定义为字符、整型以及无符号整型等三类。为了表达相应的浮点数值,整型最长达到 38 位,从 int8～int38,int38 类型的整型表达的值域为－137 438 953 471～137 438 953 471,使用整型的目的主要是为了数据传输的方便。

数据字段用于定义电文结构中所传输信息对应的内容,其本质是一种约定表示。字段名以 DF 开头,从 001 开始编号,不同的编号值代表不同的数据内容,如用 DF003 表示该字段数据类型为参考站的 ID,用 DF004 表示该数据类型为 GPS 历元参考时刻。关于数据字段含义的详细说明请参见相关标准,也可详细阅读网络资料中文件(位于资料目录:北斗时代\RTCM3-接收机差分数据格式说明.pdf,也可以网上搜索"中国第二代卫星导航系统重大专项标准"编号 BD 410003—2015)。

(2) 电文内容与格式

电文即是一系列数据字段的组合,其中数据字段可以重复。电文中的数据字段在传输时按照排列顺序进行发送。

与数据字段的编号类似,RTCM 对每一条电文也赋予一个编号,并以此编号区分电文类型,不同的类型意味着不同的电文内容。例如,定义电文类型 1001 和 1002 为 GPS L1 观测值电文,定义电文类型 1003 和 1004 为 GPS L1/L2 观测值电文(此两个类型则属于 GPS RTK 观测值电文组)。电文类型 1001~1004 的结构均由电文头和若干组卫星数据体两部分组成,其电文头的内容和格式都是一致的,如表 7-1 所示。其数据体的个数由电文头中的 DF006 值确定,有多少颗卫星,就会有多少个数据体。

每一种电文类型的数据体均有具体的定义,如电文类型 1001 与 1002 的数据体结构定义见表 7-2 和表 7-3。GPS RTK 观测值电文用于提供原始观测数据,可构成完整的 RINEX 文件,方便用户离线使用或进行数据交换。

表 7-1 电文类型 1001~1004 的电文头结构定义

数据字段名称	数据字段号	数据类型	比特数	说明
电文类型号	DF002	uint12	12	1001、1002、1003、1004
参考站 ID	DF003	uint12	12	
GPS 历元时刻(TOW)	DF004	uint30	30	
同步 GNSS 电文标志	DF005	bit(1)	1	
GPS 卫星数	DF006	uint5	5	
GPS 无弥散平滑标志	DF007	bi(1)	1	
GPS 平滑间隔	DF008	bit(3)	3	
总计	—	—	64	

表 7-2 电文类型 1001 的数据体结构定义

数据字段名称	数据字段号	数据类型	比特数	说明
GPS 卫星号	DF009	uint6	6	
GPSL1 码标志	DF010	bit(1)	1	
GPSL1 伪距	DF011	uint24	24	
GPSL1 载波距离-L1 伪距	DF012	int20	20	
GPSL1 锁定时间标志	DF013	uint7	7	
总计	—	—	58	

表 7-3　电文类型 1002 的数据体结构定义

数据字段名称	数据字段号	数据类型	比特数	说明
GPS 卫星号	DF009	uint6	6	
GPSL1 码标志	DF010	bit(1)	1	
GPSL1 伪距	DF011	uint24	24	
GPSL1 载波相位-L1 伪距	DF012	int20	20	
GPSL1 锁定时间标志	DF013	uint7	7	
GPSL1 伪距光毫秒整数	DF014	uint8	8	
GPSLICNR	DF015	uint	8	
总计	—	—	74	

其他关于表示层的内容，包括其他卫星系统，如 BDS、Geolieo、GLONASS 系统的相关定义等，在此不再列举，感兴趣的读者可参考标准文件。

（3）电文组

为了方便查阅和使用，将具有相近或同类型服务内容的多条电文组合在一起，构成差分电文组（简称电文组）。RTCM 数据传输标准定义了许多电文组，表 7-4 给出了全部的电文组定义，诸如：观测值电文组、天线说明电文组、网络 RTK 改正值电文组等。根据服务内容，可同时向用户发送若干电文组中的部分电文。例如，为提供 RTK 服务，需要向用户同时提供观测值、参考站坐标和天线说明电文组中至少一种电文，具体可视当前的差分系统性能。电文组中较短的电文包含必备信息，发送频率较高，而较长的电文包含一些提高服务性能的附加信息，由于这些附加信息并不经常变更，故在系统传输带宽有限的条件下，可酌情降低相关电文的发送频率。

举例来说，电文类型 1001 包含 GPS 观测值的最基本信息，仅 L1 观测值。对于能力有限的广播链路而言，比较适合使用电文类型 1001。如果通信能力不受限且可获得附加信息，可以使用较长的电文类型，如电文类型 1002 包含了可以提高性能的附件信息（其长度为 74 bit，见表 7-3）。类似地，电文类型 1003 提供了 L1/L2 两载波的观测值，而电文类型 1004 则提供了更为完整的数据内容。较小的观测值电文类型节省了带宽，但是信息有限，而较长观测值电文中的附加信息不经常更新，如果频繁播发，则对信息传输而言是一种浪费，当然采用哪种类型的电文，具体应视硬件条件而定。

表 7-4　差分电文组说明

电文组名称	次组名	电文类型号
试验电文	—	1～100
观测值	GPS L1	1001
		1002
	GPS L1/L2	1003
		1004
	GLONASS L1	1009
		1010
	GLONASS L1/L2	1011
		1012
	GPS MSMs	1071～1077
	GLONASS MSMs	1081～1087
	Galiles MSMs	1091～1097
	QZSS MSMs	1111～1117
	BDS MSMs	1121～1127
参考站坐标		1005
		1006
		1032
天线说明		1007
		1008
接收机与天线说明		1033
网络 RTK 改正值	网络辅助站数据	1014
	GPS 电离层改正值单差	1015
	GPS 几何差分改正值单差	1016
	GPS 几何与电离层组合改正值单差	1017
	GPS 网络 RTK 残差电文	1030
	GLONASS 网络 RTK 残差电文	1031
	GPS 网络 FKP 梯度电文	1034
	GLONASS 网络 FKP 梯度电文	1035
	GLONASS 电离层改正值单差	1037
	GLONASS 几何改正值单差	1038
	GLONASS 几何与电离层组合改正值单差	1039
	BDS 电离层改正值单差	1050
	BDS 几何差分改正值单差	1051
	BDS 几何与电离层组合改正值单差	1052
	BDS 网络 RTK 残差电文	1053
	BDS 网络 FKP 梯度电文	1054

（续表）

电文组名称	次组名	电文类型号
辅助操作信息	系统参数	1013
	卫星星历数据	1019
		1020
		1044
		1045
		1046
	Unicode 文本字符串	1029
	GONASS 偏差信息	1230
转换参数信息	赫尔默特(Helmert)/莫洛金斯基(Molodenski)电文	1021
	莫洛金斯基-巴德卡斯(Molodenski-Badekas)电文	1022
	表示残差电文	1023
		1024
	投影参数电文	1025
		1026
状态空间表述	GPS SSR 轨道改正信息	1057
	GPS SSR 钟差改正信息	1058
	GPS SSR 码偏差信息	1059
	GPS SSR 轨道和钟差改正信息	1060
	GPS SSR 用户测距精度信息	1061
	GPS SSR 高频度钟差改正信息	1062
	GLONASS 轨道改正信息	1063
	GLONASS 钟差改正信息	1064
	GLONASS 码偏差信息	1065
	GLONASS 轨道和钟差改正信息	1066
	GLONASS 用户测距精度信息	1067
	GLONASS 高速率的钟差改正信息	1068
	BDS 轨道改正信息	1235
	BDS 钟差改正信息	1236
	BDS 码偏差信息	1237
	BDS 轨道和钟差改正信息	1238
	BDS 用户测距精度信息	1239
	BDS 高频度钟差改正信息	1240
专用信息		4001～4095

注：MSM，即 Multiple Signal Message，含义为 多信号电文；MSMs，即 Multiple Signal Messages，含义为多信号电文组。

(4) 多系统电文处理规则

表示层还针对多种卫星系统的差分数据发送问题,在综合考虑不同用户设备兼容性能的情况下,定义了一些需要遵从的规则,具体如下:

① 提供 GPS/GLONASS 兼容服务时,应遵从以下规则:

a. 同一系统的所有卫星信息应编排在一条电文中。例如,提供 GPS L1/L2 数据时,电文类型 1003 或 1004 应该包含所有 GPS 卫星的数据。这样,即使同时传输其他 GNSS 的数据,GPS 单模接收机仍能一次性获取所有相关数据。

b. 发送扩展电文类型(即电文类型 1002、1004、1010 和 1012)时,电文中应包括所有处理的卫星数据。

c. 对于 GPS/GLONASS 联合定位,可先发送 GPS 数据。这样可减少 GPS 单模接收机的延迟,而 GPS/GLONASS 双模接收机不会受到影响。

d. 如果 GPS/GLONASS 数据不同步(即数据观测时间相差大于 1 ms),则每组电文中的“同步 GNSS 电文标志”应清零。

e. GPS/Galileo 联合作业可参照本规则。

② 提供 BDS/GPS 兼容服务时,应遵从以下规则:

a. 采用 BDS MSM1～MSM7 电文组提供 BDS 数据服务。

b. BDS/GPS 联合定位时,可先发送 BDS 数据或 GPS 数据。

c. 如果 BDS/GPS 数据不同步(即数据观测时间相差大于 1 ms),每组电文中的“同步 GNSS 电文标志”应清零。

d. BDS/Galileo、BDS/GLONASS 联合作业可参照本规则。

(5) 多系统 RTK 电文组

表示层定义的可支持的 RTK 服务类型有:

① GPS RTK 服务;

② GLONASS RTK 服务;

③ BDS RTK 服务;

④ GPS 与 GLONASS 联合的 RTK 服务;

⑤ GPS 与 BDS 联合的 RTK 服务;

⑥ GLONASS 与 BDS 联合 RTK 服务。

不同的服务类型需要发送不同的差分电文或电文组。电文类型可选择提供基本或完整服务,如前所述,基本服务是指仅包含单频且未进行精度优化的数据,完整服务是指提供包括双频、多卫星系统以及包含精度优化、基线长度等数据,有利于快速初始化和事后分析。尽管流动站可以按需求选择差分电文类型,但原则上应该具备处理所有类型电文解码的能力。关于支持不同 RTK 服务的电文类型详细说明,请参考附件资料,表 7-5

仅给出部分说明。

表 7-5　不同服务类型所用的电文组

服务名称	电文组名称	流动站 最少电文要求	参考站基本服务	参考站完整服务
高精度 GPS L1	观测值(GPS)	1001～1004	1001	1002
	参考站说明	1005 和 1006	1005 或 1006	1005 或 1006
	天线与接收机说明	1033[a]	1033	1033
	辅助操作信息			1013
高精度 GPS RTK L1&L2	观测值(GPS)	1003～1004	1003	1004
	参考站说明	1005 和 1006	1005 或 1006	1005 或 1006
	天线与接收机说明	1033[a]	1033	1033
	辅助操作信息			1013
高精度 GLONASS L1	观测值(GLONASS)	1009～1012	1009	1010
	参考站说明	1005 和 1006	1005 或 1006	1005 或 1006
	天线与接收机说明	1033[a]	1033	1033
	辅助操作信息		1230	1013 和 1230
高精度 GLONASS RTK	观测值(GLONASS)	1011～1012	1011	1012
	参考站说明	1005 和 1006	1005 或 1006	1005 或 1006
	天线与接收机说明	1033[a]	1033	1033
	辅助操作信息		1230	1013 和 1230
高精度 GPS & GLONASS L1	观测值(GPS)	1001～1004	1001	1002
	观测值(GLONASS)	1009～1012	1009	1010
	参考站说明	1005 和 1006	1005 或 1006	1005 或 1006
	天线与接收机说明	1033[a]	1033	1033
	辅助操作信息		1230	1013 和 1230
高精度 GPS & GLONASS RTK L1&L2	观测值(GPS)	1003～1004	1003	1004
	观测值(GLONASS)	1011～1012	1011	1012
	参考站说明	1005 和 1006	1005 或 1006	1005 或 1006
	天线与接收机说明	1033[a]	1033	1033
	辅助操作信息		1230	1013 和 1230

3. 传输层

传输层定义了差分电文传输的帧结构，差分电文的帧结构由前缀符、保留字段、数据区长度、数据区和校验区等组成，如表 7-6 所示。每帧电文产生时，应将所有保留域置 0。当差分电文长度未达到 8 bit 字节边界时，为保证电文结构的完整性，应用 0 填充至边界。

电文结构中前缀符为固定的 8 位字节序列 11010011，保留字段 6 位是预留字段，所有电文应将该字段置零。流动站接收机接收差分电文时一般忽略该字段内容。

数据区长度用于表达该帧差分电文实际发送的数据区的总长度，以 byte 类型为单位。当数据无效或长度为0时,使用0填充电文,以保证数据链路中数据流的连续性。

数据区中的内容与格式,由表示层定义的数据字段与类型构成,总长度可变,最大长度为1023字节。每帧差分电文的最后是校验区,长度24 bit。

表7-6 差分电文帧结构

名称	比特数	单位	范围	说明
前缀符	8	—	—	固定引导符11010011
保留字段	6	—	—	保留字段,置000000
数据区长度	10	byte	0～1023	
数据区	—	—		总长度由数据区长度确定
校验区	24	1	—	CRC24Q 检验

下面以电文类型1005的一条电文为例说明电文实际传输的结构和内容,该类型电文内容为参考站ARP信息,即固定天线参考点信息,如表7-7所示。

表7-7 电文类型1005数据体结构定义

数据字段名称	数据字段号	数据类型	比特数	说明
电文类型号	DF002	uint12	12	1005,二进制00111101101
参考站ID	DF003	uint12	12	
ITRF 实现年代	DF021	uint6	6	
GPS标志	DF022	bit(1)	1	
GLONASs标志	DF023	bit(1)	1	
Galieo标志	DF024	bit(1)	1	
参考站类型标志	DF141	bit(1)	1	
ARPECEF-X	DF025	int38	38	
单接收机振荡器标志	DF142	bit(1)	1	
BDS标志	DF458	bit(1)	1	
ARP ECEF-Y	DF026	int38	38	
14周标志	DF364	bit(2)	2	
ARP ECEF-Z	DF027	int38	38	
总计	—	—	152	

为方便认读,以十六进制表示如下(电文实际传输使用二进制,结构说明也对应二进制长度):

D3 00 13 3E D7 D3 02 02 98 0E DE EF 34 B4 BD 62 AC 09 41 98 6F 33 36 0B 98

其中,前两字节D3 00为RCTM3格式的数据头或者说是前缀符,转写为二进制即11010011。保留字段被接收机忽略,第3字节13为数据长度,即字节数,换算为十进制值即为19;从3E D7 D3开始为数据区,即为1005电文结构表达的全部数据;3E D7 D3

共 24 个字节，表达了电文类型 1005 和参考站 ID2003，下面依次按 1005 结构内容解析（表 7-7 所示），最后 36 0B 98 为校验位。

该电文解码后，提取其主要内容如下：

① 参考站 ID=2003；

② 服务类型：支持 GPS，不支持 GLONASS/Galileo/BDS；

③ ARP ECEF-X=1 114 104.5999 m；

④ ARP ECEF-Y=−4 850 729.7108 m；

⑤ ARP ECEF-Z=3 975 521.4643 m。

思考题

1. 什么是差分定位？具备哪些条件才能进行差分定位？
2. 差分定位按组成可分为哪几类？各有何特点？
3. 观测值域差分定位的方法是什么？
4. 什么是状态空间域差分？与坐标域差分及观测值域差分相比，其有何优点？
5. 星基增强系统中误差是如何得到控制处理的，接收机需求解的未知数有哪些？
6. RINEX 和 RTCM 分别指什么？各自是如何定义的？
7. 差分过程中一般采用什么数据传输标准？
8. 如果要给流动站接收机发送伪距观测值，可以使用哪些电文类型？
9. 如果要进行状态空间域差分，可以使用哪些电文组？

第 8 章

相对定位

差分定位一般可以达到亚米级的定位精度，主是源于差分定位过程使用了已知点作为误差项改正的参照，这比单点定位单纯依靠接收机的独立观测数据以及借助模型的改正数据所获取的定位结果，精度自然会提高很多。如果想要进一步提高观测精度，差分定位的局限比较明显，按第 5 章的误差处理分类，差分定位中除了参照已知点信息外，误差的改正使用的仍然是模型改正法，如果误差模型存在局限，尽管地面分布有较大范围的监测站，但像大气误差的改正由于模型本身所限，要有突破性的提高，仍然是比较困难的。

本章将要阐述的相对定位，则是利用了观测方程间的相关性，通过求差法去除或削弱不必要的未知数对求算结果的影响，从而可以达到极高的精度。虽然相对定位得到的直接结果是一个相对定位值，但由于其精度极高，在小范围的工程测绘或精密导航中得到广泛应用。

相对定位也可以认为是仍属于差分定位的范畴，因为相对定位仍然需要一个基准点，当这个基准点为已知点时，相对定位会得到绝对的定位结果。与差分定位不同，由于对高精度定位结果的要求，相对定位不再使用伪距进行定位，而是使用载波相位观测值进行定位，其计算的未知数为流动站与基准站坐标的相对量，故称其为相对定位。

相对定位有静态相对定位与动态相对定位，取决于流动站在定位观测过程中是否处于运动状态。求差法对观测方程进行了重新组合，以消除不必要的未知量，或将一些难以求解的项转变为容易计算的未知项。组合后的观测量或未知数会表现出更好的特性。在相对定位中，最常用到的观测方程组合方法就是单差与双差观测方程组合，主要用来消除卫星钟差、接收机钟差、整周模糊度等未知数，同时削弱大气误差在方程中的影响。

8.1 单差、双差、三差观测方程

8.1.1 相对定位消除误差的方法

在第 6 章所列的观测方程中，最重要的未知数是接收机的坐标$[X,Y,Z]$，观测时刻的接收机钟差与卫星钟差等，对于一般用户而言，没有什么用处。但作为观测方程，必须建立在相关已知数与未知数的严密数理关系基础之上，因此这些对于用户不必要的未知数，却是构成严格观测条件方程必不可少的项。通常把这些用户关心的未知数称为必要参数，用户不关心的未知数称为多余参数。但是否确定是必要参数还是多余参数，则视不同精度需求，在计算过程中有不同区分处理。

一般来说，在定位导航过程中，除了坐标外，其余未知数均为多余观测，因此当定位导航过程的时序较长时，多余参数的数量会变得非常庞大。举例来说，如果使用两台接收机进行载波相位观测，共计观测 2 h，观测间隔为 15 s，假定这 2 h 内一直在跟踪 7 颗卫星，则仅这 7 颗卫星的钟差参数的改正数会达到 $480\times7=3360$ 个。巨量的未知数，不仅使得方程解算非常复杂，计算费时，而且方程求解时的稳定性较差，不易得到可靠的定位结果。

按计算数学常用的方法，如果方程间有较好的相似性，则利用这种特性，采用消元法，也即求差法，通过观测方程间求差合并，可非常有效地去除多余参数，从而达到简化方程的目的。由于这种方法，在理论上是完备的，且在实践中证明是非常有效的，故在相对定位中被广泛采用。

例如，一个接收机在某观测时刻对 n 颗卫星进行了跟踪观测，显然接收机的钟差对这 n 颗卫星观测的结果影响是一致的。如果选择其中一颗卫星作为基准，则其余各卫星的观测方程与该卫星的观测方程求差，可以消除接收机的钟差参数。

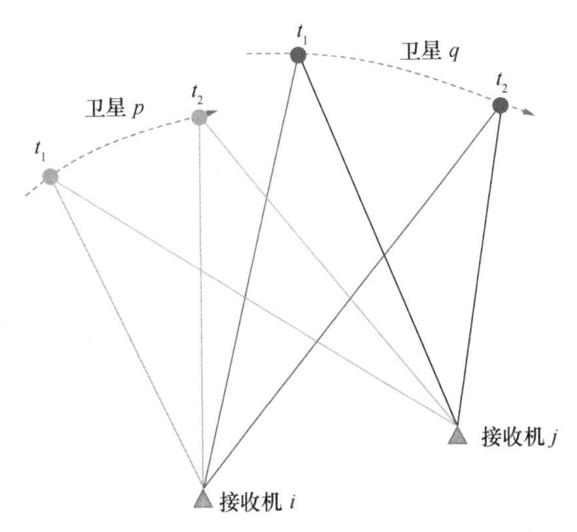

图 8-1　两接收机、两卫星求差法关联关系示意

我们可将这一思想推而广之，如图 8-1 所示，设两个测站分别有接收机 i 和接收机 j，在两个时刻 t_1、t_2 分别对卫星 p、q 进行了跟踪观测。设 $\varphi_A^B(C)$ 为在时刻 C 时接收机 A

对卫星 B 的载波相位观测方程式(由于伪距定位无法获取高精度定位结果,故相对定位主要使用载波相位观测方法,下面均使用载波相位观测方程进行讨论),则如图 8-1 所示,我们可以在不同接收机之间、不同卫星之间以及不同的观测时刻之间,分别建立三种求差方式,列出三种观测方程求差结果,表达如表 8-1 所示。

表 8-1　三种观测方程求差结果

接收机间求差	卫星间求差	观测时刻(历元)间求差
$\varphi_i^p(t_1)-\varphi_j^p(t_1)$	$\varphi_i^p(t_1)-\varphi_i^q(t_1)$	$\varphi_i^p(t_2)-\varphi_i^p(t_1)$
$\varphi_i^q(t_1)-\varphi_j^q(t_1)$	$\varphi_i^p(t_2)-\varphi_i^q(t_2)$	$\varphi_i^q(t_2)-\varphi_j^q(t_1)$
$\varphi_i^p(t_2)-\varphi_j^p(t_2)$	$\varphi_j^p(t_1)-\varphi_j^q(t_1)$	$\varphi_j^p(t_2)-\varphi_j^p(t_1)$
$\varphi_i^q(t_2)-\varphi_j^q(t_2)$	$\varphi_j^p(t_2)-\varphi_j^q(t_2)$	$\varphi_j^q(t_2)-\varphi_j^q(t_1)$

这三种方式均在原始载波相位观测方程之间求了一次差,所得结果称为单差方程。如果在单差方程基础上继续求第二次差,则得到双差观测方程。求双差时,可以在前面任一求差基础上进行,如在接收机间求单差之后再在卫星间求第二次差,或者在接收机间求单差后,在观测历元间求二次差。在二次差基础上,还可求三次差,由于一次差只有三种组合,故最多只能求三次差,最好的三次差求差次序是依次在接收机、卫星以及历元间求差。下面对每种求差方程展开介绍,便于了解其在实际定位计算过程中的使用方法。

8.1.2　单差观测方程

回顾第 6 章建立的载波相位观测方程,由于实际计算过程无法考虑噪声误差、多路径效应误差以及星历误差,故下面讨论不再将其列入方程,简写后的载波相位观测方程为

$$\varphi_i'\lambda = \sqrt{(X^i - X)^2 + (Y^i - Y)^2 + (Z^i - Z)^2} - N_i\lambda - V_{\text{ion}} - V_{\text{trop}} + c\,V_{t\text{S}} - c\,V_{t\text{R}}$$

为便于后续推导方便,令

$$\rho^i = \sqrt{(X^i - X)^2 + (Y^i - Y)^2 + (Z^i - Z)^2},$$

令 $\rho_i^p(t_1)$表示在 t_1 时刻接收机 i 跟踪卫星 p 观测得到的卫地距,$\rho_j^q(t_2)$表示在 t_2 时刻接收机 j 跟踪卫星 q 观测得到的卫地距,下文其他字符表达的含义相似。

为了突出载波相位观测值 φ 和整周模糊度 N,去除上式左边的 λ,并引入载波的频率 f 与光速 c。由于 $c=\lambda f$,故令 $u=f/c=1/\lambda$,则接收机 i、j 在 t_1 时刻对卫星 p 同时进行观测的载波相位方程可写为

$$\begin{cases}\varphi_i^p(t_1) = u\,\rho_i^p(t_1) - N_i^p - u\,(V_{\text{ion}})_i^p(t_1) - u\,(V_{\text{trop}})_i^p(t_1) + f\,V_{t\text{S}}^p(t_1) - f\,V_{t\text{R}}^i(t_1) \\ \varphi_j^p(t_1) = u\,\rho_j^p(t_1) - N_j^p - u\,(V_{\text{ion}})_j^p(t_1) - u\,(V_{\text{trop}})_j^p(t_1) + f\,V_{t\text{S}}^p(t_1) - f\,V_{t\text{R}}^j(t_1)\end{cases} \tag{8-1}$$

两方程式中,接收机不同,但观测时刻和所观测的卫星相同,两式求差,则称为在接收机间求差,将两式相减,即有

$$\begin{aligned}\varphi_i^p(t_1)-\varphi_j^p(t_1)=&u[\rho_i^p(t_1)-\rho_j^p(t_1)]-(N_i^p-N_j^p)-u[(V_{\text{ion}})_i^p(t_1)]\\&-[(V_{\text{ion}})_j^p(t_1)]-u[(V_{\text{trop}})_i^p(t_1)-(V_{\text{trop}})_j^p(t_1)]\\&-f[V_{t\text{R}}^i(t_1)-V_{t\text{R}}^j(t_1)]\end{aligned}\tag{8-2}$$

逐一检查,我们会发现式(8-1)中 $fV_{t\text{S}}^p(t_1)$项在求差过程中被消去,原因是其与接收机无关。为简化表达式(8-2)中的求差项,令

$$\begin{aligned}\Delta\varphi_{ij}^p(t_1)&=\varphi_i^p(t_1)-\varphi_j^p(t_1);\\\Delta\rho_{ij}^p(t_1)&=\rho_i^p(t_1)-\rho_j^p(t_1);\\\Delta N_{ij}^p&=N_i^p-N_j^p;\\(V_{\text{ion}})_{ij}^p(t_1)&=(V_{\text{ion}})_i^p(t_1)-(V_{\text{ion}})_j^p(t_1);\\(V_{\text{trop}})_{ij}^p(t_1)&=(V_{\text{trop}})_i^p(t_1)-(V_{\text{trop}})_j^p(t_1);\\V_{t\text{R}}^{ij}(t_1)&=V_{t\text{R}}^i(t_1)-V_{t\text{R}}^j(t_1)\end{aligned}$$

则式(8-2)可简写为

$$\Delta\varphi_{ij}^p(t_1)=u\,\Delta\rho_{ij}^p(t_1)-\Delta N_{ij}^p-u\,(V_{\text{ion}})_{ij}^p(t_1)-u\,(V_{\text{trop}})_{ij}^p(t_1)-f\,V_{t\text{R}}^{ij}(t_1)\tag{8-3}$$

式中 $\Delta\varphi_{ij}^p(t_1)$称为单差观测值,可视为观测值线性组合后的一种虚拟观测值。虽然此式在表达上显得烦琐,但如果我们回顾前面两台接收机进行载波相位观测的案例,两台接收机以间隔 15 s、跟踪 7 颗卫星不间断观测 2 h 的情况下,卫星钟差的未知数即有 3360 个。如果按上述求单差的方式进行处理,则在形如式(8-3)的单差方程中,这 3360 个未知数全部被消去了。

由于接收机所处位置不同,严格来说,其对应的对流层与电离层大气状态会有所不同,故相关大气改正数无法消除;又由于不同的接收机其钟差不同,故两台接收机时钟求差后,其差值仍然在单差方程中作为未知数存在。虽然这些未知数仍然存在,但经求差后均变成了相对量,其数值原则上有所减少,在方程中的权重有所降低,故其对定位结果的影响也有所减弱。

如果两台接收机的位置相距不远,可以认为两观测站大气状态完全一致,故两观测站之间的对流层与电离层相对改正量应为 0,由此上面式(8-3)可以简化为

$$\Delta\varphi_{ij}^p(t_1)=u\,\Delta\rho_{ij}^p(t_1)-\Delta N_{ij}^p-f\,V_{t\text{R}}^{ij}(t_1)\tag{8-4}$$

考虑实际定位计算中的情形,两台接收机处于相对定位时,假设其中一台接收机 j 位于基准点或安放于已有控制点上,即其卫地距观测量 $u\rho_j^p(t_1)$为已知,参考式(8-1),将其移到方程左侧,且令

$$\Delta F_j^p(t_1)=\Delta\varphi_{ij}^p(t_1)+u\,\rho_j^p(t_1),$$

则上式又可简化为

$$\Delta F_i^p(t_1) = u\rho_i^p(t_1) - \Delta N_{ij}^p - fV_{tR}^{ij}(t_1) \tag{8-5}$$

该方程中左侧为已知观测量，其为两测站载波相位观测值的差与接收机 j 站的伪距观测值的和；方程右侧 $\rho_i^p(t_1)$ 中含有测站 i 的未知坐标$[X_i, Y_i, Z_i]$、两站相对整周数 ΔN_{ij}^p 以及接收机相对钟差 $V_{tR}^{ij}(t_1)$ 共 5 个未知数。

由于接收机时钟不稳定，故每观测一个历元 n，就会引入一个新的未知数 $V_{tR}^{ij}(t_n)$，因此，两台接收机需要同时跟踪多颗卫星才能完整求解所有未知数。

参照单点定位计算过程，使用式(8-5)进行误差方程组建以及求解时，首先需要将式(8-5)中的 $\rho_i^p(t_1)$ 部分加以线性化，再写为条件误差方程的形式，则有

$$u\begin{bmatrix} l_i^p(t_1) & m_i^p(t_1) & n_i^p(t_1) \end{bmatrix}\begin{bmatrix} \Delta X_i \\ \Delta Y_i \\ \Delta Z_i \end{bmatrix} - \Delta N_{ij}^p - fV_{tR}^{ij}(t_1) = \Delta F_i^p(t_1) \tag{8-6}$$

如果两个观测站同步跟踪观测到 n 颗卫星，则可列出相应误差方程组如下：

$$u\begin{bmatrix} l_i^1(t_1) & m_i^1(t_1) & n_i^1(t_1) \\ l_i^2(t_1) & m_i^2(t_1) & n_i^2(t_1) \\ \vdots & \vdots & \vdots \\ l_i^n(t_1) & m_i^n(t_1) & n_i^n(t_1) \end{bmatrix}\begin{bmatrix} \Delta X_i \\ \Delta Y_i \\ \Delta Z_i \end{bmatrix} - \begin{bmatrix} \Delta N_{ij}^1 \\ \Delta N_{ij}^2 \\ \vdots \\ \Delta N_{ij}^n \end{bmatrix} - f\begin{bmatrix} 1 \\ 1 \\ \vdots \\ 1 \end{bmatrix} V_{tR}^{ij}(t_1) = \begin{bmatrix} \Delta F_i^1(t_1) \\ \Delta F_i^2(t_1) \\ \vdots \\ \Delta F_i^n(t_1) \end{bmatrix} \tag{8-7}$$

此式即为形如 $AV=L$ 的条件方程式，右边为常数项。式中表达了两个观测站同步观测一次的求差方程，方程数共有 n 个，其中未知数有 3 个坐标值、n 个相对整周模糊度、1 个相对钟差，即共有$(n+4)$个未知数。显然仅做一次观测时，方程数小于未知数。

如果连续进行 m 个历元的观测，则依次可列出上述 m 组误差方程；此时方程数为 $m\times n$，而未知数为$(n+4)+(m-1)=n+m+3$，显然当 $m\times n\geqslant n+m+3$ 时，方程可求得所有未知数的唯一解或最优解。如果同步观测到 $n=7$ 颗卫星，则当 $m\geqslant 2$，即至少观测 2 个历元时，方程可解。

知道了方程的求解条件，则在得到必要的观测值后，基于式(8-7)，按条件平差建立法方程求解计算，即可以得到观测站 i 的坐标值、相对整周数、接收机相对钟差等未知参量。

下面双差观测方程以及三差观测方程的误差方程建立过程与单差方程类似，我们不再列出。

8.1.3 双差观测方程

如果两台接收机同时跟踪了多颗卫星，即假设跟踪到 p 卫星的同时，又跟踪到了 q 卫星，则参照前面式(8-3)，我们可以列出 t_1 时刻，两台接收机观测 q 卫星的单差方程：

$$\Delta\varphi_{ij}^{q}(t_1) = u\,\Delta\rho_{ij}^{q}(t_1) - \Delta N_{ij}^{q} - u\,(V_{\text{ion}})_{ij}^{q}(t_1) - u\,(V_{\text{trop}})_{ij}^{q}(t_1) - f\,V_{tR}^{ij}(t_1) \quad (8\text{-}8)$$

前面单差方程建立时，我们是在接收机间进行了求差，即方程式所有信息相同，唯有接收机信息不同。现在要建立双差方程，即在前面单差方程的基础上进一步求第二次差，求二次差时，所有信息相同，唯有方程间卫星信息不同，比较式(8-3)和式(8-8)，两式间仅有卫星不同，两式求差即有

$$\begin{aligned}\Delta\varphi_{ij}^{p}(t_1) - \Delta\varphi_{ij}^{q}(t_1) = & u(\Delta\rho_{ij}^{p}(t_1) - \Delta\rho_{ij}^{q}(t_1)) - (\Delta N_{ij}^{p} - \Delta N_{ij}^{q}) \\ & - u((V_{\text{ion}})_{ij}^{p}(t_1) - (V_{\text{ion}})_{ij}^{q}(t_1)) \\ & - u((V_{\text{trop}})_{ij}^{p}(t_1) - (V_{\text{trop}})_{ij}^{q}(t_1)) \end{aligned} \quad (8\text{-}9)$$

为了简化表达，令

$$\begin{aligned} \Delta\varphi_{ij}^{pq}(t_1) &= \Delta\varphi_{ij}^{p}(t_1) - \Delta\varphi_{ij}^{q}(t_1) \\ \Delta\rho_{ij}^{pq}(t_1) &= \Delta\rho_{ij}^{p}(t_1) - \Delta\rho_{ij}^{q}(t_1) \\ \Delta N_{ij}^{pq} &= \Delta N_{ij}^{p} - \Delta N_{ij}^{q} \\ (V_{\text{ion}})_{ij}^{pq}(t_1) &= (V_{\text{ion}})_{ij}^{p}(t_1) - (V_{\text{ion}})_{ij}^{q}(t_1) \\ (V_{\text{trop}})_{ij}^{pq}(t_1) &= (V_{\text{trop}})_{ij}^{p}(t_1) - (V_{\text{trop}})_{ij}^{q}(t_1) \end{aligned}$$

则式(8-9)可简写为

$$\Delta\varphi_{ij}^{pq}(t_1) = u\,\Delta\rho_{ij}^{pq}(t_1) - \Delta N_{ij}^{pq} - u\,(V_{\text{ion}})_{ij}^{pq}(t_1) - u\,(V_{\text{trop}})_{ij}^{pq}(t_1) \quad (8\text{-}10)$$

此方程即为双差方程，由于两台接收机在观测瞬间其相对钟差 $fV_{tR}^{ij}(t_1)$ 与卫星无关，故在该双差方程中，接收机钟差被彻底消除。

显然，双差方程解决了单差观测方程在每一个观测历元引入一个接收机相对钟差参数的问题，从而使得待求解的未知数数量进一步极大削减。

电离层与对流层改正的影响在双差观测方程中被进一步削弱，如果测站相隔不远，在忽略大气状况影响的情况下，式(8-10)双差方程可以进一步简化为

$$\Delta\varphi_{ij}^{pq}(t_1) = u\,\Delta\rho_{ij}^{pq}(t_1) - \Delta N_{ij}^{pq} \quad (8\text{-}11)$$

通常观测并组建方程的过程中，会选择接收机跟踪到的卫星中最接近天顶方向，即最靠近测站头顶方向的卫星作为参照卫星，其余卫星的观测方程与此卫星观测方程求差，组成双差观测方程进行求解，可以得到最优计算结果。

参照与单差方程同样的处理方式，如果再假定接收机 j 位于基准站或一个已知点上，则此式中 $u\Delta\rho_{ij}^{pq}(t_1)$ 进一步简化，其所包含的未知数仅为接收机 i 站的坐标，除此之外的未知数仅为两站两卫星的相对整周模糊度，即未知数被简化为仅剩余 4 个。但显然对于不同的卫星 a 和 b，ΔN_{ij}^{ab} 是一个不同的未知数。

由于多卫星系统的出现，通常接收机能同步跟踪到 10 颗甚至更多卫星，假设接收机跟踪到 10 颗卫星，选择其中一颗卫星为参考卫星，两台接收机同步观测一个历元，则可

以组建 9 个双差方程;显然这 9 个双差方程中的相对整周数是不同的,因此两接收机跟踪观测 9 颗卫星,一个历元的未知参数有:3+9=12 个;显然仅观测一次仍然无法求解未知数,故与单差方程的情形一样,至少要进行 2 次观测。如果流动站接收机处于静止状态,即其坐标不变,则跟踪这 9 颗卫星观测任意一个历元后,未知数仍然是 12 个,故很容易求解。

如果接收机处于运动状态,即每观测一个历元,流动站坐标均为新的未知数,则每增加一个观测历元,未知数会增加 3 个;如果同步跟踪到 10 颗卫星时,每观测一个历元,双差方程数会增加 9 个,假定跟踪过程中相对整周数保持不变,则方程数会远大于未知数。在这种情况下,无论静态相对定位还是动态相对定位,组建双差方程均可在简便消除多余参数的基础上,求得稳定的定位解,因而双差观测在实际中被广泛采用。

8.1.4 三差观测方程

前面推导单差和双差方程的过程中,均假定两站接收机仅观测了一个历元,因此我们还可以在双差观测方程的基础上,在两个观测历元间对双差方程做进一步的求差,从而得到三差观测方程。

式(8-10)为时刻 t_1 的双差观测方程,如果接收机 i、j 跟踪 p、q 两颗卫星到观测时刻 t_2,则参考双差方程(8-10)的建立过程,可以写出对应在时刻 t_2 的双差观测方程:

$$\Delta\varphi_{ij}^{pq}(t_2) = u\,\Delta\rho_{ij}^{pq}(t_2) - \Delta N_{ij}^{pq} - u\,(V_{\text{ion}})_{ij}^{pq}(t_2) - u\,(V_{\text{trop}})_{ij}^{pq}(t_2) \tag{8-12}$$

对时刻 t_1 的双差方程(8-10)和时刻 t_2 的双差方程(8-12)做进一步求差,即有

$$\begin{aligned}\Delta\varphi_{ij}^{pq}(t_2) - \Delta\varphi_{ij}^{pq}(t_1) = & u[\Delta\rho_{ij}^{pq}(t_2) - \Delta\rho_{ij}^{pq}(t_1)] - u[(V_{\text{ion}})_{ij}^{pq}(t_2) - (V_{\text{ion}})_{ij}^{pq}(t_1)] \\ & - u[(V_{\text{trop}})_{ij}^{pq}(t_2) - (V_{\text{trop}})_{ij}^{pq}(t_1)]\end{aligned} \tag{8-13}$$

同样,为简化表达,令

$$\begin{aligned}\Delta\varphi_{ij}^{pq}(t_2,t_1) &= \Delta\varphi_{ij}^{pq}(t_2) - \Delta\varphi_{ij}^{pq}(t_1) \\ \Delta\rho_{ij}^{pq}(t_2,t_1) &= \Delta\rho_{ij}^{pq}(t_2) - \Delta\rho_{ij}^{pq}(t_1) \\ (V_{\text{ion}})_{ij}^{pq}(t_2,t_1) &= (V_{\text{ion}})_{ij}^{pq}(t_2) - (V_{\text{ion}})_{ij}^{pq}(t_1) \\ (V_{\text{trop}})_{ij}^{pq}(t_2,t_1) &= (V_{\text{trop}})_{ij}^{pq}(t_2) - (V_{\text{trop}})_{ij}^{pq}(t_1)\end{aligned}$$

则式(8-13)可简写为

$$\Delta\varphi_{ij}^{pq}(t_2,t_1) = u(\Delta\rho_{ij}^{pq}(t_2,t_1) - (V_{\text{ion}})_{ij}^{pq}(t_2,t_1) - (V_{\text{trop}})_{ij}^{pq}(t_2,t_1)) \tag{8-14}$$

由于双差观测的相对整周模糊度 ΔN_{ij}^{pq} 与历元无关,故在观测历元间求差时,即可消除相对整周模糊度 ΔN_{ij}^{pq}。考虑到大气误差多次求差,其互差已经很小,如果此时忽略大气影响,则在已知基准站或基于已知控制点观测的情况下,式(8-14)中的未知参数仅为流动站的坐标值,即仅剩下 3 个未知数。

虽然未知数个数已经减到最少，但遗憾的是，三差方程并不是一个稳定的方程，流动站的坐标仅体现在一系列的载波相位的相对观测量中，在没有整周模糊度约束的情况下，方程很难收敛到实际的观测位置。

尽管三差方程不适于直接求解流动站坐标，但由于其对误差具有极强的削弱效果，通常可用于周跳的探测等误差检验过程。

8.1.5　流动站初始坐标与其定位结果的关系分析

基于单差或双差方程进行相对定位时，一般会认为所得结果是流动站相对于基准站的坐标，而且还会认为，即便基准站坐标存在一定偏差，但流动站相对于基准站的偏移量是精准的，也就是说，流动站与基准站之间的相对位置是可以精准得到的，所以流动站的绝对位置是在基准站坐标基础上增加相对定位所获取的相对坐标。但是，如果我们仔细分析相对定位的观测方程，就会发现这一理解并不完全正确。

由式(8-6)的线性化过程可知，基准站伪距为已知值，被纳入常数项 $\Delta F_i^p(t_1)$ 中，流动站伪距真值 $\rho_i^p(t_1)$（由星历坐标与测站坐标求得）展开后的坐标微分量$[\Delta X_i, \Delta Y_i, \Delta Z_i]$是相对于流动站的坐标初始值$[X_i^0, Y_i^0, Z_i^0]$而言的，并非相对于基准站坐标$[X_j, Y_j, Z_j]$。

从方程解算的角度来说，我们能否像解决单点定位的初值那样，赋予流动站的坐标初值为[0,0,0]，最后的求解结果认为是流动站相对于基准站的坐标增量呢？显然从物理意义的角度看，如果将流动站坐标初值设为[0,0,0]，如单点定位中的情形，其表达了地心处的位置，因此求得的坐标增量的累加值，原则上与基准站坐标无关。

如果将流动站的初值坐标设为基准站坐标，则随着方程迭代求解，坐标微分量的累加和会使流动站的坐标由初始给定的基准站坐标逐渐趋向其真实解，换言之，我们最后能得到流动站的绝对坐标，而非相对于基准站的坐标。由于基准站的坐标值被纳入常数项中，因此其是否准确，会影响流动站坐标的收敛结果，但是流动站能否准确地收敛到其相对于基准站的坐标偏移量上，从数值计算的角度而言是无法保证的。除了各方面的误差影响外，原则上与流动站离基准站的距离有很大的关系。如果两站相距过远，显然给流动站以基准站的初值是很难收敛到精准的坐标偏移量上的。

另外一种情形，就是流动站的坐标初值采用其伪距单点定位的结果，由此用求取的坐标偏移量不断修正流动站伪距观测结果，使之不断趋近精准观测值。由于受方程中基准站坐标已知值的约束，当基准站坐标存在偏差时，方程会强制使流动站坐标的收敛存在相应偏差的结果。但由于流动站客观上是在精准的位置上进行观测的，所以最终收敛结果并不一定准确反映流动站相对于基准站的其实偏差。只有当基准站坐标是真实值的情况下，方程中的流动站坐标微分量才能收敛于真实的坐标偏差。

给定流动站初始值的情况下，虽然无法保证流动站收敛到真实坐标，但后续的观测以流动站收敛后的坐标为基础，在以求差法消除了大量误差影响的条件下，不断进行观测所得的坐标增量[ΔX_i，ΔY_i，ΔZ_i]却具有极高的精度。

所以，在小范围内进行相对定位时，即使基准站参考坐标并不准确，但如果整个定位过程中其值保持不变，则使用流动站连续测点得到的这些点位间的坐标增量具有极高的精度，通常可以满足大比例尺测图、工程监测、精准导航等方面的应用需求。但流动站与基准站间精密的相对位置，从数理方程的角度而言，并没有严格的约束条件得到，如果要得到流动站与基准站间可靠的相对定位关系，应增加更多的已知条件。

8.2 周跳的探测及修复

相对定位的主要观测量为载波相位，如前所述，完整的载波相位观测值有三部分：未知的整周相位数 N、跟踪到的整周相位数 $\mathrm{int}(\varphi)$以及不足一整周的相位值 $Fr(\varphi)$。一般情况下 $Fr(\varphi)$可以精确测定，而 N 为待求未知数，故载波相位观测值中通常发生跳变的部分为 $\mathrm{int}(\varphi)$值。在正常观测状态下，载波相位的连续观测值会呈现为一条光滑曲线。但由于在观测过程中，受诸多因素的影响，连续的观测值偶尔会出现跳变，不再呈现为一条光滑曲线。这种跳变意味着载波相位观测值中误差的引入，通常称为周跳。为了确保定位的准确性，在计算之前，必须想办法找出这种跳变并将之去除，恢复正确的载波相位观测结果，这一过程称为周跳的探测与修复。

8.2.1 整周跳变产生的原因

接收机进行载波相位测量的过程是将接收到的卫星载波信号与接收机自身产生的基准信号进行差频处理，其中不足一整周的部分是一个瞬时量测值，由接收机载波跟踪环路中的鉴相器精确测定；整周部分则由整周计数器从跟踪到信号开始逐个累积计数，故是一个过程性观测值，在此过程中，如果卫星信号因故发生异常或中断，则会造成整周计数器的值产生偏差，称为周跳。引起周跳的原因很多，主要有以下几方面：

① 接收机在观测过程中，受周边运动物体的遮挡影响，或接收机在移动过程中，受周边环境物的影响，卫星信号在到达接收机的过程中被遮挡而中断，信号中断的一段时间(如数秒钟)内，造成了整周计数出现偏差；

② 接收机在某种环境中，由于外界电磁波信息干扰，造成接收机无法连续跟踪卫星信号而产生信号失锁，从而造成整周计数异常；

③ 在某种情况下，由于接收机质量问题整周计数器工作不稳定，造成整周计数出现错漏；

④ 受电磁环境影响或接收机质量问题，接收机内部产生的基准信号发生短时异常或

卫星信号受干扰而产生异常，从而使计数器测量结果出现异常等。

一般情况下，接收机观测过程中，表现为连续观测，无用户察觉的明显中断情况，此种情形下产生的整周观测值变化均可归为周跳；如果由于断电或其他原因使得接收机测量出现明显中断，则不应视为周跳，而应视为两个不同时段的观测值，需要将其分时段分别计算处理。通常导航定位过程中，尤其在城市环境中，受周边物体影响，周跳的发生是无法避免的，是一种经常性出现的状况，故如何检测载波相位观测值的周跳并对其进行修复具有非常重要的意义。

8.2.2　周跳的探测与修复方法

前面提及，卫星在轨道上运动时，跟踪观测一段的载波相位观测值会呈现出一条平滑曲线，这是由于轨道本身应该是曲线。没有观测误差的载波相位观测值自然会反映出这一特性，而含有周跳的观测值则不会呈现这种平滑性规律，会在个别时刻产生系统性偏移。如图 8-2 所示，接收机跟踪了 Glonass 卫星的 R07 号卫星连续 3 个多小时，在跟踪到一个小时的时候产生了一个周跳，此周跳对后续所有的值产生了一个偏移影响，即对其之后的所有观测值增加了一个偏移量。周跳探测的工作就是确定周跳产生的时间点或观测值。

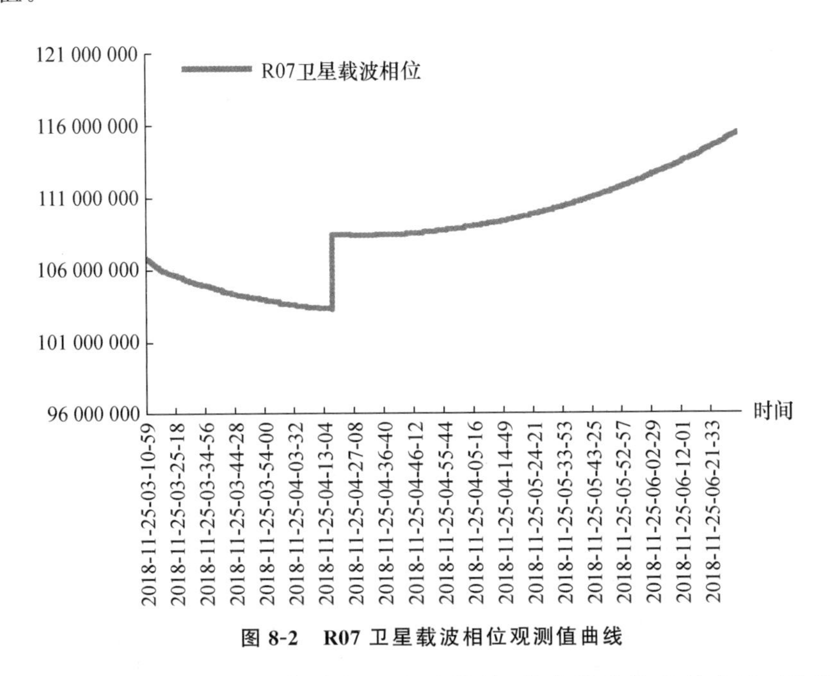

图 8-2　R07 卫星载波相位观测值曲线

周跳探测的方法很多，下面仅介绍一些简单的、业内较为熟悉的方法，更多的方法请参考文献或相关技术文档。

1. 高次差法

载波相位观测值在数值上表现为载波的周数，由于载波波长只有 20 cm 左右，所以表达卫地距的相位观测值虽然仅仅是一部分，但其数值仍然很大，如图 8-2 所示，纵坐标表达的相位观测值达到 9 位数。周跳有大有小，小一点的周跳相对于巨大的观测值而言，很难直观从数值大小的表现上看出来。

由于卫星在轨道上基本沿平滑曲线运行，所以在单位时间内，载波相位观测值的变化量理论上应该是相等的，所以如果在相邻观测值之间求差的话，对于无周跳的观测值来说，连续两到三次求差后，结果应该趋于 0 值。

高次差法正是利用这一特点，对载波相位观测值直接求差称为一次差，在差的基础上再求差称为二次差，如此最多可求五次差，从多次差值的变化特征中判断是否发生周跳。

从物理意义上而言，相邻两个观测值求差，结果为两个观测历元时间内卫星至接收机的距离变化量；再次求差，结果为卫星至接收机移动速度的变化量；三次求差则为卫星至接收机之间的运动加速度的变化量。如前所述，由于卫星在轨道上处于匀速运动，在不含观测误差的情况下，三次差之后的变化量趋于 0 值。但是，当存在周跳变化时（如图 8-2 所示），单个周跳变化偏差量，会在求差过程中保持并传递下去。由于没有周跳的差值越来越小，发生周跳的值则会突显出来。

如表 8-2 所示，第二列为载波相位原始观测值，显然很难直观看出周跳的变化值，经过一次差后，第 16 个值即表现出异常。再经过二次差和三次差，尤其四次差后，周跳值产生叠加效果相当明显。

表 8-2 R07 卫星载波相位观测值片段

1	PRN	载波相位	分	秒	一次差	二次差	三次差	四次差	五次差
2	R07	103257639.9	15	56					
3	R07	103257392.4	15	57	247.44999				
4	R07	103257109.4	15	58	283.03901	-35.589			
5	R07	103256892.8	15	59	216.60499	66.434	-102.02		
6	R07	103256637.7	16	0	255.129	-38.524	104.958	-206.9811	
7	R07	103256338.3	16	1	299.332	-44.203	5.67899	99.27904	-306.26
8	R07	103256082.5	16	2	255.78901	43.543	-87.746	93.42498	5.85406
9	R07	103255875.5	16	3	207.02699	48.762	-5.219	-82.52696	175.9519
10	R07	103255604.4	16	4	271.082	-64.055	112.817	-118.0361	35.5091
11	R07	103255323.3	16	5	281.10601	-10.024	-54.031	166.84803	-284.884
12	R07	103255096	16	6	227.34798	53.758	-63.782	9.75104	157.097
13	R07	103254846.3	16	7	249.69501	-22.347	76.1051	-139.8871	149.6381
14	R07	103254583	16	8	263.285	-13.59	-8.757	84.8621	-224.749
15	R07	103254327.9	16	9	255.11301	8.17199	-21.762	13.00494	71.85716
16	R07	103254048.2	16	10	279.67199	-24.559	32.731	-54.49295	67.49789
17	R07	103243525.1	16	51	10523.133	-10243	10218.9	-10186.17	10131.68
18	R07	103243277.9	16	52	247.1909	10275.9	-20519	30738.305	-40924.5
19	R07	103243038.4	16	53	239.45	7.7409	10268.2	-30787.6	61525.91
20	R07	103242787.2	16	54	251.21801	-11.768	19.5089	10248.692	-41036.3
21	R07	103242535.8	16	55	251.43	-0.212	-11.556	31.06493	10217.63
22	R07	103242295.3	16	56	240.543	10.887	-11.099	-0.45703	31.52196
23	R07	103242039.1	16	57	256.19111	-15.648	26.5351	-37.6341	37.17707

如果我们用曲线表达的话，从图 8-3 所示四次差曲线也可以很直观地看到，在观测值片段的第 15 个值之后，第 16 个值开始出现异常，第 17 个值发生了明显的跳变。

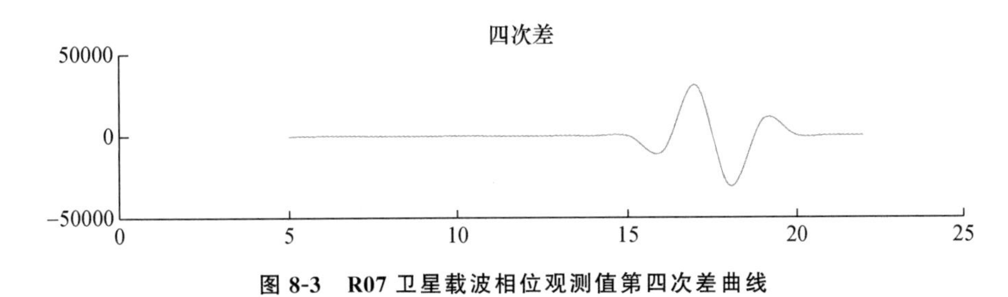

图 8-3　R07 卫星载波相位观测值第四次差曲线

表 8-1 所示为一段真实的普通接收机板卡观测到的数据，故其载波相位观测质量并不高，影响载波相位观测值的因素比较多，诸如接收机的时钟误差、电离层误差、对流层误差以及多路径效应误差等的影响，故即使正常观测值，在二次或三次差后仍然存在数十周的残差。

在所有影响载波相位观测值的误差中，接收机的时钟误差最为明显，故对于内含高质量时钟的接收机来说，其观测值的高次差结果应该很符合上述卫星在轨道上的运动变化特征。

2. 多项式拟合法

高次差法适合在人工交互方式下的直观分析，但不利在计算机进行自动计算处理。为了便于计算处理，通常采用多项式拟合法。该方法核心原理与高次差法基本一致，顾及卫星在轨道上的表现特征，连续的载波相位观测值应该符合一条多项式曲线，即假设某一时刻的载波相位观测值 φ_i 是观测时刻 t_i 的函数，其值表达为观测时间的多项式：

$$\varphi_i = a_0 + a_1(t_i - t_0) + a_2(t_i - t_0)^2 + a_3(t_i - t_0)^3 + \cdots + a_n(t_i - t_0)^n \qquad (8\text{-}15)$$

其中，t_0 为某观测时段的参考时刻或起始时刻，a_0 到 a_n 为该多项式的系数，共有 $n+1$ 个。对于此多项式而言，参考时刻 t_0 和观测时刻 t_i 是已知的，但 $n+1$ 个多项式系数 a 是未知数，需要至少 $n+1$ 个已知正确的、无周跳的观测值，事先代入该方程求解得到。如果已有的无误观测值个数大于 $n+1$，则可利用最小二乘法求得这些系数值的最优解。

求解得到多项式的 $n+1$ 个系数 a 后，则任一时刻 t_i 的载波相位观测值，只需代入 t_i 值，即可由该多项式计算得到。

原则上，实际观测值与该多项式的理论值应该相符，如果出现偏差，则偏差值也应该在一定的误差范围之内，此误差范围可用多项式拟合过程得到的中误差来确定。比如在拟合公式(8-14)的过程中，如果采用最小二乘法计算时，由于观测值数量大于未知数，可采用中误差计算公式求得拟合后的中误差：

$$\sigma = \sqrt{[V_i V_i]/[m-(n+1)]}$$

（式中 V_i 为多项式残差，具体可参考测量平差或误差处理相关资料）。

通常理论值与观测值之差位于 3 倍中误差之内时，认为该观测值是有效的，否则认为其偏差过大而不宜采用。在采用该多项式进行周跳探测时，如果新的观测值与该多项式计算的理论值偏差大于 3σ 时，则认为该观测值含有周跳，不宜采取，应采用多项式的计算结果替换观测值，由此实现了周跳的探测与修复。

为了实现对观测值的连续自动计算处理，完成一次计算后，只需抛弃最前面的观测值，采用新的、可靠的观测值重新计算多项式系数，再使用多项式对待观测时刻的观测值进行评估处理，如此实现不断的循环过程。

在高差次法中我们看到，理论上四次差时，观测值的变化已经趋于 0 值。当观测值误差较大时，如表 8-1 所示，四次差与五次差的计算已经没有必要，故多项式中 n 的值一般取 2～3 即可。

3. *单差观测值法*

一般来说，相对于卫星时钟，接收机的时钟存在较大误差，例如：假设某一接收机的时钟稳定度为 5×10^{-10}，每 15 s 测量一次载波 L1 的相位值，由于 L1 载波的频率为：$f_1=1.575\,42\times10^9$ Hz，则在 15 s 内，该接收机时钟因不稳定而产生的变化，对载波相位的观测值产生的影响有

$$\Delta f = 5\times10^{-10}\times15\ \text{s}\times1.57\,542\times10^9\ \text{Hz} = 11.8\ \text{Hz}$$

该估算结果表明，即使不存在实际上的周跳，仅接收机时钟导致的载波相位观测值会达到 12 周。前面两种方法的探测是基于卫星在轨运行特性而言的，因此，对于接收机时钟因稳定度不足而造成的周跳变化是无法探测的。事实上，我们从表 8-1 给出的多次差结果以及图 8-3 的曲线变化来看，根本无法对数十周的周跳变化做出判断。所以对 12 周以下的周跳是无法进行探测的。

显然为了得到稳定的载波相位观测值，接收机时钟的稳定度至少应比 5×10^{-10} 高一个数量级。但这也意味着接收机成本的很大提升，如何在去除接收机时钟稳定度的影响情况下，进行周跳的探测，就是单差观测值法想达到的目的。

为了提高周跳的探测精度或提升其探测敏感度，如果能去除接收机的时钟影响，则显然可以达到探测较小周跳的目的。

在本章 8.1 节讨论单差观测方程时，我们知道，由于接收机在某一观测时刻会同时跟踪多颗卫星，假如同步跟踪到 m 颗卫星，则这 m 颗卫星的载波相位观测值受接收机时钟稳定度的影响是相同的，因而在这 m 颗卫星的观测值间求差，即可消除接收机时钟误差的影响。

如表 8-3 所示，接收机同时观测到 GPS 卫星 SV6 和 SV8，如果分别对其观测值求四次差，则得计算结果如表第 2 列与第 3 列所示，由两列数值中我们很难发现序号 104～

107 之间的观测值存在微小的周跳。如果对两列高差观测值求单差，如表中第 4 列所示，除了序号 104～107 等四个值异常增大外，其余值均趋近 0 值，相比而言，明显地反映出这四个值存在周跳的影响。虽然表 8-3 的单差计算是基于高次差的结果，但反过来，直接对 SV6 和 SV8 的观测值通过求单差组合后，再进行多次求差计算，也可以达到与表 8-3 第 4 列一样的结果。

表 8-3　基于载波相位观测值四次差之单差值进行周跳精确探测

序号	SV6 卫星四次差	SV8 卫星四次差	SV6—SV8 四次差之单差
100	−2.65	−2.87	0.22
101	−0.12	0.08	−0.2
102	1.13	1.24	−0.11
103	−1	−1.25	0.25
104	−0.05	1.2	−1.25
105	0.54	−2.31	2.85
106	0.63	3.71	−3.08
107	0.62	−1.46	2.08
108	2.14	1.85	0.29
109	0.14	0.01	0.13

4. *三差观测值法*

由前面单差观测值法可以看到，消除接收机时钟误差会使得探测精度得到很大改善。事实上，由第 5 章的内容可以知道，载波相位的原始观测值中不仅包含接收机钟差，还包含卫星钟差、星历误差、电离层误差、对流层误差以及多路径效应误差等许多种误差，如果能去除这些误差的影响，则周跳的探测会进一步得到提高。三差观测值法则是依据这一理念而建立的一种方法。

由本章 8.1 节三差观测方程的建立过程可知，三差观测方程中的常数项在理论上因多次求差已经去除了刚才提到的各主要误差项，仅剩余相邻观测历元间的大气误差的变化项以及不规则噪声的影响，经验表明，其值一般应不大于 0.1 周，因此可利用三差观测方程中常数项的这一理论加经验值探测小于 1 周的周跳变化。

具体的探测方法，就是先组建双差观测方程用于载波相位的定位计算，然后在双差观测方程基础上再组建三差观测方程，对组建后的三差观测方程检测其常数项，如果其值明显大于 0.1 周，则两个双差观测方程中的常数项含有周跳，修复的办法可沿用多项式拟合法的思想，采用前面几个无周跳的双差观测方程中的常数项，拟合出一条多项式曲线，用插值出来的结果替代当前含有周跳的双差观测方程中的常数项。

此外，也可以采用更简便的办法，比如对于探测到的周跳双差观测值直接剔除，或简单地采用前后无周跳双差观测值的均值替代的办法，达到修复其周跳的目的。

5. 双频P码伪距观测值法

在卫星导航的数据处理过程中，经常使用载波相位观测值与伪距观测值的线性组合，作为一种观测值进行定位、模糊度解算、周跳探测与修复等工作。由于卫星导航有多种载波与测距码的观测值，故这些观测值的不同的线性组合与使用非常重要，与单纯使用一种观测值相比，在剔除误差、探测周跳以及求解整周模糊度方面有很大优势，在讨论第5种周跳探测法之前，下面对观测值的线性组合稍加阐述。

(1) 观测值的线性组合

由于观测值的组合方式可能性非常多，故必须选择合适且有价值的组合方式，一般的选取原则是：

① 组合后的观测值具有比L1、L2载波更长的波长；

② 组合后的模糊度具有整数特性且利于求解；

③ 通过组合能消除电离层误差以及卫星空间位置分布的影响；

④ 组合后具有尽可能小的测量噪声。

常用的组合方式有：宽巷组合、窄巷组合与无电离层组合。前面我们在讨论电离层改正过程中，事实上已经使用了无电离层组合的方式，通过相关组合，我们很简便地得到了无电离层影响的伪距组合观测值。

(2) 宽巷组合与窄巷组合

设 P_1、P_2 为伪距观测值，φ_1、φ_2 为载波相位观测值，m_1、m_2、n_1、n_2 为组合系数，则我们可以分别构造出简单的伪距观测值组合与载波相位观测值组合如下：

$$P_{m_1,m_2} = m_1 P_1 + m_2 P_2, \quad \varphi_{n_1,n_2} = n_1\varphi_1 + n_2\varphi_2 \tag{8-16}$$

对于载波相位观测而言，设组合观测值的频率为 $f_{n_1,n_2} = n_1 f_1 + n_2 f_2$，则组合观测值的波长为：$\lambda_{n_1,n_2} = c/f_{n_1,n_2}$，相应地组合后的整周模糊度为：$N = n_1 N_1 + n_2 N_2$。

设载波相位观测值对应的距离长度为 S_1、S_2，令 $S_1 = \varphi_1\lambda_1$、$S_2 = \varphi_2\lambda_2$，则组合观测值对应的距离为

$$S_{n_1,n_2} = \lambda_{n_1,n_2}\left(\frac{n_1 S_1}{\lambda_1} + \frac{n_2 S_2}{\lambda_2}\right) \tag{8-17}$$

对于载波相位的观测值组合 $\varphi_{n_1,n_2} = n_1\varphi_1 + n_2\varphi_2$，如果令式中的 $n_1 = 1$，$n_2 = -1$，则可得到：$\varphi_w = \varphi_1 - \varphi_2$，相应地 S_{n_1,n_2} 的表达式变为

$$S_w = \frac{c}{f_1 - f_2}\left(\frac{S_1}{c} f_1 - \frac{S_2}{c} f_2\right) = \frac{S_1 f_1 - S_2 f_2}{f_1 - f_2} \tag{8-18}$$

组合后的观测值 S_w，对应的观测频率可视为 $f_w = f_1 - f_2$，其对应波长为

$$\lambda_w = c/f_w = c/(f_1 - f_2) \approx 86.2\,\text{cm} \tag{8-19}$$

我们知道，载波 L1 与 L2 的波长均为 20 多厘米，组合后的波长显著增加，故称令 $n_1=1$、$n_2=-1$ 后得到的 φ_w 为宽巷组合观测值。由于波长增大约 4 倍，故利用宽巷组合可以较方便地求解整周模糊度，也易于进行周跳探测，在载波相位观测计算中经常使用。但观测噪声被放大了约 6 倍，故并不适于最终成果的计算，因此通常用于中间计算过程的数据处理。

类似地，如果我们令观测值组合 $\varphi_{n_1,n_2}=n_1\varphi_1+n_2\varphi_2$ 中的 n_1，n_2 同时等于 1，则得到：$\varphi_n=\varphi_1+\varphi_2$，相应地，其频率变为 $f_n=f_1+f_2$，对应波长变为 $\lambda_n=c/f_n\approx 10.7\ \text{cm}$。由于频率增加了近 1 倍后，波长变短了近 50%，因而称其为窄巷组合。由于波长变短，故基于该组合观测，理论上可以求解得到更为精确的定位结果。

(3) M-W 组合观测

由于载波相位测量要求很高精度，故有大量研究成果用于计算处理双频观测过程中的整周模糊度问题。Melbourne 和 Wubbena 提出了一种后面被命名为 M-W 组合观测的方法，理论上该方法消除了噪声与多路径效应之外的其余误差，经常被用于周跳探测或整周模糊度求解，故在此我们对其具体原理稍做阐述。

设双频观测载波的频率分别为 f_1、f_2，组合后的宽巷相位观测整周模糊度为 $N_\Delta=N_1-N_2$，其对应的观测波长为 $\lambda_\Delta=c/(f_1-f_2)$；另设 ρ_1'、ρ_2'、φ_1、φ_2 分别为某一观测历元两个载波的伪距观测值与相位观测值，则 Melbourne 和 Wubbena 两人推导出了下面公式，可用于求解宽巷整周模糊度 N_Δ：

$$\frac{f_1\varphi_1-f_2\varphi_2}{f_1-f_2}-\frac{f_1\rho_1'-f_2\rho_2'}{f_1+f_2}+N_\Delta\lambda_\Delta=0 \tag{8-20}$$

式中，载波频率 f_1、f_2 已知，故 λ_Δ 也是已知数，除 N_Δ 外其余均为观测值。可以看出，任一观测历元，使用双频 P 码进行伪距与载波相位观测，均能求得 N_Δ 值。故经过一系列的历元观测后，使用式(8-20)可以得到 N_Δ 的一个序列。由于其为宽巷组合值，在方便地用来求解整周模糊度的同时，可有效地探测到周跳的变化，具体探测方法如下。

假设连续进行 i 次观测，且连续计算了所有 N_Δ 的均值和方差，设第 i 次观测后均值为 $\bar{N}_\Delta^i$，对应方差为 σ_i^2，两者的递推公式分别为

$$\bar{N}_\Delta^i=\bar{N}_\Delta^{i-1}+(N_\Delta^i-\bar{N}_\Delta^{i-1})/i \tag{8-21}$$

$$\sigma_i^2=\sigma_{i-1}^2+[(N_\Delta^i-\bar{N}_\Delta^{i-1})^2-\sigma_{i-1}^2]/i \tag{8-22}$$

基于偶然误差的表现特性，如果第 $i+1$ 次观测得到的 N_Δ^{i+1} 值与均值 $\bar{N}_\Delta^i$ 的差满足：$|N_\Delta^{i+1}-\bar{N}_\Delta^i|<4\sigma_i$，则认为第 $i+1$ 次观测没有发生周跳或者粗差，否则认为发生了周跳或粗差；但区分是周跳或粗差，则需要继续计算 $i+2$ 次的均方差结果，如果第 $i+2$ 次均方差结果在 $4\sigma_i$ 之内，说明第 $i+1$ 次观测的确出现了周跳，否则说明发生的是观测值的粗

差。原因在于周跳的出现一般不会具有连续性,而粗差的出现则具有一定的连续性。

确定周跳发生后,则将周跳之前的观测值划分为一个时段,之后的观测划分为新的时段,重新开始新一轮均值与方差的计算,并用新的结果进行周跳探测。完成探测后,对这些已确定带有粗差的观测值应加以标记,在后续修复过程中可采取降权的方法对含有周跳的观测值进行处理。

使用 N_{Δ}^{i} 进行周跳探测时,其本质上是使用了经宽巷组合的单差观测值,因其波长较大,故易于进行周跳的探测。经验表明,10 分钟的双频观测值可以求得 $\bar{N}_{\Delta}^{i}$ 的精度(即其中误差 σ)可达 0.1 周,故可以用于探测很小的周跳变化;此外,该方法无须在测站与卫星观测值间求差,故适用于任意基线长度,在探测周跳的同时,还可以完成粗差的探测和剔除,因而是一种较为理想的方法,在双频接收机数据自动处理过程中应用较为广泛。

8.3 整周模糊度的确定

8.3.1 确定整周数的原因

整周模糊度,也即整周数,回顾第 6.4.2 节,在阐述载波相位观测方程式(6-18)时,我们指出公式中的 N_i 是从卫星到接收机信号锁定之前的载波相位整周度,因其为未知数,通常称为整周模糊度。

为了更好地求解载波相位观测方程,我们在本章 8.1 节讨论了单差、双差以及三差方程的建立,其目的在于避开一些不必要的未知数解算,同时使得求差组合后的观测量和未知数表现出更好的特性,比如剔除了某些误差影响,或稳定性更好。

接着考虑到载波相位观测过程中,受周围环境的影响,观测值可能存在跳变的问题,阐述了周跳的探测与修复方法。

完成上述工作后,原则上我们可以直接求解方程得到未知数的解,并对未知数进行精度评定,从而完成定位的计算工作。但我们面临的现实情况是,无论是单颗卫星观测的载波相位整周数 N,还是两颗卫星载波相位整周数的差 ΔN,其必须是一个整数值。回顾前面建立的载波相位观测方程,以及本章 8.1 节建立的单差乃至三差方程,无论是方程中的系数,还是未知数,其中除了整周数外,均为浮点数。很显然方程的求解计算基于浮点数进行时,即便使用再精确的观测值,也无法保证整周数的解是一个整数值。所以顾及整周数的客观特性,我们必须在方程求解过程中,想办法将整周数的解固定到合理的整数值上,这一过程称为整周模糊度的确定。

整周模糊度的确定通常会占用主要的方程计算时间,故快速确定整周模糊度,对提高定位作业效率具有重要意义。

8.3.2 确定整周模糊度的几种常用方法

一般按户外定位作业的实际需要，将定位过程分为静态定位和动态定位，静态定位按观测时间的长短又可粗分为经典静态定位与快速静态定位。在测绘领域中，一些需要高精度测定的点位，一般采用较长时间的静止观测，接收机在该观测过程中保持静止不动。如高等级控制点观测、地壳或大坝变形监测等，通常都需要较长的时间观测，这类属于经典静态定位，其特点是点位要求精度很高、观测时间长。

快速静态定位主要针对普通工程建设过程中，用卫星定位手段替代传统经纬仪或测距仪的观测，一般要求在一个点位上观测数分钟，在这个观测时段内接收机天线保持不动。由于观测时间较短，故对接收机的数据处理速度要求较高。

动态定位一般指实时动态定位，定位过程中接收机一般处于连续运动状态，比如对民航飞机飞行过程中保持连续高精度的跟踪观测，就是要求一次定位计算在极短时间完成。为了跟踪高速运行的目标，有时候要求接收机能输出10 Hz乃至100 Hz的定位结果，即一次计算需要在0.1 s甚至0.01 s的时间内完成。

针对不同的定位需求，原则上需要采用不同的算法或处理方法。下面分别针对上述三类方法，即经典静态定位、快速静态定位和动态定位，就几种经典性整周模糊度固定方法加以阐述。

在这之前我们已经对整周模糊度的一般性解算过程，即8.1节建立的线性组合方程的求解过程稍做说明。动态定位过程由于面临的未知数多，观测值较少，因此直接求解的定位结果误差较大，所以整周模糊度解算问题较静态定位复杂，具体我们将在后面详述。为简单起见，此处给出的整周模糊度的一般性解算过程，以静态定位为主。

1. 整周模糊度的一般性解算过程

整个解算过程主要分为以下三个步骤：

(1) 求初始解

使用经过周跳探测的观测值建立线性组合方程，具体使用单差方程或双差方程均可，如建立式(8-8)中的双差方程，在固定其中一个测站点为已知坐标的情况下，对此方程进行求解，即可得到待测站坐标$[X_i, Y_i, Z_i]$和相对整周模糊度ΔN的初始解。由于方程受各种误差影响，相对整周模糊度ΔN的解一般为浮点数。

(2) 将浮点整周模糊度解固定为整数

为了将ΔN的浮点数解固定为整数，我们需要使用下面将要介绍的算法，包括取整法、置信区间法或其他方法。由于一般情况下，接收机一次会跟踪观测到多颗卫星，通常需要固定几个、十多个甚至更多的整周模糊度，按取整法或相似的方法，如果一次只能固定少数几个整周模糊度解的话，就需要先把一次固定好的整数解代入方程，再进行第二次求解后，固定剩余的整周模糊度，如此采用迭代的方式，逐步解算并固定所有的整周模糊度解。

(3) 求固定解

如果能将所有整周模糊度固定为整数，则可将这些固定后的解代入方程，求解测站坐标，最后会得到精确的定位观测解。

如果能将浮点解固定为整数解，则称其为方程的固定解，否则称其为方程的浮点解。顾名思义，显然固定解比浮点解有更好的精度。由 8.1 节线性组合方程的建立过程可知，一般在流动站与基准站相距较近的测量过程中，由于两站间多种误差的相关性很好，通过求差能很好地消除这些误差，从而未知数解的精度高，容易固定为整数解。反之，当两观测站相距较远，则误差的相关性较弱，诸如大气状况异常、共同观测的卫星数较少等，方程求解误差较大，难以将整周模糊度固定为整数，只能求得浮点解。

在实际测绘或导航定位过程中，如果必须得到固定解，则最易于操作的办法就是两站近距离观测，即增加两观测站的相关性。如果距离足够近仍然无法得到固定解，则考虑两站是否能观测到足够多的相同卫星，或检查测站是否有干扰，或检查通信链路是否稳定等。此类问题的进一步介绍，可参考第 10 章实验部分的相关内容。

2. 经典静态定位中的常用方法

经典静态定位的特点是，无论多少个历元的观测，测站坐标未知数只有 3 个值，以双差观测方程为例，如同步观测到 n 颗卫星，相对整周模糊度也只有 $n-1$ 个，即整个观测过程中无论列出多少个方程，所有的未知数共 $n+2$ 个。假如静态观测较长时间，共观测了 m 个历元，则可组建的方程数是 $m\times(n-1)$个，由于方程数远大于未知数，如整个观测过程没有异常，则可以求得可靠稳定的定位结果，这也就是为何高精度的定位观测通常采用长时间静态观测的原因。下面三种整周模糊度的固定方法，均利用了静态定位观测的这一特点。

(1) 取整法

假设 i 为基准站，j 为流动站，为测定 j 站的位置，开展一系列连续观测，其间连续对 n 颗卫星进行跟踪观测，考虑建立双差观测方程，并忽略大气误差影响，则两站一个观测历元的观测方程可列出如下：

$$\begin{cases}\Delta\varphi_{ij}^{pa} = -(l_j^a - l_j^p)VX_j - (m_j^a - m_j^p)VY_j - (n_j^a - n_j^p)VZ_j - \Delta N_{ij}^{pa} + L_{ij}^{pa} \\ \Delta\varphi_{ij}^{pb} = -(l_j^b - l_j^p)VX_j - (m_j^b - m_j^p)VY_j - (n_j^b - n_j^p)VZ_j - \Delta N_{ij}^{pb} + L_{ij}^{pb} \\ \cdots\cdots \\ \Delta\varphi_{ij}^{pt} = -(l_j^t - l_j^p)VX_j - (m_j^t - m_j^p)VY_j - (n_j^t - n_j^p)VZ_j - \Delta N_{ij}^{pt} + L_{ij}^{pt}\end{cases} \tag{8-23}$$

该方程组中流动站 j 处的坐标用其微分量表达。如前所述，如果进行长时间多历元的观测，则组建的方程数远大于未知数的个数，从而利用最小二乘法很容易求得未知数的最优解。尽管可以求得高精度的相对整周模糊度解，但由于方程的数学特性，所有的相对整周模糊度解，均为浮点值。

为了将些浮点解固定为整数解，考虑到静态观测一般具有很高精度，所以采用一种简单的思路进行固定处理：利用式(8-23)组建并求解方程后，对所有相对整周模糊度的解计算其对应的中误差，然后利用此误差进行判断，如果一个相对整周模糊度解 ΔN 对应的中误差 $\varepsilon \leqslant 0.5$，则说明其对应的整数解必然落在$[\Delta N-0.5,\Delta N+0.5]$之内，故对当前浮点解直接采取四舍五入的方法，将其取为整数，即得到该整周模糊度的整数解。

如果某个相对整周模糊度解 ΔN 的中误差大于 0.5，则不对其进行处理，将所有中误差小于 0.5 的浮点解固定之后，代入前面方程再一次求解，重复判断并加以固定，如此迭代数次即可将所有浮点解固定为整数解。

通常取整法适用于高精度的整周模糊度解，如果方程的解误差较大，中误差小于 0.5 的解极少甚至没有，此种情况下，可使用下面的置信区间法。

(2) 置信区间法

该方法顾名思义需要构建一个判断方程有效解的置信区间。基于前面所列的双差方程，通过多个历元的观测，从而可建立的方程数大于未知数，然后与取整法一样，在采用最小二乘法求解的基础上，对所有的整周模糊度解计算其对应的中误差。下面以其中一个整周模糊度解 N_i 为例，讨论具体的固定方法。

设方程求解得到的第 i 个整周模糊度解为 N_i，其对应中误差为 m_i，由测量平差知识我们知道 m_i 的计算式为

$$m_i = \sigma_0 \sqrt{q_{N_{ii}}} \tag{8-24}$$

其中，σ_0 为方程所有解的单位权中误差，$q_{N_{ii}}$ 为双差方程求解过程中，法方程协因数阵中与 N_i 对应的对角元素。

由概率统计知识可知，如果取一置信区间(N_i-bm_i,N_i+bm_i)，为了使 N_i 的真值落入该置信区间的概率，或者说置信度达到 99.9%以上，则 b 的取值应不小于 3.28。换言之，一个整周模糊度的浮点解对应的整数解，在其 3.28 倍中误差 m_i 左右区间的可能性有 99.9%。因此我们认为使用该区间对相关浮点解进行判断，并固定其整数解是完全可靠的。下面阐述利用该区间进行整数解固定的具体方法。

对于置信区间$(N_i-3.28m_i,N_i+3.28m_i)$而言，存在浮点解 N_i 对应整数解的情形有三种：第一是该区间没有整数解，第二是有唯一一个整数解，第三是存在多个整数解，但只有当该区间存在唯一一个整数时，才能认定其为我们期望的真值。为此，需要对该区间是否存在唯一整数的情形做出判断分析，分三种情形考虑：

① 令 X 为最接近初始解 N_i 的整数与 N_i 之差，即令 $X=\mathrm{abs}[\mathrm{int}(N_i)-N_i]$，则当

$bm_i < X$ 时，由于 X 过大或者说中误差 m_i 过小，使得该置信区间之内没有一个整数。

举例说明这一判断过程，假如方程的一系列整周模糊度浮点解，其中一个浮点解值为 $N_i=5.4$，则 $\text{int}(N_i)=5$，$X=0.4$；再假定 N_i 对应的中误差为 $m_i=0.1$，则 $3.28m_i=0.328$，此时有 $bm_i<X$，置信区间为[5.4－0.328，5.4＋0.328]，即[5.072，5.728]，显然在该区间内，没有一个整数，故 $bm_i<X$ 时无整数解。

② 基于上一步的分析判断，则当 $bm_i \geqslant X$ 时，置信区间（$N_i-3.28m_i$，$N_i+3.28m_i$）内必然存在整数，但是在 X 过小或 m_i 过大时，可能在该置信区间内会存在多个整数，使得固定解不唯一。

仍取 $N_i=5.4$，如果使 $bm_i \geqslant X$ 成立，如 X 取值不变，取 $m_i=0.3$，则 $bm_i=0.984$；此时置信区间为[5.4－0.984，5.4＋0.984]，即为[4.416，6.384]；显然在该区间内有两个整数，即 5 和 6。所以中误差 m_i 的值越大，就会有更多的整数落入置信区间，从而使整周数的确定变得更为困难。

③ 综合前面两种情形，首先需要选择 $bm_i \geqslant X$，但此时必须寻找到另一个约束条件，使得该置信区间内存在唯一一个整数。我们很容易发现，满足这一约束的条件式就是 $bm_i<(1-X)$。这是由于 bm_i 部分的取值要使 N_i 四舍五入为一个整数的上下限之内，因此，置信区间（N_i-bm_i，N_i+bm_i）内存在唯一整数解的条件是：$X \leqslant bm_i<(1-X)$。

再举例说明这一情况，为了满足区间内有唯一整数的情形，误差值应使条件式 $X<3.28m_i<(1-X)$ 成立，假如 X 值不变，则意味着要使不等式 $0.4<3.28m_i<0.6$ 成立。显然此时 N_i 的中误差 m_i 取值应在区间[0.12，0.18]内，如假定 $m_i=0.15$，则可得置信区间（$N_i-3.28m_i$，$N_i+3.28m_i$）的值为（4.908，5.892），显然落入该区间的唯一整数是 5。也就是说，对于方程求得的一个整周模糊度浮点解而言，如果它在相应区间内存在唯一整数解，则它的中误差越小越好。

对于固定所有整数解的处理方法与前述取整法一样，当完成一次求解并进行整周模糊度检验后，如果还存在某些整周模糊度未落入置信区间，或存在一个置信区间有两个及以上整数解的情况，先将已经固定好的模糊度解作为真值，代入方程继续求解，然后再用区间判断固定，如此迭代循环，直到所有模糊度参数确定为止。

（3）模糊函数法

该方法主要用于一个已知点位精度不足，有待进一步观测提高其精度的情形，比如对已知测量基线的检测、控制网中某个控制点的恢复与测定、高精度变形监测、高精度定位设备的精度检验等。为方便阐述，我们以基线测量或检验为例来说明该方法的原理。

前面整周模糊度的固定是基于求差法建立的相对定位方程，先得到整周模糊度的浮点解，再将其基于误差特性固定为整数值。本方法与前面两种方法不同，仅通过定义一个函数式，利用两站上的观测值直接搜索极值的方法找到最优的整数解。

假定两接收机分别固定在一条基线的两端点上，其中一个点为固定已知点，称其为基站，另一个点同样也是已知点，但其值存在一定的误差，比如 1 m 的误差，称其为移动站。为了获取厘米级甚至毫米级的定位精度，使用多频接收机进行观测。假如两测站同步利用 f 个频率对 $m+1$ 颗卫星连续进行了 n 个历元的观测，每次观测可组建的双差方程数有 m 个，由此定义模糊函数如下：

$$F(X,Y,Z)=\sum_{i=1}^{n}\sum_{j=1}^{f}\sum_{l=1}^{m}\cos\{2\pi[\Delta\varphi_c^{ijl}(X,Y,Z)-\Delta\varphi_0^{ijl}]\} \tag{8-25}$$

式中，n 为观测历元个数，m 为双差观测个数，f 为观测时使用频率数（如单频或双频）；$\Delta\varphi_0^{ijl}$ 为基站与移动站进行观测所得载波相位的双差观测值，由于是载波相位观测值，故其中不含待定整周数；$\Delta\varphi_c^{ijl}(X,Y,Z)$ 为假设移动站坐标为 (X,Y,Z) 时，由两观测站的卫地距反算求得的双差观测值，表达了从卫星到接收机之间的距离，故其与卫地距有关系式：

$$\Delta\varphi_c^{ijl}(X,Y,Z)=u\Delta\rho_c^{ijl}(X,Y,Z) \tag{8-26}$$

参考双差观测方程中卫地距与载波相位观测值以及整周数的关系，如前面公式(8-12)在不考虑大气误差的影响下，卫地距部分应该表达为

$$u\,\Delta\rho_c^{ijl}(X,Y,Z)=\Delta\varphi_0^{ijl}(X,Y,Z)+\Delta N_c^{ijl} \tag{8-27}$$

综合式(8-26)与式(8-27)，即有

$$\Delta\varphi_c^{ijl}(X,Y,Z)=\Delta\varphi_0^{ijl}(X,Y,Z)+\Delta N_c^{ijl} \tag{8-28}$$

故 $\Delta\varphi_c^{ijl}(X,Y,Z)$ 中含有未确定的整周数部分 ΔN_c^{ijl}。

如果移动站点上的观测不存在误差，则式(8-28)中的 $\Delta\varphi_0^{ijl}(X,Y,Z)$ 应该等于基站与移动站进行观测所得载波相位的双差观测值 $\Delta\varphi_0^{ijl}$，所以对于式(8-25)而言，其中差值部分的值应该为未确定的整周数，即有

$$[\Delta\varphi_c^{ijl}(X,Y,Z)-\Delta\varphi_0^{ijl}]=\Delta N_c^{ijl} \tag{8-29}$$

因此，无论观测多少个历元、使用几个载波、跟踪观测多少颗卫星，函数式(8-25)中的 $[\Delta\varphi_c^{ijl}(X,Y,Z)-\Delta\varphi_0^{ijl}]$ 为一个整数值，所以其余弦部分的值必然为 1。为方便起见，直接用 N 表示该部分，则式(8-25)可简写为

$$F(X,Y,Z)=\mathrm{sum}(\cos 2\pi N) \tag{8-30}$$

由于 N 事实上包含误差，我们令 V 为 N 的改正数即其误差，则上式写为含有误差的表达式如下：

$$F(\hat{X},\hat{Y},\hat{Z})=\mathrm{sum}[\cos(2\pi(N+V)] \tag{8-31}$$

式中 $F(\hat{X},\hat{Y},\hat{Z})$ 为函数 $F(X,Y,Z)$ 的最佳估计值。由于 cos 为非线性函数，我们按泰勒级数展开，且仅保留展开后的一次项，则上式线性化后的表达式为

$$\cos 2\pi(N+V)=1-2\,\pi^2\,V^2 \tag{8-32}$$

如果两站间接收机使用多个频率，同步跟踪多颗卫星进行了多个历元的观测，组建的双差方程总数为 K 个，则将式(8-32)替换式(8-31)对应部分后，求和后的结果为

$$F(\hat{X},\hat{Y},\hat{Z}) = K - 2\pi^2 \sum V^2 \tag{8-33}$$

K 为正整数，故式中当 $\sum V^2$ 取最小值时，即函数 $F(\hat{X},\hat{Y},\hat{Z})$ 取最大值时，方程的总误差最小，所得整周数结果最优。

虽然我们可以在基线两端点进行很长时间的观测，但无论多少个观测，按模糊函数法的这一思想，只能构建一个方程式求最大值，无法求解具体的坐标值，所以采用这一方法的解决思路是通过逐层分割精准坐标的估计范围，不断搜索其中的最大值，直到接近我们想要的精度范围。

举例来说，假定一条基线上，移动端存在 20 cm 的误差，为了进一步提高其精度，使其达到毫米级的精度，如图 8-4 所示，可以认为移动端的精准坐标位于立方体内。为了搜索该点的坐标真值，我们将整个立方体区域划分为以 5 cm 为单位的小立方体，即得如图 8-4 所示的 4×4×4 个单元。

逐一搜索这些单元，将每个单元中心坐标视为移动站估计值，分别代入方程(8-33)计算函数 F 值，选取 4×4×4 个单元中 F 具有最大值的单元。

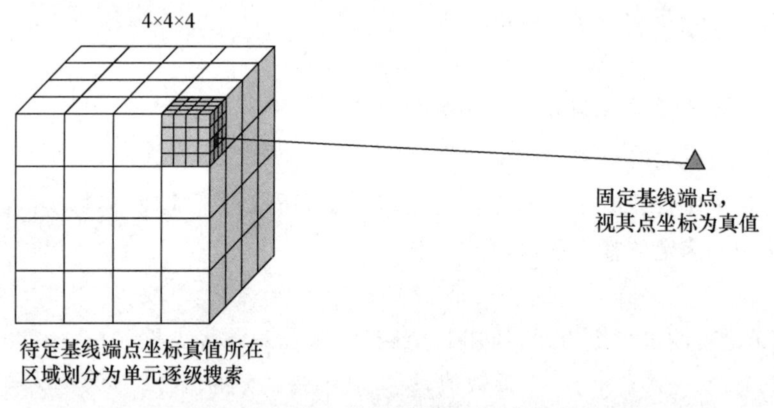

图 8-4 利用模糊函数法进行整周模糊度的分块分级搜索策略示意

如图 8-4 所示，进一步将该单元细为 4×4×4 个单元，即每个单元边长为 1.25 cm，采用同样的方法搜索这些单元，找到其中函数 F 取最大值的单元，此时已经将方程的解固定到小于 1 cm 的精度。还可再细分该单元，找到毫米级精度的点位结果。

由于式(8-25)是很多个双差观测值的叠加，其中的余弦函数部分对整周的跳变没有任何反映，所以使用该方程搜索最优坐标值时，对载波相位观测值无须进行周跳探测与修复。此外，该过程看似复杂，其实逐层搜索收敛很快，所以总体上要比直接解方程简单许多。

同时我们也可以看出，由于余弦函数部分无法反映出整周数的变化，当移动端点初值与其最优估计值相差大于一个整周数，即大于一个载波波长（约 20 cm）时，采用前面的搜索过程，最优估计坐标可能会落入两个甚至多个单元中，因此可能得到错误的结果，为此使用本方法必须具备足够好的初始值。

可以看出，虽然本方法属于整周模糊度的固定的一种方法，但事实上，除了使用基准站已知坐标、移动站的近似坐标、双差观测方程的特性以及模糊函数的特性外，整个求解过程事实上根本没有接触到将整周模糊度的浮点解固定为整数的过程。事实上本方法强制以移动站的坐标估计值构造其载波相位观测值，然后利用双差观测值以及模糊函数的特性，在移动站精准坐标所在的可能范围内，搜索出最优坐标估计值。虽然用到了整周模糊度的特性，但严格来说，是在搜索满足整周模糊度特性的载波相位精准观测值。这一方法的优点在于对存在较大误差的基线可以做进一步的精密观测，适用于大型检校场的基线检测与复测。

3. 快速静态定位中的常用方法

由前面的载波相位观测方程可知，要得到高精度的定位结果，必须能够消除大量影响定位结果的误差，而达到这一目的的最佳方法就是建立观测方程的线性组合，通过求差法达到削弱或消除误差影响的目的。但是如果要达到较好消除多项误差的目的，则必须要求处于相对观测状态的两个或多个观测站之间距离不能太远，从而保证两站所处的大气条件、所观测到的卫星以及其他观测环境应尽可能保持一致。如果能达到这种条件，则前面 3.2 节中双差观测方程(8-23)可以简化为

$$\begin{cases} \Delta\varphi_{ij}^{pq}(t_1) = u\,\Delta\rho_{ij}^{pq}(t_1) - \Delta N_{ij}^{pq} \\ \Delta\varphi_{ij}^{pq}(t_2) = u\,\Delta\rho_{ij}^{pq}(t_2) - \Delta N_{ij}^{pq} \\ \cdots\cdots \\ \Delta\varphi_{ij}^{pq}(t_n) = u\,\Delta\rho_{ij}^{pq}(t_n) - \Delta N_{ij}^{pq} \end{cases} \tag{8-34}$$

由此式可以看出，对于两颗卫星组成的双差观测方程而言，其中未知数仅为 $\Delta\rho$ 中包含的待定点坐标未知数 (X,Y,Z) 以及相对整周模糊度 ΔN_{ij}^{pq}。从方程求解计算的角度而言，待定点坐标和相对整周模糊度是同步求解得到的，但如前所述，如果相对整周模糊度是浮点数，那么待定点坐标也一定不是精确值，所以要将求得的相对整周模糊度固定为整数，代入方程后再求解待定点坐标，方能得到其精确值。

式(8-34)列出了两站同步观测两颗卫星经过 n 个历元的观测方程，由于其中仅有 4 个未知数，似乎当 $n \geqslant 4$ 时就可以求解未知数的解。但事实上，如果两站仅观测到两颗卫星，是无法实现定位的，无法得到方程中的伪距初始值，所以真正利用式(8-34)求得待定点坐标，两站接收机必须同步跟踪到 4 颗以上的卫星。假如两站进行一次观测，同步跟

踪到 m 颗卫星,假设其中一颗卫星 p 离测站天顶最近,选其为参考卫星,其他卫星与其求差,与式(8-34)类似,我们可以写出下面方程组:

$$\begin{cases} \Delta\varphi_{ij}^{p1} = u\,\Delta\rho_{ij}^{p1} - \Delta N_{ij}^{p1} \\ \Delta\varphi_{ij}^{p2} = u\,\Delta\rho_{ij}^{p2} - \Delta N_{ij}^{p2} \\ \cdots\cdots\cdots\cdots\cdots\cdots \\ \Delta\varphi_{ij}^{pm} = u\,\Delta\rho_{ij}^{pm} - \Delta N_{ij}^{pm} \end{cases} \tag{8-35}$$

此方程组只共有 $m-1$ 个方程式,但有 $m+2$ 个未知数,在组建方差方程一节我们已经知道,求解该方程至少要进行两个历元的观测,且两站同步跟踪到的卫星数 $m \geqslant 4$。

此处我们要实现快速静态定位,也就是说流动站不能在一个位置停留较长时间,如果一个位置必须观测 2 个历元才能勉强求解流动站坐标,另一方面相对于待求解的未知数,方程数过少会使得所求解不稳定,难以保证定位精度。

由方程组(8-34)可以看出,在 n 个历元的观测中,两站对两颗卫星跟踪观测的相对整周模糊度 ΔN_{ij}^{pq} 是一个未知数,即其在整个跟踪观测过程中是不变的,假如我们在观测之初想办法求得该未知数,则后续历元观测中无须再对其进行求解。

式(8-35)在一个历元观测中有 $m+2$ 个未知数,其中整周模糊度未知数就有 $m-1$ 个,如果这些相对整周模糊度在开始通过某种方式已知,则式(8-35)中无论观测多少颗卫星,其中未知数只有 3 个,如果同步观测到 9～10 颗或更多卫星,一次观测可列出的方程就有 8～9 个或更多,方程组对于 3 个未知数而言,可以求得很稳定的定位结果。

下面两种方法(已知基线法和交换天线法)被称为走走停停法(go and stop),是 Remondi 博士基于上述思路于 1984 年首先提出的,由于在初始观测过程确定了整周模糊度,所以后续观测无须求解整周模糊度,只需求解坐标值,不仅加快了定位速度,也提高了定位的稳定性。

(1) 已知基线法

为了在观测初始确定所有卫星的整周模糊度或相对整周模糊度,本方法必须具备一条基线,其端点坐标精确已知。当具备两个精确的已知点坐标时,如前方程组(8-35)中坐标点为已知数,只需要求解一系列整周模糊度。式(8-35)中跟踪 m 颗卫星,可以列出 $m-1$ 个方程求解 $m-1$ 个相对整周模糊度,如果跟踪观测多个历元,则方程数远大于未知数,可以求得稳定的相对整周模糊度解。实际操作时,将两台接收机分别安置在已知坐标的基线两端观测数分钟,即可完成相对整周模糊度的确定。当然该过程中,仍然需要考虑周跳探测与修复,以及对整周模糊度浮点解的固定等问题。不过通常情况下,基线所处位置观测条件较好,而且可以观测足够长的时间,因此周跳与整周模糊度的固定等问题都较为简单。

虽然该方法很容易解决整周模糊度的初始化问题,但在现实定位环境中,一般很难具备一条已知的基线，或者具备两个相对于待定点而言观测条件良好的控制点，因此该方法在现实环境中的可行性较差。

如果测区内不存在已知基线，但存在一个已知点时，可以使用下面的交换天线法，确定整周模糊度。

(2) 交换天线法

该方法的具体做法是在待测区域内找到一个已知点，在与其相距 5～10 m 处设置一个待测点，在两点位置分别安置两台接收机同步观测数分钟(具体观测时长，可视环境条件与接收机性能而定)。两台接收机保持不动，仅将其天线互换位置(这种情况，显然要求接收机的天线与机体不能是一体的，必须是使用长线连接的)，继续观测数分钟或数个历元；然后再将两个天线换回到其原来位置，再继续观测数分钟或数个历元。

整个观测和交换天线位置的过程中，必须确保天线不被人或物遮挡，即必须保持天线对卫星信号的连续跟踪，换言之，在整个交换天线的过程中，接收机天线对卫星信号的跟踪没有中断。下面我们讨论这一方法的原理。

要求两测站相距仅为 5～10 m，主要有两个方面的因素，其一，接收机天线与其机体连接线不会太长；其二，需要保证两台接收机跟踪到完全一样的卫星组，同时两站大气状况完全一致，在理论上可以不考虑卫星星历参数误差以及大气误差的影响，从而可以建立如式(8-29)所示的双差观测方程，仅求解未知点坐标与相对整周模糊度。

为方便起见我们仅以式(8-35)中一个方程式为例进行讨论。假定两测站分别为 i 和 j，两台接收机天线分别命名为 a 和 b，两接收机同步观测到卫星 p、q，对于未交换天线前的一个观测历元 t_x 而言，可以列出双差观测方程如下：

$$\Delta\varphi_{ij}^{pq}(t_x) = u\,\Delta\rho_{ij}^{pq}(t_x) - \Delta N_{ab}^{pq} \tag{8-36}$$

交换天线后进行观测，对其中一个观测历元 t_y，可列出如下双差观测方程：

$$\Delta\varphi_{ij}^{pq}(t_y) = u\,\Delta\rho_{ij}^{pq}(t_y) - \Delta N_{ba}^{pq} \tag{8-37}$$

对比上面两式，虽然交换了天线，但由于交换天线时两者的位置未变，故 $\Delta\rho$ 中的坐标未知数并没有变化。但对于两颗卫星的相对整周模糊度未知数而言，交换天线前后情况有所不同。测站 i 上的接收机使用天线 a，在开始观测后，跟踪到卫星 p 和卫星 q，则接收机求单差得相对整周模糊度为 ΔN_a^{pq}；当交换天线后，测站 j 上使用天线 a 继续观测卫星 p 和卫星 q，求差后的相对整周模糊度仍然为 ΔN_a^{pq}。在测站 j 上使用天线 b 对卫星 p 和卫星 q 跟踪观测，与交换天线后继续跟踪卫星 p 和卫星 q 所对应的相对整周模糊度，类似地保持不变，均为 ΔN_b^{pq}。

交换天线前，两站跟踪卫星 p 和卫星 q 观测建立双差方程时，双差相对整周模糊度 ΔN_{ab}^{pq} 由单差相对整周模糊度进行计算的表达式为

$$\Delta N_{ab}^{pq} = \Delta N_a^{pq} - \Delta N_b^{pq}$$

交换天线后，两站跟踪卫星 p 和卫星 q 观测建立双差方程时，双差相对整周模糊度 ΔN_{ab}^{pq} 由单差相对整周模糊度进行计算的表达式为

$$\Delta N_{ba}^{pq} = \Delta N_{b}^{pq} - \Delta N_{a}^{pq}$$

显然我们可以得到结论：

$$\Delta N_{ab}^{pq} = \Delta N_{a}^{pq} - \Delta N_{b}^{pq} = -(\Delta N_{b}^{pq} - \Delta N_{a}^{pq}) = -\Delta N_{ba}^{pq}$$

即交换天线前后，两站双差相对整周模糊度数值大小相等，但符号相反。

由此，如果我们将式(8-36)和式(8-37)两式进行直接相加，则得到下面完全不含整周模糊度的方程式：

$$\Delta\varphi_{ij}^{pq}(t_x) + \Delta\varphi_{ij}^{pq}(t_y) = u\,\Delta\rho_{ij}^{pq}(t_x) + u\,\Delta\rho_{ij}^{pq}(t_y) \tag{8-38}$$

本质上来说，这是一个三次组合方程，与三次差方程不同的是，第三次是由求和而非求差得来，因此该方程的状态保持了双差方程的稳定性，可以得到比原双差方程更好的结果。

如果再将第二次交换天线后的观测结果，列立双差方程纳入上式，可以得到更多的观测值，求得更加稳定的未知点坐标。

由于通过交换天线观测，求解方程(8-38)可以得到未知点的坐标，从而我们通过初始观测得到了一条已知基线。但我们交换天线观测的目的是为求得相对整周模糊度，用于后续点的观测，交换天线并没有解决整周模糊度的确定问题，只是解决了基线的测量问题，所以整周模糊度的确定问题，则需要利用测量出来的基线，参照前面的已知基线法进行。不过由于我们已经在交换天线的过程中进行了足够多的观测，只需将求得的坐标解代入双差观测方程，组合尽可能多的双差观测方程求解整周模糊度即可。

(3) 模糊度最优解挑选法

尽管交换天线法仅需要一个已知点，但交换天线的操作过程太麻烦，从而极大地影响了在现实中使用的便捷性。事实上，目前已经很少有人采用前面两种方法解决整周模糊度的初始化问题了。基于便捷性的考虑，尝试不依赖类似已知基线法或交换天线法的方式，解决整周模糊度的初始化问题，是现在主流相对定位采用的办法，其原理主要使用了统计检验的方法。下面首先概略阐述其基本思路，然后对两种典型算法进行详细阐述。

① 快速整周模糊度固定的基本思路

要实现快速定位，接收机跟踪观测卫星信号的时间必然要极大缩短，但是，短时间内的观测意味着只能获得少量的观测值。以双差观测方程为例，由前面讨论已知，要跟踪 4 颗以上的卫星获取两个历元的观测值才能求解方程；此外，如果两个历元间隔特别小，则两次观测值建立的方程中系数以及常数项较为相近，因而方程组的解会表现得很不稳定，误差较大，方程中的相对整周模糊度很难固定为整数解。

举例来说，如果两台接收机同步跟踪到 7 颗卫星，进行 2～3 个历元观测，组建双差方程后求解，得一组实数解 N 及其对应的中误差 m。假设中误差 $m=1$ 周，取置信度为 99.9%，则真值所在的置信区间应该为$[N-3.28m, N+3.28m]$，即区间大小为 6.56 周。很显然，这个置信区间中包含 6～7 个整数，也就是说 N 的备选解达 6～7 个。如果同时考虑观测 7 颗卫星的情形，假如所有整周模糊度的中误差均为 $m=1$，则所有备选解的组合达到 $\prod_{1}^{6} 6 = 279\,936$ 个。然而对应 7 颗卫星的相对整周模糊度只能是这些解中的唯一一种组合，如果我们能从中快速找到这个正确的组合，则快速定位无须类似已知基线法或交换天线法的条件或操作，直接可实现定位计算。

在海量的组合中，找到唯一正确的组合解，必须基于正确解的特性才行。与错误解相比，正确解代入方程后，方程中的残差最小。任何一组不正确的解，与正确解组合相比，至少有一个观测值与真值相差一个整周数的误差。由载波波长我们知道，一个整周的误差为 20 cm 左右，因此这一误差的表现是比较明显的，如果错误解与正确解相差的整周越大，则这一误差表现越明显。

由测量平差知识可知，如果设方程组求解得到的整周数浮点解为 $\hat{N}$，$Q_{\hat{N}}^{-1}$ 为该解对应的协因数逆阵，设其对应的一个备选整数解为 N，如果该备选解为最优解，则其必然满足：

$$(\hat{N}-N)^{\mathrm{T}} Q_{\hat{N}}^{-1} (\hat{N}-N) = \min \tag{8-39}$$

随着现代卫星导航技术的不断发展，普通接收机板卡都可以同步接收到多卫星系统的卫星信号，因此实际观测过程中，接收机同时跟踪到 10 多颗卫星的情况已经是常态，所以方程求解后，实际面临的备选解数量比前面提到的 7 颗卫星的情形庞大得多。如果直接逐一将数十万甚至上百万的备选解组合代入式(8-39)寻找其中的最优解，显然由于计算量过大，有违快速定位的初衷。因此必须找到更为有效的方法，下面介绍的 FARA 法与 LAMBDA 法均可在一定程度上快速剔除大量不必要的备选解，极大缩小检测解的范围。

② FARA 法

FARA 是 Fast Ambiguty Resolution Approach 的缩写，即快速模糊度解算法，由 Frei 和 Beutler 于 1990 年提出，是一种比较经典的搜索算法。其关键思路是采取数理统计的方法剔除大量不合理的备选解，之后再使用式(8-39)的最小二乘条件，求得 n 个观测值对应的残差总和 $\sum_{i=1}^{n} V_i^2$，选取具有最小值的一组所对应的整周模糊度作为最优组合。

FAFA 如何快速剔除大量不合理的备选解呢？方法的提出者采用了协方差理论解决这一问题。前面介绍最优组合解的基本搜索原理时，我们令 $Q_{\hat{N}}$ 为线性观测方程组求解法方程得到的初始解的协因数阵，由协方差知识可知，该协因阵的本质为权阵，如果知道单位权中误差的话，则可以知道未知数的方差以及未知数之间的协方差。

由初始解的观测方程(如式 8-23 所示方程组)，可求得单位权中误差：

$$\sigma = \sqrt{\sum_{i=1}^{m} V_i^2 / (m-n)}$$

其中，m 为观测值个数，n 为未知数个数。

利用该单位权中误差，结合协因数阵，可以得到每个解的中误差。假设任一整周模糊度浮点解的中误差为 $m_{\hat{N}_i}$，则其表达式为：$m_{\hat{N}_i} = \sigma\sqrt{q_{N_{ii}}}$，$q_{N_{ii}}$ 为协因数阵 $Q_{\hat{N}}$ 中的对角元素。

由此我们可以构造一个统计检验标准，设整周数初始浮点解为 $\hat{N}_i$，其对应整数解为 N_i，取学生分布(student's distribution)概率密度系数：

$$\beta = \xi(f, \alpha/2)$$

其中 f 为自由度，$(1-\alpha)$为置信度。则可以建立一个检验整数解 N_i 的标准，即浮点解与对应的整数解之差，是否位于其误差置信区间内，相应置信度可表达为

$$P\{-\beta m_{\hat{N}_i} \leqslant (\hat{N}_i - N_i) \leqslant \beta m_{\hat{N}_i}\} = 1-\alpha \tag{8-40}$$

此式中如果要使置信度$(1-\alpha)$足够大，如取值 99.9%时，且考虑自由度 f 取较大值时，则 β 可取 3.28。

利用此检验可以剔除大量误差较大的解，即备选整数解与浮点解的差如果大于该浮点解的 3.28 倍中误差，则可排除该整数解，然后利用式(8-39)求得满足 $V^{\mathrm{T}}PV=\min$ 的最优解。

如果满足 min 条件的解比较多，还可采用互差检验的方式，进一步确定其中的最优解。

假设 $q_{N_{ii}}$、$q_{N_{jj}}$ 和 $q_{N_{ij}}$ 分别为协因数阵 $Q_{\hat{N}}$ 中，整周数初始解 $\hat{N}_i$、$\hat{N}_j$ 对应的协因数及其互协因数，则其协方差可按下式计算：

$$m_{\hat{N}_{ij}} = \sigma\sqrt{q_{N_{ii}} - 2q_{N_{ij}} + q_{N_{jj}}} \tag{8-41}$$

设任意两个初始解中的模糊度差为 $\Delta\hat{N}_{ij} = \hat{N}_j - \hat{N}_i$；对应地，备选解中的两个整数模糊度之差为 $\Delta N_{ij} = N_j - N_i$，同样取学生分布概率密度系数 $\beta = \xi(f, \alpha/2)$，建立一个互差检验标准，即任意两组整数模糊度之差，是否位于其对应浮点解差的置信区间内，置信度可表达为

$$P\{-\beta m_{\hat{N}_{ij}} \leqslant (\Delta\hat{N}_{ij} - \Delta N_{ij}) \leqslant \beta m_{\hat{N}_{ij}}\} = 1-\alpha \tag{8-42}$$

与前面方法类似，如果要使置信度$(1-\alpha)$足够大，如取值 99.9%时，如果自由度 f 考虑较大值，β 可取 3.28。使用该置信度区间，可以剔除大量备选解。

由于 $\Delta\hat{N}_{ij}$ 与 ΔN_{ij} 以及 $m_{\hat{N}_{ij}}$ 的计算都很简单，所以该剔除过程会非常快，将大量不合理的整数组合解剔除后，剩余的部分再代入式(8-39)逐一判断，取其中具最小值的一组

解即可。在实际应用中，由于式(8-42)中的互差检验方法更为有效，所以可直接使用该方法进行备选解的挑选。

以上给出 FARA 法基本原理，更详细的判断过程请参考其他文献。

③ LAMBDA 法

由于快速定位过程中的观测时间很短，用于定位计算的观测数据，通常仅有 2～3 个历元，或甚至仅有 1 个历元，从而整周模糊度的解很不稳定，从理论上而言，这是由于观测时间过短造成的模糊度参数间的相关性过强引起的。针对这一问题，荷兰 Delft 大学的 Teunissen 教授于 1993 年提出了一种名为最小二乘降相关平差法(Least-square ambiguity decorrelation Adjustment)，简称为 LAMBDA 法。通过降低整周模糊度解的相关性，从而加快对最优解的搜索。

使用式(8-39)和式(8-42)进行最优解搜索时，由于整数解的排列组合数据量庞大，故搜索效率极低，FARA 通过方差或协方差检验在很大程度上剔除了大量不合理的排列组合，但实践表明，FARA 法在搜索最优解时，效果并不理想。

LAMBDA 法中先对协因数矩阵 $Q_{\hat{N}}$ 进行整数变换，使变换后的协因数阵仅具有对角元素，从而在理论上去除了未知数间的相关性。在计算过程中，由于变换后的协因数阵是一个对角矩阵，即本质上可视为一个向量，各元素间相互独立，检验时只需考虑当前浮点解对应的整数解是否在置信区间内即可。与 FARA 法中式(8-40)相比，该方法去除了各整周模糊度间的相关性，置信区间的检测更为有效。由于仅此检测可以排除误差较大的整数解，从而可极大地降低整数解的排列组合数目，从而极大地提高搜索算法。当然，检测算法效率的提高，是以协因数阵的分解过程为代价替换得到的。算法的主要思想如下：

设矩阵 Z 为用于整周模糊度变换的整数矩阵，则 Z 的选择必须具备以下条件：Z 为可逆矩阵；Z 以及 Z^{-1} 中的元素均为整数；$\det(Z)=\pm1$，即 Z 的行列式值应该为 1 或 -1。

使用 Z 进行协因数阵的变换过程中，需要对整周模糊度的浮点解进行同步变换，如果设变换后的整周模糊度浮点解为 $\hat{z}$，变换后的协因数阵为 $Q_{\hat{z}}$，则变换的表达式应该是：

$$\hat{z} = Z^{\mathrm{T}}\hat{N}, \quad Q_{\hat{z}} = Z^{\mathrm{T}}Q_{\hat{N}}Z \tag{8-43}$$

为了求得 Z 矩阵，对协因数阵 $Q_{\hat{N}}$ 采用 Cholesky 分解，令 L 为一个下三解矩阵，U 为一个上三解矩阵，D 为对角矩阵，由于协因数阵 $Q_{\hat{N}}$ 是一个正定矩阵，故使用 Cholesky 分解可将其分解为三者的乘积，即有

$$Q_{\hat{N}} = LDU^{\mathrm{T}}$$

令 $Q=Q_{\hat{N}}$，具体分解可采用如下迭代法：

第一，对 Q 使用 LDL^{T} 分解，将分解得到的 L 矩阵取整并求逆后代入下式，求得一个过程矩阵 D_u：

$$D_u = [L]^{-1} Q [L^{\mathrm{T}}]^{-1}$$

第二，对 D_u 使用 UDU^{T} 分解，同样将其取整求逆后代入下式计算得 D_Q：

$$D_Q = [U]^{-1} D_u [U^{\mathrm{T}}]^{-1}$$

第三，令 $Q=D_Q$，再代入第一步重复上面两个步骤进行分解计算，直到分解得到的 L 与 U 矩阵均为单位矩阵为止（在实际计算中，也可取 L 与 U 矩阵中的元素为某个极小值，作为计算迭代的终止条件）。

如果上面迭代计算经历了 n 次终止，显然整个计算过程会得到一系列的 L 与 U 分解矩阵，对照式(8-43)可得 Z 的表达式为

$$Z = [L_n]^{-1} \cdot [U_n]^{-1} \cdot [L_{n-1}]^{-1} \cdot [U_{n-1}]^{-1} \cdots [L_1]^{-1} \cdot [U_1]^{-1} \tag{8-44}$$

由此我们得到了满足条件的整数变换矩阵 Z。将 Z 代入式(8-37)，即可求得变换后的整周模糊度初始解向量 $\hat{z}$ 和变换后的协因数阵为 $Q_{\hat{z}}$，其为理想的对角矩阵。

由于变换后的向量 $\hat{z}$ 和协因数阵 $Q_{\hat{z}}$ 同样满足以下最小二乘判断条件：

$$(\hat{z} - z) Q_{\hat{z}}^{-1} (\hat{z} - z) = \min \tag{8-45}$$

故可由此最小二乘条件式，从备选整数解中搜索到满足该最小值条件的最优整数解，然后再使用 Z 矩阵的逆变换对 z 进行变换，最终可得到原始的最优整数解，如下式所示：

$$N = (Z^{\mathrm{T}})^{-1} \cdot z \tag{8-46}$$

关于 LAMBDA 法，有许多文献提出了大量优化与改进的算法，有兴趣的读者可以上网搜索做进一步的了解。

4. *动态定位中的常用方法*

动态定位是指搭载接收机或集成导航板卡的载体处于运动状态，其对定位结果的输出有较高频次要求的定位过程。在该过程中，定位模块一般只能利用一个或少数几个历元的观测值进行整周模糊度解算，相关技术被称为 AROF(Ambiguity Resolution On the Fly)或 OTF(On the Fly)，中文含义为“在航模糊度解算”技术或“模糊度的实时”解算技术，其主体思路如下：

当观测值过少时，比如仅具有一个历元的观测值时，由前述求差方程可知，此时方程数少于未知数，因此无法求得唯一解，但由于可以直接使用伪距定位，故可将其看作载波相位测量的初始解，按概率统计的方法，在此解基础上，基于其 3 倍中误差，可预测出方程解的范围。

回顾前面的双差观测方程(8-10)，我们看到其中包含两类未知数，即待定点坐标与整周模糊度，因此在预测方程解的搜索范围时，可以按待定点坐标设定区域，也可以按待固定的整周模糊度设置区域，从而有两种办法设定搜索区域。

如果以坐标未知数设定搜索区域，具体做法与前面模糊函数法相似，由伪距定位得

到坐标初值后，按其 3 倍中误差设置一个范围，然后逐层细分进行搜索。

由于模糊函数法仅适于搜索误差小于一个整周数的坐标，故在没有更好的搜索函数的情况下，可直接将待检测的解代入原始方程，求具有最小残差的坐标值即可。

如果以整周模糊度设定搜索区域，则所用的方法与快速定位中整周模糊度的固定方法基本一致。如 FARA 法中的式(8-40)和 LAMBDA 法中的式(8-45)，公式中的中误差取值需使用伪距单点定位的中误差，不过使用前需将其由长度值换算为整周数值。依据 3 倍的中误差则可以确定一个搜索范围，从而可得到位于此范围内的整周数备选解，从而可使用 FARA 法或 LAMBDA 法进行备选解的筛选和最优的确定。

下面给出动态定位的一个概略计算过程：

① 基于星历计算卫星位置：考虑到动态定位的实时性，在不方便实时获取精密预报星历的条件下，使用广播星历计算，否则使用精密预报星历计算卫星位置，从而可提高单点定位精度；

② 基于接收机观测数据，采用单点定位算法计算其初始位置；

③ 对载波相位观测值进行周跳探测与修复；

④ 使用修复后的观测值建立双差观测方程，求解方程得浮点解；

⑤ 使用 LAMBDA 法将浮点解固定为整数解；

⑥ 将整数解代入双差观测方程求得待定点坐标解。

上述第③与第④、⑤步在实际计算过程中也可以交换，即先进行浮点解与固定解求解，再进行周跳探测与修复以用于待定点坐标的计算。因为双差观测方程所求整周未知数为两颗卫星的整周模糊度差，故对周跳不敏感，而对坐标未知数求解时，如果观测值存在周跳，会产生较大的偏差，故必须进行周跳探测与修复。

8.4　静态相对定位原理

在本章前面所有内容的阐述中，尚未给出完整且较详细的相对定位计算步骤，故在本节以及下一节，我们分别对静态以及动态相对定位的计算原理与步骤加以详细阐述。

如前述指出，静态相对定位是指待定点坐标在较长时段内没有发生变化，或发生的变化并不在当前观测的时间段内，换言之，在当前观测时段内，待定点坐标确定不存在任何变化。前面提到，这类观测的一些典型应用如：国家高等控制点测量、大型建筑物形变监测、地壳与大陆板块移动以及地球极移与日长变化等监测过程，通常需要数小时甚至逐年累月地进行观测。因此这类观测对点位的精度要求极高，一般需要毫米甚至亚毫米级的精度。下面给出进行这类观测定位时采用相对定位原理进行数据计算与处理的方法。

首先阐述相对定位方程组的建立过程。参考本章 8.1 节公式(8-1),假设接收机 i、j 在单个观测历元对卫星 p 同时进行观测,则两站的原始载波相位观测方程分别为

$$\begin{cases}\varphi_i^p = u\,\rho_i^p - N_i^p - u\,(V_{\text{ion}})_i^p - u\,(V_{\text{trop}})_i^p + f\,V_{tS}^p - f\,V_{tR}^i \\ \varphi_j^p = u\,\rho_j^p - N_j^p - u\,(V_{\text{ion}})_j^p - u\,(V_{\text{trop}})_j^p + f\,V_{tS}^p - f\,V_{tR}^j\end{cases} \tag{8-47}$$

对其中的卫地距观测表达式 $u\rho_i^p$ 与 $u\rho_j^p$,分别展开为线性化表达式则有

$$\begin{cases}\varphi_i^p = u\,\rho_{0i}^p - l_i^p\,\Delta X_i - m_i^p\Delta Y_i - n_i^p\Delta Z_i - N_i^p - u\,(V_{\text{ion}})_i^p - u\,(V_{\text{trop}})_i^p + f\,V_{tS}^p - f\,V_{tR}^i \\ \varphi_j^p = u\,\rho_{0j}^p - l_j^p\Delta X_j - m_j^p\Delta Y_j - n_j^p\Delta Z_j - N_j^p - u\,(V_{\text{ion}})_j^p - u\,(V_{\text{trop}})_j^p + f\,V_{tS}^p - f\,V_{tR}^j\end{cases} \tag{8-48}$$

式中$[\Delta X_i,\Delta Y_i,\Delta Z_i]$和$[\Delta X_j,\Delta Y_j,\Delta Z_j]$为微分量,也即误差方程中的坐标未知数。显然,如果使用此两式进一步组建单差方程,会发现接收机 i、j 的坐标未知数前的系数分别为各自卫地距的方向余弦(l_i^p,m_i^p,n_i^p)与(l_j^p,m_j^p,n_j^p),其值并不相等,因此无法将两站坐标组合为 3 个形如$(\mathrm{d}X_{ij},\mathrm{d}Y_{ij},\mathrm{d}Z_{ij})$的未知数。如果强制组合,会有 6 个坐标未知数,继续求解的话,很难得到收敛到合理位置的坐标解。为了得到稳定解,在相对定位中,必须将两站中的其中一个点固定为已知坐标点,即视为基站,然后在简化式(8-48)的基础上组建单差方程。

假定测站 i 的坐标已知,由此将 $u\rho_i^p$ 视为常量,此时式(8-48)中接收机 i 的观测方程简化为

$$\varphi_i^p = u\,\rho_i^p - N_i^p - u\,(V_{\text{ion}})_i^p - u\,(V_{\text{trop}})_i^p + f\,V_{tS}^p - f\,V_{tR}^i \tag{8-49}$$

然后将其与接收机 j 的观测方程求单差组合,则有

$$\begin{aligned}\Delta\varphi_{ij}^p =& - l_j^p\Delta X_j - m_j^p\Delta Y_j - n_j^p\Delta Z_j - \Delta N_{ij}^p \\ & - u\,(V_{\text{ion}})_{ij}^p - u\,(V_{\text{trop}})_{ij}^p - f\,V_{tR}^{ij} + L_{ij}^p\end{aligned} \tag{8-50}$$

其中常数项 $L_{ij}^p=u(\rho_{0j}^p-\rho_i^p)$,包含接收机 i 观测卫星 p 的卫地距真值。同时此单差方程中已经消除了卫星钟差 fV_{tS}^p。

再假定两接收机同步观测另一卫星 q,同样可以针对 q 卫星建立一个单差方程如下:

$$\begin{aligned}\Delta\varphi_{ij}^q =& - l_j^q\Delta X_j - m_j^q\Delta Y_j - n_j^q\Delta Z_j - \Delta N_{ij}^q \\ & - u\,(V_{\text{ion}})_{ij}^q - u\,(V_{\text{trop}})_{ij}^q - f\,V_{tR}^{ij} + L_{ij}^q\end{aligned} \tag{8-51}$$

由式(8-50)与式(8-51)求差建立双差方程如下:

$$\begin{aligned}\Delta\varphi_{ij}^{pq} =& -(l_j^q - l_j^p)\Delta X_j - (m_j^q - m_j^p)\Delta Y_j - (n_j^q - n_j^p)\Delta Z_j - \Delta N_{ij}^{pq} \\ & - u\,(V_{\text{ion}})_{ij}^{pq} - u\,(V_{\text{trop}})_{ij}^{pq} + L_{ij}^{pq}\end{aligned} \tag{8-52}$$

式中常数项详细表达式为

$$L_{ij}^{pq} = L_{ij}^q - L_{ij}^p = u(\rho_{0j}^q - \rho_{0j}^p - \rho_i^q + \rho_i^p)$$

该双差方程在实际用于较短基线观测(如两站距离不大于 15 km),且气象条件相对

较好的条件下，可忽略其中的大气误差项，从而得简化后的双差方程：

$$\Delta\varphi_{ij}^{pq}=-(l_j^q-l_j^p)\Delta X_j-(m_j^q-m_j^p)\Delta Y_j-(n_j^q-n_j^p)\Delta Z_j-\Delta N_{ij}^{pq}+L_{ij}^{pq} \tag{8-53}$$

在该观测方程中未知数仅剩下接收机 j 的坐标微分量与两站整周模糊度差，如果一次性观测到 n 颗卫星，则可以组建形如式(8-47)的 $n-1$ 个双差方程式，由 $n-1$ 个双差方程式组成的方程组中未知数共有：$t=3+(n-1)$，其中 $n-1$ 为双差模糊度参数的个数，也即方程式的个数。

由于一个历元观测 n 颗卫星只能建立 $n-1$ 个方程式，无法求解 $t=n+2$ 个未知数，故必须对 n 颗卫星进行至少两个历元的观测，才能顺利求解所有未知数。对于静态观测来说，可以选择很长的观测时间，而未知数的个数，仅有双差整周模糊度部分会随跟踪卫星的个数而有所增加，所以可以组建的方程数会远远大于未知数，因此可以使用最小二乘法求得很好的稳定解。

双差观测方程组建过程中，很好地消除了卫星钟差与接收机误差，即使我们考虑星历误差，由于其表现与卫星钟差一样，则可以在测站间求差时，消去星历误差；此外，双差过程极大地削弱了大气误差影响；如果两站距离较近，忽略大气影响情况下，影响流动站坐标增量(ΔX_j，ΔY_j，ΔZ_j)的只有多路径效应与噪声，故在理想的观测条件下，基于双差的静态相对定位，可以得到毫米级甚至更高的定位结果。

由前面方程线性化过程以及单点方程组建过程可知，此双差定位结果是基于基站坐标已知，且流动站坐标具备初始值的情况下组建而来的，如果坐标初始值，尤其基准站坐标存在一定误差的情况下，是无法得到流动站坐标的绝对精确值的。如果基准站安放在低精度已知点上时，所得到的流动坐标仅仅是相对于其自身初始定位坐标的精确值。基于相对定位原理组建的 RTK 系统，普通用户在定位过程中，一般采用单点定位的方式粗略确定基准站的位置(关于 RTK 在 8.6 节再进行阐述)。总结上述内容，对静态相对定位的观测与求解过程可归纳为如下步骤：

① 收集测区资料，使用接收机在两站同步进行观测，获取卫星星历、观测值、气象数据，必要时进行 RINEX 格式转换；针对基准站，必要时收集其已知坐标；针对高精度观测，收集 IGS 精密星历与精密卫星钟差，以便对观测值做必要的改正。

② 对观测值进行周跳探测与修复，并剔除可能的观测粗差。

③ 组建单差或双差观测方程，求解未知数；对整周模糊度参数的浮点解，使用相应的方法固定为整数解。

④ 使用固定后的整数解代回观测方程，求出坐标增量值，将坐标增量加到流动站坐标初值上，重新求解方程系数，再一次求解方程得到坐标增量值，直到两次坐标增量解相差小于某个给定的限差为止。

8.5 动态相对定位原理

与静态相对定位相比而言,动态相对定位是指在一定的观测时段内,待定点位会发生显著变化,故通常用于移动定位观测。

在动态相对定位过程中,与静态相对定位一样,需要建立单差或双差观测方程。假定具备一个已知点时,动态定位过程使用的观测方程仍然形如式(8-52)或式(8-53)。但由于点位变化速度快,如我们在整周模糊度固定一节所讨论的一样,用于点位计算的观测值可能很少,快速移动的目标甚至只有一个历元的观测值,因此,动态定位可能会存在观测方程个数少于未知数的情况。

假定两站同时对 n 颗卫星$(a,b,\cdots,t)$进行观测 1 次,则可列出 $n-1$ 个双差方程,参照式(8-52),可写出方程组如下:

$$\begin{cases} \Delta\varphi_{ij}^{pa} = -(l_j^a - l_j^p)\mathrm{d}X_j - (m_j^a - m_j^p)\mathrm{d}Y_j - (n_j^a - n_j^p)\mathrm{d}Z_j - \Delta N_{ij}^{pa} + L_{ij}^{pa} \\ \Delta\varphi_{ij}^{pb} = -(l_j^b - l_j^p)\mathrm{d}X_j - (m_j^b - m_j^p)\mathrm{d}Y_j - (n_j^b - n_j^p)\mathrm{d}Z_j - \Delta N_{ij}^{pb} + L_{ij}^{pb} \\ \cdots\cdots \\ \Delta\varphi_{ij}^{pt} = -(l_j^t - l_j^p)\mathrm{d}X_j - (m_j^t - m_j^p)\mathrm{d}Y_j - (n_j^t - n_j^p)\mathrm{d}Z_j - \Delta N_{ij}^{pt} + L_{ij}^{pt} \end{cases} \tag{8-54}$$

在该方程中,未知数的总数为:$n-1+3=n+2$ 个,未知数比方程数多 3 个,因此该方法不存在唯一解。

在静态定位过程中,接收机位置不会发生变化,故只需增加观测历元数,即可很快使方程数超过未知数。在 8.3 节讨论快速整周模糊度固定时,我们知道动态定位过程中,每一个观测历元坐标都可能是未知数,所以只有通过在初始观测过程中固定其整周模糊度未知数的办法加以解决。否则在上式中,如果不考虑卫星信号的连续观测,无论同步观测多少颗卫星,或观测多少个历元数,待求解的未知数总大于方程数,方程组永远无法求解。

为此,动态定位的可行方案,只能是利用初始静态观测得到整周模糊度,从而减少对未知数的实时求解,在后续动态过程中保持整周模糊度连续即可。

整周模糊度的初始化方法,在现有的 RTK 观测过程中,一般采用类似 FARA 法与 LAMBDA 法的方法,或者直接采用整周模糊度的在航解法,结合单点定位得到的初始值与先验误差,利用概率统计的方法固定模糊度,因此,流动站通常只需静止片刻,完成初始化后即可进行移动定位。

由于动态相对定位观测时间短,误差处理不够充分,因而定位精度一般只能达到厘米或分米级的精度,目前 RTK 的精度可以达到 5 cm 以下。

8.6 RTK 技术

RTK(Real Time Kinematic)技术是利用载波相位观测值进行实时动态相对定位的技术,目前 BD、Galileo 以及 GLONASS 等各卫星导航系统的接收机生产商均提供支持 RTK 技术的定位导航产品。

在第 7 章讨论差分定位时,我们对系统的组成进行了详细分类,同时本章开头也指出,相对定位的系统组成与差分定位系统基本一致。本节介绍的 RTK 系统,可以看成是具有一定自身特点、规模较小的一类系统。从其发展历史以及系统的组成规模两方面而言,RTK 技术可分为两类:传统 RTK 技术与网络 RTK 技术。前者一般由一个基准站与多个流动站组成,服务于局部范围;后者由多个基准站组成网络,服务于较大范围内任意一个流动站。下面对两类技术稍做概念与原理性的介绍,具体系统的运行与使用,读者们需接触实际运行的 RTK 系统深入了解。

8.6.1 RTK 系统组成

RTK 系统的组成包括接收机、数据通信链路以及数据处理软件。

1. 接收机

最基本的 RTK 系统至少需要两台接收机,基中一台接收机安放在一个已知点上,充当基准站;另一台接收机则用作流动站,在基准站附近的任意点上进行动态测量(图 8-5)。随着技术的不断进步,一台接收机是否充当基准站或流动站,只需要在开始使用前,在接收机设置界面时进行选项配置即可。

2. 数据通信链路

早期一般使用电台模式,这类采用数百 MHz 的短波或微波通信技术非常成熟,而且价格低,容易购买,是小范围(<15 km)通信或数据传输的首选。但由于目前地表尤其城市范围无线通信站非常多,故使用过程中应该尽量避免附近有相近频率信号的干扰。

随着移动通信以及互联网技术的不断发展,许多接收机均集成了除电台之外的其他多种通信方式,如合众思壮的 G970 型号系列产品,可用于高精度静态与动态移动测量。在其中集成了内置电台、移动 GPRS 模块、网络传输、双发链路以及外置电台连接等方式。双发链路是指基准站可以同时通过网络和外置的大功率电台进行数据的传输,而流动站可选择其中任意一种接收数据,从而确保数据传输的稳定与可靠性。在传输距离远或传输环境不理想的情况下,接收机内置电台功率不足,需要连接外置电台以提高传输

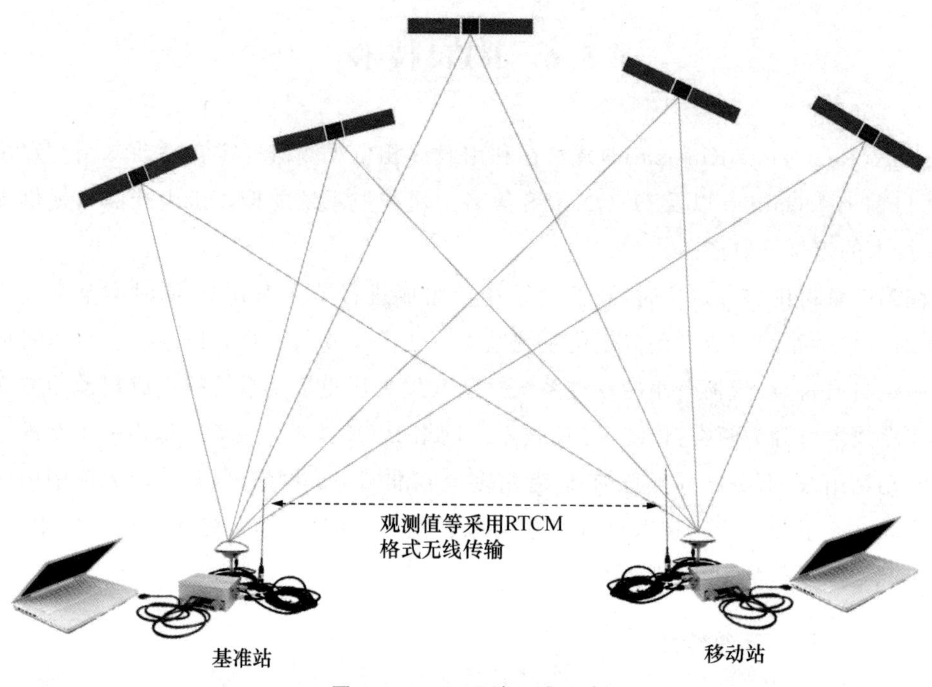

图 8-5 RTK 系统组成示意

效果。

数据传输所使用的格式就是前面讲到的 RTCM,包括 RTCM2. x 或 RTCM3 等,在接收机的设置界面进行参数选择即可。

3. 数据处理软件

数据处理软件主要用于流动站上的数据处理,其必备的功能应包括:① 快速准确的整周模糊度解算;② 流程站坐标的快速解算;③ 对整周模糊度以及定位结果的精度评定或质量评价; ④ 将卫星导航定位坐标系下的坐标值快速转换为当地定位或测绘坐标系统下的坐标。

对于现在成熟的产品而言,这类计算软件的操作,用户根本无须动手,只需在设备使用前进行配置时做一些必要的选择即可,而相关的配置及参数说明,生产厂商均提供有详细的使用手册,必要时可以进行简单培训。其核心的计算原理就是本章前面所讲的内容。

这类产品一般可输出 4 种精度的定位结果:① 单点解:即流动站没有收到任何基准站的差分数据,进行了单点定位,其精度在 10 m 以内;② 伪距解:流动站收到基准站广播的伪距差分,或接收天基 SBDS 的差分信号,经计算后得到的解,其精度可达亚米级;

③ 浮点解：流动站接收基准站载波相位观测值等信息，通过相关定位原理进行实时解算，但由于基线过长或某种误差影响因素过大，无法固定整周模糊度，其精度一般在 0.5 m 以内；④ 固定解：流动站接收到基准站的载波相位观测值等信息，经过解算得到固定解，精度一般可达 0.02 m。

传统 RTK 技术的优点是非常明显的，但其仍然存在以下两方面的缺点：

(1) 由其原理可知，当流动站与基准站距离较大时，线性组合方程消除误差的可靠性会迅速下降，较远的距离难以获取固定解，因而流动站与基准站间的距离，即使在开阔地域，一般不能大于 15 km。

(2) 由于传统 RTK 技术只有一个基准站，使用过程中受空间的相关性以及通信链路的可靠性两方面的影响严重，因而一般仅适用于较小范围的工程测量、施工放样、地形测量或较精密导航监测等应用领域。

8.6.2　网络 RTK

随着互联网技术的快速发展，使用互联网进行 RTK 数据链路的快速传输成为可能，故网络 RTK(network RTK)应运而生。

与前面常规 RTK 系统不同的是，网络 RTK 系统一般使用多个基站，这些基站之间通过互联网通信，移动站与基站之间仍采用无线通信方式，与广域差分系统一样，网络 RTK 系统也构建有一个数据处理中心，通过互联网与各参考站（或称基站）相连，基站将其观测的数据实时发送到数据处理中心，由数据处理中心联合解算大气参数，并通过无线发射中心广播给各移动终端。

总体而言，网络 RTK 是集互联网技术、无线通信技术和卫星导航技术于一体的一套系统定位方案，其由若干个连续运行的参考站网络、数据控制中心、通信链路以及流动站等组成。其关键技术主要包括：

① 误差模型优化技术：即通过使用多个参考站的观测数据，对观测方程中的大气参数进行优化，降低其对定位结果解算的影响。

② 整周模糊度求解：主要利用经过误差修正后的流动站观测值与参考站坐标，确定流动站观测过程中的整周模糊度。

③ 精度评估：主要是对最终解算的定位结果进行检验和评估。

目前网络 RTK 主要依托于 CORS(Continously Operating Reference System)，我们将在第 9 章详细介绍 CORS 相关的内容，并对网络 RTK 的具体运行做详细阐述，下面对两种主流的网络 RTK 技术加以阐述。

1. VRS 技术

(1) 概念与基本原理

VRS 是 Virtual Reference Station 的缩写,即虚拟参考站。最早由 Landau 等人于 2001 年 11 月在日本的一次 GPS 学术会议上提出,成果正式发表于 2002 年(参考文献[7])。Landau 等人在该文献中指出,RTK 技术要求流动站与参考站距离较近,因此,大范围的 RTK 需要布设高密度的参考站,尤其在电离层受太阳风影响扰动剧烈的情况下,稀疏的参考站难以消除电离层误差影响。但是如果在已有固定的参考站网络系统中引入一种动态、数字化的参考站,则可以在很大程度上解决参考站稀疏或者说参考站离流动站过远的问题,为此,Landau 等在文献中提出了虚拟参考站(VRS)的概念。

VRS 的基本原理是:利用互联网将布设在地面上的多个参考站连接成一个网络,并建立一个数据处理中心,各参考站将观测得到的各类数据不断发送到数据处理中心,由数据处理中心使用精确的误差模型估算整个网络所覆盖区域的大气参数以及跟踪到的卫星参数。在流动站的用户观测过程中,先通过 GPRS 或 CDMA 等通信手段将其观测到的概略坐标发送给数据中心,数据中心则将此坐标视为已知值,设定其为虚拟参考站,然后使用与其位置密切相关的基站数据,反算出在此虚拟参考站的载波相位观测值,以及相关的大气误差,再将此虚拟参考站的观测值以及误差改正数以 RTCM 格式发送给流动站,流动站得到改正参数后,采用双差观测方程求解其与虚拟参考站的相对坐标,从而得到高精度的定位结果。

VRS 是目前全球普及最广的一种网络 RTK 差分解算技术,其原理如图 8-6 所示,主要解算步骤如下:

① 各参考站通过 Internet 连续不断地向数据中心发送卫星观测数据;

② 数据中心实时在线解算基站网中各相邻基站间的相对整周模糊度值,并建立电离层、对流层以及卫星轨道误差模型;

③ 流动站将其单点定位或通过 DGPS (如 VRS 系统处于 CORS 网络中,则可用 CORS 的差分功能)解算确定的初始位置坐标以 NMEA 格式通过无线数据链路(如 GPRS /CDMA 等)发送给数据中心,数据中心基于流动站的初始坐标,在网络中选择一组最佳的参考站,以流动站位置为参考创建一个虚拟参考站(VRS),然后通过内插得到虚拟参考站的各项误差源的改正值,同时求出 VRS 的虚拟观测值;

④ 数据处理中心将虚拟观测值及误差改正信息,以 RTCM 格式通过 NTRIP 协议发送给流动站;

⑤ 流动站接收数据中心发送的虚拟参考站差分改正信息及观测值,按常规 RTK 方式解算,从而得到高精度的定位结果。

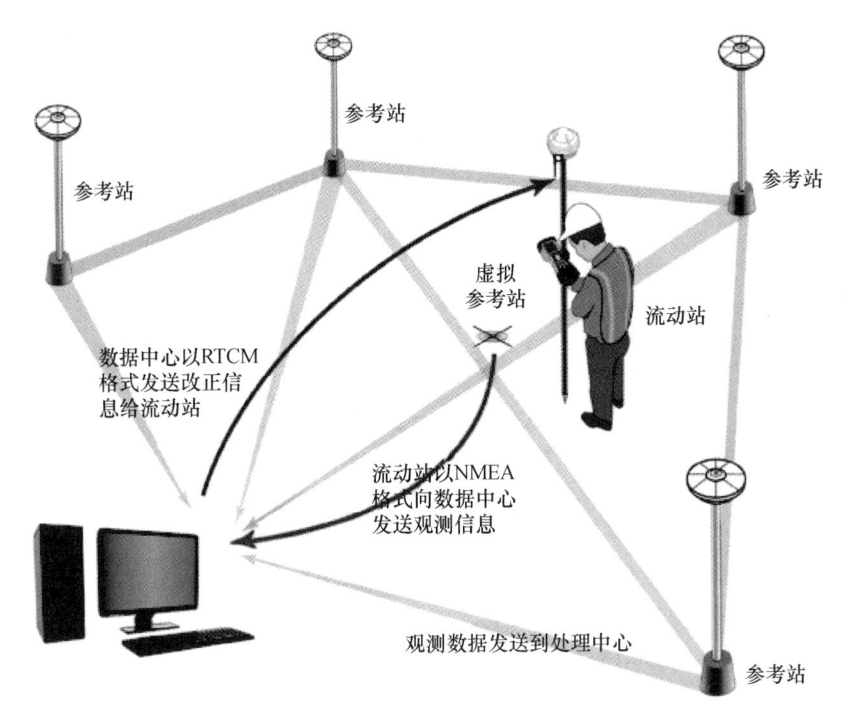

图 8-6　VRS 工作原理(引自天宝公司网站)

(2) 观测方程(计算模型)

如图 8-7 所示,假设 VRS 网络由三个固定参考站和一个数据处理中心组成,其工作原理与图 8-6 相同。VRS 的观测方程或者说计算模型沿用公式(8-8)的双差观测方程(注:在一些文献中将轨道误差单独列为一项,在我们的讨论中,将其归入卫地距误差之中,未做单独考虑)。由于我们不准备建立三差观测方程,故去掉公式(8-10)中的历元 t_1,将该公式重写为

$$\Delta\varphi_{ij}^{pq} = u\,\Delta\rho_{ij}^{pq} - \Delta N_{ij}^{pq} - u\,(V_{\text{ion}})_{ij}^{pq} - u\,(V_{\text{trop}})_{ij}^{pq} \tag{8-55}$$

该式中 i、j 表示两个测站,p、q 表示两颗卫星,u 为波长的倒数。

假设图 8-7 中虚拟参考站为 V,流动站为 U,则由前述原理可知,要求解流动站坐标,应该在虚拟参考站 V 和流动站 U 之间建立形如(8-55)的双差方程:

$$\Delta\varphi_{\text{VU}}^{pq} = u\,\Delta\rho_{\text{VU}}^{pq} - \Delta N_{\text{VU}}^{pq} - u\,(V_{\text{ion}})_{\text{VU}}^{pq} - u\,(V_{\text{trop}})_{\text{VU}}^{pq} \tag{8-56}$$

由于 V 和 U 两站相距很近,故上式中大气误差可忽略不计,故实际计算式为

$$\Delta\varphi_{\text{VU}}^{pq} = u\,\Delta\rho_{\text{VU}}^{pq} - \Delta N_{\text{VU}}^{pq} \tag{8-57}$$

为了对此双差方程进行求解,对于流动站而言,其自身由观测卫星能得到 $\Delta\varphi_{\text{U}}^{pq}$ 和 $\Delta\rho_{\text{U}}^{pq}$,其中 ΔN_{U}^{pq} 为未知数;而对于虚拟参考站而言,其对应载波相位观测值 $\Delta\varphi_{\text{V}}^{pq}$、卫地距 $\Delta\rho_{\text{V}}^{pq}$ 和整周模糊度 ΔN_{V}^{pq} 均由三个固定参考站的已知数据推算或插值得到。下面看如何

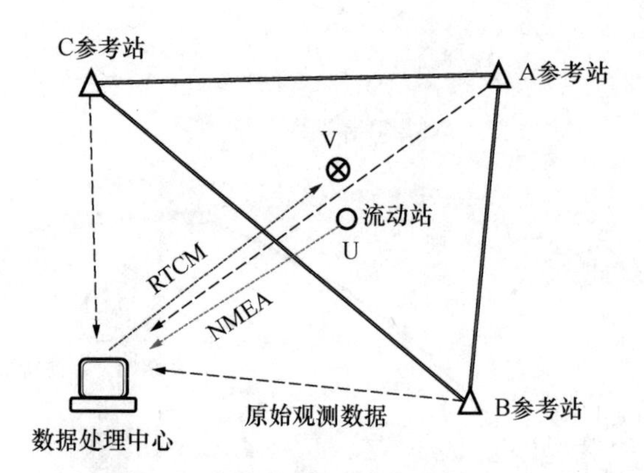

图 8-7　VRS 计算模型示意

得到虚拟参考站的这三个值。

为方便叙述，我们列出虚拟参考站基于卫星 p、q 的单差方程如下：

$$\Delta\varphi_{V}^{pq} = u\,\Delta\rho_{V}^{pq} - \Delta N_{V}^{pq} - u\,(V_{\text{ion}})_{V}^{pq} - u\,(V_{\text{trop}})_{V}^{pq} \tag{8-58}$$

考虑到接收机钟差在双差后可以消除，故此式中未再列出，为方便后续讨论，将电离层误差和对流层误差视为一个参数 e，重写上面表达式为

$$\Delta\varphi_{V}^{pq} = u\,\Delta\rho_{V}^{pq} - \Delta N_{V}^{pq} + e_{V}^{pq} \tag{8-59}$$

对于式中的 e_{V}^{pq} 可以插值得到。如图 8-7 所示，由于 A、B、C 三站作为固定站长期进行大气参数观测，故将其大气参数视作已知值，对位于此三角形中的一点 V 进行插值，如采用线性或非线性插值模型，即可得到 V 处的大气参数。

由于虚拟参考站坐标由用户初始值确定，在参考站网站中将其视为真值，又由于各卫星轨道参数已知，故式(8-59)中的 $\Delta\rho_{V}^{pq}$ 实为已知值，这样还剩下两个未知数 $\Delta\varphi_{V}^{pq}$ 和 ΔN_{V}^{pq}。两者的和实为卫地距 $\Delta\rho_{V}^{pq}$ 与大气误差 e_{V}^{pq} 的和，故在求得 e_{V}^{pq} 后，剩余两个未知数 $\Delta\varphi_{V}^{pq}$、ΔN_{V}^{pq} 的和可视为已知值。

由于虚拟参考站离流动站很近，故 ΔN_{V}^{pq} 可取与 ΔN_{U}^{pq} 相近的整数，从而在已知 $\Delta\varphi_{V}^{pq}$、ΔN_{V}^{pq} 总和的情况下，得到 $\Delta\varphi_{V}^{pq}$ 的值。ΔN_{U}^{pq} 本来是个未知数，但在得到其卫地距初值的情况下，不难反算求得。有些文献中指出 ΔN_{V}^{pq} 取与流动站相近的参考站的整周模糊度，如图 8-7 的情况，取参考站 A 的整周模糊度 ΔN_{A}^{pq}。这样在得到虚拟参考站数据的情况下，可对式(8-57)进行求解。

由于 $\Delta\rho_{VU}^{pq}$ 实为流动站相对于虚拟参考站的坐标增量。参考 8.4 节中公式(8-52)形式，将卫地距部分展开表达，忽略大气误差项，则有

$$\Delta\varphi_{VU}^{pq} = -(l_{U}^{q} - l_{U}^{p})\,\mathrm{d}X_{U} - (m_{U}^{q} - m_{U}^{p})\,\mathrm{d}Y_{U} - (n_{U}^{q} - n_{U}^{p})\,\mathrm{d}Z_{U} - \Delta N_{VU}^{pq} + L_{VU}^{pq} \tag{8-60}$$

显然这是一个与常规RTK完全一致的方程式,其中未知数除了流动站相对于虚拟参考站的坐标增量[$\mathrm{d}X_{\mathrm{U}}$ $\mathrm{d}Y_{\mathrm{U}}$ $\mathrm{d}Z_{\mathrm{U}}$]外,多观测一颗卫星,则多增加一个未知整周数,即观测 n 颗卫星,需要计算 $n+2$ 个未知数。假设RTK同步观测到5颗卫星,则待求解的未知数为7,从而需要至少两个历元的观测数据才能正常求解[$\mathrm{d}X_{\mathrm{U}}$ $\mathrm{d}Y_{\mathrm{U}}$ $\mathrm{d}Z_{\mathrm{U}}$]。

前面我们对 $\Delta\varphi_{\mathrm{V}}^{bq}$、$\Delta N_{\mathrm{V}}^{bq}$ 的取值只是参考了流动站的观测值,或者附近的基准站观测值,这样做似乎有一定随意性,但观察式(8-60)可以看出,只要 $\Delta\varphi_{\mathrm{VU}}^{bq}$ 与 $\Delta N_{\mathrm{VU}}^{bq}$ 的和不变,则不影响三个坐标未知数的解,因此相关做法没有问题。

由于虚拟参考站的所有数据来源于周围基准站拟合,只要拟合所用的模型可靠,虚拟参考站的数据就没有问题,又由于虚拟参考站离流动站很近,所以使用差分法消除各类误差能达到很好的效果,从而可确保流动站得到高精度的定位结果。

(3) 优缺点

VRS技术的优点在于允许服务器应用整个基站网络的信息来计算电离层与对流层的误差改正模型以及星历误差。由于利用了多个基站的观测数据,因而所估算的电离层、对流层以及星历等相关误差比单站观测更具有系统性和稳定性,也更为可靠,从而更有利于得到高精度的观测结果。

VRS技术在应用过程中,其主要的缺点有两个方面:其一,由于数据处理中心需要面向每一个用户计算其VRS,故所能支持的在线用户数受数据中心服务能力以及网络传输带宽的限制;其二,对于移动定位用户而言,随其与VRS相对位置的移动,需要重新计算确定VRS,同样增加了数据处理中心的运算负担,同时也会影响流动站的连续定位。此外,为了确保流动站实时得到完整的数据信息,对RTCM的传输内容有较严格的要求(具体可参考文献[8])。

2. FKP技术

(1) 概念与基本原理

FKP是德文缩写,其对应的英文名为 the area correction parameter,即区域改正参数,相关技术最早由德国Geo++公司于1996年研发,参考文献[11]和参考文献[12]对其相关的原理与应用进行了详细阐述。该方法考虑到参考站网络的结构特性以及各参考站信号的覆盖范围特点,将参考站提供的改正参数(即FKP),以每一个参考站为中心,构建一个平面多项式,以水平梯度的方式表达参考站周围观测空间的几何与电离层部分的改正信息(如图8-8所示)。

Wübbena等人认为(文献[11]),流动站的一些与信号传输距离相关的改正误差(如大气误差),理论上应该可以用多项式参数化的方式表达其在定位区域的变化特性,也即应该用公式或模型的方式明确定义下来。但是RTCM并不支持所传送的观测空间的改正数据以公式化的形式进行表达,因此,使用区域改正参数(FKP)需要一种灵活、恰当的

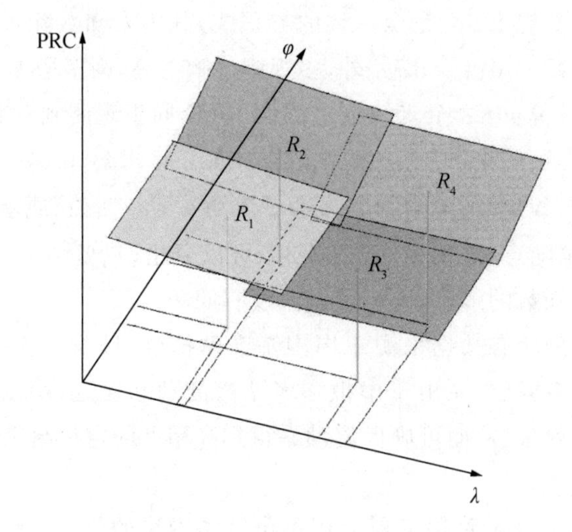

图 8-8　四个参考站的线性 FKP 平面示意(文献[11])

φ 与 λ 分别表示经纬度,PRC 表示参考站参数。

传递改正数的方式。

FKP 技术中,为了方便传输,参考站的观测信息是由 RTCM TYPE3 格式发送,而改正数电文信息则由 RTCM TYPE59 格式发送。

FKP 技术的基本原理如下:

假定卫星在轨位置误差以及大气误差与观测站(流动站)离参考站的距离有关,其变化可表达为一个线性方程式,如果事先针对每一个参考站求得该误差方程式,则流动站在得到此公式后,只需输入自己的位置即可求得自身位置处的相关误差,用于改正其观测值,然后运用改正后的观测值进行计算,从而得到精准的定位结果。

观测站可以与任一基准站建立双差观测方程,此双差观测方程去除误差后只剩余坐标未知数和整周模糊度,故很容易求解。

在该过程中,由于流动站无须发送任何信息给参考站,因此避免了 VRS 技术中由数据处理中心统一计算虚拟参考站的问题,也即参考站网络中的数据处理中心载荷大为减小,而且 FPK 技术中,理论上对流动站的数量没有任何限制,相比 VRS 技术增强了系统运行的灵活性。

对于一个流动站给定的位置而言,在 RTCM 数据传输中,所有相关的个性化改正信息均可包含在一个数据流中,流动站可以完成自身个性化改正信息的计算,从而可确保基准站的信号广播与流动站的位置无关,保持了信号分发的统一性与独立性的优势。

(2) 观测方程 (计算模型)

如图 8-8 所示,FKP 技术中,参考站的残差利用了一个平行于 WGS-84 椭球且过参考站高程面的平面进行表达。文献[12]中指出，对于小于 100 km 的基线而言，与空间或者说距离有关的误差可以用一个平面方程表达误差的变化。假定观测时刻 t 参考站的经纬度为 (φ_R,λ_R)，而某一观测站（流动站或基准站）的坐标为 (φ,λ)，则该观测站在 t 时刻与空间相关的某误差值 $\delta_r(t)$，可以用下面平面方程式表达：

$$\delta_r(t)=a(t)(\varphi-\varphi_R)+b(t)(\lambda-\lambda_R)+c(t) \tag{8-61}$$

其中，$a(t)$、$b(t)$、$c(t)$ 分别为 t 时刻的平面方程系数，实为与距离相关的误差变化梯度，或者说误差参考站网络区域内的变化趋势，c 显然与位置无关，表达了当前参考站或观测站的观测误差或待估计误差；对于双差观测的情况，c 描述了组合双差观测值时所有参考站的平均误差。

显然对于一个流动站而言，由于系数 $a(t)$、$b(t)$、$c(t)$ 是未知的，故无法用式(8-61)计算其误差，必须事先知道这三个系数才行。为了求解方程系数，可利用已有参考站的坐标以及误差值列立方程求解。假设某一待拟合区域内存在 n 个参考站，任取其中一个参考站，假定其编号为 1，为当前参考站，其余相邻参考站为 2，3，4，…，n，则依式(8-61)可列出如下方程组：

$$\begin{cases}\delta_{r1}=c\\ \delta_{r2}=a(\varphi_1-\varphi_2)+b(\lambda_1-\lambda_2)+c\\ \delta_{r3}=a(\varphi_1-\varphi_3)+b(\lambda_1-\lambda_3)+c\\ \cdots\cdots\cdots\cdots\cdots\cdots\cdots\cdots\cdots\cdots\cdots\cdots\\ \delta_{rn}=a(\varphi_1-\varphi_n)+b(\lambda_1-\lambda_n)+c\end{cases} \tag{8-62}$$

式中，$\delta_{r1},\delta_{r2},\cdots,\delta_{rn}$ 为各参考站的实测误差值，当参考站数 $n>3$ 时，此方程组中的 a,b,c 未知数可利用最小二乘法求得最优解。

显然对于不同的参考站，方程组(8-62)的解是不同的，这也意味着，对于不同的参考站各有一个误差方程表达其周边的误差变化趋势。

此方程组可以单独针对一种误差求解，比如对电离层误差或对流动层误差，各求取一套方程系数。得到式(8-61)中的系数项后，对于流动站而言，知道其坐标初始值，即可求得误差值。由于各参考站有各自的误差方程，因此，一个流动站的误差可使用离其最近的参考站误差方程计算得到，也可使用其附近的多个参考站的误差方程式计算后求均值。

由于通常使用双频观测，文献[12]提供了如下形式的插值公式：

$$\begin{cases}\delta_{ro}=6.37F_{No}(\varphi-\varphi_R)+F_{Eo}(\lambda-\lambda_R)\cos(\varphi_R)\\ \delta_{rI}=6.37\alpha F_{NI}(\varphi-\varphi_R)+F_{EI}(\lambda-\lambda_R)\cos(\varphi_R)\\ \alpha=1+16(0.53-\theta/\pi)^3\end{cases} \tag{8-63}$$

式中，δ_{ro} 为流动站（或待插点）卫星轨道与对流层误差（即与信号频率无关误差，也被称为非弥散几何误差，non-dispersive geometric error)；δ_{rI} 为电离层误差(与信号频率有关的误差，也称为弥散误差，dispersive error)；F_{No}、F_{NI} 分别为南北向的非弥散及弥散误差参数，由双频窄巷组合观测得到；F_{Eo}、F_{EI} 为东西向的非弥散与弥散误差参数；θ 为卫星高度角。

由于每颗卫星高度角不同，故上式误差应针对每颗卫星单独计算。得到误差改正 δ_{ro}、δ_{rI} 之后，再分别计算每个载波相位测量的总误差 δ_{rf1} 和 δ_{rf2}：

$$\begin{cases}\delta_{rf1}=\delta_{ro}+\dfrac{f_2}{f_1}\delta_{rI}\\[2ex]\delta_{rf2}=\delta_{ro}+\dfrac{f_1}{f_2}\delta_{rI}\end{cases}\tag{8-64}$$

用计算得到的误差改正载波相位测量所得的卫地距，从而得到精准的卫地距测量值，由此可进一步求得流动站的精准位置。在实际应用环节，流动站通过专用装置或软件接收由参考站发送的误差方程系数，使用插值算法计算出 F_{No}、F_{NI}、F_{Eo}、F_{EI} 等参数，再利用式(8-63)、式(8-64)等公式计算出载波相位测量的精准值，从而实现高精度定位。关于 FKP 的更详细的计算原理，请参考德国 Geo++公司网站提供的相关文献(http://www. geopp. de /publications-by-geo/)。

(3) 优缺点

FKP 技术的主要优点在于：首先，用户能够完整地知道基准站以及自身所处位置的各项误差的大小，从而有利于其控制和分析定位结果；其次，流动站选择使用参考站信息，例如，流动站既可以使用改正数改善自己的观测误差，同时也可以与广播数据的主站进行差分定位；再次，用户也可以使用参考站网络提供的信息，与 VRS 技术一样，在其附近构建一个虚拟参考站进行定位；最后，也可以基于参考站提供的各种高精度观测数据进行高精度单点定位(Precise Point Positioning, PPP)，也即使用所谓的 PPP-RTK 技术进行定位。

3. VRS 技术与 FKP 技术的比较

为进一步透彻了解两种技术，表 8-4 给出两种技术在多个方面的性能或功能表现。

表 8-4　VRS 技术与 FKP 技术优缺点比较

比较项	VRS 技术	FKP 技术
参考站布设的间距要求	依据所处地区的电离层活动状况确定，一般不大于 70 km，最大可达 130 km	依据所处地区的电离层活动状况确定，通常不超过 50 km，最大可达 70 km
改正参数的生成过程	参考站组成三角网时，一般选择流动站位置所在的三角形顶点处的三个参考站，由其观测数据计算参考站初始位置处的虚拟观测值	每个参考站计算基于其位置中心的误差平面，并将相关参数广播出去，流动站接收到广播数据后再进行其位置处的误差插值计算

（续表）

比较项	VRS 技术	FKP 技术
参考网与流动站间的数据关系	所有参考站的数据均发往数据处理中心，VRS 的确定需要流动站将其初始位置发给数据处理中心，数据处理中心处理后，再将 VRS 数据发给流动站进行计算处理；整个过程需要双向通信，同时在动态定位过程中，还可能需要增加初始化的过程，以及数据传输量，当用户量较大时，可能会产生延迟，对整个网络中的用户数有限制	参考站网络系统的数据处理独立于流动站，流动站仅需接收参考站发送的参数，基于相关模型进行误差处理，故仅需单向通信，且整个网络运行不受用户数限制，但流动站需要额外使用专门的配件或软件
实际应用范围	据统计目前约 90%以上的已有 NRTK 在使用	目前国际上主要在德国、俄罗斯、爱尔兰等少数地区使用，我国香港、昆明等地也有使用

除了以上两种技术外，还有瑞士徕卡公司提出的主辅站(Master-Auxiliary Concept，MAC)技术以及其他技术，但鉴于其应用范围很小或几乎不再应用，故不再赘述。

思考题

1. 为什么要建立单差、双差、三差等线性组合方程？
2. 如果欲消除接收机钟差未知数，应该如何建立求差方程？
3. 建立双差观测方程有多种组合方式，有没有最好的组合方式？为什么？
4. 在接收机之间、卫星之间求差建立的双差观测方程有哪些未知数，欲求解这些未知数应该具备什么条件？
5. 三差观测方程所含未知数最少，为何并不常用于相对定位解算？
6. 周跳产生的原因是什么？如果忽略周跳会产生什么问题？
7. 有哪些方法可以修复产生周跳的观测数据？
8. 为什么采用双频 P 码观测值探测法能探测到很小的周跳？
9. 周跳探测的高次差法与三次差法在本质上有何不同？
10. 什么是整周模糊度？为何要确定整周模糊度？
11. 有哪些方法可以确定整周模糊度？
12. 请简述置信区间法确定整周模糊度的过程。
13. 在快速静态定位中，有哪些方法可以确定整周模糊度？
14. 交换天线法具体解决了什么问题？请从原理上加以阐述。
15. 什么是 FARA 法和 LAMBDA 法？请简述两种方法原理。
16. 什么是静态相对定位？主要观测值和未知数有哪些？

17. 什么是动态相对定位？其主要观测值和未知数有哪些？
18. 如何解决动态相对定位过程面临的主要问题？
19. 什么是 RTK？RTK 系统有哪些组成部分？
20. 如何确保 RTK 定位过程得到良好的定位结果？
21. 什么是网络 RTK？
22. 什么是 VRS？其主要解算原理是什么？
23. 请写出 VRS 计算所用的观测方程，指出其已知数与未知数。
24. VRS 的优缺点是什么？
25. 什么是 FKP 技术？请简述其原理。
26. FKP 技术与 VRS 技术相比，各有何优缺点？

第9章

连续运行参考系统

9.1 CORS的技术发展

连续运行参考系统，英文名为 Continously Operating Reference System，缩写为CORS。早期名称中的“S”含义为 Station，即参考站。后期由于互联网技术的引入以及数据处理能力的提升，多个参考站组成的网络构成了一套名副其实的系统，故“S”改成了System。国内业界也有称之为连续运行卫星定位综合服务系统，其名称中“S”的含义为Service。

最早的CORS概念是在加拿大提出的，并于1995建成了第一个CORS台站网。但当时的台站网中，其参考站数量较少，参考站之间只能构成理论上的网络，没有实际的通信与数据联络，而且限于当时的通信以及计算机处理技术，无法提供实时定位服务，故主要用于大地控制网的测量与板块移动监测。

后来随着差分GPS以及RTK技术的出现，通过一些固定参考站，结合通信技术，为移动用户发送改正信息，可以提供实时高精度的定位服务。

到了21世纪初，DGPS技术、RTK技术得到快速发展，同时互联网技术以及通信技术也快速发展，可以使CORS中的固定参考站能够组成一个有机的网络系统。DGPS技术，尤其是RTK技术成了CORS的主体技术，在测绘领域得到了不断推广和完善。

传统测绘过程中，无论是大地测量还是工程测量，均采用测角、测距以及测高的仪器进行外业观测，受观测点的距离以及通视情况所限，测量范围有限，而且劳动强度很大，作业效率并不理想。后期虽然出现了GPS定位技术，但单点定位时间长，且需要双频接收机，作业效率仍然与CORS提供的实时快速定位无法相提并论。故CORS技术不断推广，与传统测绘技术以及普通导航定位技术相比，其最大的优势在于：

① 提供实时与事后定位服务，允许用户获得快速、高精度的三维定位成果；

② 在其网络覆盖的范围内，提供了一个统一的定位基准，可以解决不同行业部门测绘基准的差异化问题；

③ 提供多元化的信息服务，可以满足许多行业的应用需求，如：基础测绘、灾害监测、精准农业、变形监测、物流跟踪乃至气象服务等。

9.2 CORS的定义与运行框架

关于CORS并没有一个严格的定义，据文献[9]所归纳的内容，CORS的定义可以描述为：在一定的区域范围内，建立若干固定参考站、一个数据中心以及连接参考站与数据中心的通信链路(可以是互联网，也可以是无线通信链路)，并综合运用卫星导航技术、互联网技术、现代大地测量技术以及计算机数据管理技术等，为不同应用需求层次的用户，提供经过高精度验证的卫星观测值(载波相位、伪距)、误差改正参数或模型、测量空域的状态参数等一系列信息服务的一套全天候运行系统，其概念框架如图9-1所示。

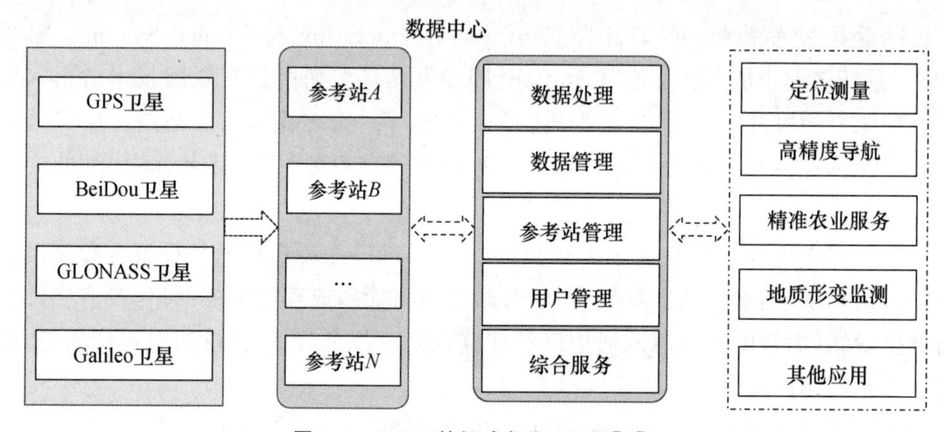

图9-1 CORS的概念框架(文献[9])

与前面提到的差分系统、RTK系统一样，已知位置的固定参考站是整个系统的基础，这些参考站一般以Delaunay三角网的结构分布组建。如图9-2所示，为沈阳市CORS网络结构，各站位置的选取，包括插入网络中的站点以及网络外部新扩展的参考站位置选取，尽可能基于Delaunay三角网的最优结构进行选择。选择最佳的基站网络结构，其主要目的是为流动站定位过程中，选择其最邻近的三个基站提供方便，同时也便于得到精度可靠的改正结果。

目前有4套卫星导航系统处于正常运行状态，而且新的接收机板卡一般均具备兼容多系统的功能，故参考站可以观测到多个导航系统的卫星，将其所有观测数据实时发送到数据中心。数据中心是CORS的核心，也是整个系统得以稳定、持续运行的保障。它的功能可又分为用户管理中心和系统数据中心两部分。硬件包括服务器、工作站、网络传输设备、数据记录设备以及系统安全设备等。总体负责卫星定位数据的分析、处理以及存储，同时也负责虚拟参考站的建模、差分改正数的生成以及分发，并对用户进行管理。

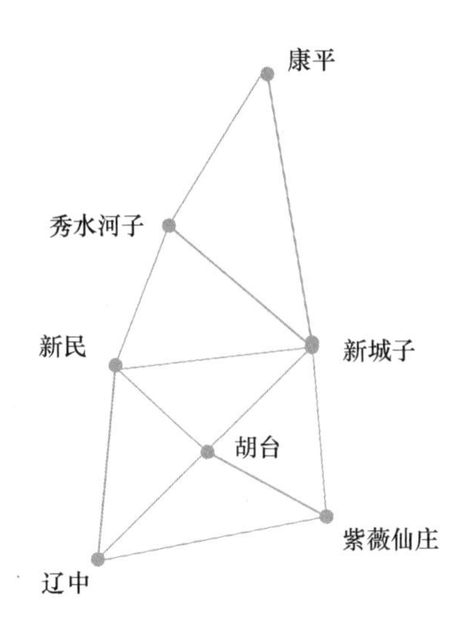

沈阳市连续运行参考站网

参考站实景

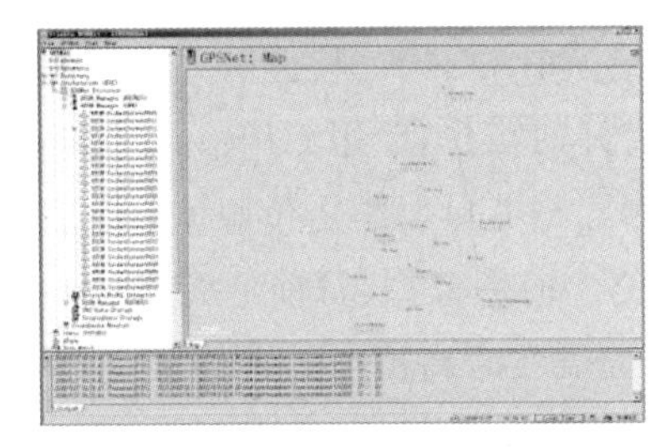

CORS管理软件

图9-2　沈阳市CORS网络结构(沈阳市勘察测绘研究院)

9.3　CORS的分类

CORS按其建设和管理的单位划分为:

① 国家CORS:由国家机关建设并运营管理,一般提供公益服务和基础建设服务。

② 公司CORS:一般由测绘机构或工程公司建设,满足一个小区域或某个较短时期的工程建设应用服务。

③ 军事CORS:一般由军事单位建设,服务于军事测绘等相关工作。

④ 民间组织或机构CORS:由科研机构或组织团体组建,如IGS服务组织建设的CORS。

按服务区域和行政级别划分:

① 临时CORS(微型CORS):与公司CORS有些类似,但更多用于小范围工程测量、变形监测等领域,多采用常规RTK技术。

② 城市级CORS:一般由城市政府主导建设,其服务一般覆盖城市及郊区范围,为城市建设相关的各项应用需求提供服务,目前我国有很多城市拥有实际运行的CORS。

③ 省区级CORS:一般是指建设覆盖全省范围的CORS网络,为整个省区提供实时化的高精度定位以及其他与卫星导航有关的服务,我国目前建成的有广东CORS、江苏CORS等。

④ 国家级 CORS：很显然，如果与城市或省区级 CORS 一样，建设覆盖全国范围的 CORS 网络站，将是一项非常耗资的工程，故国家级 CORS 的建设一般仅提供低密度的参考站，实现较低精度的增强服务，如美国的 CORS 系统，由美国国家大地测量局 NGS 牵头组建，在全国范围建设了近 400 个基站，站间距为 100～200 km。其首要目的是维护美国国家大地测量参考框架，也可以提供卫星轨道计算服务，也用于气象、地震以及地球动力学研究。此外，德国、日本等也均建设有覆盖全国的 CORS。

此外，按服务类型，可将 CORS 划分为三类：

① 广播实时 DGPS 型：提供分米到米级的差分定位服务，数据中心仅广播差分信息，接收机只需开通账户，使用 GPRS，即可接收到改正信息，主要服务于低精度的城市导航以及海洋测绘与港口船舶定位服务。

② 网络实时服务型：目前绝大多数 CORS 属于这一类，通过 Internet 或无线通信网络，为用户提供实时高精度的定位服务，用户需要注册账户，在使用过程中连接入网，系统对用户有管理权限。

③ 数据下载服务型：该类 CORS 仅提供参考站观测到的卫星数据以及其他气象与地球动力学参数等的下载服务，如 IGS 参考站提供的服务。

以上的划分，仅仅是为便于大家了解 CORS 的特点与功能而做的归纳，并不具备真正意义上的类别区分，因为在实际运行环节，CORS 可能混合有多种功能，也可能混合有多种组织模式。

9.4 CORS 数据中心构成及通信协议

CORS 数据中心是整个系统的核心，其组成涉及软件与硬件两个方面，下面分别简要地就其主要功能及软件组成加以介绍。

9.4.1 数据中心的主要功能

简言之，数据中心的主要功能就是数据处理，从数据处理流程的角度而言，数据中心负责收集各参考站的观测数据，对收集到的各种数据进行综合分析计算，生成满足用户定位需求的各种修正数据，并按一定的标准通过有线或无线通信链路发送给用户。此外，数据中心还负责参考站及用户的管理以及其他数据下载服务。具体包括以下几个方面：

1. 数据处理

① 数据分析：主要是对参考站接收到的卫星数据做进一步的统计整理，如统计实际

观察到的卫星数、锁定的卫星数、卫星健康状态等，计算卫星轨道参数、卫星高度角，整理或进一步计算电离层参数、对流层参数等。

② 数据分流：包括内分流和外分流。内分流是将接收到的参考站数据按服务器的处理功能，整理后分别发送给相关服务器进一步处理；外分流是将服务于用户的差分解算数据分发到各个与应用密切相关的服务器，如气象分析服务器、地震分析服务器等。

③ 数据同步：主要是指对参考站接收到的数据以及用户观测数据进行时间上的同步，数据中心的处理服务器采用一个统一的标准时间为用户解算差分数据。

④ 数据解算：负责解算的服务器接收到相关用户的请求（如没有用户请求，如 FKP 技术，则解算服务器仅处理参考站数据），相关解算软件基于差分解算模型或其他相关算法计算用户定位需求的改正数或虚拟参考站信息，供用户进行高精度快速定位使用。

⑤ 标准格式差分信息生成：由于发送给用户的数据必须采用统一的标准格式，故在生成差分数据时，需要按既有的格式生成数据流或文件，以便于用户接收机处理。现有的常用格式如本书第 7 章所述，有服务于实时伪距和载波相位差分的 RTCM 2.0/3.0 格式，有服务于事后高精度定位的 RINEX 格式等。

⑥ 数据管理：参考站接收到的卫星及各类观测信息一般均存储于服务器或磁盘阵列中，通过数据库或文件系统的方式进行管理，管理人员对这些数据进行归类、整理成目录供用户下载，或对数据进行备份和安全检查。

2. 监控管理

数据中心需要对使用的计算机系统、通信链路、参考站的运行等进行实时监管，以保障整个系统处于正常的运行状态。主要包括以下三个方面的监管工作：

① 参考站设备运行状态监控和管理：由于参考站一般无人值守，需要远程监控这些设备，包括接收天线、参考站接收机、网络设备、电源等，需要不时检查这些设备的工作参数、工作状态，必要时发送相关指令，设置其运行状态等。

② 通信系统状态监控：参考站与数据中心一般通过互联网进行连接，为了确保数据发送的稳定性、可靠性与安全性，需要对网络的传输速率、丢包率以及网络的稳定性等进行定期检查。而通信系统的硬件维护一般交由当地服务商进行日常监管服务。

③ 数据中心远程系统监管：数据中心的监管在必要时，可通过远程登录的方式进行监管，查看设备的运行状况以及所接收到的各类观测数据的状况等。

3. 用户管理

CORS 覆盖范围较大时，一般会有大量用户，需要对这些用户进行注册、注销、授权设备以及其应用状态统计等，具体包括：

① 用户注册与注销:包括通过注册记录用户信息,通过服务类型对用户进行授权等。

② 用户权限设置:根据用户所需服务不同,其权限涉及接收服务类型、用户定位精度、用户使用范围、用户数据流量以及使用时间长短。

③ 用户使用情况统计:如用户在线时间、使用数据流量等。

9.4.2 数据中心软件

由于CORS数据中心的硬件构成相对简单,一般沿用已建成系统的经验和当前最近的设备性能来选择并确定即可,同时硬件系统的更新换代过于频繁,故在此不再赘述。用于CORS建站的参考站接收机,不同厂商提供的性能大同小异,在其产品介绍中均能查阅到具体的功能和性能介绍,在此也不再多加叙述,本节主要对软件部分做些介绍。

CORS核心解算软件目前主要有Trimble的GPSNet,Leica的SpiderNet和Topcon的Topnet等。下面对GPSNet和TopNet+两款软件做一概略介绍,以便大家对CORS的实际运行有一个大致的了解。

1. GPSNet

该软件是Trimble公司研发的主要用于VRS解算的CORS软件。该软件提供了一整套集成化的,同时能满足不同种类用户需求的解决方案。使用该软件可以远程控制整个CORS网中的所有参考站,包括对参考站接收机发送指令、接收其观测数据,同时对所有参考站的数据进行统一分析处理,并能生成每个观测历元的RTCM改正数,发布给移动用户。作为广域RTK的一种应用,GPSNet可以基于移动站发来的初始位置,生成虚拟参考站观测信息发送给移动用户,实现移动用户的高精度定位。GPSNet包括用于普通差分定位的DGPSNet模块和专门用于RTK定位的RTKNet模块。

GPSNet主要工作在服务器站,支持TCP/IP协议,允许CORS无限制扩展其参考站网络。同时考虑到坐标系的统一性问题,支持ITRF2000到地方或区域坐标系以及与时间相关的转换。此外,考虑到支持事后差分定位,该软件还使用多种格式存储参考站观测数据,包括RINEX以及Timble公司自己的格式,用户通过网络终端可以随时申请下载相关数据,用于事后精密定位计算。

移动用户定位过程中,其接收机采用GPRS或移动通信链路拨入GPSNet,接通后,用户会被分配到一个可用或空闲的RTCM生成器,接收与其位置相关的DGPS差分数据或VRS差分数据。

由于涉及版权问题，我们无法获取 GPSNet 软件更详细的信息，包括 Trimble 公司网站也没有对该软件功能以及架构更详细的介绍(如图 9-3 仅为 GPSNet 软件的一个界面，显示了参考站网络结构、用户信息、电离层信息等)。不过使用该软件建设的 CORS 网站很多，我们可以通过浏览这些 CORS 站网页的内容，了解 GPSNet 软件在实际应用环节的大致情况。举例而言，美国 Midwest RTK Networks 是一个采用 Trimble 软硬件建设的 CORS(http://www.mwrtk.net)，有兴趣的读者可以访问该网站了解其实际的运行状况。图 9-4 为参考站分布图，图 9-5 为各参考站实时运行的状态信息，包括接收到的卫星数与其高精度地理位置。两图中的内容，GPSNet 软件均能实时提供。

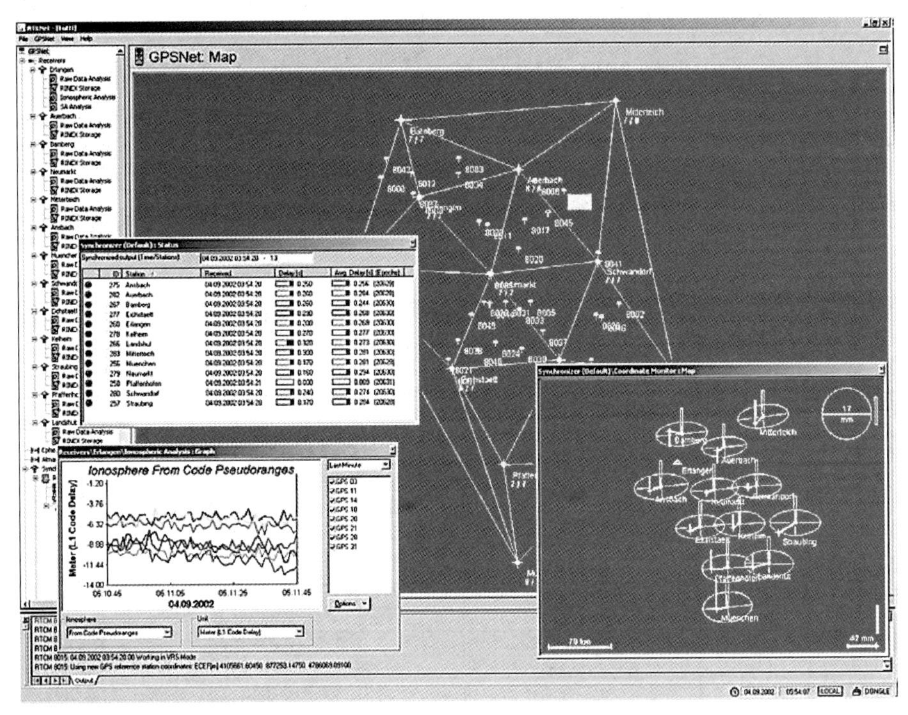

图 9-3　Trimble 公司 GPSNet 软件界面

2. TopNet+

该软件是日本 TopCon 公司开发的一款 CORS 管理软件，可以管理小到一个单站，大到覆盖较大区域的数百个参考站的 CORS 网。该软件可以记录、存储、发布原始格式及 RINEX 格式的数据文件，可以将数据或文件自动定时上传到指定的 FTP；也可以向网络 RTK/RTD(RTD 指伪距差分)用户播发模型化/非模型化的差分改正数据；同时也可以对参考站数据进行质量分析、自动检测、排除有问题的参考站，并具有自动重新构网解算的能力。

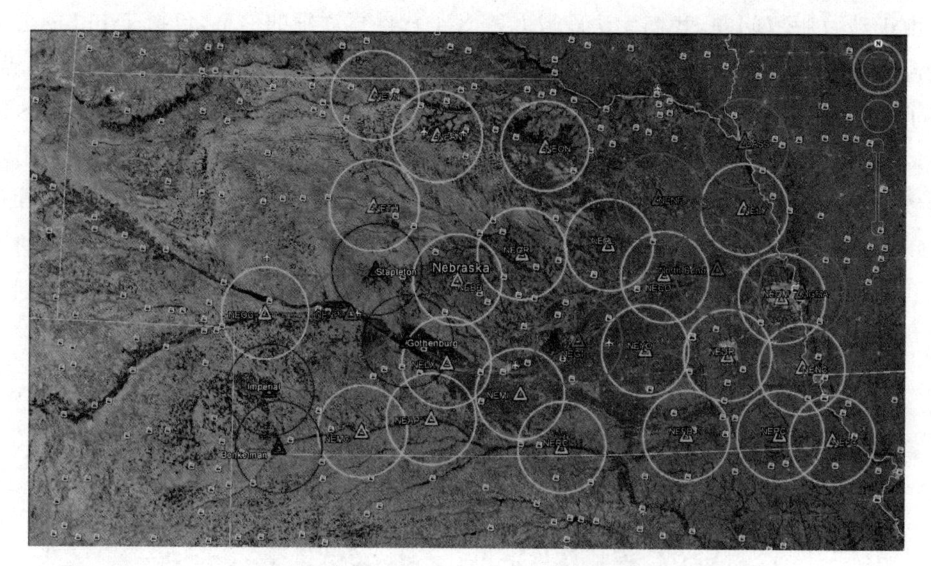

图 9-4　美国 Midwest RTK 参考站网络分布

Reference Frame: NAD83-CORS96

Station	Satellites	Latitude	Longitude	Ellipsoid Height
HGMA	Offline	41° 15' 26.613441" N	95° 51' 15.442921" W	284.598 m
NEAL	21	41° 40' 30.28878" N	97° 58' 50.05481" W	511.321 m
NEAN	21	42° 33' 1.01714" N	99° 51' 9.39327" W	749.492 m
NEAP	22	40° 18' 21.07837" N	99° 54' 19.33428" W	647.249 m
NEBB	21	41° 24' 8.2844" N	99° 37' 33.52291" W	737.890 m
NEBK	18	40° 3' 41.06262" N	101° 31' 51.72804" W	912.778 m
NEBS	22	41° 3' 3.30378" N	102° 4' 21.43316" W	1009.553 m
NECO	21	41° 25' 40.89577" N	97° 22' 10.13068" W	422.636 m
NEDR	20	40° 46' 21.291551" N	96° 42' 1.14487" W	349.349 m
NEFC	21	40° 3' 24.96497" N	95° 34' 54.5159" W	277.321 m
NEFR	21	40° 8' 53.35413" N	97° 10' 14.4254" W	413.552 m
NEGE	18	41° 48' 34.45666" N	103° 38' 36.35044" W	1171.019 m
NEGI	19	40° 55' 20.112131" N	98° 19' 41.350329" W	542.614 m
NEGO	22	40° 55' 12.23265" N	100° 9' 57.2312" W	763.437 m
NEHD	19	40° 26' 20.95479" N	99° 22' 10.43144" W	697.085 m
NEIM	18	40° 30' 30.5046" N	101° 38' 38.07865" W	987.289 m
NEKB	17	41° 13' 9.97693" N	103° 40' 8.73208" W	1469.164 m
NELX	22	40° 44' 40.20733" N	99° 44' 22.11905" W	709.794 m
NELY	20	41° 56' 17.71675" N	96° 27' 33.48981" W	399.178 m
NEMC	22	40° 11' 57.84804" N	100° 34' 41.39653" W	740.673 m
NEMI	21	40° 30' 8.54182" N	98° 57' 25.10493" W	639.322 m
NEMW	22	40° 39' 6.06453" N	100° 36' 56.81526" W	791.741 m
NENB	20	41° 27' 43.54705" N	96° 46' 47.18994" W	368.729 m

图 9-5　美国 Midwest RTK 参考站网络中部分参考站的实时运行状态
（包括观测到的卫星数及三维坐标）

该软件能支持 GPS、GLONASS、Galileo 三星系统，采用 Client/Server 结构，可部署为分布式系统运行，采用模块化设计，用户在建立 CORS 站时，可根据需求选择相关配置，也可以对处于运行的小规模 CORS 系统，轻松升级到支持数百个参考站的大系统，同时对用户终端接入，无任何数量的限制。

系统管理员通过该软件，可以完成对整个 CORS 系统的所有操作与控制功能，系统具有很好的权限管理功能，管理员也可以通过权限管理，将部分甚至全部控制权赋给用户。用户必须通过注册，得到授权后才能使用相应的功能。

与第 8 章所讲内容一致，TopNet＋所支持的 CORS 工作原理如图 9-6 所示，分布于不同位置的多个参考站组成网络，其均通过网络通信（如 Internet）与差分数据处理中心连接，数据处理中心使用 TopNet＋软件控制参考站接收机，同时读取其观测数据并进行快速处理，然后将差分改正数，按用户的不同需求，通过无线广播给用户接收机。

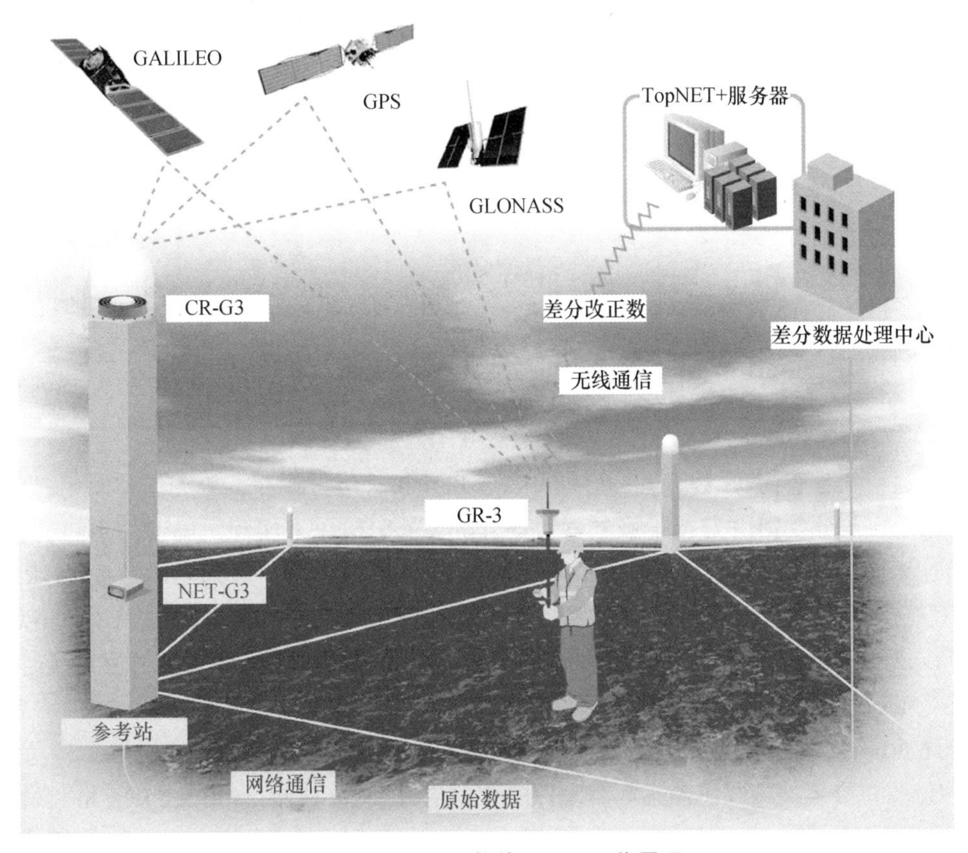

图 9-6　TopNet＋软件 CORS 工作原理

TopNet＋支持的参考站网络连接如图 9-7 所示，考虑到参考站网络的局部性特点以及服务器的数据处理能力，多台服务器同时连接多个参考站，服务器之间通过互联网连接，这些服务器使用 TopNet-S 或 TopNet-S/R 模块，实现对参考站连续观测数据的管理与处理。该软件还能兼容非 TopCon 接收机的接入。

TopNet-R 模块主要用于远程监测与控制参考站接收机（图 9-8），支持对参考站接收

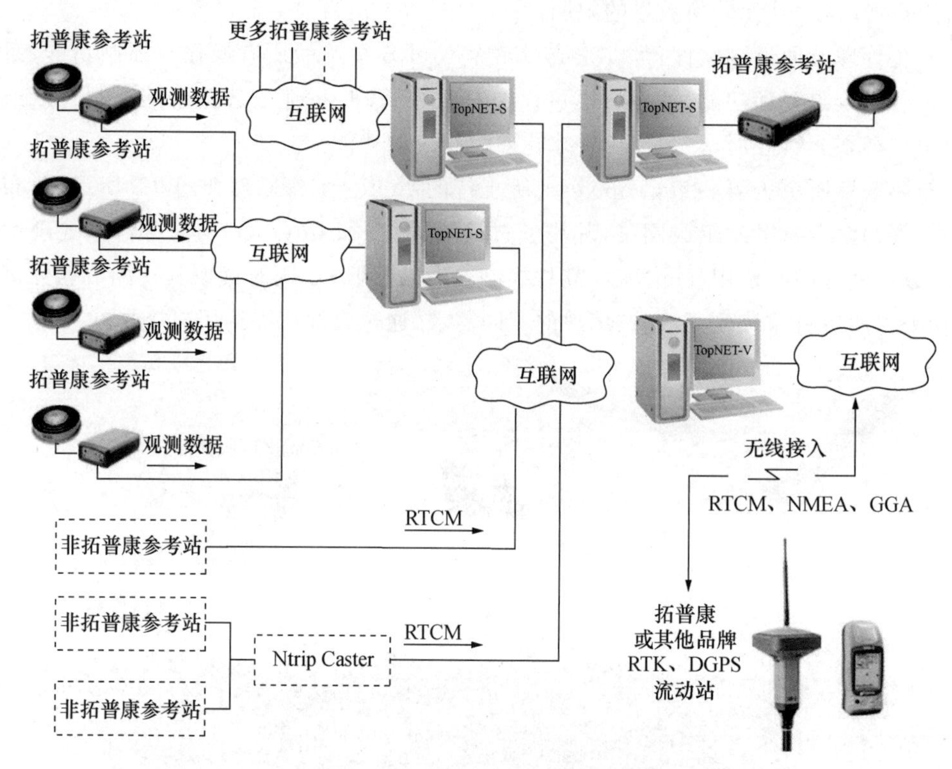

图 9-7 TopNet+软件 CORS 组网原理

机进行远程状态查询、参数设置、固件升级、管理授权升级等操作。服务于移动用户的差分数据生成与分发则由安装于服务器上的 TopNet-V 模块来实现。流动站用户的接收机通过无线接入 TopNet-V 服务器，TopNet-V 软件为相应用户分别实时生成 DGPS 与 RTK 差分数据，并通过无线广播给用户。针对不同的 CORS 网构建需求，TopNet-V 软件可以支持多种工作模式，包括前面讲到的 VRS、FKP 等技术，也支持主辅站技术(MAC)以及 RTCM 3.1 Net 技术。

此外，该软件还具备以下几方面的功能：

① 支持参考站接收机静态观测文件的自动定时下载、存储、自动 RINEX 格式转换、自动 FTP 上传等。

② 支持提供 RTK/DGPS 实时差分数据服务。

③ 支持 NTRIP 2.0 协议，兼容 NTRIP 1.0。

④ 支持 Web 访问界面，并支持在线实时加载 Google 地图，方便流动终端监控(图 9-9)。

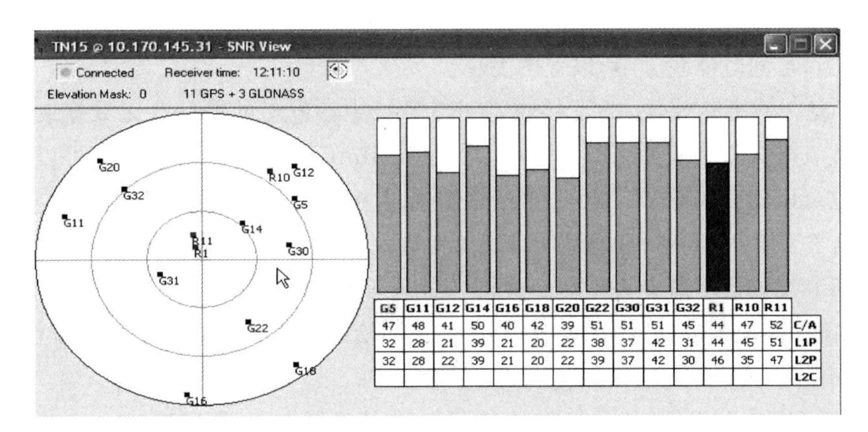

图 9-8　TopNet＋软件对单参考站接收机远程监测界面(https://www.ecomexico.net/)

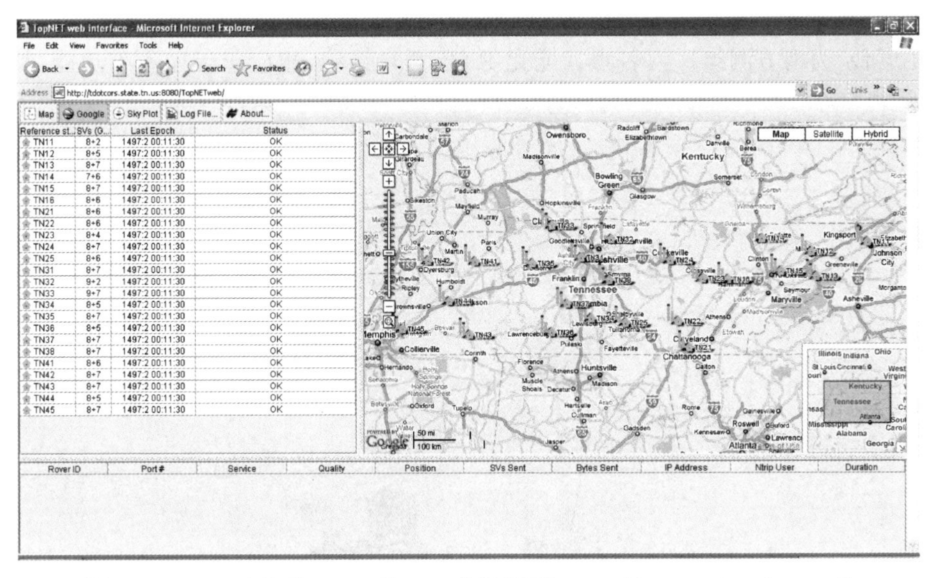

图 9-9　TopNet＋软件 CORS 站 Web 访问界面(https://www.ecomexico.net/)

⑤ 支持良好的用户管理,可按使用时间、数据流量、并行连接数等对用户进行计费管理。

⑥ 具有详细的日志及报告功能。

9.4.3　RTK 流动站接收机

一般而言,用于 CORS 网内进行高精度定位的流动站接收机,一般应该具备以下组成与功能:

① 具备接收多种载波的天线:为了获取载波相位差,天线应能接收 L1/L2 全周载

波，至少能接收 C/A 码和 P 码，能接收更多测距码且更好；为了增加定位速度，应该具备数十个信道，可同时捕获 20 颗以上的卫星。

② 具备无线通信模块：为了接收 CORS 数据中心发送的差分改正数据或虚拟参考站信息，接收机必须具备无线通信模块，并可接入 Internet 网络，通信模块可以集成在接收机中，也可以集成在电子手簿中，电子手簿通过 Wifi 与接收机连接。

③ 电子手簿：为了便于控制接收机(如参数设置)，便于对数据或工程任务的定制处理，几乎所有接收机厂商会为流动站接收机配备一个移动电脑终端，通常称为电子手簿。其主要用于存储观测数据、解算差分定位、结合测绘应用实现地形图绘制等工作，此外还可接入 Internet 网，实现网络数据上传与下载。

满足 RTK 或 RTD 功能的接收机有很多，主流产品包括 Trimble、Leica、TopCon 以及国内的南方测绘与中海达等产品。下面以南方测绘 RTK 测量系统产品为例，列出其部分指标，供大家了解其性能(可参考南方测绘网站 http://www.southsurvey.com/)。图 9-10 所示为南方测绘一款名为智能化 RTK 测量系统，相应于上述所列功能，其相关参数如下：

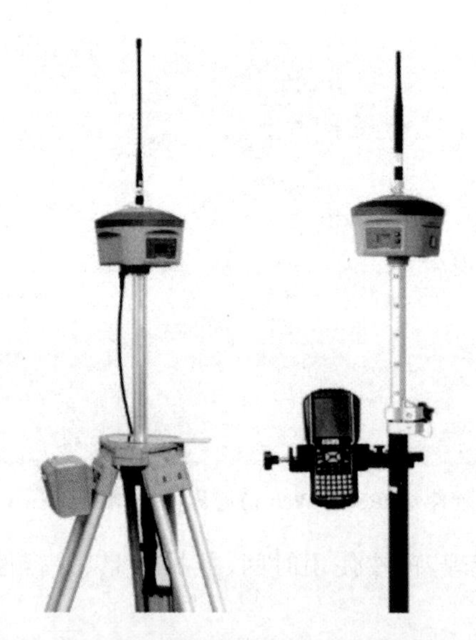

图 9-10 南方测绘 RTK 测量系统

银河 6 型号产品配对组建的临时 RTK 作业系统，左边三角架安置为基准站，右边带手簿为流动站

① 信号跟踪：具备 336 个信号通道，可接收的载波包括 BDS：B1、B2、B3；GPS：L1C/A、L1C、L2C/A、L2P、L3；GLONASS：L1C/A、L1P、L2C/A、L2P、L3；Galileo：GLOVE-a、GLOVE-B、E1、E5A、E5B、E6；同时可以接收星基增强系统信号，包括 SBAS、QZSS、WAAS、MSAS、EGNOS、GAGAN 等。

② 无线通信：内置高功率收发一体电台，典型作业距离为 10 km，可切换网络中继、电台中继模式；同时配备 4G 全网通高速网络通信模块，兼容各种 CORS 系统的接入；具备蓝牙功能，支持 Android、iOS 系统手机连接；采用 NFC 无线通信技术，使得电子手簿与接收机的连接十分简便；此外还配备 Wifi 模块，接收机可接入 Wifi，通过 Wifi 进行差分数据接收和转发，也具备 Wifi 热点功能，便于其他终端的接入。

③ 定位性能参数：伪距码差分精度：水平 0.25 m+1 ppm，垂直 0.5 m+1 ppm；静态定位测量：2.5 mm+0.5 mm/km；实时动态测量：8 mm+1 mm/km。

④ 电子手簿：其北极星 H5 型号电子手簿使用 Android 5.1OS 版本，具备 1.3 GHz 的四核 CPU，具备蓝牙、Wifi 与 NFC 模块，全网通支持 GPRS、CDMA2000 通信模式，配 480×800 色彩显示屏，此外还配备 1300 万高清摄像头，支持精准影像采集，32G 超大存储空间，与一台高性能手机几乎相当。另外，手簿中配备全新专业测量软件，支持精密数据采集与高精度测量作业。

9.4.4　通信协议

除了 NTRIP 协议外，CORS 使用的所有协议我们在第 7 章均给出了较为详细的介绍，在本小节我们对 NTRIP 协议稍加介绍，便于大家了解互联网上的 RTK 数据传输协议。

NTRIP 是 Networked Transport of RTCM via Internet Protocal 的缩写，其含义是通过互联网协议进行 RTCM 的网络传输。NTRIP 底层使用 TCP/IP 与 HTTP 协议，类似于网络电台和视频会议的相关传输技术。最早由德国联邦制图及大地测量局制定，并由多家 GPS 仪器制造厂商参与开发。于 2004 年 9 月被美国海事无线电技术委员会接纳为标准，现称为 RTCM104 10.0。该协议用于支持 RTK 数据在互联网上传输，通过该协议，所有 RTK 数据格式，包括 RTCM、CMR 等，均能够在互联网上从 CORS 数据中心传输到接收终端。由于该协议的支持，任何一个拥有授权、可以连接到互联网的终端设备，均可由 CORS 数据中下接收到卫星观测数据或差分数据。

总体而言，NTRIP 协议主要有以下几方面特点：

① 基于互联网 TCP/HTTP 协议，由客户机发起连接，不需要预先得知 IP 地址，实现较为简单。

② 除了传输差分改正数据外，还可以传输所有 GNSS 数据，包括所有 RTCM、RINEX、SP3 等格式的数据。

③ 为安全考虑，数据发送者与使用者不直接通信，而且数据流通常不会被防火墙或代理服务器阻挡。

④ 支持数据在移动 IP 通信网络中传输。

2009年发布了NTRIP2.0版本，对1.0版本做了改进，主要修订了一些与HTTP协议不符的地方，提供了实时流媒体协议等。

该协议随着RTK技术的不断发展得到了较为广泛的应用，出现了多种实现NTRIP协议的软件，主要的导航接收机，尤其是CORS参考站接收机的制造商，在其软硬件产品中均提供了对NTRIP协议的支持。

NTRIP协议分散在CORS系统中，由NtripSource、NtripServer、NtripCaster、NtripClient四部分构成。因为只有在配置CORS数据中心软件时才有可能接触到，故限于条件，我们不再深入探讨，感兴趣的读者可搜索相关资料做进一步了解。

思考题

1. 什么是CORS？构建CORS的主要目的是什么？

2. 请简述CORS的运行框架，其核心组成是什么？

3. CORS数据中心的功能有哪些？

4. 请结合网络资料，总结GPSNet软件（或TopNet+）的主要工作流程。

5. 请结合网络资料，就某一款产品，阐述CORS网中，作为流动站产品的性能与相关指标。

6. CORS使用的主要通信协议是什么？请简述其特点。

第 10 章

定位导航实验

学习卫星导航定位技术的独特性在于，不仅仅需要了解严密的理论知识，还需要掌握一定的软件与硬件技术，才能较为透彻地了解并掌握这门课程的内容，因此实验环节是本课程学习过程中不可缺少的内容。为了让读者能较好掌握前面所学的理论知识，本章编写一些实验，结合 OEM 导航板卡，重点练习对硬件的了解和软件算法的编程实现过程，从而达到对导航定位技术融会贯通的目的。

就本章实验部分与前面讲授的相关性而言，本章 10.1 节对应本书前四章讲授后的一次实验。第 1 章讲授了卫星导航的发展历史，第 2 章和第 3 章讲授了时间与坐标系统，第 4 章则讲授了卫星导航系统的组成以及信号结构。讲完此四章后，原则上我们应该对整个卫星导航部分的星座构成、卫星在轨的运行、它所发射的信号内容，以及用户收到这些信号后，如何得到所观测卫星的轨道信息和在轨位置有清晰的了解，因此第 1 节实验的目的就是基于用户收到的导航电文计算卫星在轨位置，从而为用户定位计算提供第一项也是最为重要的一项已知数据。整个计算过程中会接触到坐标系统及转换，时间与卫星在轨位置的关系等内容。

第 1 节实验部分，仅使用了一颗卫星的数据，并且采用的是已有的导航电文数据，如果想要得到更多的卫星数据，最好自己动手来观测数据，因此第 2 节实验内容，开始介绍卫星定位板卡以及如何使用定位板卡获取星历数据。

实验课使用 OEM 板卡而非成型产品的理由是：一方面成型的导航定位产品价格比较贵，而且并未向用户开放低层次的导航定位信息，换言之，很难进行二次开发。例如不为用户提供读取导航电文的指令，原因是普通用户没有这方面的应用需要。另一方面，板卡相对于成型产品价格要低，而且它主要是针对开发用户研发的，可以向二次开发用户开放几乎所有的卫星导航信息，甚至最底层的二进制导航电文、测距码信息等。作为专业课程的学习，理所当然应该从 OEM 板卡着手，了解其性能参数、相关指令以及如何进行二次开发等内容。

但是，遗憾的是目前我们所能得到的课程支持条件非常有限，同时考虑到应该推动国内相关产业的发展，因此，实验课程选用尽可能廉价，但性能较好、能满足我们课程教学需求的产品。通过多方了解比对后，我们选用的是国内一家普通厂商的产品，名为北斗时代公司所提供的 BGG90 系列板卡中的一款产品。

在这款产品的基础上，第 2 节的实验内容，首先对该板卡做些介绍，重点是如何将该板卡组装为一款可以允许电脑读取信息并进行计算的装置，其次对板卡的常用指令以及 NEMA 数据格式的读取等进行简要讲解。

第 3 节实验是在第 5 章与第 6 章的内容基础上进行的单点定位实验，着重练习各误差项的处理、坐标转换以及单点定位方程的求解等内容；第 4 节实验是在第 7 与第 8 章所讲内容基础上进行 RTK 差分实验，但限于课程的学时，我们不再对 RTK 相关的具体方程解算展开叙述，仅着重介绍 RTK 系统的组建过程，通过分析定位实验采集的数据，了解 RTK 的定位的特点与精度。

10.1 卫星轨道位置计算与可视化

由本书第 4 章内容可知，用户可以接收到卫星实时发送的导航电文，导航电文的内容包括很多信息，如卫星的轨道参数、健康状况、时间参数等，由导航电文可以准确地计算出给定时刻卫星在轨道上的具体位置，即卫星在天球坐标系或地固坐标系中的三维坐标值。

我们在实验课上的目标并不仅仅是按流程把数值算出来，而是期望有一个直观的可视化表达，从而有助于我们透彻认识导航卫星在轨的运行状况及在特定时刻其所在的具体位置。为此该部分实验要完成以下几方面的内容：① 实验的编程环境；② 卫星轨道位置计算步骤及说明；③ 基础程序框架搭建；④ 导航电文参数文件说明；⑤ 三维可视化要点介绍。下面我们分小节，对每一部分加以阐述。

说明：作为实验部分，主要目的在于引导大家自己动手，因此并不将所有过程和代码放在正文，需要的读者，请参考本书提供的网络资料(扫描二维码获取)。

下面的实验部分内容，在学习过程中，最好对照网络资料中的程序代码进行阅读，否则有些地方不易理解。网络资料中的程序在目录\Exmprj 中，子目录\PrjFrame 中包含的是用于练习的程序框架，而子目录\PrjFinished 中是完成后的程序，供读者在练习过程中参考。

10.1.1 实验的编程环境

在本课程的教学中建议使用 C++进行实验课的编程，其主要原因有以下几方面：

① C++语言代码结构清晰、逻辑性强、编程灵活；

② 在所有的编程语言中，执行效率最高；

③ 由于导航板卡的二次开发需要读写串口，C++语言易于兼容串口代码；

④ 三维可视化软件包目前最易于掌握的属于 OpenGL，它在 C＋＋语言中易于使用；

⑤ C＋＋具有微软提供的强大编译环境 Visual Studio（下文简称 VS），使代码的编写尤其调试十分方便，这一点其他编程环境无法替代。

为此，本实验课使用以下软件：微软 VS2015 版本及以上，即 VS 版本 14.0 及以上，如 VS2019；三维可视化软件使用 OpenGL 版本 1.0 即可。（注：微软公司的 Visual studio community 是一套非商业编程开发环境，可从网址 https://visualstudio.microsoft.com/zh-hans/ free-developer-offers/下载最新版本。本书定稿时最新版本为 VS2022，资料中提供的是 VS2015 版本下编辑的工程文件，在提交定稿时，作者又在 VS2022 环境下进行了重新编译，具体使用时请参考网络资料中的详细说明。）

本节实验数据由 RINEX 格式的导航电文文件中导出，具体可以在附件资料中查找，文件目录及文件名为 data/sat_nav_data1.txt。

实验开始前在电脑上安装好 VS2019（使用 VS2022 环境，虽然创建工程的界面稍有不同，但所创建的 Window 桌面程序的基础框架结构与 VS2019 完全一致）。为节省篇幅，我们假定你具备使用该编译环境的基本知识，否则建议在课外稍花些时间学习一下该编译环境的使用，入门比较简单。

在电脑上完成安装后，运行 VS2019 程序，在程序启动的对话框中选择创建新项目，如图 10-1 所示，在左图选项中找到并选择“Windows 桌面应用程序”，点“下一步”按钮，则进入右侧对话框，在对话框中的“项目名称”与“位置”条目窗中输入新建项目的名称和保存的目录，点击“创建”即可。

图 10-1　在 Visual Studio 中新建 Win32 项目

通过 VS 编程环境，我们创建了一个基本的程序框架，下面对程序框架稍做解说，方便实验的进一步开展。

10.1.2 基础程序框架构建

熟悉 VS 的读者,可以忽略这一段的内容,但很多大学低年级的同学对它的使用并不熟悉,然而本课程的目的是为了让同学掌握导航知识,并非花时间练习编程,所以,在本节我们对 VS 创建的默认程序框架仅进行简单的介绍,重点介绍编写卫星导航定位实验所用的基本类与数据结构,以作为实验的基础。

基于图 10-1 所示对话框,建立新的项目后,我们已经拥有了一个简单的程序框架,下面就该框架的使用,给出几点主要说明。

如图 10-2 所示,完成 VS 默认创建的程序之后,在 VS 中打开"解决方案资源管理器"就可以看到所建项目默认包含的所有文件类型,我们构建的主文件就是图中主窗口中打开的 GPSWin32. cpp 文件。

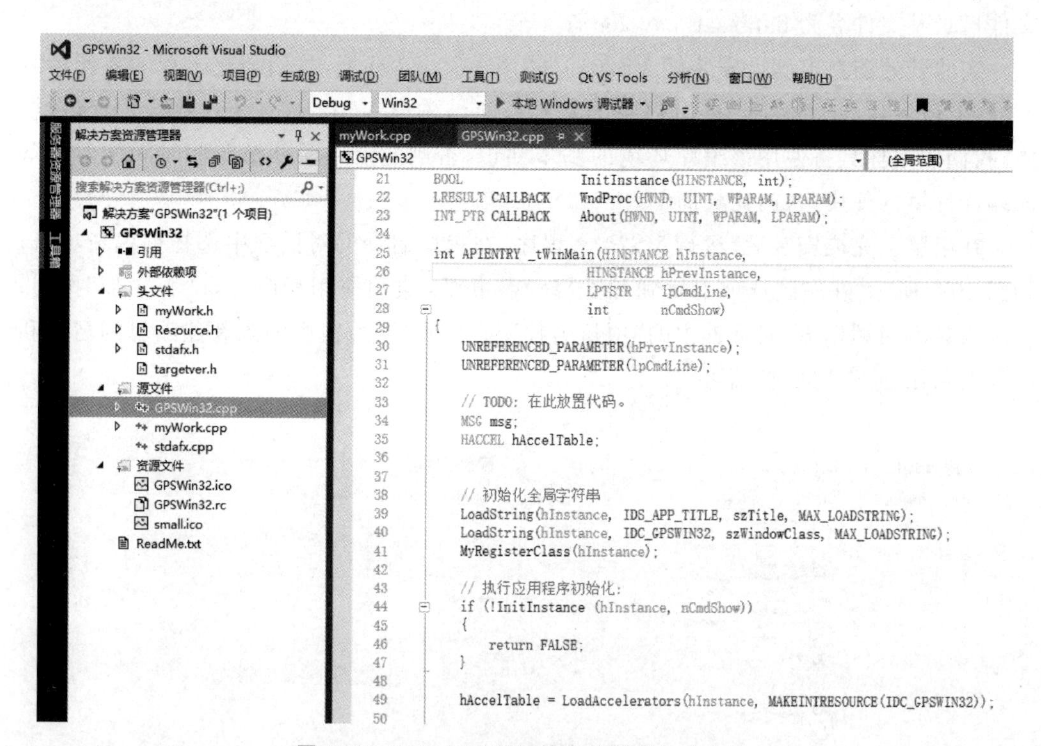

图 10-2 GPSwin32 项目的文件列表与主文件

在 GPSWin32. cpp 中,所有代码目前均由 VS 自动生成,对我们实验而言,最重要的函数有两个:

① 整个程序的入口函数_tWinMain(…),在该函数中要关注的是 While 循环,其初始代码如下:

```
BOOLdone = FALSE;
while (! done){
    if(PeekMessage(&msg,NULL,0,0,PM_REMOVE))  {
        if (msg.message = = WM_QUIT)  //Have We Received A Quit Message?
        {done = TRUE;             //If So done = TRUE
        }
        else{
            TranslateMessage(&msg);
            DispatchMessage(&msg);
        }   }
```

该循环的功能就是不断处理来自用户的各种响应操作及消息，并把操作系统的消息转发给函数 WndProc(…)。

② 程序的主消息处理函数 WndProc()，该函数的主体是由一个 switch case 表达式组成的结构，分别响应来自用户对程序操作的指令，其中：

case WM_COMMAND 选项响应所有来自用户对菜单与工具栏的操作指令，如 IDM_ABOUT 表示在菜单中点击“关于”条目，IDM_EXIT 则表示在菜单中选择了“退出”条目。

case WM_PAINT 选项则表示窗口需要被重新绘制，由操作系统或用户使用 InvalidateRect()这样的函数去触发程序调用该消息选项。由于我们目前创建的程序，其窗口只是一个普通二维文本或点线绘制窗口，所以，原则上所有要在这个窗口中展示的内容，所用的相关代码均应该放在该 case 条目下。

Window 程序的系统或窗口消息有很多，WndProc()函数中的 switch case 表达式中，创建程序时默认生成的目前只列出两三项，所以，作为用户，我们需要知道完成什么工作，需要在 switch 中加入其对应的 case 消息项，以方便在程序中进行相关处理。

例如：如果我们需要程序响应键盘消息，则应该添加键盘消息项 case WM_KEYDOWN 或 case WM_KEYUP，如果要让程序响应鼠标操作，则应该添加 case WM_LBUTTONDOWN 或 WM_MOUSEMOVE 等消息项。在该项实验中我们目前仅使用两个键盘消息，也就是说，我们编写的程序只对键盘消息有响应。

由于 WndProc()函数响应系统和用户的所有操作，因此在 WndProc()中处理所有按键触发的工作，可能会导致程序无法及时响应其他类型消息。为此，在 WndProc()中我们仅记录用户所按下或释放的键盘，而在程序主函数_tWinMain()的 While 循环中处理具体工作。在 While 循环中处理的主要目的是让程序在处理完系统消息之后再处理用户的操作，从而尽可能使程序在外观上，令用户看来其运行状态良好。

下面直接给出在图 10-1 所示默认情况下创建的程序基础之上，实验课需要添加的内容。

(1) 添加供用户交互用的键盘操作及响应(具体代码文件请参考本书网络资料)

① 在 GPSWin32.cpp 中定义一个全局变量 bool keys[256],用于存储用户所有的按键操作,bool 型表示一个键是否按下或释放。

② 在函数 WndProc()中,参考前面内容,添加如下代码:

```
case WM_KEYDOWN:
    {
        keys[wParam] = true; //此处存储按键项
    }
    break;
```

③ 在_tWinMain()函数的 While 循环中,添加如下代码:

```
if(PeekMessage (&msg, NULL, 0, 0, PM_REMOVE)){
… //此处代码省略
}
else //以下响应按键,调用自己编写的函数,处理轨道计算
{
    if(keys['D']){ //当用户按下键 D 时进行下如操作
        … //此处调用自己的函数
        keys['M'] = false;
    //每次调用结束后取消按键,否则程序可能再次进入该 if 项
        }
    if(keys['M']){
        … //此处调用自己的函数,处理绘图相关的工作
        ::InvalidateRect(0, 0, false); //强制让程序重新刷新绘图窗口
            }
        keys['M'] = false;
        }
}
```

(2) 添加用于轨道计算的自定义类型

为了方便管理并添加计算卫星轨道位置的代码,我们在"解决方案资源管理器"所列的文件目录树中,找到"源文件"项,点击鼠标右键,选择右键菜单中的"添加→新建项",然后选择 cpp 类型,输入自己命名的文件名即可。

在本示例中,我们创建的用于管理轨道计算代码的文件,是目录树中在"源文件"项下面与 GPSWin32.cpp 并列的 myWork.cpp 文件,如图 10-2 所示。

当然我们也可以添加与该 cpp 文件同名的 h 文件，用于管理用户自定义的变量、结构以及类。但对于初学者而言，文件少一点便于管理，所以我们直接使用新建项目过程中 VS 自动为我们创建的头文件 GPSWin. h，将自己定义的变量、结构和类添加到该文件中，由于该文件主要内容是我们实验过程中自己编写的工作，故为了与 myWork. cpp 相互对应，在目录树"头文件"中找到该文件，将其重命名为 myWork. h（结果如图 10-2 所示）。在该 h 文件中主要添加以下内容：

① 定义常量用于轨道位置计算，目前用到的常量有如下三个：

```
#define omega_e7.2921151467e-5    //WGS-84 坐标系下的地球自转速度
#define GM3.986005e14    //地球质量引力常数
#define PI 3.14159265758f    //圆周率
```

② 定义存放轨道参数的结构体，我们定义为：

```
struct Ephemeris {
    double M0;    //toe时刻的平近点角
    double rA;    //轨道半径
    double e;    //轨道偏心率
    double omega;    //升交点赤经
    double I0;    //轨道倾角
    double omega_dot;    //升交点赤经变化率
double I_dot;    //轨道倾角变化率
…//为节省篇幅，此处我们略去其余参数，详细请参考附件代码
};
```

我们取名为 Ephemeris 的目的是，这些参数是星历的一部分，除了轨道参数，还有时间参数，后续计算还会涉及其他参数。

③ 由于我们要处理的是卫星轨道，故应该定义一个卫星类用于管理卫星轨道与位置相关的信息，定义如下：

```
class CSatellite{
public:
    short id;    //定义当前卫星的标识符，用于与其他卫星加以区别
    CSatellite();    //卫星类的构造函数
    double xc, yc;    //卫星在平面轨道中的位置
    double X, Y, Z;    //卫星在三维空间的位置
    double E;    //卫星当前位置处的偏近点角
};
```

④ 为了方便程序处理计算,我们需要定义处理数据的操作类,此处我们简单地命名为 CUser,主要定义的内容如下:

```
class CUser{
public:
    CUser(); //类构造函数,可用于初始化相关变量
    void readEphemeris( ); //读取轨道参数
    nt runt; //设置模拟卫星在轨运行的时间步长

public:
    CSatellite * sate; //定义卫星类的变量用于管理卫星数据
    Ephemeris ephemeris; //定义卫星星历(即轨道)参数变量
    bool datahasRead; //用于判断数据是否已经读取
    bool posProcessed; //用于判断数据是否已经处理

    void processData(); //处理数据主函数
    void CalculateSatPosition( ); //计算卫星在轨位置
};
```

原则上我们只需要定义一个数据处理函数 processData 即可,但我们希望能看到随着时间的推移,卫星在轨道上位置的变化情况,所以,我们将读取数据的部分与计算位置的部分分开在两个函数 readEphemeris( )和 CalculateSatPosition( )中,轨道参数数据只读取一次,而位置计算可随时进行。

10.1.3 星历参数数据的读取

考虑到大家第一次接触星历数据,同时兼顾到编程处理的方便,在此对星历参数的使用稍做介绍。

从导航板卡中直接读取并转为 RINEX 格式的星历文件(导航文件)及其格式,我们在第 4.3.2 节中有过介绍,然而在计算卫星轨道位置时,并不需要读取导航文件中一个完整的数据块,因为轨道位置计算并不需要 RINEX 文件中一个完整记录中的所有参数。下面仅将用于这次实验计算的参数提取归纳到一个文件中,这个文件就是网络资料中 data 目录下的文件 sat_nav_data1. txt,如在记事本软件中打开,其内容展示如下(图 10-3 中展示和该文件中各数值对应的变量名称。与 RINEX 文件中完整的数据块(如第 4 章表 4-4 所示)相比,去除了该实验中用不到的参数,为方便对照,基本保留了原数据块的排列结构):

```
                      .744687500000e+02   .453983195937e-08   .867676106718e+00
 .375136733055e-05    .852351076901e-02   .225193798542e-05   .515364404106e+04
 .302400000000e+06   -.745058059692e-07  -.155031719408e+01   .912696123123e-07
 .968004106765e+00    .339031250000e+03   .888862809024e+00  -.851249743683e-08
 .158935191717e-09    .558793544769e-08   .295206000000e+06
```

	C_{rs}	Δn	M_0
C_{us}	e	C_{us}	$\sqrt{A}$
t_{oe}	C_{ic}	Ω	C_{is}
I_0	C_{rc}	ω	Ω_{dot}
I_{dot}	T_{GD}	t_{om}	

图 10-3　实验数据文件 sat_nav_data1. txt 中数据项对应的轨道参数表，表中各参数由原 RINEX 文件记录块中去掉了轨道计算不用的参数

数据由文件 sat_nav_data1. txt 中读取的方法，原则上在学习 C 语言或 C++语言的过程中已经掌握，下面给出两个示例，完整的读取方法可参看网络资料中程序代码。

数据读取代码示例一：

```
double * data = new double[30];
int length = 0;
FILE * file;
fopen_s(&file, "../data/sat_nav_data1.txt","rt"); //../data 为省略文件路径，表示目录 data
的位置与当前项目路径目录 GPSWin32 平行；如写为 ./data，则所读文件应位于路径目录 GPSWin32 下面
（注：请留意此目录中的省略点号的个数差异）。
while(! feof(file))
    fscanf_s(file, "%lf", &data[length++]);
fclose(file);
//以下将读取的数值赋给星历结构变量 ephemeris
ephemeris.Crs = data[0];
ephemeris.dn = data[1];
...
```

数据读取代码示例二：

```
Ephemeris ep
fstream file("../sat_nav_data1.txt");
if (file.is_open())
{
    file >> ep.Crs >> ep.dn >> ep.M0 >> ep.Cuc
        >> ep.e >> ep.Cus >> ep.rA >> ep.toe
        >> ep.Cic >> ep.omega >> ep.Cis >> ep.I0
```

```
        >> ep.Crc >> ep.w >> ep.omega_dot >> ep.I_dot
        >> ep.Tgd >> ep.tom;
    file.close();
}
ephemeris = ep;
```

读取数据的代码编写在 CUser 类的函数 readEphemeris()中,读取的数据赋值给 CUser 类中的 ephemeris 变量用于后续处理。

为了判断数据是否读取成功,我们可使用一个 bool 型变量,作为 CUser 类的成员,在成功读取数据之后,将其值设为 true,从而在重新计算卫星轨道位置时,无须由文件重新读取数据。

10.1.4 卫星轨道位置计算流程

该部分是第 1 节实验的主体,卫星轨道位置计算的完整代码需要实验者本人按书中第 4 章所讲的内容进行编写,在此我们仅给出归纳后的计算步骤,并对其中计算时可能遇到的难点给出讲解,如对编写感到困难,请阅读网络资料中对应程序代码。具体算法步骤如下:

① 计算卫星在轨运行平均角速度:$n_0=\mathrm{sqrt}(GM/rA^3)$

② 计算改正后的角速度:$n=n_0+\mathrm{d}n$

③ 计算观测时间与星历发布时间之差:$\mathrm{d}t=\mathrm{obsert}-t_{oe}$

关于观测时间,我们在定位部分的实验时再详细说明,此处观测时间 obsert 取 t_{om} 或 t_{oc}。作为实验,我们也可以取 t_{oe}之前或之后的任意时刻,如令 $\mathrm{obsert}=t_{oe}+1200$,即假定观测时间发生在星历发布时间之后的 20 min,因 t_{oe} 的单位为秒,故我们加 1200 秒;如取 $\mathrm{obsert}=t_{oe}-1800$ 时,即为 t_{oe}发布之前的半小时。

④ 计算平近点角 $M=M_0+n\times \mathrm{d}t$

⑤ 由平近点角计算偏近点角,原方程式为

$$E=M+e\sin E$$

很明显,由于第 4 章所给出的方程式,对于变量 E 而言,无法按常规已知变量求未知变量的方式去求解,故在此采用迭代法解决这一问题,下面给出的是一种用牛顿迭代法求解的计算形式:

首先取 $E_0=M$;

然后由 E_0 计算 E_1,再由 E_1 计算 E_2,直到第 n 次与第 $n-1$ 次计算的结果差,即 $E_n-E_{n-1}<\varepsilon$ 为止,ε 为事先给定的一个阀值,如取 $\varepsilon=10^{-8}$。

计算的迭代式为

$$E_n = E_{n-1} - (E_{n-1} - e\sin(E_{n-1}) - M)/(1 - e\cos(E_{n-1}))$$

⑥ 由偏近点角计算真近点角：

$f=\mathrm{atan2}(\sin f, \cos f)$，其中 f 的详细计算式见第 4 章 4.3.2 节公式(4-12)。

⑦ 由真近点角 f 和近地点角距 w 计算升交角距：$u=w+f$

⑧ 计算卫星到地心矢径：$rt=A[1-e\cos(En)]$

⑨ 计算观测时刻的轨道倾角：$It=I_0+I_{\mathrm{dot}}\mathrm{d}t$

⑩ 计算升交角距 u、卫星矢径 r 以及卫星轨道面倾角 i 方向的摄动量 $\mathrm{d}u$、$\mathrm{d}r$、$\mathrm{d}i$，计算所用的具体公式为第 4 章所列公式(4-13)，得到摄动量之后，则可求得最终的升交角距 U、卫星当前位置的轨道半径或地心半径 R、以及观测时刻的卫星轨道面倾角 I：

$$U=u+\mathrm{d}u;\quad R=rt+\mathrm{d}r;\quad I=It+\mathrm{d}i$$

⑪ 计算观测时刻卫星在其平面轨道内的坐标：

$$x=r\cos u;\quad y=r\sin u$$

⑫ 计算地球真实坐标系下的升交点经度：

$$L=\mathrm{omega}+\mathrm{omega\_dot}\times \mathrm{d}t-\mathrm{omega\_e}\times \mathrm{obsert};$$

得到 L 值之后，则可利用第 4 章公式(4-20)将卫星轨道平面坐标转换为观测时刻地球坐标系下的三维坐标。如在知道极移值的情况下，可再将此观测时刻的三维坐标转换到协议地球坐标系下。由于查找观测时刻的极移值并不方便，故我们省略到协议地球坐标系下的转换计算。

10.1.5　卫星轨道位置的二维可视化

我们创建完成的是一个普通的二维窗口程序，尽管前面我们得到的是三维坐标，然而只能绘制出其中二维平面上的投影，在程序文件 GPSWin32.cpp 中的主过程函数 WndProc()中，我们在消息选项 WM_PAINT 下，使用几个简单的二维绘制函数即可给出卫星的在轨位置在 XY 平面的投影：

```
case WM_PAINT:
    hdc = BeginPaint(hWnd, &ps);
    //此处绘制两条直线用于表示坐标系
    //因简单且限于篇幅故略去
    //…
    if(myWork.posProcessed)//为避免出错添加该判断条件,仅在计算完成后绘制
    {
        ::TextOutA(hdc, 10, 10, "数据处理已经完成", 16);
        //我们使用 M 键改变观测时刻,并重新计算卫星的位置,该循环绘制所有已经计算出来的
轨道位置,从而可以看到完整的轨道曲线
```

```
        for (int i = 0; i < myWork.trackCount - 1; i++)
        {
            POINT3D pos = myWork.sate[0].posTrack[i];
            satx = pos.x / 100000 + 300;
            saty = pos.y / 100000 + 300;
            ::Ellipse(hdc, satx - 3, saty - 3, satx + 3, saty + 3);
        }
        //绘制当前时刻的卫星位置
        satx = myWork.sate[0].curPosition.x / 100000 + 300;
        saty = myWork.sate[0].curPosition.y / 100000 + 300;
        ::Ellipse(hdc, satx - 6, saty - 6, satx + 6, saty + 6);
    }
    EndPaint(hWnd, &ps);
```

该段代码中，myWork 是 CUser 类的变量，用于用户调用管理所有的工作函数；sate[0]是卫星类数组的第一个变量，因当前仅处理一颗卫星，故 sate[0]实质上表示当前处理的卫星；posTrack 数组用于记录所有计算过的位置；curPosition 用于记录当前时刻卫星的位置。我们用一个简单的 Ellipse 函数，将卫星的位置绘制成椭圆状。代码中 100 000 与 300 两个整数，用于将真实轨道坐标转换到当前窗口适合显示的比例尺和位置。

卫星星历参数中，有些参数的单位含有半圆(semi-circles)，如第 4 章表 4-2 所示。故在实际计算时，需要对这些参数值乘以 π(=3.1415926…)，后来有些 RINEX 转换程序会自动调整这些单位，故计算时无须再乘以 π，具体应视实际所获取的导航数据而定。

本书实验中所用数据为 2019 年 9 月接收，导航参数转换处理过程已经对半圆单位进行了处理，故计算过程无须再做半圆单位转换，直接基于 10.1.4 小节计算步骤即可得到真实地球坐标系下的三维坐标。图 10-4 所示为使用上面代码绘制的卫星在轨位置随观测时间增加而呈现出的轨迹。

图中左边显示的轨迹似乎并非我们期望中的椭圆，这里大家需要了解，卫星轨道的椭圆形状事实上是指在天球坐标系下的情况。在前面 10.1.4 节的计算过程中，如不考虑极移，事实上，我们仅考虑了真天球坐标系与真地球坐标系之间的关系，随着观测时间的变化，两者之间会存在由于地球自转而产生的旋转关系。因此，图 10-4 中左图为椭圆轨道随地球绕 Z 轴旋转被拉伸后再投影到 XY 平面的结果(如选择 XZ 或 YZ 平面，则投影后的结果与此不同)，为了显示其椭圆形状，我们只需去除地球自转产生的变化项，即去除 10.1.4 节计算过程中，第 12 步骤中升交点经度 L 计算式中的 omega_e * obsert 部分。由此可得到图右椭圆轨道在 XY 平面的投影，则其投影到 XY 平面上仍为一个椭圆。

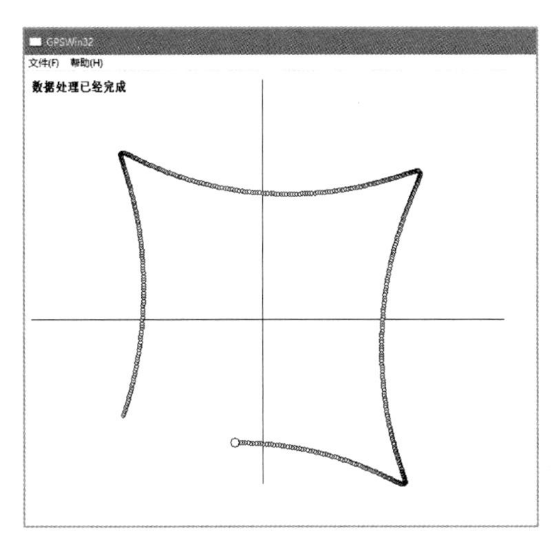

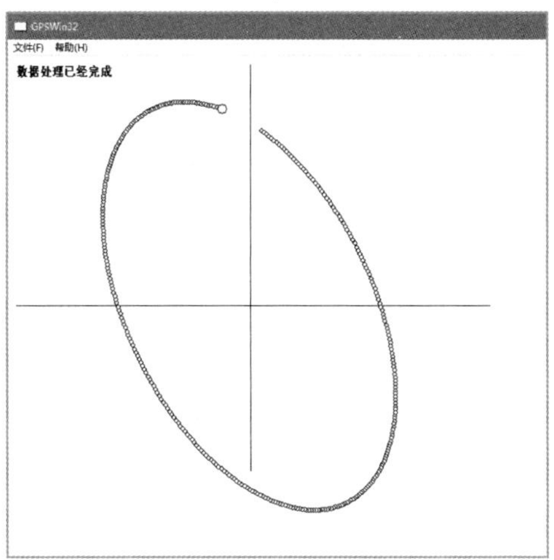

图 10-4　卫星轨道位置三维坐标在 *XY* 平面上的投影轨迹

左图为真地球坐标系下的三维坐标投影,右图为在真天球坐标系下的三维坐标投影。

我们知道 GPS 卫星的轨道运行周期约为 12 h,在程序中我们取观测时间增长的步长为 2 min(该步长在代码中实际值设为 120,因为 t_{oe} 等参数的单位为 s),则完成一个周期的循环的步长总次数为 360。如果要将图 10-4 中左图的轨迹曲线完全闭合,则至少需要 720 次,即两个椭圆轨道周期的计算。这是由于地球自转一周需要 24 h,恰好约为卫星轨道周期的 2 倍,图 10-4 左图中观测时间的变化并未达到 24 h,故轨道并未闭合。事实上,随观测时间或 t_{om} 与星历发布时间 t_{oe} 之间差值的增加,计算所得轨道位置会产生误差累积,与真实的轨道位置会相差越来越大。实验中的椭圆轨道位置随时间长期变化只是数学上的结果,与 t_{oe} 相差较远后,无法视作可靠的卫星轨道。

关于完整的实验代码,请参看网络资料中目录为 GPSWin32Finish 的例程 GPSWin32。

基于以上内容,作为练习,请完成本章末尾实验课练习作业部分的第 1 题。

10.1.6　三维可视化基础程序要点介绍

二维窗口无法直观地显示卫星在轨位置,作为实验课我们希望能直观地展示卫星在轨位置、星座运行状态以及接收机的定位过程等,考虑到三维可视化技术已经相当成熟,为此引入三维可视化技术作为实验课的一种基础手段,但考虑到本科低年级同学可能尚未学习该项技术,在此将最基础的要点知识加以介绍,方便读者理解后面的内容,如对该部分熟悉的读者可跳过该节。

三维可视化编程相对于二维窗口中绘制一些简单的几何图案要复杂得多,在此介绍的是最原始、最朴素的三维可视化工具——OpenGL 1.1 版本中包含的一些基本绘图内容。

OpenGL 最早是由 SGI 公司为其图形工作站研发，名为 IRIS GL，在向其他平台移植时做了进一步开发，改名为 OpenGL，后来成了三维图形软件接口的一个工业标准，全名为 Open Graphic Library，即开放图形库。1992 年 7 月，SGI 发布了 1.0 版本，1995 年发布了 1.1 版本，2006 年发布了 2.1 版本，目前最新版本是 2014 年发布的 4.5 版本。OpenGL 是一套基于 C++语言的 API，由数百个函数构成。基于 OpenGL 接口函数，用户可以很方便地开发面向三维环境所需的各种视觉效果，如透视、光照、阴影、纹理、透明、镜像、雾化、粒子等。OpenGL 是跨平台的函数库，在 Windows、Mac、iOS、Android 等环境均可使用。不仅 OpenGL 在不断升级发展，同时还有大量基于 OpenGL 之上开发的高级三维图形软件包，如 OSG、QtOpenGL 等，有了 OpenGL 的基础，以后可以更好地学习并掌握这些高级软件包的使用。

1. OpenGL 使用环境搭建

关于 OpenGL 软件的详细使用以及相关的三维绘图原理，请参考其他书籍或网络资料，初学者可参考网址 https://www. khronos. org/opengl/wiki/Main _ Page，尤其 http://nehe. game dev. net/ 上面的内容，请从低版本的 OpenGL 学起。

Nehe OpenGL 教程为初学者提供了非常详细的编程讲解，其网页上提供的老程序示例共有 48 课，标题为 “Legacy Tutorials”，感兴趣的读者可进一步学习阅读。本书实验用的 OpenGL 程序框架建立时参考了 http://nehe. gamedev. net/tutorial/creating_an_opengl_window _(win32)/13001/ 上的内容，即其中 lesson1 的代码，对各部分详细的讲解请参考该网页。

我们在 10.1.5 节已经完成了卫星轨道计算及二维可视化，因此三维可视化的工作要在前面已经完成的程序基础上进行。具体实现步骤如下：

① 复制项目工程 GPSWin32 文件夹及下面所有内容，将工程文件重新命名，在本实验中取名为 GPSWin32Openglv1，具体请参考网络资料目录 Exmprj/PrjFrame 下面的内容；

② 在 VS 中打开复制后的工程项目，在解决方案资源管理器中，将解决方案名、项目名均改名为 GPSWin32Openglv1；

③ 除了文件 myWork. h、myWork. cpp 之外，删除头文件、源文件以及资源文件目录下面的所有文件，并在源文件下，添加名为 GPSWin32Openglv1. cpp 的新文件；将 NeHe 教程 Lesson1 中的代码内容拷贝到该 cpp 文件中，用于后续修改；同时在 myWork. h 和 myWork. cpp 中将前几行不再引用的. h 文件删除；

④ 点击解决方案管理器中项目名“GPSWin32Openglv1”，然后打开鼠标右键菜单，点击“属性”项打开项目属性对话框。如图 10-5 所示，在目录 c/c++→预编译头选项中

找到对应项，更改为不使用预编译头文件。

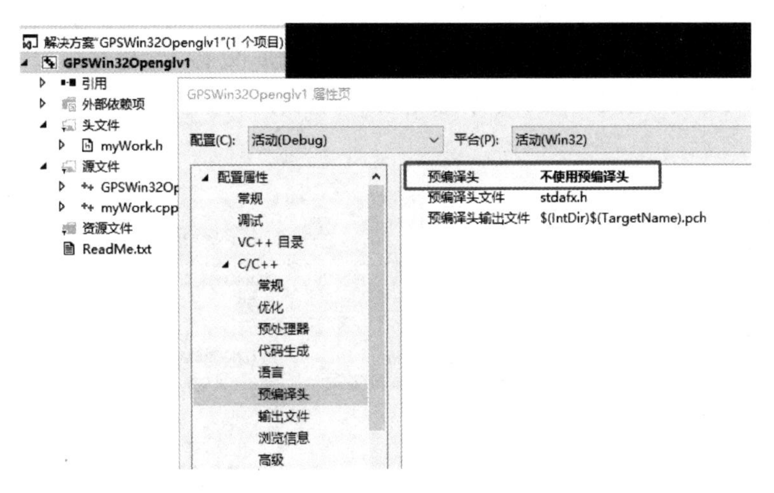

图 10-5　去除拷贝后项目的预编译头

由此可以简化程序的复杂性，去除一些目前不必要的文件。

⑤ 前面提到为了实现三维编程，我们要使用 OpenGL 软件包，由于 OpenGL 版本很经典，所以 Windows 操作系统一般都包含这些文件，但为避免编程过程中出现不必要的麻烦，在附件中为大家提供了包含在文件夹 GL_Inc_libs 下的所有实验用到的头文件、lib 文件和 dll 文件，请将该目录拷贝到当前工程所在的目录下。

⑥ 如图 10-6 所示，打开项目属性对话框，找到左侧目录中 c/c++→常规选项中的"附加包含目录"项，输入"../GL_Inc_libs/include;"，注意必须以分号";"结尾。"../"表示当前引用的目录与我们使用的工程文件夹平行，否则不应使用该省略项。

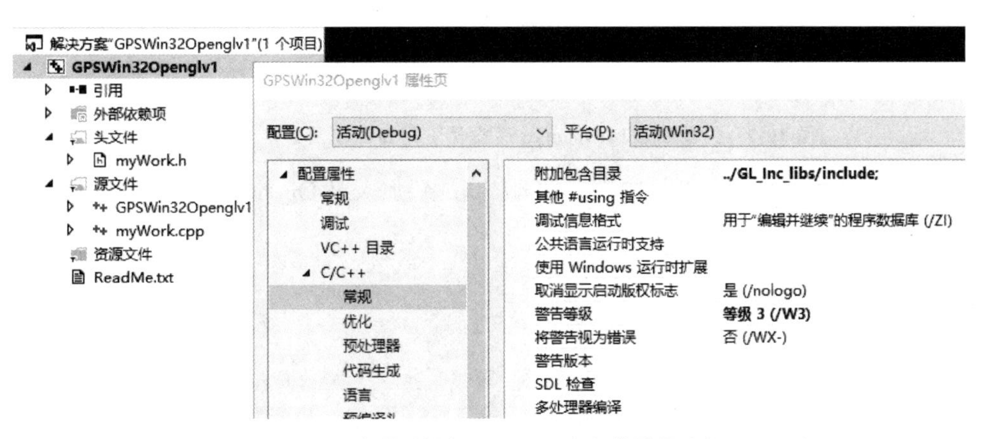

图 10-6　为项目添加 OpenGL 头文件引用路径

⑦ 除了头文件，我们还需要为工程添加库文件的引用目录以及具体要使用到的

OpenGL 库文件名，该添加过程与图 10-6 所示相似，在属性对话框左侧目录中找到“链接器→常规”中的‘附加库目录’项，输入“../GL_Inc_libs/lib;”；然后找到“链接器→输入”中的‘附加依赖项’，输入“opengl32.lib; glu32.lib; glaux.lib;”，请注意各 lib 文件中间使用分号分开；完成以上工作后，点击‘确定’即可，具体操作请参考图 10-7。

图 10-7　为项目添加 OpenGL 库文件引用路径以及必要的库文件

⑧ 在程序主文件 GPSWin32Openglv1.cpp 中，加入对 OpenGL 头文件的引用，具体引用形式如下：

```
#include <windows.h>
#include <gl\gl.h>
#include <gl\glu.h>
#include <gl\glaux.h>
```

然后运行编译程序，原则上程序可以通过编译并能够正常运行，如果一切顺利的话，我们会看到一个黑背景的窗口程序。

⑨ 如果编译过程提示出错,需要做一些处理:

一般而言,编译过程出现的错误可能会有各种各样的情况,其中一项来源于老版本的 OpenGL 编程风格以及我们当前使用的 VS 编译版本之间的兼容性问题,如提示"不能从 const char * 转换为 LPCWSTR"时,此时可使用_T()宏来转换相关的字符串,并添加头文件 #include 〈tchar. h〉加以解决;

如果遇到提示 OpenGL 链接库存在兼容性的问题,可以 cpp 文件中顶部位置添加:#pragma comment(lib, "legacy_stdio_definitions. lib"),这种情况仅出现在特定的 VS 版本中。

⑩ 找到 WinMain( )函数,再找到该函数中所使用的两处 CreateGLWindow()函数,其中的字符串即为程序窗口名,我们可将其修改为"GPS Experiment Lesson Framework",而窗口大小可视自己所用显示器的情况而定,一般设为 800、600 较为合适。

由于 Nehe 教程 lesson1 没有添加任何绘制代码,为了让大家可以看到程序绘制的内容,我们在函数 DrawGLScene()中添加了几行代码,绘制一个绕竖轴旋转的三角形,如图 10-8 所示。完成后的程序框架请参考附件资料 Exmprj/PrjFrame/ GPSWin32Openglv1 目录下的工程。下面对 OpenGL 绘图所涉及的一些基本概念稍加介绍。

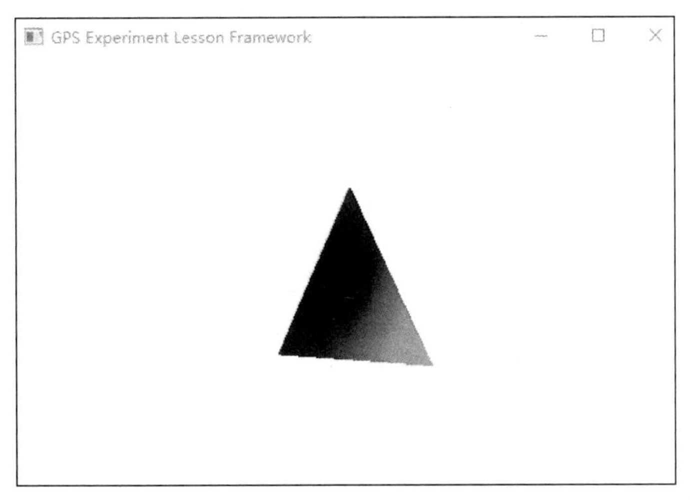

图 10-8　OpenGL 基本程序框架运行效果

2. OpenGL 基础概念及基本函数介绍

如果运行前面完成的程序框架的话,我们会得到图 10-8 所示的效果。下面来归纳一下 GPSWin32Openglv1. cpp 文件中的 OpenGL 程序框架结构。如果在当前代码窗口中,点击鼠标右键菜单,选择"大纲显示→折叠到定义",则可以看到如下页所示代码结构(所显示的函数名作者在整理编程框架仍然保留了由 Nehe 教程中所使用的名称,方便大家学习过程中对照)。

```
27     LRESULT CALLBACK WndProc(HWND, UINT, WPARAM, LPARAM);   // Declaration For WndProc
28
29   ⊞GLvoid ReSizeGLScene(GLsizei width, GLsizei height) { ... }
44
45   ⊞int InitGL(GLvoid) { ... }
55
56     float rot = 0.0f;
57
58   ⊞int DrawGLScene(GLvoid) { ... }
82
83   ⊞GLvoid KillGLWindow(GLvoid) { ... }
119
120  ⊞ /* ... */
125
126  ⊞BOOL CreateGLWindow(char* title, int width, int height, int bits) { ... }
254
255    LRESULT CALLBACK WndProc(HWND   hWnd,          // Handle For This Window
256        UINT     uMsg,            // Message For This Window
257        WPARAM   wParam,          // Additional Message Information
258  ⊞     LPARAM   lParam) { ... }
315
316    int WINAPI WinMain(HINSTANCE    hInstance,           // Instance
317        HINSTANCE    hPrevInstance,       // Previous Instance
318        LPSTR        lpCmdLine,           // Command Line Parameters
319  ⊞     int          nCmdShow) { ... }
---
```

其中 WinMain() 作为程序入口的主函数,调用 CreateGLWindow()创建一个适用于 OpenGL 进行三维绘制的窗口,包括定义与注册窗口类,定义新的像素格式、创建三维绘图句柄等,具体请参考相关资料,在此不再赘述。

CreateGLWindow()创建新窗口后,在显示窗口前,需要按定义的窗口大小进行三维绘图视口(即 View)的创建,包括该绘图视口的投影变换设置等,该过程通过调用 ReSizeGL Scene( )来实现,接着会调用 InitGL()函数来初始化当前绘图视口中的一些基本参数,包括诸如设置阴影的模式、设置视口背景颜色、清除深度缓冲、设置深度检测模式等。

在 WinMain()中由 CreateGLWindow()完成窗口创建及初始化之后,进入 while 循环,处理系统及用户的消息响应,在处理消息空闲的状态时,调用三维窗口绘制函数 DrawGL Scene(),此段代码如下:

```
while (! done){
if (PeekMessage(&msg, NULL, 0, 0, PM_REMOVE)){
    … //此处响应系统及用户消息,为节省篇幅在此不再列出
}
else{
```

```
if(active){
    if (keys[VK_ESCAPE])
        done = TRUE;
    else
      DrawGLScene( );
}
```

If 循环中的 else 项中调用 DrawGLScene()进行三维图形绘制，在此之前加入按键判断，如按下 Escape 键，则令 done 为 true，从而退出 while 循环，接着调用 KillGLWindow()函数，释放绘图设备并删除三维绘图句柄，然后删除窗口并注销窗口类，最后退出程序。如没有用户按键操作，程序空闲状态时，会不断进行三维窗口内容的绘制。

在实验过程中，InitGL()函数中的内容，基本无须修改，故在此我们略过不讲，函数 ReSizeGLScene 中的内容，在此稍加介绍。该部分代码如下：

```
glViewport(0, 0, width, height);
glMatrixMode(GL_PROJECTION);
glLoadIdentity();
gluPerspective(45.0f, (GLfloat)width / (GLfloat)height, 0.1f, 100.0f);
glMatrixMode(GL_MODELVIEW);
glLoadIdentity();
```

glViewport()函数创建一个视口，其参数定义视口左上角位置及视口的宽度与高度。在 OpenGL 中程序的窗口与视口(view)并不是同一个概念，一个程序窗口中可以创建多个视口，每个视口可单独绘制。多视口的使用在游戏程序中很多，如赛车游戏窗口中，采用多个视口显示供驾驶员查看的车前视野、反光镜视野、车后视野等。视口的原点坐标为程序窗口用户区的左上角。

在 OpenGL 中，通常假定我们要绘制的是一个三维场景(如图 10-9 所示)，该三维场景通过照相机投影的方式将三维场景变换到二维屏幕上，函数 glMatrixMode()中设置 GL_PROJECTION 参数，用于设置三维场景到二维屏幕的变换参数，具体的变换由 OpenGL 底层代码完成，首先调用 glLoadIdentity()将变换矩阵初始化为单位矩阵，然后调用 gluPerspective()设置透视变换所需的参数，主要包括相机的水平视角，上面代码中设为 45 度，参数(GLfloat)width / (GLfloat) height 为透视变换过程中的宽高比，选取当前视口的宽高比，可以确保窗口在调节大小的过程中，三维场景的宽度比与窗口保持一致；gluPerspective()中的后面两个参数，分别是透视锥体的前剪裁面和后剪裁面的位置，具体如图 10-9 所示。

图 10-9 左边展示的前剪裁面与后剪裁面中间的部分为待绘制的三维场景，再结合观

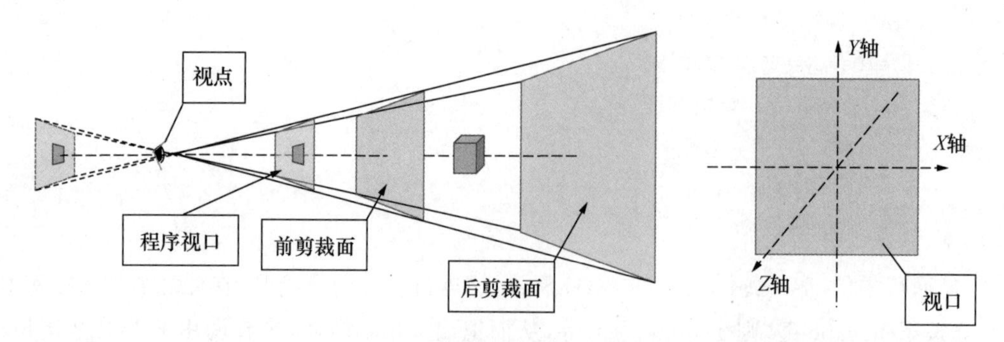

图 10-9　左图为 OpenGL 中三维场景到二维屏幕的投影原理，右图为 OpenGL 坐标系

察视点位置以及水平与垂直两方面的视角，产生了除前后两个剪裁面，还有上下左右另外四个剪裁面，从而由六个面共同构成了一个视锥体。在其之内的所有三维对象都将会被投影到屏幕上，所使用的投影变换矩阵由前面所述函数 gluPerspective() 中的四个参数决定。

图 10-9 右图展示的是以屏幕中心为参考绘制的 OpenGL 三维坐标系，此坐标系也是表达三维场景的坐标系。其原点位于程序窗口的中心，X 轴水平指向右，Y 轴垂直向上，Z 轴由屏幕指向外，其负半轴指向屏幕里面。如果要将目标移向远离我们观察视点的位置，则应该使其 Z 坐标负值增大，即往屏幕里面的方向移动。

由于同一个场景，可能并不仅只有一个观察者，当存在多个观察者时，就需要对每个观察者设置其视点变换参数；或者我们认为场景不动，而是观察者在变换，同样需要设置视点的变换参数，此时需要调用函数 glMatrixMode()，并设置其参数为 GL_MODELVIEW，将后续的所有变换操作设置为对模型坐标的变换。在我们所讨论的所有实验过程中，完成初始化之后，不再对三维场景做变换处理，后续所有的变换均可理解为是对模型坐标系变换，即均为 GL_MODELVIEW 参数下的变换，为简化问题，在我们的实验中，模型坐标与观察者坐标始终视为一致。

由于我们的实验程序比较简单，后续变换操作主要使用函数 glTranslatef、glRotatef 和 glScalef，为了便于编程理解，可将其操作看成是对所要绘制对象或模型的直接操作，即理解为通过这两个函数，直接对所绘制的对象在 OpenGL 三维坐标系下进行平移、旋转或缩放等操作。

完成上面所有工作后，可以进入正式绘图工作，即编写函数 DrawGLScene() 中的内容，该函数在 WinMain 中由 while 循环调用。供大家学习的参考程序中，提供的代码如下：

```
float rot = 0.0f;
int DrawGLScene(GLvoid){
```

```
    glClear(GL_COLOR_BUFFER_BIT | GL_DEPTH_BUFFER_BIT);
    glLoadIdentity();
    glTranslatef(0.0f, 0.0f, -6.0f);
    glRotatef(rot, 0.0f, 1.0f, 0.0f);
    glBegin(GL_TRIANGLES);  //Drawing Using Triangles
    glColor3f(1.0f, 0.0f, 0.0f);    //设置当前绘制颜色为红色
    glVertex3f(0.0f, 1.0f, 0.0f);    //设置顶点坐标
    glColor3f(0.0f, 1.0f, 0.0f);   //设置当前绘制颜色为绿色
    glVertex3f(-1.0f, -1.0f, 0.0f);   //设置三角形左下坐标
    glColor3f(0.0f, 0.0f, 1.0f);   //设置当前绘制颜色为蓝色
    glVertex3f(1.0f, -1.0f, 0.0f);   //设置三角形右下坐标
    glEnd();
    rot += 1.0f;
    SwapBuffers(hDC);  //切换显卡中的前后绘图缓冲区
    return TRUE;
}
```

在该段代码中首先使用glClear()函数，清除颜色缓冲区与深度缓冲区，这是OpenGL绘图机理所需。与二维绘图有所不同的是，在三维绘图过程中，只要程序不响应系统以及用户的操作，程序会不停地调用绘图函数，即在本程序中的DrawGLScene()函数，每次绘制需要擦除前面的内容，故需要调用glClear()函数。

接着调用glLoadIdentity()重置视点变换，再后面接着调用glTranslatef()和glRotatef()对后面所要绘制的三角形进行平移与旋转变换，如前所述，我们把这两个函数看作模型变换，即视点变换与对绘制对象变换完全一致。

glTranslatef(0.0f, 0.0f, -6.0f)将后面代码要绘制的三角形沿Z轴向远离视点的方向移动6个单元，glRotatef(rot, 0.0f, 1.0f, 0.0f)将三角形沿轴(0.0, 1.0, 0.0)即Y轴旋转rot度。rot是我们定义在绘图函数体前面的一个全局变量，在函数体末尾添加了代码：rot += 1.0f；即绘图函数每调用一次rot的值会增加1.0f，因此三角形的旋转角度不断加大，从而产生不停旋转的效果。

在OpenGL中，所有几何形体的绘制均由函数glBegin()引发、由函数glEnd()结束，一个完整的对象绘制代码应放在这两个函数的调用之间，如果要独立绘制多个对象，则每个对象的绘制代码可分别由glBegin()开始，由glEnd()结束。

具体的几何绘制定义由函数glVertexxf()定义一系列几何顶点，由函数glColorxf()定义对应顶点的颜色，如果使用光照、纹理的话，还需要对顶点定义其向量、纹理坐标等等，对该部分感兴趣的读者可以进一步参考相关书籍或网络资料。

glBegin()的参数决定后续由 glVertexxf 给出的顶点之间采用什么样的关系进行连接，从而构成不同结构的图形。glBegin()的典型参数，我们可能用到的主要有：

① GL_TRIANGLES 将 glVertexxf 定义的顶点，每 3 个连接成一个三角形；

② GL_QUADS 将 glVertexxf 定义的顶点，每 4 个连接成一个四边形；

③ GL_LINES 将 glVertexxf 定义的顶点，每 2 个连接成一条直线；

④ GL_LINE_LOOP 将 glVertexxf 定义的顶点，按次序连接成一条长线并使其首尾相连，形成闭合的环线；

⑤ GL_LINE_STRIP 将 glVertexxf 定义的顶点，按次序连接成一条长线。

如果场景中存在多个对象，而对它们分别进行不同的平移、旋转或缩放等操作，则需要使用函数 glPushMatrix()和 glPopMatrix()，例如：

```
glPushMatrix(); //将场景变换矩阵压入堆栈,防止后面的变换影响场景中其他对象
glTranslatef(x, y, z); //将对象从当前位置再移动(x, y, z)个单元
glRotatef(a, rx, ry, rz); //将对象绕轴(rx, ry, rz)旋转 a 度
…. //此处为绘制对象代码
glPopMatrix(); //从堆栈中弹出场景变换矩阵,恢复场景变换操作
```

上面就是我们对图 10-8 所示程序运行结果的代码及其机理的一个概略讲解，细节性的内容请参考网络资料，或进一步浏览本书网络资料中所给的示例。

基于以上内容，作为练习，请完成本章末尾实验课练习作业部分的第 2 题。

10.1.7 单颗卫星轨道及其位置可视化效果

前面我们完成了 OpenGL 程序框架的建立，并可以绘制简单的几何图形，接下来我们进一步完善前面的三维可视化框架，并将轨道位置计算代码移植到三维可视化框架中。

从可视化的角度来说，我们希望程序能展示地球、地球坐标系、卫星、卫星轨道以及卫星位置及其轨道随观测时间变化而产生的变化等。

但为了便于大家练习，在此给出不含轨道计算部分的基础代码介绍，并希望读者自己能基于下面所介绍的工作实现完整的轨道计算与可视化编程工作，对于感觉完成整个工作比较困难的读者，可参考完整的程序代码，在本书网络资料目录下 Exmprj/PrjFinish/ GPSWin32 Openglv2-1Star 中。

为了简化问题，我们将地球与卫星均绘制成球体，地球坐标系用三条直线表示，卫星轨道用椭圆曲线表示，由此，实现这一过程原则上并不存在困难。

我们通过复制工程 GPSWin32Openglv1 建立一个新的项目，将其解决方案名、项目名以及主文件 GPSWin32Openglv1 均改名为 GPSWin32Openglv2。同时将

GPSWin32Openglv2 中引用的头文件均移到 myWork. h 文件中，添加 # include "my-Work. h"到 GPSWin32Openglv2. cpp 中。这样做的原因在于，在本项目中，我们要使用前面已经完成的轨道计算代码。

在 myWork. h 中添加地球类 CEarth，轨道类 COrbit，同时在 CUser 类中增加一个 Render()函数用于绘制卫星及轨道。坐标系与地球可以认为是一体的，下面介绍地球的绘制。

1. 绘制地球及坐标系

在 myWork. h 中添加 CEarth 类，用于管理地球的绘制，该类的具体定义如下：

```
class CEarth {
    GLUquadric * earthModel; //定义地球多面体
public:
    CEarth();
    void CreateEarth() //通过创建纹理和生成多面体来创建表达地球的球体
    {
        CreateTexture();
        earthModel = gluNewQuadric();
    }
    float radius; //地球半径
    float rotateSpeed; //旋转速度
    void render(); //绘制地球
    void draw3DAxis(); //绘制三轴坐标系
    void drawEquator(); //绘制赤道
    void CreateTexture(); //创建纹理
};
```

由于纹理的绘制前面没有介绍，故在此稍做说明，详细的内容请参考网络资料。

使用纹理时必须要在初始化过程即函数 InitGL()中开启纹理绘制开关，故添加一行代码：

```
glEnable(GL_TEXTURE_2D);
```

接着调用 CreateEarth()函数创建地球，由于 InitGL 函数在程序主文件 GPSWin32 Openglv2. cpp 中，故需要在 GPSWin32Openglv2. cpp 顶部加入：

```
CEarth earth;
CUser user;
```

CUser 类是我们在 10. 1. 2 节定义并使用的类，现在我们直接定义它的变量并加到主函数中准备使用。

下面回到 myWork.cpp 文件中，针对前面定义的 CEarth 类，需要再编写与头文件定义对应的函数体。其中最重要的是 CreateTexture()函数，其代码如下：

```
static unsigned int texture[3]; //纹理数组，该变量的定义在 myWork.h 中
void CEarth::CreateTexture()
{
//使用函数 LoadBMP 读入一个 bmp 图像文件作为地球的纹理,该文件在附件目录下
//关于 LoadBMP()的具体实现,请查看该框架程序代码,在此我们不再介绍
    if (earthMap[1] = LoadBMP(".. /data/earthmap.bmp")){
        int sizeX = earthMap[1]->sizeX; //读取图像的宽度设为纹理宽度
        int sizeY = earthMap[1]->sizeY; //读取图像的高度设为纹理高度
        //绑定当前纹理编号到一个静态数组,供后续使用
        glGenTextures(1, &texture[0]);
        //绑定要生成的纹理到一个静态变量
        glBindTexture(GL_TEXTURE_2D, texture[0]);
        //设置纹理从图像生成时的采样方式,GL_LINEAR 表示无论放大或缩小均为线性采样
方式
    glTexParameteri(GL_TEXTURE_2D,GL_TEXTURE_MAG_FILTER,GL_LINEAR);
    glTexParameteri(GL_TEXTURE_2D, GL_TEXTURE_MIN_FILTER, GL_LINEAR);
        //基于读取的图像数据生成一张二维纹理
    glTexImage2D(GL_TEXTURE_2D, 0, 3, sizeX, sizeY, 0, GL_RGB, GL_UNSIGNED_BYTE, earthMap
[1]->data);
    free(earthMap[1]->data); //纹理生成后释放图像所占内存
    }
}
```

纹理生成后，需要在绘制过程使用，下面介绍地球绘制函数 Render()，其在 myWork.cpp 文件中的定义如下：

```
void CEarth::render(){
    glPushMatrix(); //将已有模型变换矩阵压入堆栈,确保对地球及坐标系等的旋转操作不影响
后续卫星及轨道的绘制
    glRotatef(roty, 0.0f, 1.0f, 0.0f); //设置地球及其上坐标系等均绕 Y 轴旋转
    glPushMatrix(); //将已有模型变换矩阵压入堆栈,确保对地球单独旋转操作
        /* 单独将代表地球的形体绕 X 轴旋转 rotX,由于我们使用的是 OpenGL 自定义的多面体,同时
下面使用的是纹理坐标自动生成方式,因此,表达地球表面的纹理不一定恰好按我们期望的方式生成
```

```
正常的南北向,为此需要通过旋转该多面体,使纹理表达与我们所期望的外观一致 * /
        glRotatef(rotx, 1.0f, 0.0f, 0.0f); //rotx 的值为 - 90 度
        static bool loaded = false; //该静态变量用于判断纹理是否已经加载,如是下次不再加载,
从而可节省绘制时间
        if (! loaded){
            glBindTexture(GL_TEXTURE_2D, texture[0]); //绑定前面生成的纹理
            //设置纹理映射模式
            glTexGeni(GL_S, GL_TEXTURE_GEN_MODE, GL_SPHERE_MAP);
            glTexGeni(GL_T, GL_TEXTURE_GEN_MODE, GL_SPHERE_MAP);
            //设置多面体表面填充模式、阴影模式与纹理模式
            gluQuadricDrawStyle(earthModel, GL_FILL);
            gluQuadricNormals(earthModel, GLU_SMOOTH);
            gluQuadricTexture(earthModel, GL_TRUE);
            loaded = true;
        }
        //用横向 100、竖向 100 份的方式绘制表达地球用的多面体
        gluSphere(earthModel, radius, 100, 100);
        glPopMatrix(); //将模型变换矩阵由堆栈弹出
        roty + = rotateSpeed; //设置动态旋转速度
        draw3DAxis(); //调用绘制三维坐标系的函数
        drawEquator(); //调用绘制赤道的函数
        glPopMatrix(); //将模型变换矩阵由堆栈弹出
    }
```

其中关于函数 draw3DAxis()的具体内容我们在此强调一下,绘制坐标轴的代码如下:

```
    void CEarth::draw3DAxis()
    {
        //…… 此处省略其余代码
        float lwidth = 2.0; //设置线宽度
        float axisLength = 300.0f; //设置坐标长度,其单位为 100 km
        glBegin(GL_LINES);
        glLineWidth(lwidth);
    //请注意,下面按地固坐标系绘制的三轴,分别与 OpenGL 对应的坐标轴有所不同
        glColor3f(1.0f, 0.0f, 0.0f); //设置 X 轴为红色
```

```
        //此处绘制的 X 轴,在 OpenGL 的 Z 轴上
        glVertex3f(0.0f, 0.0f, 0.0f);
        glVertex3f(0.0f, 0.0f, axisLength);
        glColor3f(0.0f, 1.0f, 0.0f); //设置 Y 轴为绿色
        //此处绘制的 Y 轴,在 OpenGL 的 X 轴上
        glVertex3f(0.0f, 0.0f, 0.0f);
        glVertex3f(axisLength, 0.0f, 0.0f);
        glColor3f(0.0f, 0.0f, 1.0f); //设置 Z 轴为蓝色
        //此处绘制的 Z 轴,在 OpenGL 的 Y 轴上
        glVertex3f(0.0f, 0.0f, 0.0f);
        glVertex3f(0.0f, axisLength, 0.0f);
        glEnd();
        glPopAttrib();
    }
```

由于上述计算过程所用的现实地理环境的坐标系,即地球或地固坐标系的三轴与OpenGL中的三维坐标系的三轴并不一致,因此在后续的轨道以及卫星位置的绘制过程中,时刻要记得该函数中的对应关系,即地球坐标系或天球坐标系中的(X,Y,Z)坐标,在OpenGL中绘制时,顺序应该写为(Y,Z,X)。

2. 绘制轨道与卫星

与地球的处理类似,同样我们在myWork.h中添加COrbit类,用于管理轨道相关的绘制,该类的具体定义如下:

```
class COrbit{
public:
    COrbit();
    void renderwithParm(double cf, double ra, double rb, float i, float L, float *clr);
    void render();
public:
    double I; //轨道倾角
    double L; //轨道赤经
    double ephrA; //轨道半径
    double ephe; //轨道偏心率
};
```

render()函数用于管理轨道的所有绘制,而renderwithParm()函数是我们定义作为

默认或示意性质的轨道绘制函数。

后面的 4 个变量,分别用来存储轨道的倾角、赤经、半径以及偏心率等值,由于绘制一个演示性质的轨道时,必须具备这 4 个参数,其相关的数值我们在代码中给出了模拟值。

由于在 10.1.5 节的计算工作中已经定义并使用过卫星类 CSatellite,为方便管理我们在卫星类中加入一个 COrbit 成员变量,这是基于我们认为任何一颗卫星有它自己精确运行的轨道,因此轨道对于卫星来说,应该是它的属性。

此外,为了绘制卫星,我们在 CSatellite 类中定义一个多面体变量 GLUquadric * sateModel,同时也定义一个绘制函数 render()。

然后,再回到 myWork.cpp 文件中,编写 COrbit 类的构造函数、绘图函数的代码,具体如下:

在其轨道构造函数中为 4 个变量赋予初始值如下:

```
COrbit::COrbit(){
    I = 0; //轨道倾角
    L = 0; //轨道赤经
    ephe = 0.006164086284f; //轨道偏心率值
    ephrA = 5153.69580f; //轨道半径平方根
}
```

在绘图函数中,基于已有的函数,让程序完成一个轨道曲线的绘制,代码如下:

```
void COrbit::render()
{
    //计算轨道半径,并将其单位由米转为千米,再缩小 100 倍,即尺度单位为"百千米", 因此,我们定义宏 SCALE 的值为 100 000
    double ra = ephrA * ephrA /SCALE;
    double rb = ra * (1 - ephe); //依偏心率计算短半轴
    double cf = sqrt(ra * ra - rb * rb); //计算轨道椭圆焦点
    //如果未完成真实轨道计算,则依实际比例与大致参数绘制一个示意性的椭圆轨道
    if (I == 0 && L == 0) {
        I = 55.0f; L = 60.0f;
        renderwithParm(cf, ra, rb, I, L, color[1]); //color[1]为 3 个 float 构成的颜色数据
    }
}
```

函数 renderwithParm()的代码较为简单,在此不再详述,请参考本书网络资料中程

序框架代码，也可以作为练习自己完成。

为绘制卫星，需要在 myWork.cpp 中为类 CSatellite 编写函数体 Render()，其代码如下：

```
void CSatellite::render(){
    if (datahasRead){
    //如果真实星历数据已经读取了，应该重新计算卫星轨道及位置，然后再进行绘制，故在此处应调用轨道计算函数，并将必要的数据传给卫星或轨道类
    //…
    }
    orbit.render(); //由于 orbit 是其成员变量，故轨道的绘制在此函数体中调用
    glPushMatrix();
    //模拟绘制的卫星位置，使其与轨道旋转变化一致，从而使其位置处于轨道上
    //如果已经完成计算，则可去除下面两行，如想保留，可使用 if (datahasRead)
    glRotatef(60.0, 0.0f, 1.0f, 0.0f);
    glRotatef(55.0, 0.0f, 0.0f, 1.0f);
    //注意，OpenGL 坐标系与地球坐标系的 X、Y、Z 轴需要交换
    glTranslatef(curPosition.y / SCALE, curPosition.z / SCALE, curPosition.x / SCALE);
    glPushAttrib(GL_ALL_ATTRIB_BITS); //确保给予当前卫星特定颜色
    glColor3f(0.0f, 1.0f, 1.0f);
    gluSphere(sateModel, 6, 10, 10); //绘制卫星球体，半径设为 6
    glPopAttrib();
    glPopMatrix();
}
```

其中 gluSphere 中的变量 sateModel，需要在卫星构造函数 CSatellite()中添加一行代码以生成，例如：

```
    sateModel = gluNewQuadric();
```

前面我们曾提到在头文件 myWork.h 中，为 CUser 类添加了三维绘图函数 render()，此处在 myWork.cpp 中再添加其函数体如下：

```
void CUser::render()
{
    /* 为了绘制一个默认或示意性质的在轨卫星位置，我们在未计算前事先给它一个二维坐标值，即模仿其在平面轨道上的位置，然后在前面 COrbit 类的成员函数 renderwithParm()实现由平面到三维的旋转变换，因而我们在 CSatellite::render()可以通过旋转，使卫星得以正确地位于所绘制的轨
```

```
道上 * /
        sate[0].SetPos(4966278.46, 23165585.3, 0.0f);
        sate[0].render();
    }
```

上述完成了一个模拟卫星轨道及其在轨位置的可视化过程，读者可将本章 10.1 节中完成的轨道位置计算代码移植到该三维可视化程序中，如果顺利的话，会得到如图 10-10 的可视化效果。感觉困难时请参考前面提到的附件中的完整示例程序。

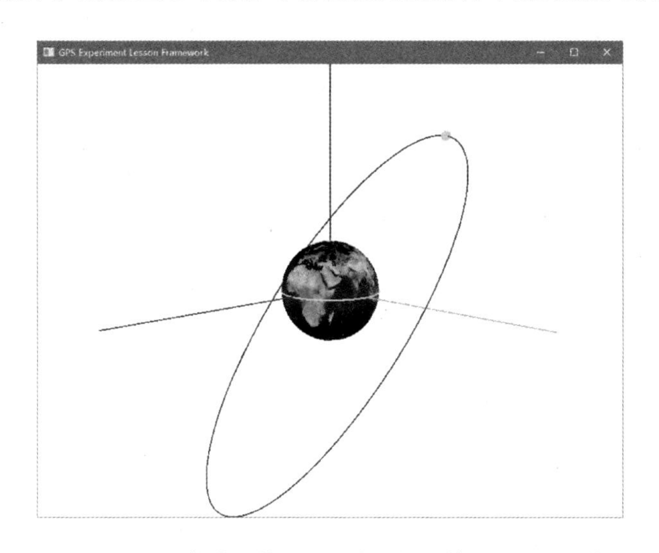

图 10-10　卫星轨道及其位置三维可视化基础程序运行效果

提示：如果要看到严格的地球及卫星轨道的运转关系，在编程过程中应该注意地球旋转与轨道旋转的关系。在 10.1.5 节轨道计算与可视化的过程中，我们默认地球是旋转的，所绘的卫星的运动轨迹形成的曲线，可以理解为在地球旋转的过程中，对静止的卫星轨道在 360 度旋转过程中，随着卫星位置的变化逐步产生拉伸的效果。在三维可视化的过程中，如果令地球旋转，则卫星轨道应保持不动，此时在计算卫星轨道升交点经度 L 时，应去除地球自转部分，即下面公式：

L=omega+omega_dot * di−omega_e * obsert;

应改为

L=omega+omega_dot * di;

其实此时的 L 值与天球坐标系下的赤经值仅相差周日零时的 GAST 值，所以，可视化的结果可以看作为天球坐标系下的状态。

基于以上内容，作为练习，请完成本章末尾实验课练习作业部分的第 3 题。

10.1.8 精密星历理解与可视化

前面我们分别在第 4.3.2 节和第 5.4.2 节讲述了精密星历的概念、应用目的及其精度等内容,但 IGS 提供的精密星历具体是什么,如何在卫星定位中具体使用并未提及,在本小节,我们通过一个简单的实验对精密星历做一个全面的了解,下面首先举例讲解精密星历的文件结构,然后给出读取与可视化精密星历的方法,再对第 4.3.2 节提到的基于精密星历计算观测时刻卫星在轨位置的插值算法进行编程实现。

1. 精密星历文件格式说明

前面提到精密星历通常以离线方式,由 IGS 通过 SP3 文件格式给出,在本书网络资料的\Exmprj\PrjFinished\目录和\Exmprj\PrjFrame\目录下均有一个\data 目录,其中有两个名为 igu202 40_00. sp3. txt 和 igu20780_00. sp3. txt。第一个文件是完整的精密星历,第二个文件是为了实验过程读取数据的方便,删除了文件头,仅留了精密星历数据体的文件。

精密星历的文件命名规则是这样的:文件名 tttwwwwd. sp3,以文本格式存储管理,文件名前面 3 个字符 ttt 表示精密星历的类型,如为 igu,则表示该星历为预报星历,如为 igr 则为快速星历,如为 igs 则为事后星历;文件名中的 wwww 以 GPS 周数表示该精密星历生成的时间,文件名最后一个字符 d,则表示该 GPS 周内的星期几。例如文件名 igu20780_00. sp3. txt(为了方便使用,我们在其后加了 txt 扩展名),其原来的文件名 igu20780_00. sp3 表示该精密星历是预报星历,生成的 GPS 周数为 2078,该文件中字符 d 的位置使用了 4 个字符,即 0_00,其中 0 表示星期天,_00 表示当天具体的时间,即 0 时。

用记事本打开文件 igu202 40_00. sp3. txt,其内容如图 10-11 所示。

关于精密星历文件格式的详细说明,网络上很容易查到,在此我们就其重要的内容稍加解读。

该文件第 1 行头两个字符#c,表示 sp3 版本号,p 表示该星历内容为卫星轨道位置,如为 v,则表示星历内容为卫星速度,2018 表示轨道数据的历元年,后面 10 20 0 0 0.0000,分别表示月、日、时、分、秒,192 表示本文件中所含总的观测历元数,ORBIT 表示生成该文件所采用的原始数据类型,IGS14 表示轨道参照系,HLM 表示轨道类型,最后 IGS 表示发布数据的机构。

第 2 行 2023 表示第一个历元数据的 GPS 周数,518400.00000 表示第一历元数据在一周内的秒数,900.0000 表示历元数据的间隔,单位为秒,即每历元数据间隔为 15 min。58411 表示第一个历元数据的简化儒略日的整数部分,后面 0.00000 表示该儒略日的小数部分。

第 3 行第一个数表示观测到的卫星数,后面为观测到的卫星编号,所有卫星的精密

```
 1  #cP2018 10 20  0  0  0.00000000      192 ORBIT IGS14 HLM  IGS
 2  ## 2023 518400.00000000   900.00000000 58411 0.0000000000000
 3  +   31   G01G02G03G05G06G07G08G09G10G11G12G13G14G15G16G17G18
 4  +        G19G20G21G22G23G24G25G26G27G28G29G30G31G32  0  0  0
 5  +          0  0  0  0  0  0  0  0  0  0  0  0  0  0  0  0  0
 6  +          0  0  0  0  0  0  0  0  0  0  0  0  0  0  0  0  0
 7  +          0  0  0  0  0  0  0  0  0  0  0  0  0  0  0  0  0
 8  ++         3  3  3  3  3  3  3  3  3  3  3  3  3  4  4  3  3
 9  ++         3  3  4  4  3  3  3  3  4  3  3  3  3  3  0  0  0
10  ++         0  0  0  0  0  0  0  0  0  0  0  0  0  0  0  0  0
11  ++         0  0  0  0  0  0  0  0  0  0  0  0  0  0  0  0  0
12  ++         0  0  0  0  0  0  0  0  0  0  0  0  0  0  0  0  0
13  %c G  cc GPS ccc cccc cccc cccc cccc ccccc ccccc ccccc ccccc
14  %c cc cc ccc ccc cccc cccc cccc cccc ccccc ccccc ccccc ccccc
15  %f  1.2500000  1.025000000  0.00000000000  0.000000000000000
16  %f  0.0000000  0.000000000  0.00000000000  0.000000000000000
17  %i    0    0    0    0      0      0      0      0         0
18  %i    0    0    0    0      0      0      0      0         0
19  /* ULTRA ORBIT COMBINATION 20240_00 (58412.000) FROM:
20  /* cou emu esu gfu ngu siu usu whu
21  /* REFERENCED TO emu CLOCK AND TO WEIGHTED MEAN POLE:
22  /* PCV:IGS14_2022 OL/AL:FES2004  NONE     Y  ORB:CMB CLK:CMB
23  *  2018 10 20  0  0  0.00000000
24  PG01 -19905.670610  -9725.862905  14700.238000   -102.702088  9  7  7 189
25  PG02  14323.240782  22067.182136   4995.040648    -34.841526  9  8  4 231
26  PG03 -16315.388682   1270.493646  20869.178773    150.923430  8  9  5 206
27  PG05   6964.254033  18074.847941 -18200.083943     -0.829415 10  9 10 203
28  PG06   2012.760546  20872.204717  16321.703453    347.055121 10  1 12 144
29  PG07 -14627.571305   5441.417743 -21298.524539    103.729549 12  8  9 232
30  PG08 -21256.268675  -6941.049994 -14409.209246   -119.211550  4  9  8 214
31  PG09 -25035.205035   7273.052514  -5147.498462    499.213423  8  8 12 205
```

图 10-11　GPS 精密星历文件格式

星历数据按该序列存储。

第 5、6、7 行留空用于续写其他观测到的卫星。

第 8 行开始描述每颗卫星的观测精度,单位应为厘米。

第 13 行用于描述观测到的卫星类型,本文件仅观测到 GPS 卫星。

第 15 行用于描述精密星历的精度因子,1.25 为三维坐标的精度因子底数,1.025 为卫星钟差的精度因子底数。

第 19 行到 22 行为注释行,写出了一些说明该精密星历什么时间,由哪几个 IGS 观测站的数据生成,其中第 20 行的文字是全球 IGS 大地测量观测站的编写,如最后一个 whu 表示位于武汉大学的观测站。第 21 行与 22 行说明了使用的参考时钟与极移以及其他与设备相关的标准和参数。

第 23 行为第一个历元数据的参考时刻(或观测时刻),第 24 行开始为第一个历元的精密星历数据。每一颗卫星的记录占一行。

以第 24 行为例,PG01 表示编号 01 的 GPS 卫星,后面接着的 3 个浮点数分别表示该卫星在当前时刻的轨道坐标(X,Y,Z),其单位为千米,精确到小数点后 6 位即用毫米表示。第4个浮点数为卫星钟差改正数，单位为毫秒，精确到 10^{-12} s，即 ns。后面4个数分别为3个坐标值的精度因子和卫星钟的精度因子，供使用者参考。

2. 精密星历文件的读取与可视化

为了对精密星历数据有一个直观的了解和认识，我们进行一个简单的实验，读取其坐标值，并进行可视化，与前面10.1.7节实验部分的广播星历进行对比，从而加深对两者的了解。

为简化问题，我们使用10.1.6节搭建的OpenGL三维可视化框架程序，如本书网络资料中目录\Exmprj\ PrjFrame\下面的程序GPSWin32Openglv1，在10.1.6节中用其介绍了OpenGL的一些基本语句的用法，同时通过绘制一个三角形进行了练习。在本节，我们拷贝该程序目录，将其重命名为GPS Win32Openglv1-sp3，为了与其他程序区分，将其项目名、工程名以及主文件名均更改为GPSWin 32Openglv1-sp3. cpp，然后编写相关的程序代码。

首先，在myWork. h文件中的CUser类中，定义一个公用成员变量double odata[96][3]，用于存储用精密星历文件中读取的卫星轨道坐标，96表示共读取96个历元的数据。由于精密星历的观测周期为15 min，96个数据相当于24 h，由于GPS卫星轨道周期为11 h多，故24 h相当于绕地球两周的运行时间。

同时我们在myWork. h的CUser类中定义一个读取精密星历的函数，命名为read-Sp3Data()，相应地，在myWork. cpp中定义函数体大致如下：

```
const int tn = 35;   const int sn = 85;
char datat[tn];   char datas[sn];
int length = 0; FILE *file;
fopen_s(&file, "../data/igu20780_00.sp3.txt", "rt"); //此处为去掉文件头的精密星历文件
int pt = 0;
int m = 0;
while (! feof(file) && m < 96){
    /* 因共有32颗卫星，我们仅读取其中第一颗，如果想读取其他卫星数据，请修改此处代码 */
    if (pt % 32 == 0) {
        fgets(datat, tn, file);
        fgets(datas, sn, file);
        pt += 2;

        char *delim = " ";
        char *p = strtok(datas, delim);
        int a = 0;
        while ((p = strtok(NULL, delim)) && a < 3){
```

```
            double v = atof(p);
            odata[m][a] = v;
            a++;
        }
        m++;
    }
    else{
        fgets(datas, sn, file);
        pt++;
    }
}
```

然后在程序主文件，即 OpenGLFrame_ephSP3.cpp 中加入 myWork.h 的引用，并定义 CUser 变量，在其 DrawGLScene( )函数中加编写绘制代码，为节省空间，我们在此只给出轨道的绘制代码如下：

```
    glBegin(GL_LINE_LOOP);
    glColor3f(0.0f, 1.0f, 0.0f);//设置当前绘制颜色为绿色
    for (int i = 0; i < 96; i++) { //96 个数据点，卫星在轨道上跑了两圈
        double satx = user.odata[i][0];
        double saty = user.odata[i][1];
        double satz = user.odata[i][2];
    DglVertex3f(satx / 100, satz / 100, saty / 100);
    }
glEnd();
```

此代码非常简单，只是将所有精密星历点位连接成一个环线，如图 10-12 左图所示。该马鞍形的曲线与我们想象中的椭圆轨道完全不一致，其原因何在呢？

事实上，这是由于精密星历表达所用的是地固坐标系，前面在 10.1.7 节可视化过程中强调过这一点，其中隐含了地球旋转的部分。如果我们将该精密星历转换为天球坐标系下的表达方式，去除地球旋转部分的影响，则可以看到图 10-12 右图所示如我们想象中一样的椭圆轨道，不过在定位计算过程中，卫星轨道坐标与接收机坐标均应处于同地球坐标系下，精密星历所给出的数据，避免了前面 10.1.7 节中的坐标转换问题。下面给出对精密轨道数据变换及可视化代码：

```
    glBegin(GL_LINE_LOOP);
    glColor3f(1.0f, 0.0f, 0.0f);//设置当前绘制颜色为红色
    float px, py;
```

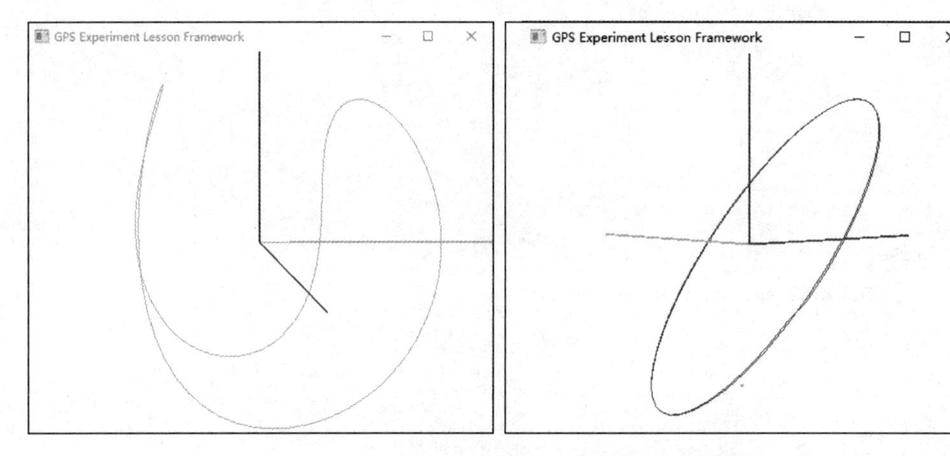

图 10-12　左边为 GPS 精密星历直接可视化的结果，右边为去除地球旋转影响后的可视化结果

```
//轨道的周期时间约 12 个小时,故应为 48,即 96 个数据点的一半
for (int i = 0; i < 96; i++){
    double satx = user.odata[i][0];
    double saty = user.odata[i][1];
    double satz = user.odata[i][2];
    double L = (i * 15.0f / 4) / 360 * 2 * PI; //L 为地球随观测时间的旋转角度
    px = satx * cos(L) - saty * sin(L);
    py = satx * sin(L) + saty * cos(L);
    glVertex3f(px / 100, satz / 100, py / 100);
}
glEnd();
```

代码中地球旋转产生的角度与观测时间成正比，按地球坐标系的表达方式，该旋转是绕地球的自转轴，也即 Z 轴进行的，故变换对 X,Y 坐标进行。

图 10-12 右图展示了经过旋转变换后的椭圆轨道形状，由于 96 个数据点绕地球两圈，所以仔细看的话，应该是两个椭圆轨道。

精密星历文件给出的是卫星在轨道上的离散的三维坐标点，在上面可视化过程中，我们为了直观了解其所表达的内容，简单地将其绘制成了环线，感兴趣的读者可以修改代码，使程序绘制所有的坐标点位。

注：练习时请使用\Exmprj\ PrjFrame\下面的程序 GPSWin32Openglv1 作为基本框架，参考上述所讲内容编程，完整的精密星历可视化程序，请参考本书网络资料目录 Exmprj\PrjFinished\GPSWin32 Openglv1-sp3 中的代码。

3. 精密星历的插值计算

精密星历仅给出了观测时刻或者说数据处理计算过程中给定时刻的坐标点位，而用户的观测时间是任意的，因此，通常用户观测时刻的点位在精密星历文件中是不存在的，这需要用户基于精密星历中已经给出的点位坐标，通过前面提到的切比雪夫多项式算法等插值方法计算得到。

设用 n 阶切比雪夫多项式来逼近时间段 $[t_0,\ t_0+\Delta t]$ 内的精密星历，为算法方便，将时间变量 t 变换为位于区间 $[-1,1]$ 中的变量 τ，变换式为

$$\tau = 2\,\frac{(t-t_0)}{\Delta t} - 1$$

依第 4 章 4.3.2 节，卫星的坐标表达式可写为多项式：

$$X(t) = \sum_{i=0}^{n} C_i\, T_i(t),$$

其中 C_i 为切比雪夫多项式的系数，根据已知卫星坐标，用最小二乘法拟合出该多项式系数后，即可用此式计算任一时刻 t 的卫星三维坐标。其中 T_i 的递推公式如式(4-23)所示。

假设我们得到精密卫星在某一时段内的 m 个观测值，以 X 坐标为例，则可构造出误差方程：

$$V_{X_K} = \sum_{i=0}^{n} C_i\, T_i(\tau) - X_K$$

如取切比雪夫多项式为 n，对于 m 个坐标观测值而言，每一个坐标值对应一个序列，共 m 个 τ 序列，可以列出如下方程组：

$$\begin{cases} V_{X_1} = C_0\,T_0(\tau_0) + C_1\,T_1(\tau_0) + C_2\,T_2(\tau_0) + \cdots C_n\,T_n(\tau_0) - X_1 \\ V_{X_2} = C_0\,T_0(\tau_1) + C_1\,T_1(\tau_1) + C_2\,T_2(\tau_1) + \cdots C_n\,T_n(\tau_1) - X_2 \\ V_{X_3} = C_0\,T_0(\tau_2) + C_1\,T_1(\tau_2) + C_2\,T_2(\tau_2) + \cdots C_n\,T_n(\tau_2) - X_3 \\ \qquad\qquad\qquad\qquad\vdots \\ V_{X_m} = C_0\,T_0(\tau_m) + C_1\,T_1(\tau_m) + C_2\,T_2(\tau_m) + \cdots C_n\,T_n(\tau_m) - X_m \end{cases}$$

为方便表达，令

$$V_X = [V_{X_1}, V_{X_2}, V_{X_3}, \cdots, V_{X_m}],\quad L = [X_1, X_2, X_3, X_4, \cdots, X_m].$$

由于其中 C_i 为待求的未知数，令

$$X = [C_0, C_1, C_2, C_3, \cdots, C_n].$$

令 B 为系数阵，则 B 是一个 m 行 n 列的矩阵，具体写为

$$
B = \begin{bmatrix}
T_0(\tau_0) & T_1(\tau_0) & T_2(\tau_0) & \cdots & T_n(\tau_0) \\
T_0(\tau_1) & T_1(\tau_1) & T_2(\tau_1) & \cdots & T_n(\tau_1) \\
T_0(\tau_2) & T_1(\tau_2) & T_2(\tau_2) & \cdots & T_n(\tau_2) \\
 & & \vdots & & \\
T_0(\tau_m) & T_1(\tau_m) & T_2(\tau_m) & \cdots & T_n(\tau_m)
\end{bmatrix}
$$

则前面误差方程式写为矩阵表达式有

$$
V_X = BX - L
$$

我们按间接平差方法求解该方程，其对应法方程为 $NX=F$，其中系数阵 N 与常数项向量 F 的表达式为 $N=B^{\mathrm{T}}PB$，$F=B^{\mathrm{T}}PL$。其中 P 为权矩阵，为简化问题，取其为单位矩阵，故可忽略。从而可推导得未知数的表达式为

$$
X = (B^{\mathrm{T}}B)^{-1}B^{\mathrm{T}}L
$$

求得系数向量 $X=[C_0,C_1,C_2,C_3,\cdots,C_n]$之后，重新组建方程，则可以求得时间段$[t_0,t_0+\Delta t]$内任意时刻的坐标值。

如果用 C++语言编程的话，利用上述过程，一次计算只能求得三维坐标的一个分量，故需要进行三次计算，才能实现完整的坐标插值计算。

有文献给出经验值认为，切比雪夫多项式的阶数 n 应取 12～19，具体请参考文献[15]。图 10-13 是使用 Matlab 编写的插值可视化结果，圆点部分为原始 48 个数据点，约 12 h，如果是椭圆轨道的话，长度绕地球一圈。图中放大部分为插入的点，选择了约 2 h 的时间段，插入 20 个点。具体要插入的时间，可以在整个 12 h 的时间段内按需任意选择，该示例中选择时间是随意的，仅为了展示效果。

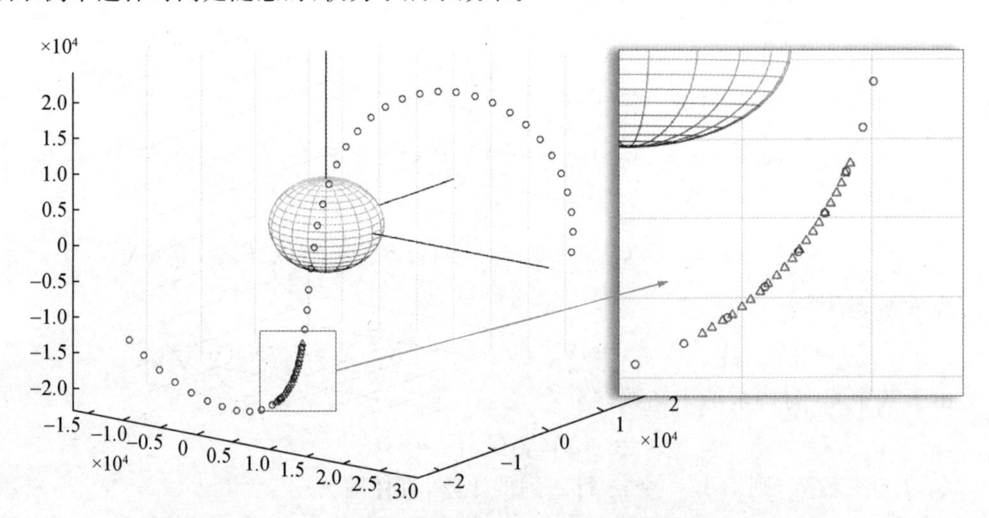

图 10-13　GPS 精密星历采用切比雪夫多项式插值后的可视化效果

右边为插值部分放大后的可视化效果，可以看到插值点严格按曲线排列。

如果该过程使用C++编程实现的话稍有困难，但使用专门的矩阵计算函数库，也可以轻松解决这一问题，C++的插值与可视化工作留给读者练习，可使用后面 10.3 节提到的 Eigen 函数库。Matlab 的插值程序请参考本书网络资料中代码，位于目录 Exmprj\PrjFinished\中。

基于以上内容，作为练习，请完成本章末尾实验课练习作业部分的第 4 题。

10.2　OEM 板卡简介及实验系统组装

BDST-BGG90 OEM 板卡（下文简称 BGG90 板卡）在第 4 章作为用户部分的示例已经做过简要介绍。下面我们从板卡的性能与结构、板卡常用指令以及一般性板卡操作等三方面加以介绍（在此需要说明的是，这类板卡大同小异，使用其他类型的 OEM 板卡，实验过程与下面所述内容相似）。

10.2.1　BGG90 板卡性能与结构

关于板卡的性能我们在第 4.1.3 节介绍卫星导航系统时已经做过介绍，请参考前面的内容，其性能参数在此不再列出，下面给出其他方面的一些性能介绍（见表 10-1）。

表 10-1　BGG90 板卡跟踪卫星的性能参数

卫星信号跟踪能力	可通过 L1 波段使用 C/A 码同时跟踪到 14 颗 GPS 卫星	
	可通过 L_{B1} 波段使用 C 码同时跟踪到 14 颗 BDS 卫星	
	可通过 G1 波段使用 C/A 码同时跟踪到 14 颗 GLONASS 卫星	
	可通过星基差分（SBAS）L1 波段同时跟踪到 4 颗 SBAS 卫星	
首次定位时间	冷启动	＜50 s
	温启动	＜45 s
信号中断后的重新捕获时间	＜3 s	
伪距测量精度（即卫地距的伪距观测值精度）	GPS L1 波段 10 cm	

从表 10-1 可以看出，按设计与制造的能力，该板卡可同时跟踪到 14×3+4=46 颗卫星，而且它的启动与重新捕获信号的速度都很快，因此可以说是一款性能不错的低端产品。

由表 10-2 可以看出，该款板卡在单点单频定位情况下，可以给出与目前 GPS 国际评估所得平均精度相当的水平。如果在多频，即多星系统组合定位的情况下，性能及可靠性均会有所提升。另外，伪距差分定位可以给出亚米级的水平精度，动态相对定位则可给出 1 km 的基线范围内水平 1 cm、垂直 2 cm 的精度。这一精度水平完全可以满足绝大多数应用的精度需求，如城市大比例尺测量、工程施工建设等。

表 10-2　BGG90 板卡定位精度

定位精度	标准单点定位精度	采用单频情况下 H<=3m，V<=5m (PDOP<=4)
	静态差分定位精度	H：±(2.5 mm+1 ppm) V：±(5 mm+1 ppm)
	星基差分(SBAS)精度	H<=0.6 m
	伪距差分(RTD)精度	H：±0.5 m　V：±1.0 m
动态相对定位(RTK)	RTK 初始化时间	<15 s
	RTK 初始化可靠度	>99.9%
	RTK 定位精度	H：±(10 mm+1 ppm) V：±(20 mm+1 ppm)
授时精度	GPS/GLONASS 20 ns BDS 30 ns	多星系联合授时精度 20 ns

该板卡的基本物理参数如下：

供电要求输入电压介于+3.3 V～+5 V DC；板卡尺寸为 40 mm×71 mm×13 mm；质量仅 18 g。

输出定位数据的频率有：1 Hz、2 Hz、5 Hz、10 Hz、20 Hz、50 Hz、100 Hz (max)等几档，即该板卡最大可输出每秒 100 个定位数据，其价格随不同的输出频率会有所不同，高频率对应高价格。在我们的实验过程中，使用的板卡输出频率为 10 Hz。

其余详细内容不再列举，有兴趣的读者请查阅本书网络资料中目录/北斗时代/下文件名为 BDST-BGG90 技术规格书(2018).pdf 的资料。

BGG90 板卡的内部结构如图 10-14 所示，与图 4-5 所展示的 Novatel 产品的板卡结构以及功能均大同小异。

在本实验课上，我们充当二次开发者的角色，因此除了了解该产品的一些基本性能外，最关心的就是如何使该产品与计算机或数据处理模块进行连接，以便与其进行交互，读取我们所需要的相关的定位信息。图 10-15 为 BGG90 板卡的实物照片。

10.2.2　BGG90 板卡实验系统组装

在我们的实验中，板卡连接的对象选用台式计算机或笔记本电脑，很多工业应用中，使用更多的是单片机或工业计算机，但主要连接工作大同小异。

由图 10-15 可以看出，24 根针脚的连接就是一件很麻烦的事，比如针脚(13，14)、(16，17)、(11，6)分别为三个串口的 Tx 与 Rx，也即信号的发送与接收端口。但目前的台式计算机和笔记本电脑上面，已经不再使用标准的工业串口，基本上均由 USB 口替代，通常的做法是购买一根 USB 转 RS232 串口线来解决计算机串口的连接问题。即使如此，板卡上仅提供的两个针脚也无法直接与 RS232 标准串口连接。除了串口连接，还

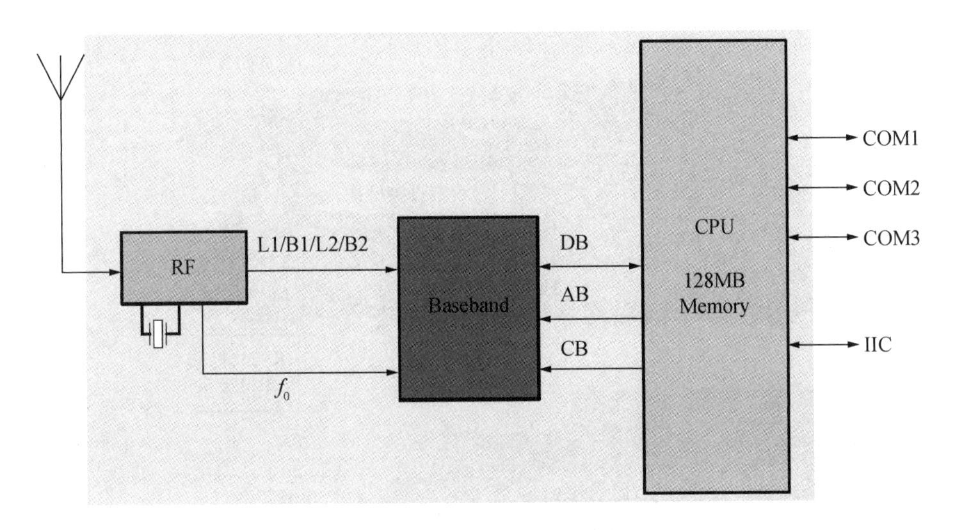

图 10-14　BDST-BGG90 板卡的内部结构

左边模块为射频部分，负责接收及处理卫星信号，中间部分名为基带，主要负责对卫星信号进行解码以便 CPU 进行计算处理，右边 CPU 部分为板卡核心部分，负责数据的处理计算以及输入与输出等功能。

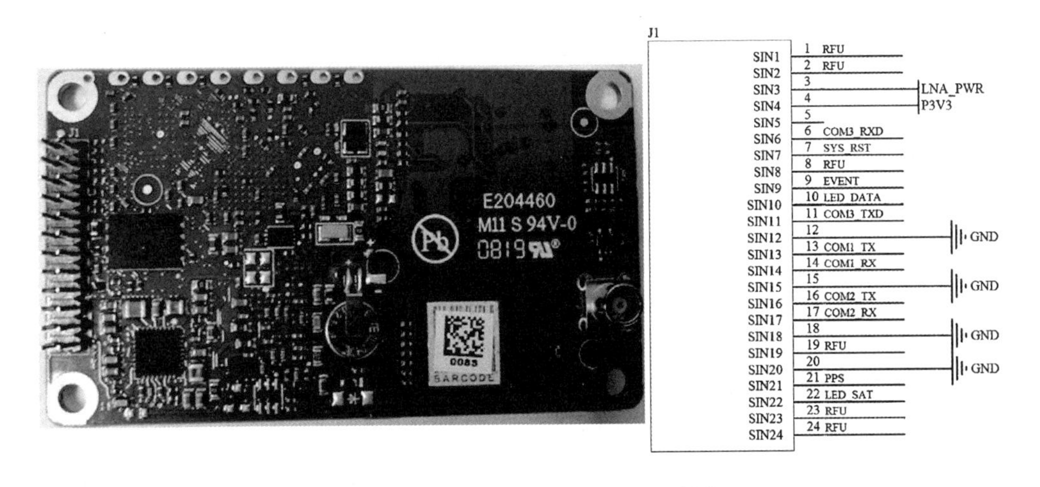

图 10-15　北斗时代 BDST-BGG90 板卡

左侧边 24 个针脚为该板卡与外部建立连接的接口，各针脚功能如右图所列，主要包括供电、通信、接地、系统复位、RTK 数据指示、卫星跟踪数量指示以及天线供电等等；板卡右侧圆形接头为天线连接头。

有供电、接地、系统复位、时间触发等相关的连接，如果自己动手制作，无疑是一项非常耗费时间的工作，如顾及稳定与可靠性的问题，基本上无法在实验课上完成，因此我们使用北斗时代公司提供的一款转接板，如图 10-16 所示。

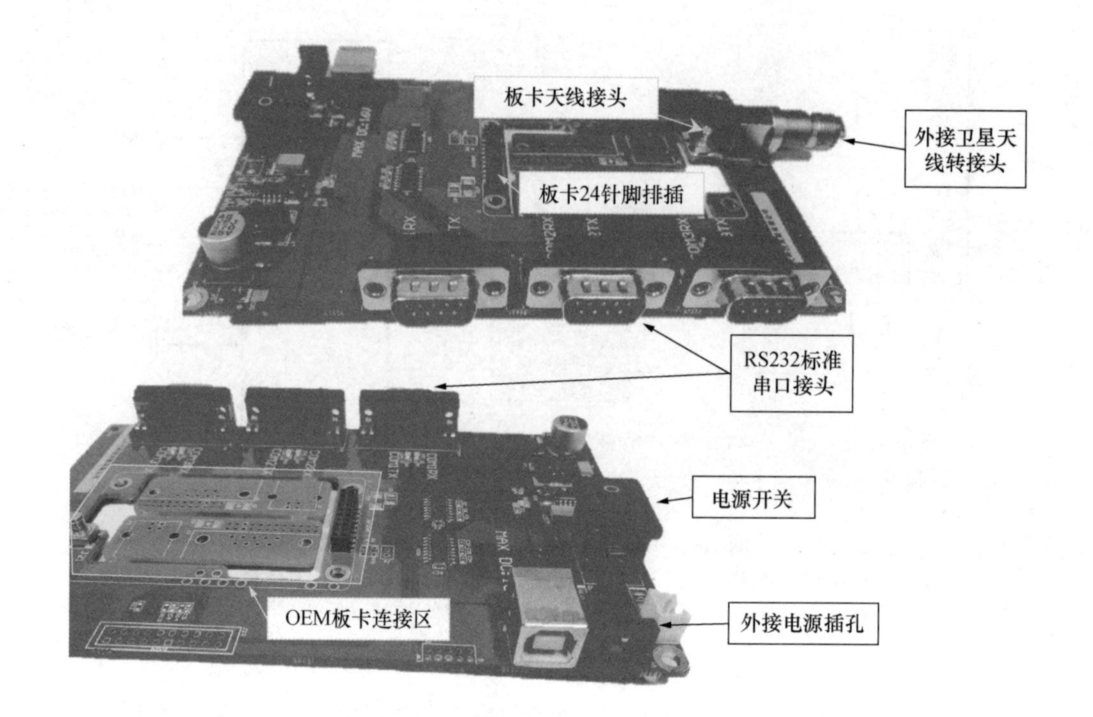

图 10-16　北斗时代公司制作的 OEM 板卡转接板

上下两图分别为两个侧面拍摄的转接板的照片，该转接板上提供了 3 个标准的 9 针 RS232 串口、电源插孔、电源开关，板卡中间设有一个连接区域，如下图所标示，中间设置了 24 孔插排，用于连接 BGG90 板卡的 24 个针脚，另外还有一个与板卡天线相连的转接头(如上图所标示)，通过此转接板可以将 BGG90 板卡与计算机方便地连接，并为其提供电源。

该款转接板提供的电源模块可以兼容 5～16 V 的宽电压直流供电电源，三个 9 针的 RS232 插头可以方便地与计算机或其他数据处理单元进行连接，板卡上的 24 针插排可以方便地与 OEM 板卡连接，只需将 BGG90 板卡按适当的方向插在该转接板上，再用合适的螺丝加以固定即可。图 10-17 展示了安装过程的 4 个步骤，注意安装过程中，严格对齐针脚与针脚插排、板卡与转接板上的天线插孔与插头，且用力要适当，否则会弄弯甚至弄断针脚与天线针芯。观察针脚与天线都插稳后，用 4 个带螺母的小螺丝，通过在板卡 4 个角的圆孔，将其固定在转接板上，固定时注意用力适当。

完成上述操作后，我们虽然有了一套可以直接连接计算机的定位板卡，但在实验过程中，我们需要经常性使用，而且需要经常性地带到户外环境，用来接收卫星数据或直接用来定位观测，目前这种裸露的电路板卡在户外使用过程中很容易被磕碰以致弄坏上面的电子元件，或因接触其他金属类工具发生短路等，总之需要使用一套外壳将其保护起来。

如图 10-18 所示，我们专门为板卡套件设计制作了一个铝盒作为外壳，将板卡套件安

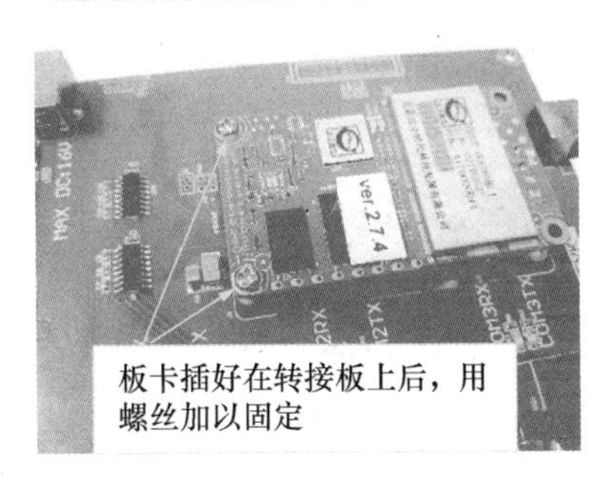

图 10-17　北斗时代 BDST-BGG90 板卡与转接板连接图

左上图示意安装时板卡正面朝上，针脚方向朝向转接板中间部位；右上图，注意针脚要严格对齐，否则容易弄坏针脚；左下图，注意两个天线接头严格对齐，否则易弄坏天线针芯；右下图，插稳后，使用小螺丝固定。

装在铝盒中，可以起到保护同时方便携带使用的目的。图 10-18 中，铝盒一侧盖上打有 3 个孔用于固定定位天线、RS232 串口插座以及后续相对定位时使用的无线信号传输天线。盒体上开了一些长方形的孔，便于外接电源、串口插头等连接。通过量测板卡套件上的固定孔位，在铝盒上适当位置开了相配的固定孔位，再选配合适的螺丝将板卡套件安装在铝盒中。图 10-18b 是完成安装后的效果图，后面的实验将基于该成品进行（虽然不是一个严格意义上的接收机，下文为了方便我们称其为组装接收机）。

前面提到，BGG90 板卡接收 3～5 V 的直流供电，为了兼容更多的外接电源，在制作转接板卡时，在其上增加了电源转换模块，使转接板的供电宽度为 5～16 V，从而可以选择常用的 9～12 V 电源为其供电；USB 转 9 针脚插头的 RS232 串口线，也是市场上很常见的产品，如图 10-18 d 所示。如此，完成外壳的组装工作后，配备电源与串口线，我们有自组装接收机就可方便地用于后续的实验工作了。

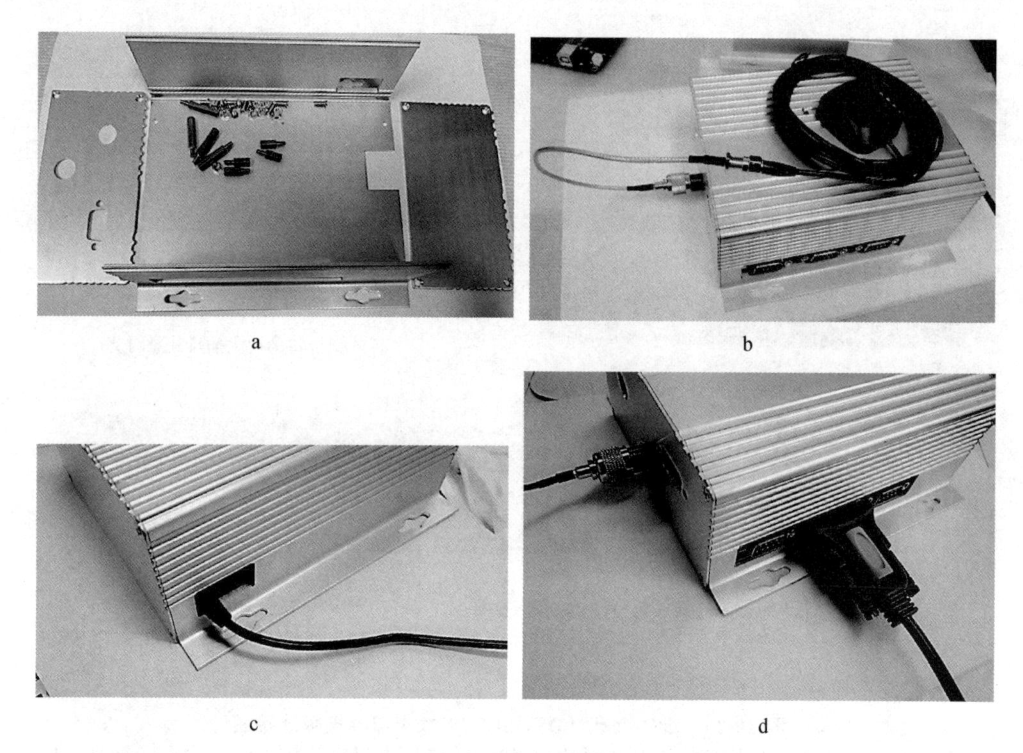

图 10-18 BDST-BGG90 板卡与转接板套件外壳

a. 完整的外壳配件；b. 完成套件安装并连接卫星天线后的成品(北斗接收机)；c. 通过盒上方孔连接外接电源；d. 使用 USB 转串口线将北斗接收机与计算机进行连接。

10.2.3 BGG90 板卡与计算机连接及常用指令

1. BBG90 板卡与计算机连接

在连接计算机前，需要确保计算机上有串口通信软件，我们在此使用一款网上搜索到的免费串口软件，程序名为 sscom，该款软件应该有许多种版本，实验中使用的是 5.x 版本，程序具体名为 sscom5.13.1.exe，在此对作者的无私奉献深表感谢！

将 USB 转 RS232 串口线一端连接到组装接收机，另一端 USB 头连接到计算机的 USB 口上，运行 sscom 程序，会看到如图 10-19 的界面。通常 USB 转串口线会自带驱动程序，一般情况下可能需要我们动手安装此驱动程序，在正常安装并连接好 USB 转串口线后，点击 sscom 程序的菜单栏上“串口设置”项，在弹出的对话框中，再点“Port”项的下拉框时，会找到相应的串口号，通常为“com$X$”，X 为数字，随计算机上已连接的串口号自动编号递增。如图 10-20 所示，“Setup”对话框“Port”项对应值显示为 com4，即是作者测试时所连接的串口号。

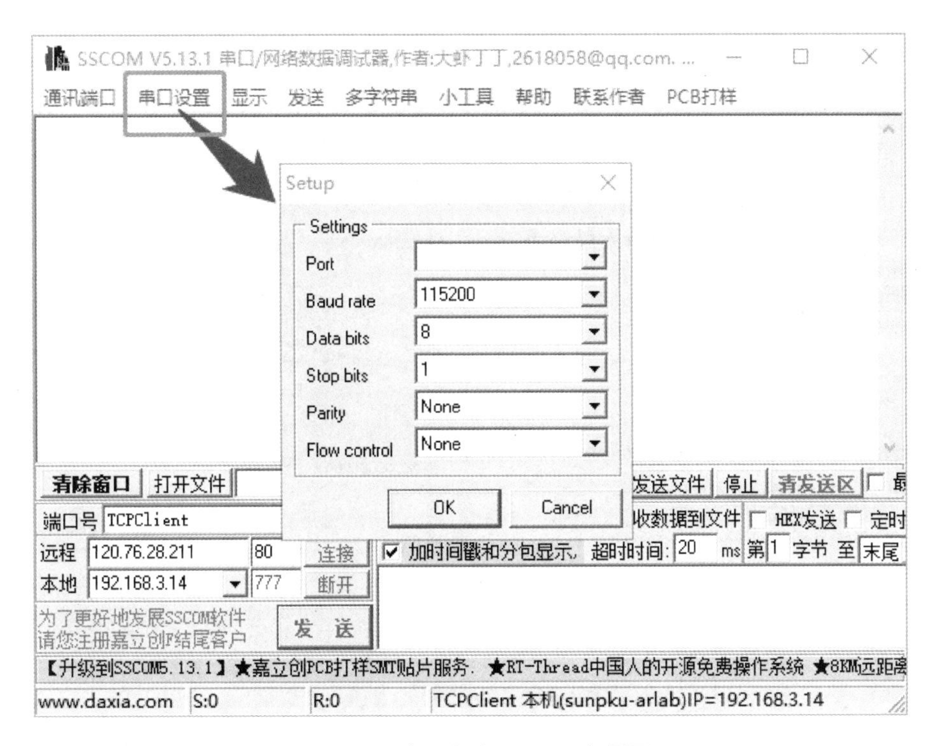

图 10-19　串口程序 sscom 运行界面

点击菜单"串口设置"后会出现"Setup"对话框,需要输入正确的串口通信参数。

OEM 板卡上的 3 个串口,是板卡制造商设计制造的,分别有编号,且编号是固定不变的。如图 10-17 左上所示,在转接板卡上,靠近电源开关一侧的是 COM1,靠近卫星天线连接头一端的是 COM3,中间的则是 COM2。计算机可通过其中任意一个串口与板卡连接,如连接中间串口,则指令在默认情况下,对串口的操作是指 COM2,如对 COM1 或 COM3 进行操作,则需要在指令中明确写出来。

注意前面提到 sscom 程序对话框出现的 com4 是计算机上的串口号,即 USB 连接计算机时,由计算机分配给 USB 串口的编号,与板卡上的 3 个串口及其编号是两回事。举例来说,如果用 USB 转串口线连接了接收机上的中间串口即 COM2,在 sscom 程序串口设置对话框中看到的是计算机自动分配给其相应 USB 口的串口编号,可能是 com4 或 com5,如果计算机上之前连接的串口设备较多,串口的编号甚至会是 com8 或 com9 等。

BBG90 板卡与计算机连接时,可使用高速通信参数,波特率即 Baud rate 可设为 115200,数据位(data bits)、停止位(Stop bits)分别设为 8、1,校验位(Partiy)设为无,即 none。如果事先不知道 BBG90 板卡上次使用后所设的波特率,那只能选择不同的波特率值来试,不过可选的波特率值并不多(可从 9600 开始选择),这一操作过程原则上不会费时太久。

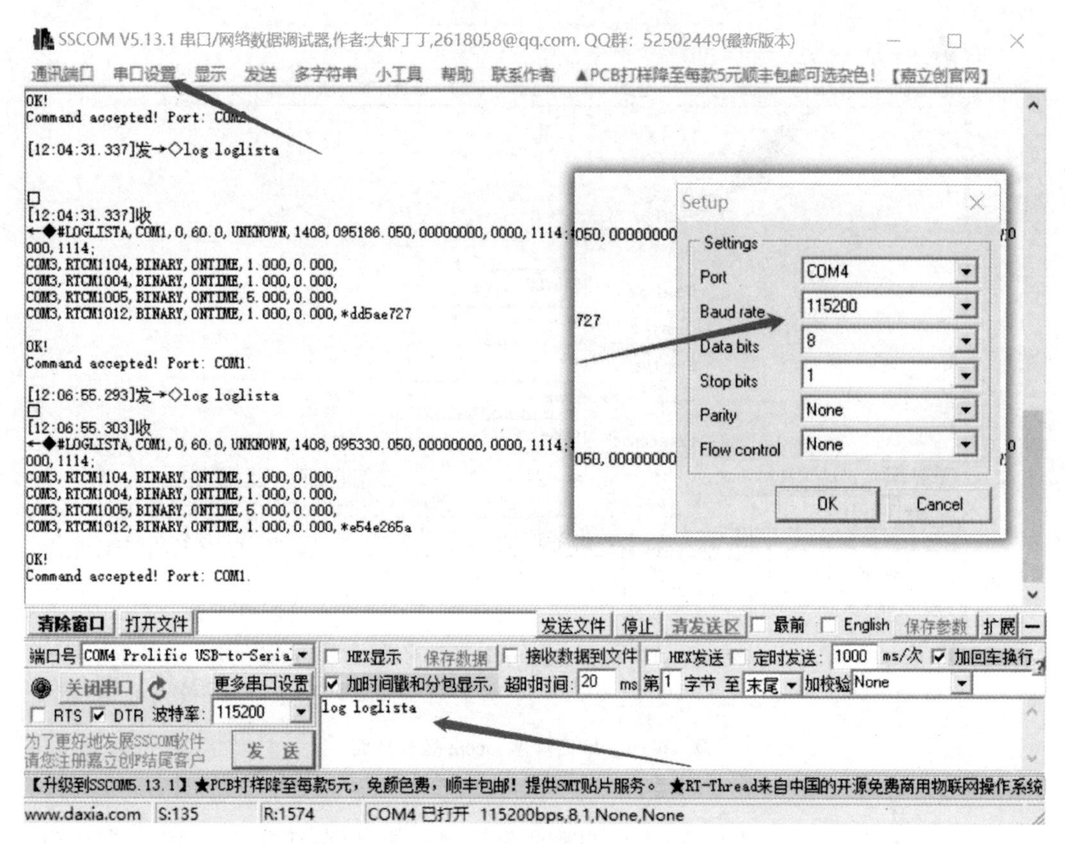

图 10-20　串口程序 sscom 运行界面

右图为串口配置对话框。

如图 10-20 所示,设置完串口通信参数后,在 sscom 程序的最下边指令窗中两次输入“log loglista”后,程序主窗口显示 BBG90 板卡成功接收指令后,输出的当前工作状态,以及各串口已配置使用的状态,图 10-20 所示为串口程序 sscom 主窗口中显示的响应指令 loglista 的内容。

BBG90 有 3 个串口,不同的用户可以按自己的意愿配置各串口的功能,一般来说串口有两种工作模式:一种是通常连接计算机交互用的模式,即用户输入指令,板卡通过该串口输出相应的结果;另一种是差分或 RTK 工作模式,在该模式下,串口仅输出数据,不再响应用户的任何指令。因此,如果第一次连接 BBG90 板卡,正常设置好串口参数后,发现板卡只输出数据,不响应任何指令,说明该板卡曾被设为差分或 RTK 模式,请从组装接收机上拔掉当前串口插头,改插到另外的串口上,然后再试着与计算机进行连接。无论如何,BBG90 上总有一个串口会处于指令交互模式。

2. BBG90 常用指令

将组装接收机与计算机连接好，并设置好串口通信参数后，原则上接收机就可以接收我们输入的指令，并返回指令期望的结果。由于接收机之前可能有人使用过，我们并不知道其当前的工作模式，因此，如果连接计算机，设置好串口参数后，发现 sscom 程序不停输出数据，请连接接收机上的其他串口进行前面的设置过程，如前所述，总会有一个串口处于交互模式。

如果确定接收机工作模式处于差分或 RTK 模式，此时，请使用下面指令使板卡恢复到一般单点定位模式：

```
interfacemode com1 compass compass on //此指令设置 com1 按正常模式工作
```

设置完成后，使用 saveconfig 保存当前配置，以便在下次开机后按当前设置正常使用。

BBG90 常用的指令，其实也是一般卫星导航定位接收机通用的指令，我们在此分类型列出实验中常用的一些指令：

（1）常用查看板卡系统及状态的指令

```
log version    //用于查看板卡的硬件版本号
log loglista    //以文本方式输出每一个串口的工作状态
log comconfiga    //以文方式输出串口的设置参数
log ecutoff    //读取卫星高度截止角
unlogall    //清除前面的所有设置及指令
```

（2）常用设置参数的指令

```
com comX <baud rate>    //设置串口 comX 的波特率为〈baud rate〉
ecutoff 〈value〉    //设置观测卫星高度截止角，〈value〉为具体的值，如 15
lockout bd2/gps    //屏蔽北斗或 GPS 卫星，即不观测北斗或 GPS 卫星
unlockout bd2/gps    //取消对北斗或 GPS 卫星的观测屏蔽
fix position 〈lat〉〈lon〉〈hgt〉    //将当前板卡位置设置为某一具体数值，即固定当前板卡位置
为〈lat〉〈lon〉〈hgt〉，通常该指令用于将当前板卡设置为差分过程中的基准站
fix none    //与上一条指令对应，取消对当前板卡位置的固定，恢复实时观测值状态，或清除之前
固定的点
freset    //将板卡复位到出厂状态
saveconfig    //保存对板卡当前的所有设置，下次启动时可自动使用相关指令
```

（3）常用导航报文输出指令

前面第 7.3.2 节讲到 NMEA-0183 传输协议，协议提到的语句 ID 在这里就有对应的

指令：

```
log comX gpgga ontime 1    //输出经纬度坐标
log comX gpgsa ontime 1    //输出卫星当前的定位精度信息
log comX gpgsv ontime 1    //输出当前可见的所有卫星方位与高度角等信息
log comX gpzda ontime 1    //输出 UTC 时间信息,包含年月日时分秒
log comX gpvtg ontime 1    //输出移动目标当前的航向与速度等信息
```

其余还有一些相似的指令如:

```
log comX bestposa ontime 1    //输出当前一段观测时间内的最佳定位结果(经纬度形式)
log comX bestxyz ontime 1    //以三维坐标形式输出当前一段观测时间内的最佳结果
```

这些指令中包含的 com$X$ 是指接收机上的串口,如果不直接指出串口号,则接收机在默认情况下,由当前连接计算机的串口输出结果,否则由指定的串口中输出。指令中的 ontime 1,其含义是要求输出数据的频率,1 表示每 1 s 输出一次数据,如写为 ontime 5,接收机接收指令后会每 5 s 输出一次数据。

(4) 常用导航参数及观测数据输出指令

前面的指令主要给普通用户使用,对于开发者而言,期望能读到导航板卡低层或原始性质的数据,如星历参数、伪距或载波相位观测者、电离层参数、时间修正参数等。此外,有时候在工业应用场合,从板卡中读取数据的并非是工作人员,而是另一台工业计算机或者只是一块单片机,此时要求板卡直接输出二进制数据。针对这类应用需求,厂商也开发了一些指令,实验过程中常用的指令有如下几个:

```
log gpsephemb onchanged/(ontime 1)    //以二进制格式读取 GPS 星历
log ionutcb onchanged (ontime 1)    //读取电离层参数
log rangeb ontime 1    //以二进制格式读取伪距观测值
log range ontime 1    //以文本格式读取伪距观测值
onchanged    //表示在数据有变化时输出一次,如使用过程中想让板卡快速输出相关数据,可直接使用 ontime x 这样的指令。
```

限于篇幅其他指令不再列出,同时前面所列指令有些输出内容较多,详细的解译说明请查阅本书网络资料中文件名为:BdstarTimes OEM Board Reference Manual v1.2H.pdf 的文件。

10.2.4 板卡定位数据读取实验

在进行该部分实验前,先简单介绍一下 NMEA-0183 格式,这是一个在定位导航过程中广泛使用的格式。NMEA(National Marine Electronics Association),即美国国家海事电子协会的缩写,NMEA-0183 是该协会制定的用于海洋电子设备之间通信接口和协

议的一个数据标准。该标准主要定义了数据输出的具体格式，解决了不同厂商以及型号GNSS 接收机之间的数据接口问题。

该标准最早制定于 1980 年，其版本为 NMEA-0180，1982 年制定了 NMEA-0182，1983 年制定了 NMEA-0183，兼容前两个格式，同时增加了对多种设备，尤其对陀螺设备的接口标准定义，目前 NMEA-0183 在国际上广泛使用。

1. NMEA-0183 格式定义

该格式由语句方式表达，以“$”字符开头，接着为 2 个字符表示的“会话 ID”和 3 个字符表示的“语句 ID”，其后为数据体，数据体中的数据字段用逗号分隔，语句末尾为校验码，属可选项，由一个“*”和两个数据位的十六进制组成，以回车换行结束，每行语句最长包括 82 个字符。

NMEA-0183 标准允许厂商定义自己的语句格式，其开头需为“$P”，后三位为厂家ID 标识号，之后为其自定义数据体。

我们平常接触到 NMEA-0183 常用的会话 ID 主要是 GP，其含义即为全球定位系统GPS。语句 ID，主要有 GGA、GLL、ZDA、GSV、GST、GSA、ALM 等。其含义分别为：

① GPGGA：输出 GPS 定位信息，包括经纬度、高程、卫星数据以及定位质量等；

② GPGLL：输出大地坐标信息；

③ GPZDA：输出 UTC 时间信息；

④ GPGSV：输出可见的卫星信息；

⑤ GPGST：输出定位标准差信息；

⑥ GPGSA：输出卫星 DOP 值信息；

⑦ GPALM：输出卫星星历信息。

NMEA-0183 格式采用 RS232 通信标准，常用接口为 25 针串口，也可使用 9 针串口。

2. 数据读取实验步骤与数据解析

请按前面所讲内容，依以下步骤从组装接收机中读取定位数据：

① 打开组装接收机外壳，检查里面各部件固定及连接是否良好，如存在松动或未良好固定的情况，使用螺丝刀等工具固定好。

② 检查完毕，重新安装好接收机外壳，检查外接卫星天线连接是否良好；如有松动请适当旋紧，以确保天线接触良好；同时将外接卫星天线放置到户外天阔的地方，如在室内操作，请将天线通过延长线放置在窗户外，确保天线正面朝上且能收到足够的卫星信号；如在室内，应让天线尽量对准卫星信号转发器天线。

③ 使用 USB 转串口线将接收机串口连接到计算机 USB 口，然后连接好接收机电源，打开电源开关；由于板卡冷启动需要约 1 min 的时间，在进行下一步前可稍等片刻。

④ 在计算机中运行 sscom 程序，设置好串口参数，发送一些查看板卡状态的指令，如

log loglista，sscom 程序主窗口返回相应板卡状态数据，说明接收机与计算机连接成功，否则需要进一步检查板卡以及串口参数设置。

⑤ 通过 sscom 程序向接收机发送指令 log gpgga ontime 1，等待并查看接收机输出的定位数据。

以 GPGGA 指令为例，如果接收机接收到卫星信号，并实现定位，则其会输出如下数据：

$GPGGA，024941.00，3110.4693903，N，12123.2621695，E，1，16，0.6，57.0924，M，0.000，M，99，AAAA*55

该输出结果的详细解读如表 10-3 所示。

表 10-3　GPGGA 语句格式解析

序号	名称	内容	示例
1	$GPGGA	Log header	$GPGGA
2	utc	定位时的 UTC 时间，格式为时分秒.秒(hhmmss.ss)	202134.00
3	lat	纬度，格式为度分.分(DDmm.mm)	3110.469390
4	latdir	纬度方向(N=North，S=South)	N
5	lon	经度，格式为度分.分 (DDDmm.mm)	12123.2621695
6	londir	经度方向(E=East，W=West)	W
7	GPS qual	GPS 定位状态标志，分别用 0～9 整数表示 0=未定位或无效定位 1=普通定位 2=C/A 码差分定位，或其他差分定位结果 4=RTK 固定解 5=RTK 浮点解 6=估计定位模式(Dead reckoning mode) 7=手动输入定位值，通常为使用 fixed position 指令后的结果 8=宽巷定位模式 9=星基卫星定位模式(WAAS)	1
8	# sats	观测到的卫星数	10
9	hdop	水平定位精度因子(越小精度越好)	1.0
10	alt	天线海拔高	1062.22
11	a-units	天线高单位 (M=meters)	M
12	undulation	大地水准面与 WGS84 椭球体间的偏差	−16.271
13	u-units	偏差值的单位 (M=meters)	M
14	age	差分 GPS 数据的时段(单位为秒)	(非差分状态此值为空)
15	stn ID	差分状态时基准站的 ID 编号	(非差分状态此值为空)
16	*xx	检校位	*48
17	[CR][LF]	语句结束符	[CR][LF]

基于该格式的解读，上面示例数据其信息如下：

该数据观测时间为 UTC 时间凌晨 2 点 49 分 41 秒，即北京时间 10 点 49 分 41 秒；定位结果为：经纬度为(121 度 23.2621695 分，31 度 10.4693903 分)，海拔高为 57.0924 米；观测状态为单点定位，本次观测到 16 颗卫星，且定位精度良好，水平精度因子为 0.6。

前面仅练习了一条指令，类似地可以练习其他指令，如 GPGSV，我们可以给组装接收机输入请求语句 log gpgsv ontime 1，则接收机每隔一秒输出当前可见的卫星信息，示例输出数据如下：

```
$GPGSV,3,1,09,14,67,095,51,31,55,331,50,25,38,041,50,22,25,188,46*70
$GPGSV,3,2,09,30,43,228,49,29,29,096,47,32,29,303,45,16,17,219,43*7B
```

如果想查看北斗卫星观测情况，则可输入 log bdgsv ontime 1，接收机会输出如下信息：

```
$BDGSV,2,1,08,141,49,145,47,143,36,237,45,144,34,122,45,146,13,196,39*6E
$BDGSV,2,2,08,147,63,004,50,148,39,173,45,149,25,222,42,150,51,324,46*6D
```

GPGSV 报文的内容按如下格式解析(BDGSV 的解析与之类似)：

```
$GPGSV,〈1〉,〈2〉,〈3〉,〈4〉,〈5〉,〈6〉,〈7〉,…〈4〉,〈5〉,〈6〉,〈7〉*hh〈CR〉〈LF〉
```

〈1〉GSV 语句的总数

〈2〉本句 GSV 的编号

〈3〉可见卫星的总数(00～12,前面的 0 也将被传输)

〈4〉PRN 码(伪随机噪声码)(01～32,前面的 0 也将被传输)

〈5〉卫星仰角(00～90 度,前面的 0 也将被传输)

〈6〉卫星方位角(000～359 度,前面的 0 也将被传输)

〈7〉信噪比(00～99dB,没有跟踪到卫星时为空,前面的 0 也将被传输)

〈4〉,〈5〉,〈6〉,〈7〉信息将按照每颗卫星进行循环显示，每条 GSV 语句最多可以显示 4 颗卫星的信息。其他卫星信息将在下一序列的 NMEA0183 语句中输出。

其余语句类似，不再一一列出，一般接收机厂商会提供详细的资料说明供用户查阅。

基于以上内容，作为练习，请完成本章末尾实验课练习作业部分的第 5 题。

10.2.5　导航电文读取与分解

对于卫星导航应用的研发或特定产品的开发过程而言，了解待开发板卡的指令集，包括输出给板卡的每一个指令的使用语句、从板卡输出的响应信息的格式与内容，以及使用相关指令时的前提条件等，均需要在产品的相关指导材料中加以详细说明。本章所述的实验中使用的北斗时代 BBG 系列产品的相关说明书是参考文献[13]，见本书网络资料文件：BdstarTimes OEM Board Reference Manual. pdf，是 2013 年发布的版本。由于板卡生产过程中，其性能与结构一般会不断改进而有所变化，故在开发实验过程中，一定要注意产品所对应的资料。不同资料版中常用的指令功能不会有多大变化。

资料中所述内容对于开发或者编写针对特定应用的功能以及软件界面来说，都是相当重要的，同时相关内容对生产商的技术支持与产品的兼容性开发而言，也是不可或缺的。作为课程学习，我们没有时间去全面了解所有的指令与功能。事实上，这些指令的使用方法都有一定的相似性，掌握其中少数几条，其余的也就明白了。

BBG90 板卡除了能接收 GPS 卫星信号外，还可以接收北斗及 GLONASS 卫星信号，因此在附件资料中给出了三种卫星导航电文结构。但限于篇幅，在此我们仅给出 GPS 卫星导航电文的读取与解析，北斗与 GLONASS 卫星的导航电文处理方法与此基本一致。

第 4 章所讲的 GPS 卫星导航电文，可以从 BBG90 板卡中读取。当然纯粹读取如第 4 章所讲二进制导航电文结构，需要花费很大精力将其恢复为能用于计算的参数，一方面它是二进制内容，有些参数被分成两部分存放；另一方面很多参数并非整型，必须恢复其原来数值类型以及单位才能用于计算。为了避免这些不必要的麻烦，板卡制造商开发了相应的软件，用户通过使用的指令就可以直接从板卡中读取能用于轨道计算的导航电文参数(其形如 RINEX 文件所给出的数据)，以及卫星到接收机的距离观测值等。

这里有三条指令，分别读取 GPS、北斗和 GLONASS 卫星的星历数据：

```
log comx rawephemb onchanged //从 comX 串口以二进制方式读取 GPS 星历数据
log comx bd2rawephemb onchanged //从 comX 串口以二进制方式读取北斗星历数据
log comx glorawephemb onchanged //从 comX 串口以二进制方式读取 GLONASS 星历数据
```

onchanged 表示，当星历数据发生变化时，板卡输出一次星历数据，因为星历 2～4 h 才更新一次，GPS 星历最快也是 1 h 更新一次，所以不必要使用高频方式去读取。这种情况适用于用户有充足的时间，同时也可以节省存储空间。如果用户急于使用数据，也不考虑节省存储空间，将 onchanged 换为 ontime x，即让板卡每隔 x 秒输出一次星历数据。

在实验过程中，我们可使用如下形式的指令读取 GPS 星历：

```
log rawephemb ontime 3    //原始星历数据
```

不过在使用此指令读取星历前，应该使用 log gpgga ontime 1 指令，确认接收机已经处于定位状态，且已经观测到足够数量的卫星，例如已观测到 10 颗以上的卫星。然后，让接收机每隔 3 s 输出一次星历，观察 sscom 程序窗口的数据输出情况，由于读取的是二进制数据，因此无法确认具体的内容，但在正常情况下，sscom 会显示每次整段输出的数据块，而非零星或不规则的数据输出。

当 sscom 读取星历正常的情况下，在 sscom 程序界面下端指令窗口上边勾选“接收数据到文件”，等待接收机观测一段时间，大约 10～15 min 或更长时间，然后在 sscom 所在目录下寻找其自动保存的星历观测文件，如文件名为：ReceivedTofile-COM4-2019_11_24_15-35-49. dat，这是 sscom 程序自动命名的文件，请将此文件扩展名由 dat 改为 cnb，以供下一步使用。

当然我们也可以使用 sscom 程序界面下端、指令窗口上边的“保存数据”按钮，将已经观测的数据保存下来，但这种情况下，要避免 sscom 主窗口中在开始观测星历之前，已经有其他指令与数据，如果将其与星历文件保存在一起的话，可能会令后续处理软件产生异常结果。

确保顺利收到星历数据后，这里使用北斗时代公司提供的一款软件，来实现该星历数据到 RINEX 文件格式的转换，软件在本书网络资料目录\北斗时代\Renix 转换下，程序名为 CRU-V1. 7. 0-setup. exe，该程序需要安装才能正常运行，安装过程很简单，在此不再介绍。安装程序并运行后，会看到如图 10-21 的界面(为了放大程序窗口上的文字，图中仅给出了程序完整界面左上主体部分)。

如图 10-21 所示，在 CRU 程序左侧栏中找到“目录”项，展开目录树，找到 sscom 保存的观测文件所在的目录，然后找到左侧栏中的“功能”项，点选展开后，找到其中带图标的“Rinex 转换”项并点击，CRU 程序主窗口中会多出一个 tab 页，其标题名为“Rinex 转换”，同时前面所接收的文件名会出现在该 tab 页展示的表格中，如图 10-21 中箭头所示。

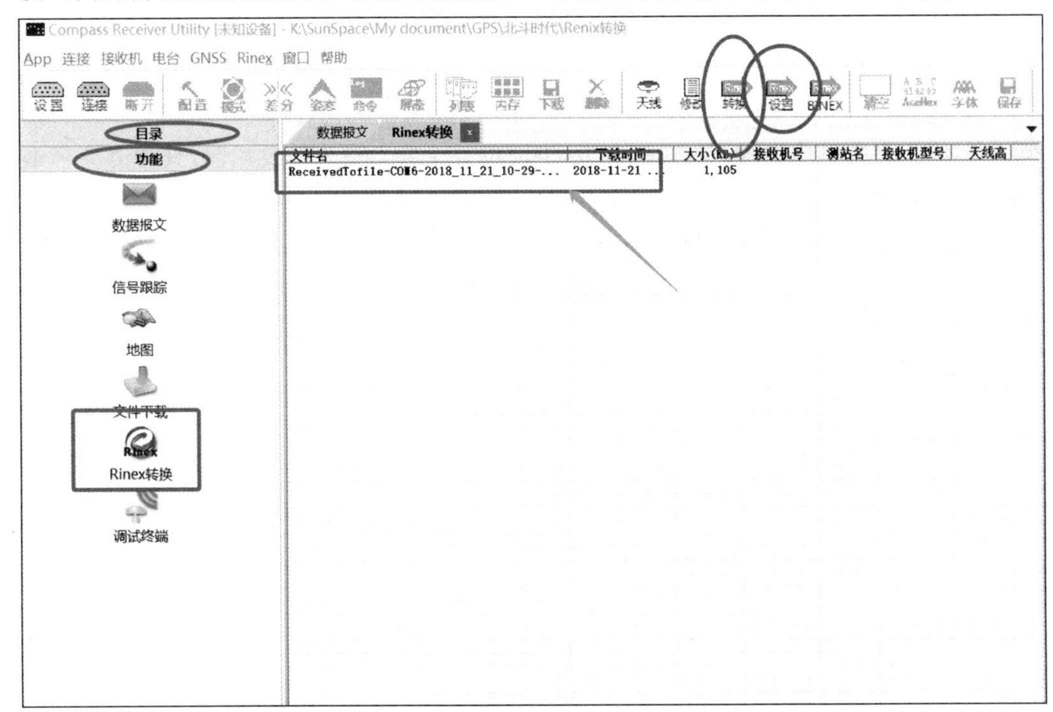

图 10-21　RINEX 格式文件转换程序 Compass Receiver Utility (CRN)界面 (部分)

如果列表中存在多个文件，请选中想要转换的文件，然后在工具栏中找到“设置”项，如 10-18 图中上部圆圈所示，点选后会弹出一个对话框，请在“输出格式”项中选择“2.10”（该版本虽然不是最新版本，却是使用最为广泛的版本，我们提供的实验数据为该版本格式），然后点击工具栏中的“转换”项，程序会自动完成转换，并在当前目录下生成与原文件同名，但扩展名为.xxN 的文件，xx 为 CRU 程序赋予它的一个数值，按 RINEX 文件命名规则，其值应为观测年份，如 19N 表示 2019 年的导航文件。

完成转换后，找到扩展名如.19N 的文件，使用计算机中的记事本或写字板程序打开后，会看到如表 4-3 所示的内容。如果在文件头部分发现电离层参数为空时，请在 sscom 程序中，输入下面指令，单独采集一次电离层参数：

```
log ionutca onchanged ontime 3    //以文本方式读取电离层参数
```

卫星轨道位置计算时并不使用电离层参数，但其作为导航文件的一部分，故在此特加说明。

练习：阅读本节内容，请完成本章末尾实验课练习作业部分的第 6 题。

10.2.6 多卫星位置计算与轨道可视化

由 10.2.5 节的内容我们可以从接收机中读取观测时刻所有接收到的卫星星历数据，如果同时观测到 6 颗 GPS 卫星的话，6 颗卫星可实现稳定的位置解算，那么我们可以同时绘制接收机定位过程中的所有 GPS 卫星，为直观了解整个定位计算过程提供方便。

关于这部分的编程实验，绝大多数属于代码编写技能性的工作，取决于平时的训练与积累，限于篇幅具体内容不做过多解说，下面就几个要点给出简要说明，具体请参考本书网络资料目录\Exmprj\PrjFinished\GPSWin32Openglv2_6StarF\中的示例程序。

① 关于实验数据：请在目录 PrjFrame\data 或 PrjFinished\data 中查找文件名为 sat_nav_ data6.txt 的文件，该文件其实是 RINEX 格式文件中，去掉文件头部分，仅保留数据体的结果，第一个数据块如下：

```
1  25  0  4  9  8  0  0.0 -1.73416920006e-05 -2.27373675443e-13  0.00000000000e+00
2       8.00000000000e+00  9.84375000000e+00  4.90020411317e-09 -3.28589423754e-01
3       6.38887286186e-07  8.62177996896e-03  1.39698386192e-06  5.15362551117e+03
4       2.88000000000e+04  2.23517417908e-08 -2.04954026785e+00  7.82310962677e-08
5       9.67834541393e-01  3.59437500000e+02  8.86589852723e-01 -8.68643325338e-09
6       6.21454457501e-11  0.00000000000e+00  1.05700000000e+03  0.00000000000e+00
7       2.00000000000e+00  0.00000000000e+00  5.58793544769e-09  8.00000000000e+00
8       2.88000000000e+04  0.00000000000e+00
```

对该数据块的完整解析为表 4-4 中的详细说明，在程序中读取时，请参考表 4-4 中的解析顺序逐一读取，因为有 6 颗卫星，所以读取时需要使用一个循环结构。

如果读者有耐心的话，观测时间可以使用数据块前面的年月日时分秒，转换为以秒为单位，替换 t_{om} 作为观测时刻(注：前文以及此处所说观测时间非真实观测时间，仅作为在轨位置计算时的一种参考)。

由于该数据文件较单颗卫星可视化实验的数据包含的参数更为完整，虽然有些参数目前还不使用，如第 1 行最后 3 个时钟校正参数，但在后面我们会用到，所以在单颗卫星可视化的程序基础上，读者需要对前面程序中的星历结构稍做修改。

② 在该程序中，需要以数据结构的方式管理所有卫星，读取所有卫星的星历参数后，需要使用循环结构逐一计算每颗卫星的轨道位置，同时在可视化的过程中，也是逐一对每颗卫星及其对应的轨道进行可视化。

③ 如图 10-22 所示，程序正确的可视化结果应该呈现：卫星轨道与地球赤道的交角看上去接近 55 度；理论上位于同一轨道的多颗卫星可能具有不一样的轨道，但非常接近；不同的轨道之间夹角看上去应该不小于 60 度，如果过小，请查看轨道经度计算是否有误。

练习：基于 10.2.5 节与 10.2.6 节的内容，请完成本章末尾实验课练习作业部分的第 7 题或第 8 题。

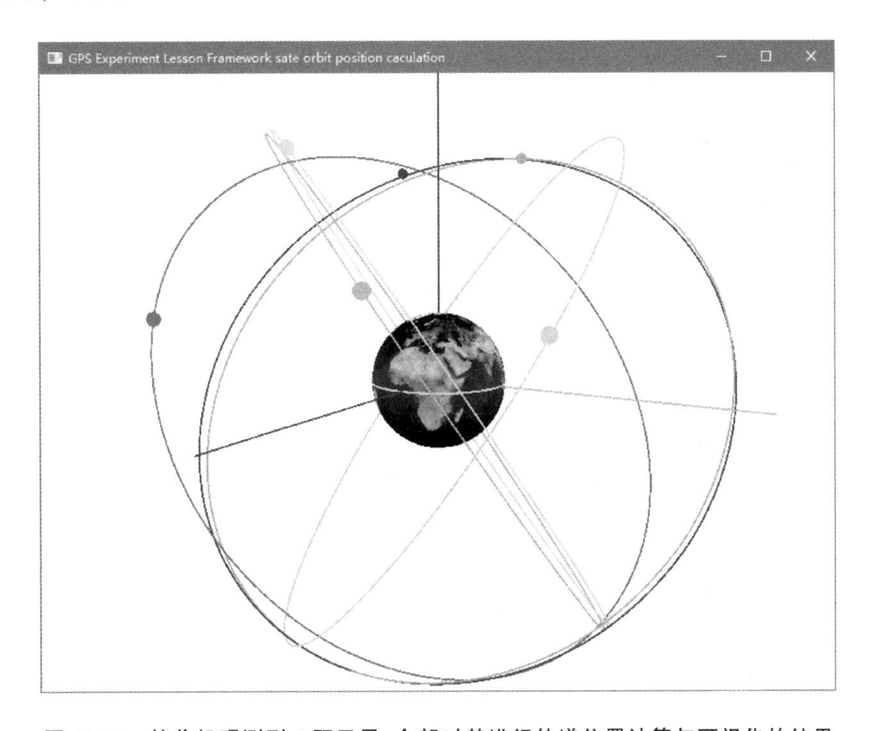

图 10-22　接收机观测到 6 颗卫星，全部对其进行轨道位置计算与可视化的结果

10.3 伪距单点定位计算

通过前面的实验内容我们掌握了卫星轨道位置计算，原则上可以得到观测瞬间卫星的在轨位置，由单点定位原理可知，如果能再获取每颗卫星到接收机的观测距离，则可以计算出接收机的三维位置，从而达到定位的目的。

但是，我们由第5章的内容可知，要得到满足现实应用需求的定位结果，必须处理好各项误差。虽然第5章对各项误差进行了详细阐述，同时也给出了计算公式与计算模型，但如何正确使用这些公式，尤其是较为复杂的大气改正模型，如果没有实验练习，恐怕很难真正掌握它们的应用方法。为此，在阐述单点定位的实验内容前，我们先对各项误差的具体计算处理加以说明。

10.3.1 各项误差的计算方法

第5章主要讲述了相对论效应误差、卫星钟误差、卫星星历误差、电离层延迟误差、对流层延误误差、多路径效应误差以及其他误差。由于伪距单点定位的精度在米级，因此归纳到其他误差中的一些相对影响较小的误差，如天线相位中心误差，可以忽略不计，同时多路径效应误差，由于较难估计，我们只能认为其在观测过程中通过采取一些措施得到了有效控制；此外，卫星星历误差，相对于伪距单点定位而言，其精度较小，可认为其不大于2 m，故也可不予考虑。总体而言，在后续的计算过程中，我们把所有忽略掉的误差归到计算方程的残差，或者说剩余误差中。

因此，我们在此讨论的误差就只剩下：相对论效应误差、卫星时钟误差、电离层延迟误差和对流层延迟误差。下面依次对每一种误差的计算方法给予不同程度的阐述。

1. *相对论效应误差*

由第5章可知相对论效应误差包括狭义相对论与广义相对论两部分，两者经过综合处理后，仍然剩余卫星因其在椭圆轨道上运行而产生的变化部分，其校正公式如下：

$$\Delta t_r = -\frac{2\sqrt{a\mu}}{c^2} e\sin E \tag{10-1}$$

此式中，由于μ实质为常量GM，c为光速，其均为常数，故我们可令

$$F = -\frac{2\sqrt{\mu}}{c^2} = -4.442\,807\,633 \times 10^{-10}\,(\mathrm{s/m^{1/2}})$$

则上式可改写为

$$\Delta t_r = Fe\sqrt{A}\sin E \tag{10-2}$$

此式中，e为卫星椭圆轨道的偏心率，$\sqrt{A}$为轨道半径的均方根，可由导航电文得到，而E

为观测时刻卫星在轨道上的偏近点角，在前面的轨道计算中可以求得。因此，Δt_r 可以在卫星轨道计算过程中，通过得到偏近点角 E 而求得。

常数 F 的引入，只是为了简化公式，由于 GM 和 c 在轨道位置计算过程中均已定义，故上述公式中也可以直接使用它们进行计算。

2. 卫星时钟误差

在单点定位过程中，卫星时钟误差的计算处理，我们仅使用广播星历提供的参数进行改正，并忽略数字同步误差。至于接收机的时钟误差，由于影响很大，我们在方程中作为一个未知数进行处理。

除了相对论效应的影响外，卫星时钟还具有因其频率不稳定产生的物理误差和因电路延迟导致的硬件延时误差 T_{GD}。公式(5-21)给出了包含相对论效应的卫星时钟误差计算公式，为方便使用，我们加入 T_{GD}，并将公式重写如下：

$$\Delta t_{SV} = a_0 + a_1(t - t_{oc}) + a_2(t - t_{oc})^2 + \Delta t_r - T_{GD} \tag{10-3}$$

式中，三个系数项$[a_0,\ a_1,\ a_2]$包含在导航电文中，位于 RINEX 文件格式数据块的第一行末；t 为接收机的观测时刻，t_{oc}为由导航电文给出的卫星钟参数的参考时刻，计算时 t 与 t_{oc}的单位均应使用秒。

由于实验中我们使用的是 L1P 码测距的卫地距观测值，故直接使用导航电文给出的 T_{GD}值进行计算。T_{GD}在 RINEX 文件数据块中的位置，请查阅表 4-4 给出的格式。另外，关于公式中观测时刻 t 和时钟参考时间 t_{oc}的计算比较重要，下面稍加详细说明。

由于导航星历的时间参照为周日 0 点 0 分 0 秒，故在严格的轨道位置计算、相关误差计算以及定位计算过程中，应将观测时刻均转换为周内的秒数，即从本周日 0 点 0 分 0 秒到当前观测时刻的总秒数，需先将年月转换为周数，具体可采用如下计算过程：

① 已知观测时刻或卫星钟参考时刻的年、月、日、时、分、秒，分别用变量 y，mn，d，h，min，sec 进行表达；

② 由于每月天数已知，故定义一个常量数组，如：

```
const int monthdays[11] = [31, 28, 31, 30, 31, 30, 31, 31, 30, 31, 30];
```

假如观测时间位于 12 月，则直接由当天天数确定，故数组中无需考虑 12 月的天数。

③ 首先计算起算年份(可以取 2000 年)到观测当年的天数：

```
Sumdays = y × 365;
```

④ 再计算当年从 1 月开始到当月的天数，我们使用一个 for 循环：

```
for (int i = 0; i < mn - 1; i + + ){
    Sumdays + = monthdays[i];
}
```

⑤ 由于每隔 4 年 2 月会闰一天，也就是说，每隔 4 年，2 月的天数应加一天，故需在已有天数基础上，再补加可能产生的闰 2 月的天数。分两种情况考虑，如果当前观测月份是 2 月以后，则按完整的 4 年计算，否则应减去当年，具体如下：

```
if(mn > 2)
    Sumdays + = y/4;
else
    Sumdays + = (y - 1)/4;
```

⑥ 然后，我们还需要加上观测时刻所在本月的天数：

```
Sumdays + = (d - 1) //因为当天不足一整天，故需减去 1
```

⑦ 由于观测时刻与星历的相关参考时间需使用周内的秒数，故我们需要用一周的天数去整除总天数，即有

```
ResDays = Sumdays % 7;
```

⑧ 下面再将除余得到的天数，即当前周内的天数乘以一天的秒数，即 86 400，再加上待转换的时、分、秒部分：

```
Sumsec = ResDays × 86 400 + h × 3600 + min × 60 + sec.
```

Sumsec 即为公式(10-3)中的观测时刻 t。

以上过程，可以编写成一个转换函数在程序中进行调用。

基于该计算过程所得的观测时间为本周零点为起算点到当前观测时刻的总秒数。一般而言，RINEX 文件的星历数据块中，会直接给出 t_{oc} 的总秒数值，目前 t_{om} 的值即为 t_{oc}。但在实际环节应留意查看相关数据说明，以免出错。感兴趣的读者也可以利用上述计算过程，使用 RINEX 文件的星历数据块中的前 6 个数值，即年、月、日、时、分、秒进行计算。

需要特别注意的是，按式(4-1) Δt_{SV} 需要反号加到总误差改正中，方能得到正确的定位结果，否则因时钟误差造成相反的伪距改正，从而使定位结果在高程方向误差极大，请在实验编程过程中留意检查该项改正的正负号影响。

3. 电离层延迟误差

第 5 章介绍的电离层改正模型对于伪距观测而言应用较广的就是 Klobuchar 模型，在该实验部分我们对 Klobuchar 模型的具体实现加以介绍。

我们的已知数有：电离层改正 8 参数，其由导航电文给出。前面实验部分的 10.2.5 节介绍了导航电文的读取与分解，其中提到电离层参数如果正确转换的话，应该位于 RINEX 文件的文件头部分，如果星历读取指令未能正常读出的话，应使用指令 log ionutca onchanged (或 ontime 1)直接从板卡读取。

此外，我们还需要观测时刻的UTC时间，即为格林尼治时间。该时间可由RINEX格式的观测文件中读取。关于观测文件的获取我们在10.3.2节再详细阐述。

在Klobuchar模型的计算过程中，最重要的一个变量是穿刺点处地磁纬度的计算，由于涉及角度的计算较多，因此在计算过程中必须注意角度的单位。首先应确认从RINEX格式文件，或其他途径得到的导航电文中是否带有以半圆(semicircle)为单位的参数，其次，C及C++语言中三角函数使用的均是弧度而非角度。以第5章公式(5-45)为例，如以半圆为角度单位，则该公式需重写为

$$EA = \frac{0.0137}{el + 0.11} - 0.022 \tag{10-4}$$

由于本实验中使用的星历参数不再含有半圆单位，故可直接使用第5章所列公式进行计算，只需注意在计算过程中，使用三角函数时，将角度转换为弧度即可。为方便参考，将电离层改正所用公式按编程计算步骤列出如下：

① 假设卫星相对于观测站的地面高度角为el、方位角为$Azim$，为公式表达的简便起见，假设el的单位为度，$Azim$的单位为弧度；

② 计算测站点与穿刺点的地心夹角：$EA=445/(el+20)-4$，el为角度单位；

③ 计算穿刺点P′处的地心纬度：$\varphi_{P'}=Lat+EA\cdot\cos(Azim)$；

严格来说，Klobuchar模型的有效性限于南北纬75度之内，因而，当$\varphi_{P'}$的值超出时，应将其归到75度，即在编程时应给出如下判断：

if($\varphi_{P'}>75$)

　　$\varphi_{P'}=75$

else if ($\varphi_{P'}<-75$)

　　$\varphi_{P'}=-75$

④ 计算穿刺点P′处的地心经度：

$$\lambda_{P'} = \mathrm{Lon} + EA\cdot\sin(Azim)/\cos(\varphi_{P'}\cdot PI/180)$$

⑤ 计算穿刺点P′处的地磁纬度：

$$\varphi_m = \varphi_{P'} + 10.07\cdot\cos[(\lambda_{P'} - 288.04)\cdot PI/180]$$

⑥ 计算穿刺点处的地方时，由于观测时间以秒为单位，故可将地方时转为以秒为单位进行计算，需注意时间越界(不应大于24小时)：

$$\mathrm{Local\_}t = \lambda_{P'}\times 240 + \mathrm{Observe\_}t \,\%\, 86\,400$$

$\lambda_{P'}$以度为单位，转为秒时乘以每度对应的时间秒数即240，观测时间因以周日0点为起点，且为UTC时间，故需整除一天的秒数，转为当天时间。

⑦ 计算投影函数：

$$\sec Z = \sec Z = 1 + 2\times(96 - el)/90; \quad \text{// 注意 } el \text{ 单位为角度}$$

⑧ 计算电离层延迟时间 T_g：

$$T_g = 5 \times 10^{-9} + A\cos 2\pi \frac{(\text{local\_}t - 50\,400^s)}{P}$$

其中 A 与 P 的计算式分别为

$$A = \sum_{i=0}^{3} \alpha_i \ (\varphi_m)^i, \quad P = \sum_{i=0}^{3} \beta_i \ (\varphi_m)^i$$

需要注意的是，前面计算所得地磁纬度 φ_m，在代入 A、P 的计算式时，应除以 180，即应转换为半圆单位(semicircles)。

基于该流程我们可以实现对电离层改正延迟的计算，求得的延迟时间单位为秒，再乘以光速，即可得到卫星信号在传播路径上的真实延迟距离。

注：上述过程中，地面高度角 el 与方位角 $Azim$ 的具体计算在后面给出。

4. 对流层延迟误差

对流层的改正计算比较简单，直接使用第 5 章所给公式计算即可。如采用附件中的观测数据，该数据采集时，对应的气象参数如下：

温度 T 为摄氏度：$T=5$；气压取 $P=1013$；水汽压的计算比较烦琐，实际研发过程中，精确测定相对湿度后代入第 5 章相关公式进行计算。准备实验数据过程中，为简化问题，直接取当天天气预报给定的相对湿度进行计算，结果为 $e_s=6.0$。

需要注意的是，对流层延迟改正计算所得结果单位为米。

5. 卫星高度角与方位角

前面计算过程中用到了卫星的高度角与方位角，同时在实际应用过程中，我们也会遇到将观测得到的经纬度转换为三维直角坐标，或由直角坐标转换为经纬度的需要，为方便实验编程在此给出其相关公式。

(1) 大地坐标到直角坐标的转换

如图 10-23 所示，大地坐标(或椭球坐标)(φ, λ, h)到直角坐标(x, y, z)的转换公式如下：

$$\begin{cases} x = (N + h)\cos\varphi\cos\lambda \\ y = (N + h)\cos\varphi\sin\lambda \\ z = ((1 - e^2)N + h)\sin\varphi \end{cases} \tag{10-5}$$

式中，$N=a/\sqrt{1-e^2\sin^2\varphi}$，$N$ 为卯酉圈曲率半径，即沿地面高程 h，从椭球面向下与 z 轴相交点间的长度。卯酉圈是垂直于当前子午线的平面与椭球面的交线。

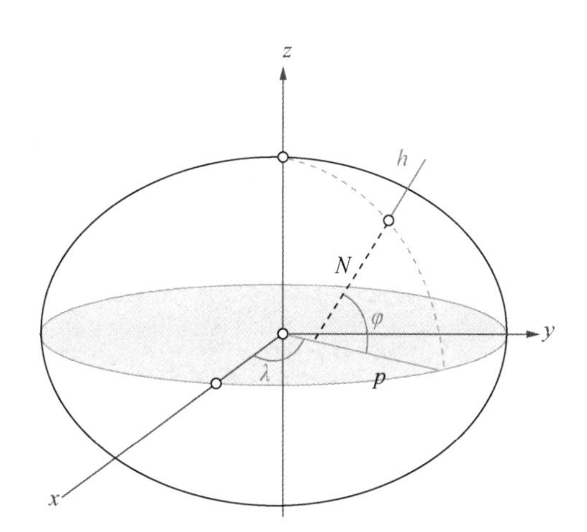

图 10-23　椭球大地坐标与直角坐标关系

又式中 e 为偏心率，f 为扁率，其表达式分别如下：

$$e^2 = \frac{a^2 - b^2}{a^2} = 2f - f^2$$

$$f = 1 - b/a \tag{10-6}$$

(2) 直角坐标到大地坐标的转换

如图 10-23 所示，反过来，将直角坐标(x, y, z) 转换为大地坐标(或椭球坐标) (φ, λ, h)的过程稍为困难一点，由于高程到纬度的转换过程需要一定的近似处理，具体过程如下：

首先经度可直接由 x、y 坐标计算得到，即

$$\lambda = \arctan(y/x)。$$

然后计算纬度的初始值，计算公式如下：

$$\varphi_{(0)} = \arctan\left(\frac{z}{(1 - \mathrm{e}^2)p}\right) \tag{10-7}$$

其中，$p = \sqrt{x^2 + y^2}$，如图 10-23 所示，从球心到赤道的线 p 也即过观测点经度处的椭球赤道半径 p。

基于纬度初始值，使用下面公式进行纬度 φ 与高程 h 之间的迭代计算：

$$\varphi_{(i)} = \arctan\left\{\frac{z}{\left[1 - \mathrm{e}^2 \dfrac{N_{(i)}}{N_{(i)} + h_{(i)}}\right]p}\right\} \tag{10-8}$$

其中 $N_{(i)}$ 与 $h_{(i)}$ 的迭代计算式如下：

$$N_{(i)} = a/\sqrt{1 - \mathrm{e}^2 \sin^2\varphi_{(i-1)}} \tag{10-9}$$

$$h_{(i)} = \frac{p}{\cos\varphi_{(i-1)}} - N_{(i)} \tag{10-10}$$

迭代结束的条件，通过相邻两次计算结果差值小于某一阀值确定。

(3) 直角坐标转为大地坐标的近似公式

如果觉得上述计算过程中的迭代处理较为复杂，可使用近似计算过程：

设 WGS84 坐标系的椭球体长半径 $a=6\,378\,137$ m，偏心率 $e=0.081\,819\,190\,842\,622$，则有

计算短半轴：

$$b = \sqrt{a^2 \times (1-\mathrm{e}^2)}$$

计算第二偏心率：

$$ep = \sqrt{(a^2 - b^2)/b^2}$$

则纬度计算式为

$$lat = a\tan\{[z + ep^2 \times b \times [\sin(th)^3]]\}/\{p - \mathrm{e}^2 \times a \times [\cos(th)^3]\}$$

其中，

$$p = \sqrt{(x^2 + y^2)}, \quad th = \mathrm{atan2}(a \times z, b \times p)$$

经度的计算式为

$$lon = \mathrm{atan2}(y, x)$$

高程的计算式为

$$alt = p/\cos(lat) - N,$$

其中

$$N = a/\sqrt{1 - \mathrm{e}^2 \times [\sin(lat)]^2}$$

(4) 三维直角坐标到测站坐标的转换

利用前面的计算公式，我们可得到观测站与卫星在地球坐标系中的直角坐标，但卫星的高度角与方位角是卫星相对于地面观测站而言的，因此，为了方便高度角与方位角的计算，我们还需要将卫星的三维坐标转换到以测站为参考中心的测站坐标系下。

假设卫星坐标为$[S_x, S_y, S_z]$，用户坐标为$[U_x, U_y, U_z]$，则卫星到地面测站的坐标向量为

$$\begin{bmatrix} \mathrm{d}x \\ \mathrm{d}y \\ \mathrm{d}z \end{bmatrix} = \begin{bmatrix} S_x - U_x \\ S_y - U_y \\ S_z - U_z \end{bmatrix}$$

如图 10-24 所示，设测站处的经纬度为 λ 与 φ，测站的坐标系以观测点为原点，北方向为 N 轴、东方向为 E 轴、天顶方向为 U 轴。如图中分别用 North、East 与 Up 表示。变换时，先将$[X, Y, Z]$坐标系从原点平移到测站处，然后将坐标系先绕 Z 轴旋转λ，再绕 Y

轴旋转$(90-\varphi)$，此时，X 轴为朝南方向，由于测站坐标指向北方向，故将其取负值令其指向北方向。其次，由于测站坐标的东西向为 x，南北向为 y，故再对 x 和 y 进行交换，由此得到测站坐标，完整的变换过程表达为公式(10-11)，在测站坐标系下，卫星坐标[E,N,U]的计算式为：

$$\begin{bmatrix} \mathrm{E} \\ \mathrm{N} \\ \mathrm{U} \end{bmatrix} = \begin{bmatrix} -\sin\lambda & \cos\lambda & 0 \\ -\sin\varphi\times\cos\lambda & -\sin\varphi\times\sin\lambda & \cos\varphi \\ \cos\varphi\times\cos\lambda & \cos\varphi\times\sin\lambda & \sin\varphi \end{bmatrix} \begin{bmatrix} \mathrm{d}x \\ \mathrm{d}y \\ \mathrm{d}z \end{bmatrix} \tag{10-11}$$

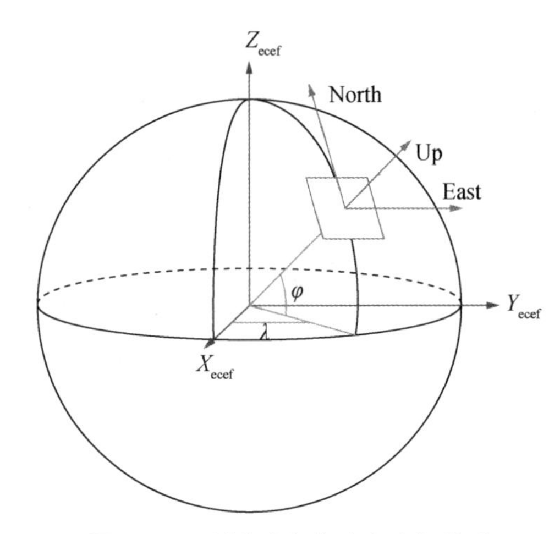

图 10-24　测站坐标与直角坐标关系

(5) 卫星高度角与方位角计算

得到卫星的测站坐标后，可以很简便地使用下面公式计算出卫星相对于测站地平面的高度角 el 和卫星到测站连线相对于测站北方向的角度，即卫星方位角 $Azim$。

设卫星的测站坐标为(E,N,U)，则

三维坐标的模为：norm＝sqrt(E・E＋N・N＋U・U)

从而卫星高度角 el＝arcsin(U/norm)

卫星方位角为 $Azim$＝atan2(E/norm, N/norm)

练习：请将 10.3.1 节所述几种误差改正的公式和模型，编写为函数代码，添加到已有程序框架中。

10.3.2　卫星定位观测值的获取

前面 10.2.5 节介绍了如何从板卡中读取导航电文，同时也提到如何读取电离层改正参数，但并没有提到卫星到接收机之间的卫地距如何获取。由于伪距观测单点定位过程中，卫地距(也即伪距)是已知数，故计算前必须获取。在 BBG90 板卡中读取伪距的指令如下：

log rangecmpb ontime 3 //每隔 3 秒读取一次观测值，包括伪距与载波相位观测值

如果令板卡从特定串口输出，则完整的指令是：log comx rangecmpb ontime 3

通常该指令与 10.2.5 节介绍的读取导航星历的指令一起使用，即在观测确定板卡已经定位后，将下面内容一次性通过串口程序 sscom 发给板卡：

```
log rawephemb ontime 3
log rangecmpb ontime 3
log ionutca ontime 60 //电离层参数只需读取一次，间隔可长一些，或直接使用 onchanged
```

让串口程序读取一段时间，如 10 min，然后让 sscom 程序保存读取的所有数据，注意读取观测数据前，确保 sscom 清空已有的窗口数据，以确保读取并保存的数据中没有其他数据干扰，以免后续采用 CRU 程序转换到 RINEX 格式时出现问题。

依 10.2.5 节所介绍的 CRU 程序转 RINEX 的过程，将保存后的扩展名为 dat 的文件转换为 RINEX 格式，这一次转换，除了扩展名带有 N 的导航文件名，还会出现一个扩展名带有 O 的观测文件。下面用图 10-25 给出一个观测文件的示例，并对其格式稍加解读，该示例的完整文件在附件示例程序目录中 data/2019_11_26_16-35-50.19O，扩展名 19O 的含义为 19 年的观测文件。

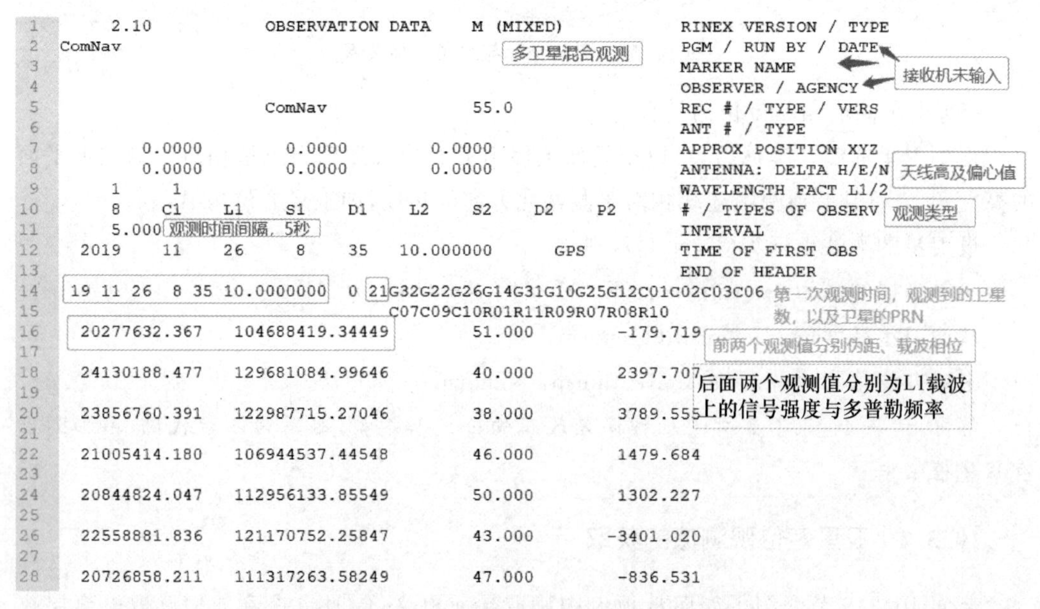

```
1       2.10           OBSERVATION DATA     M (MIXED)           RINEX VERSION / TYPE
2  ComNav                                                       PGM / RUN BY / DATE
3                                                               MARKER NAME
4                                                               OBSERVER / AGENCY
5                      ComNav               55.0                REC # / TYPE / VERS
6                                                               ANT # / TYPE
7           0.0000        0.0000        0.0000                  APPROX POSITION XYZ
8           0.0000        0.0000        0.0000                  ANTENNA: DELTA H/E/N
9       1     1                                                 WAVELENGTH FACT L1/2
10      8    C1    L1    S1    D1    L2    S2    D2    P2       # / TYPES OF OBSERV
11          5.000                                               INTERVAL
12    2019    11    26     8    35   10.000000      GPS         TIME OF FIRST OBS
13                                                              END OF HEADER
14  19 11 26  8 35 10.0000000  0 21G32G22G26G14G31G10G25G12C01C02C03C06
15                                  C07C09C10R01R11R09R07R08R10
16   20277632.367   104688419.34449         51.000        -179.719
17
18   24130188.477   129681084.99646         40.000        2397.707
19
20   23856760.391   122987715.27046         38.000        3789.555
21
22   21005414.180   106944537.44548         46.000        1479.684
23
24   20844824.047   112956133.85549         50.000        1302.227
25
26   22558881.836   121170752.25847         43.000       -3401.020
27
28   20726858.211   111317263.58249         47.000        -836.531
```


图 10-25 RINEX 观测文件示例及格式说明

图中汉字部分是为了便于理解作者添加的注解，由于该文件是从板卡输出，并非由

终端用户使用的正规接收机得到，因此文件头中一些数据是空白的，或是零值。例如接收机观测初始位置，如果用户没有在接收机端输入的话则为零值。天线高，原则上需要用户量测，天线的偏心值需要精确检校才能得到，一般在精密点位测量中需要。

第 10 行观测类型显示有 8 种观测类型，由于实验用的板卡包含三星系统，因而该文件第 1 行写有 M(MIXED)，即多卫星系统混合观测。各类型的含义如下：

L1、L2：表示 L1 和 L2 载波的相位观测值；

C1：表示 L1 载波上的伪距测定的伪距观测值；

P1、P2：表示 L1、L2 载波上用 P 码测量的伪距；

D1、D2：表示 L1、L2 载波测定的多普勒频率；

S1、S2：表示 L1、L2 相位观测值的原始信号强度或信噪比值。

伪距观测值的单位为米，载波相位观测值的单位为周。

由于 BGG90 板卡为单频系统，故 8 个观测类型中，仅有四个观测值，即分别为 C1、L1、S1 和 D1，对应含义为：L1 载波上 C/A 码的伪距观测值、L1 载波相位观测值、信号强度（或信噪比）和 L1 多普勒频率。

由于在实验编程环节，编写读取完整 RINEX 文件格式的代码需要花费一定时间，为了方便，在原 RINEX 数据文件基础上，作者删除了文件头及不必要的内容，在附件编程框架中提供了易于读取的实验数据文件，其位于本书网络资料目录\Exmprj \PrjFrame\data 中，文件名为 20191126-163550Odata. txt。BGG90 板卡每隔 5 min 观测一次，该文件仅使用了第一次观测时刻记录的观测值。数据文件第 1 行为板卡第一次观测时刻的年月日时分秒，第 3 行开始为观测值，伪距单点定位编程时，只需读取每行的第一个数值（伪距观测值）即可。

与观测文件相对应的导航文件，作者同样做了简化处理，主要保留了计算使用的数据，文件中前面两行分别为电离层参数 A 和 B，第 3 行是观测卫星的个数，第 4 行开始为数据块，数据块的第一个值为卫星的 PRN，然后依次是卫星钟参考时刻等（如图 10-26 所示），与前面 10. 2. 6 节展示的导航数据格式完全一致，导航数据文件名为 20191126-163550Ndata. txt，与观测文件位于同一目录下，编程时请查找使用。

```
1   19 11 26  8 35 10
2
3    21005414.180    106944537.44548         46.000         1479.684
4    24130188.477    129681084.99646         40.000         2397.707
5    20726858.211    111317263.58249         47.000         -836.531
6    23856760.391    122987715.27046         38.000         3789.555
7    20844824.047    112956133.85549         50.000         1302.227
8    20277632.367    104688419.34449         51.000         -179.719
```

图 10-26　编程实验用观测值文件内容

在此需要说明的是，文件 20191126-163550Odata. txt 中的观测值次序，即其对应的卫星 PRN 号与 20191126-163550Ndata. txt 文件中，每个数据块前的 PRN 是一一对应的，即每颗卫星的导航数据块与其观测值记录一一对应。在编程读取时，请多加留意，如读取次序出错，则计算结果会出现问题。

10.3.3 单点定位程序框架

前面我们完成了对多颗卫星轨道位置的计算与可视化，然后对卫星定位过程中的几项主要误差的计算进行了详细说明，然后介绍了如何获取伪距观测值，由此我们已经完全具备了实现单点定位的所有条件。这一节我们在 10.1.7 节实现的多颗卫星轨道位置计算与可视化程序基础上，添加以下工作，即可实现单点定位的计算与结果的可视化：

① 读取观测数据，包括伪距观测值与气象数据；

② 编写各误差处理函数以及相关的坐标、方位等计算函数；

③ 编写单点定位方程的解算过程；

④ 添加接收机(或用户位置)的可视化函数。

针对以上各部分，下面分别加以阐述。

1. 数据读取

在 10.3.2 节我们对数据的获取以及实验用的数据情况进行了介绍，在编程过程中，与读取星历文件的方式一样采用流文件的方式读取。需要注意的是，应事先定义存放观测数据的类，用于管理与用户定位相关的一些数据，示例代码及说明如下：

```
struct ObserveData {
    int t; //用户观测时间
    POINT3D upos; //接收机位置，或观测位置
    float T, P, Pva; //气象参数:温度、大气压与水汽压
    double Latitude, longitude; //接收机或观测位置处的纬度与经度
    float altitude; //接收机或观测位置处的高程
    double iono_A[4]; //电离层参数，来自导航电文
    double iono_B[4]; //电离层参数，来自导航电文
    double * pseudo_range; //伪距观测值，来自测站观测文件
};
```

该类变量定义在 CUser 类中，在调用读取数据的函数后，对其进行赋值。

此处需要注意：在卫星轨道位置计算与可视化的程序中，卫星在轨位置计算所用的时间是导航星历中的 t_{om} 或 t_{oe}，或由星历数据块中的前 6 个数给出的年月日时分秒计算得到的 t_{oc} 时间。这仅仅是为了得到我们认为的信号发射时刻或星历参考时刻的卫星所

在位置。但在实际用户定位计算过程中，使用这一时间是有问题的，因为接收机的实际定位时刻与信号发射时刻并不完全一致。为此，我们必须采用观测文件中的时间来统一计算卫星在轨道上的位置，由第 6 章卫地距测量原理，读者应该明白接收机中的卫地距观测值是从何而来的，以及此处我们要使用的观测时间是如何确定的。

另外，需要注意检查每颗卫星的伪距与其星历的对应关系，从而确保后续计算的正确性。

数据读取后，采用与以前同样的过程计算所有卫星的在轨位置。

2. 误差处理与坐标转换

读取数据完成卫星轨道位置计算后，在计算用户位置前，编写各误差处理函数，为使程序具有较好的可读性，对每种误差分别编写一个函数，4 个函数名称的示例代码如下：

```
//误差改正函数
double Clockerr(short sateID); //处理卫星时钟误差
double Clockrelative_err(short sateID); //处理相对论效应误差
double Tropospheric_Hopfield_err(short sateID); //处理对流层延迟误差
double Ionospheric_Klobuchar_err(short sateID); //处理电离层延迟误差
```

这 4 个函数，由下面这个函数统一调用：

```
double processErr(short sateID);
```

用户位置计算的主函数示例代码如下：

```
void CUser::processUserData(){
    double seudoRange[6]; //存储计算过程中的伪距变量值
    double residualErr = 100.0; //定义控制循环参数
    double delta = 1.0e-3; //给定计算收敛阀值
    do {
        //每颗卫星进行误差计算,改正其伪距测量误差
        for (int i = 0; i < satNum; i++){
            double err = processErr(i);
            seudoRange[i] = obData.pseudo_range[i] - err;
        }
        //求解误差方程,得到最优解,返回残差
        residualErr = CalculateUserPosition(seudoRange);
    } while (residualErr > delta);
    bGotStationPos = true; //完成计算后,给出信息,方便正确调用绘图函数
}
```

在误差方程常数项表达式中，是伪距与大气延迟改正等误差项相加，但在实际计算

时，由于大气改正值为正，故应该由伪距中减去误差，故存上面代码中的 pseudo_range[i] − err。

每种误差的计算，只需按前面书中所讲的流程和公式编写即可，在此不再给出详细内容的讲解，感觉有困难的读者，可参考本书网络资料中的示例代码(下同)。示例程序代码在目录\Exmprj\PrjFinished\GPSWin32Openglv2_UserPos。

关于坐标转换的算法只需按 10.3.1 节所述公式进行编写即可，这些转换公式在误差计算模型按需调用即可，在此不再赘述。

3. 定位方程组建与解算过程

定位方程的组建与解算是用户位置计算的关键，运用前面第 6 章 6.4 节所述单点定位中的解算过程编写即可解决问题。该部分重点阐述两方面的问题：

(1) 解算工具包的使用

由于该过程涉及向量与矩阵计算，如果使用 C++从底层编写该过程是一项费时费力的工作，为节省时间，在此我们引用网络上的一个开源库：http://eigen.tuxfamily.org/，感兴趣的读者可以访问该网站，进一步了解其详细内容。

不喜欢阅读英文网页的读者，可以阅读一些相关的中文网页，搜索“Eigen 介绍”即可找到一些相关网页，如：https://www.cnblogs.com/rainbow70626/p/8819119.html，其上对 Eigen 的一些基本用法有较好的讲解，对于本书中的定位编程实验来说，掌握这些讲解的内容已经足够解决问题。

在本书网络资料中提供的示例代码中，我们使用的是 eigen 3.0 版本，读者可以直接使用该版本。压缩包放在目录 Exmprj/目录下，文件名为 eigen-Source.zip，将其解压后拷贝到适当目录下。如图 10-27 所示，在计算机中找到“系统属性”页，点击“环境变量”按钮，打开环境变量对话框，在用户变量选项中，点击“新建”，可打开“新建用户变量”对话框，输出变量名和变量值后点击确定即可。

注意，此处变量值，即为解压后拷贝 Eigen 所在的目录名。完成环境变量命名后，在 Visual Studio 中，打开“工程属性”页，在“配置属性→C/C++→常规”的属性第一栏，即“附加包含目录”中，加入所定义的环境变量，例如：$(EIGENDIR)；然后在工程的头文件(如 work.h)中加入对 eigen 的引用，例如：

```
#include <Eigen/Dense>
using namespace Eigen; //此处使用定义的域名,方便 Eigen 函数的使用
```

由此可以直接调用 Eigen 函数，使用第 6 章所讲述的公式和过程组建方程进行求解。关于具体的求解过程作为练习留给读者们，如果感觉完成有难度的读者，可以参考网络资料中提供的示例代码，具体在网络资料目录 PrjFinished\GPSWin32Openglv2_UserPos。

实验过程使用的数据在 10.3.2 节定位观测值获取部分有提及，即为网络资料 data

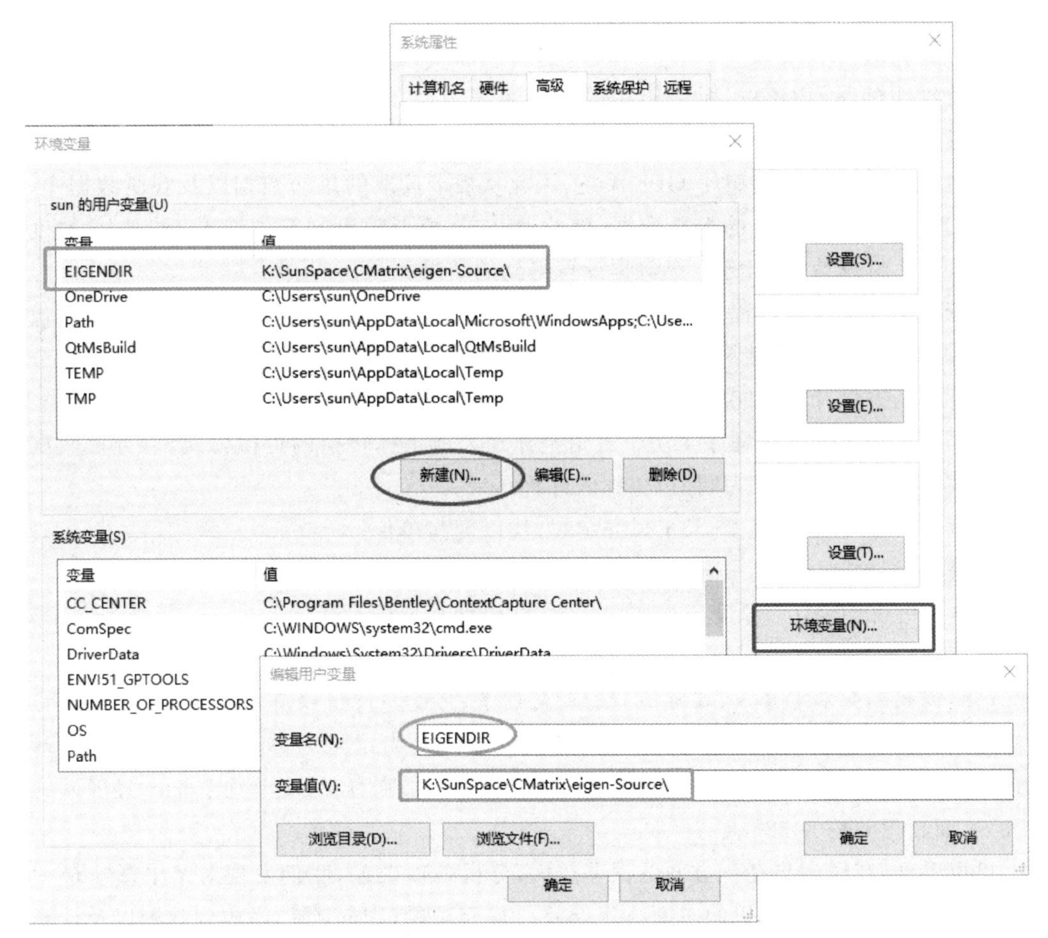

图 10-27　在计算机的系统属性中添加用户环境变量，方便 Visual Studio 使用 Eigen 函数库

目录下的两个 txt 文件，分别是：20191126-163550Ndata. txt 与 20191126-163550Odata. txt。

(2) 解算结果的检验

如果我们将方程解算出来的最后结果与实际观测结果进行比对，即可确认方程的解算是否正确，也有助于在实验过程中发现问题时，通过调试手段解决问题。

前面提到的实验用的两个数据文件是 BGG90 板卡在观测到定位结果后读取的星历与观测值，在整个观测与数据读取过程中，接收机天线是固定在楼顶，且视野较为开阔。由于我们使用的是观测文件中的第一组观测值，所以从读取板卡定位值与读取伪距观测值的中间时间较短，考虑实验操作过程，不会超过 10 min，在观测天线固定不动的情况下，可以认为从 BGG90 板卡输出的星历数据、伪距观测值数据与定位结果数据是同步一致的。

实验地点在北京大学遥感楼，天线固定在四楼天台，测得的坐标值如下：

纬度:39.991 957°,经度:116.306 442°,均以度为单位;

高程:68 m。

需要说明的是,BGG90 板卡使用的是三系统卫星,即观测到的 GPS、BD 与 GLONASS 卫星同时用于定位计算,在实际读取观测值时,观测到的卫星三系统卫星数达到 17 颗。由于本教材中仅讲解了 GPS 系统,因此从板卡读取的星历数据以及观测数据中,剔除了 BD 与 GLONASS 的卫星数据,因此 BBG90 板卡输出的定位结果,原则上,精度要高于我们后续仅使用 GPS 卫星数据计算得到的结果。

由于按第 6 章计算过程,方程求解得到的是三维直角坐标,在与 BGG90 板卡观测值进行比对时,需要将计算结果转换为经纬度与高程,该转换过程函数,请使用 10.3.1 节卫星高度角与方位计算中“直角坐标到大地坐标的转换”部分所述过程和公式。

本书附件提供的示例程序采用了直角坐标到大地坐标转换的近似公式,以方程两次迭代的残差相差小于 10^{-3} 为阈值,得到的计算结果为

纬度:39. 991 985°,经度:116. 306 906°,均以度为单位;

高程:94.18 m。

纬度:39.992 205 0°,经度:116.306 835°,均以度为单位;

高程:95.96 m。

(注:因代码版本有修改,实际运行时所得结果,可能与此值稍有出入。)

如果将观测值与计算值进行比对,两者间的差转换为以米为单位的差值,由于地球赤道 1 秒的弧长约为 31 m,在纬度 40 度,弧长约 23.7 m,则有:纬度差约 5.5 m,经度差约 43.8 m,而高程差约为 28 m。

可以看到,在经度与高程方向的误差较大,分析各项误差,我们发现对结果影响最大的误差来源于卫星与接收机的时间改正误差。基于 6 颗 GPS 卫星,考虑到观测以及计算过程中引入的误差,得到这样的观测结果,基本上符合单系统单点定位的实际精度情况。

限于时间,我们不再进一步探讨如何提高该计算结果,有兴趣的读者可以从以下几个方面加以考虑,以进一步提高计算结果:

① 对气象数据的精确测定,在本次实验中,水汽压数据仅使用了当地天气预报提供的湿度值,与实际观测值间应存在较大出入;

② 卫星钟的时间改正(也即时间同步)对观测结果的影响非常大,应该注意读取观测值时,各卫星的数据在时间上同步,必要时检查卫星钟差改正系数读取与计算的精度;

③ 使用更多的卫星数据(如 6 颗以上),更多次的观测值(如 3~4 次或更多),组建较大型的方程组进行求解。

4. 接收机位置可视化

通过前面计算得到接收机位置后,我们将其在程序中进行可视化,下面给出一个参考性的代码结构,供读者参考:

```
void CUser::render() //在 CUser 类中添加绘图函数,在主程序函数 DrawGLScene()中调用
{
    //此处如前绘制所有卫星及其对应轨道
    if (bGotStationPos) //如果完成接收机位置计算,则进行下面绘制
    {
    //对接收机位置相关的绘制,采用独有的颜色与线条属性,故将以前绘图属性压入属性堆栈保存,完成绘制后再弹出堆栈
    glPushAttrib(GL_ALL_ATTRIB_BITS);
    glEnable(GL_LINE_SMOOTH);
    glLineWidth(0.5f);
    glColor3f(1.0f, 1.0f, 0.0f); //采用黄色线条绘制
    glPushMatrix(); //将一个八面体放在接收机位置处表示计算得到的定位结果
    //注意此处坐标,应进行次序交换,按(y, z, x)次序替换 OpenGL 的(x, y, z)
    glTranslatef(obData.upos.y/SCALE, obData.upos.z/SCALE, obData.upos.x /SCALE);
    auxWireOctahedron(7); //以八面体绘制用户所在位置
    glPopMatrix();
    if (bDrawsigLines) { //绘制卫星信号传播的示意直线
        glPushMatrix();
        glBegin(GL_LINES);
        for (int i = 0; i < satNum; i++){
        //同样注意此处坐标次序的交换,按(y, z, x)次序替换 OpenGL 的(x, y, z)
        glVertex3f(obData.upos.y/SCALE, obData.upos.z/SCALE, obData.upos.x /SCALE); //绘制接收机位置
        glVertex3f(sate[i].curPosition.y/SCALE, sate[i].curPosition.z/SCALE, sate[i].curPosition.x /SCALE); //绘制卫星位置
        }
        glEnd();
        glPopMatrix();
    }
    glPopAttrib();
}
```

由于定位在瞬间完成,如时间变化,则用户位置必然变化,如果要展示动画效果,则必须给出跟踪观测卫星,并连续进行定位计算的过程,其情形比较复杂。故如图10-28展示的最终可视化的效果,仅为观测瞬间用户位置的定位结果,其显示位置在中国北京。由于在这个实验程序中我们对地球的可视化是一个非常简单的球体,所以无法在可视化的细节上展现这一定位的精确性,如果有读者感兴趣的话,可以借助 Google Earth 软件

进行可视化，从而会使得这一定位结果在可视化的细节层次与真实观测值进行比对。

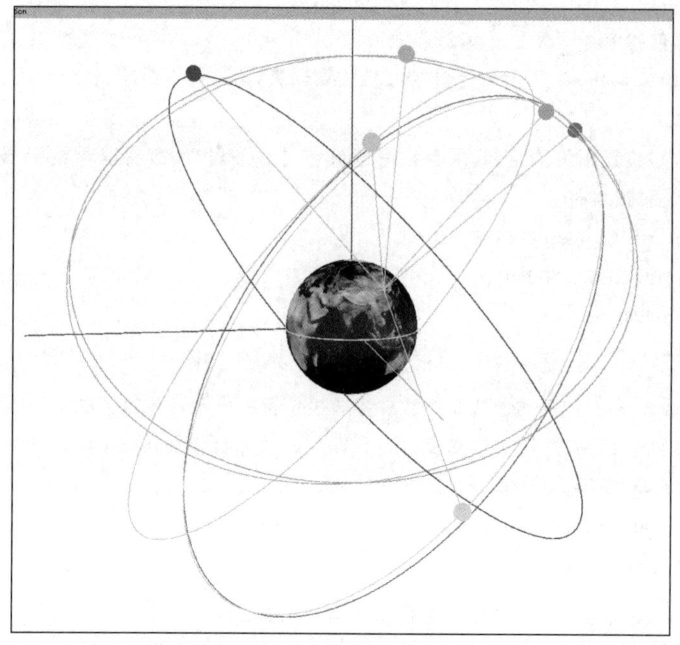

图 10-28　单点定位计算结果的三维可视化，定位点位于中国北京大学

练习：基于本节所讲内容，综合单点定位知识、各项误差处理以及坐标转换知识，请完成本章末尾实验课练习作业部分的第 9 题。

10.4　RTK 系统组成与高精度实时定位

虽然第 8 章讲述了 RTK 技术，第 9 章讲述了 CORS，但考虑到受实验条件以及本科阶段已学知识所限，本节讨论的实验，仅限于单基准站的 RTK。尽管传统差分技术仍然在使用，但随着 RTK 技术的不断普及，普通用户使用最多的是单基准站的 RTK 技术，因此有必要详细了解 RTK 系统的实际组成与操作原理。

由于 RTK 定位计算，尤其整周模糊度的固定涉及较为复杂的算法，为简便起见，本节实验我们主要从系统的使用角度介绍，着重让大家了解整个 RTK 系统构成、运行原理，以及与伪距单点定位精度的对比。下面从四个方面来讲解：① 单基准站 RTK 系统的硬件组装；② RTK 相关参数设置；③ 实时定位实验；④ 数据分析实验。

10.4.1　单基准站 RTK 系统的硬件组装

在 10.2 节我们完成了 OEM 板卡用于单点定位时的系统组装，包括其与计算机的连接，以及一些常用指令的介绍等。

由第 8 章内容可知，要实现最基本的实时相对定位，必须使用两套单点定位系统，一套用作基站，一套用作流动站，从系统组建的硬件方面而言，还必须添加一套数据链路，用于将基站的数据，实时发送到流动站。

我们在 10.2 节已经完成了单点定位系统的实验，因此，组装两套这样的定位系统已经不是问题。剩下的硬件组装工作，就是如何添加一套数据链路，将两套单点定位系统连接起来。

下面先介绍目前常用于单基准站系统的数传模块（两套数传模块及其配套天线组成了简易的数据传输链路），然后再介绍如何将其集成到单点定位系统中。

1. 数传模块介绍

由于工业领域无线数据传输与通信的应用需求，通信距离在 15～20 km 以内的微小型通信模块已经量产且广为使用。这类通信模块通常采用先进的单片机技术，结合无线射频技术与数字处理技术设计制造，大多为双向异步通信，采用标准的 RS232 串口。这类通信模块具有速率高、频段宽、功率大、功耗低、体积小、易集成等优点，对其感兴趣的读者，可查阅相关资料做进一步了解。

这类通信模块因其功能与用途的差异，型号与种类非常多，我们选择 OEM 板厂商推荐的一款 BDST-WDT450 数传模块，该模块是一种异步通信模块，主要用于较低带宽条件下的无线数据传输，如图 10-29 所示，其主要性能参数如下：

① 工作于宽电压条件：DC 3.3 V/5.5～45 V；

② 接口速率[连接电脑时]：9600、19200、38400 bps；

③ 空中速率[实际工作时]：9600、19200 bps；

④ 频率范围：410～470 MHz；

⑤ 功率：0.5～2 瓦可编程设置；

⑥ 通过 6 个针脚与标准串口连接。

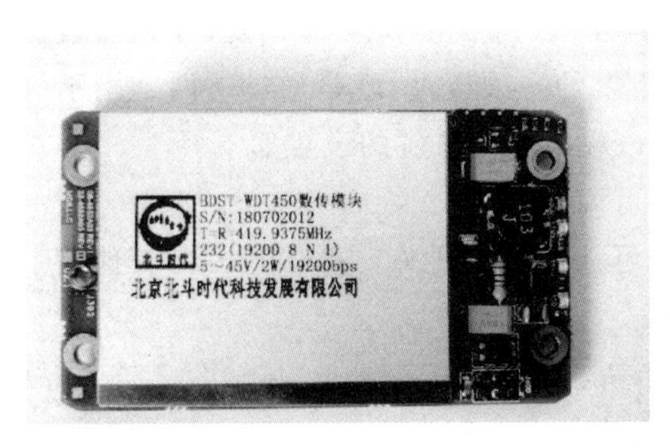

图 10-29　BDST-WDT450 数传模块外观（左图为模块的正面，右图为反面）

使用这款数传模块，最主要的工作，就是将其上 6 个针脚提供的通信串口与 OEM 定位板卡进行集成连接，并设定好其工作参数。

如图 10-30 所示，为了清楚展示出针脚部位，我们只给出了模块板卡的上半部分，顶部电子元件排列的最右侧即为 6 个针脚，用圆形方框做出了标志。同时，图中右边方框中给出了对 6 个针脚的说明。最下面两个针脚是电源的正负极，外边即右边针脚为负极(接地)，中间一排两个针脚分别为 COM1 串口的发送与接收，上面一排两针脚分别为 COM0 串口的发送与接收。

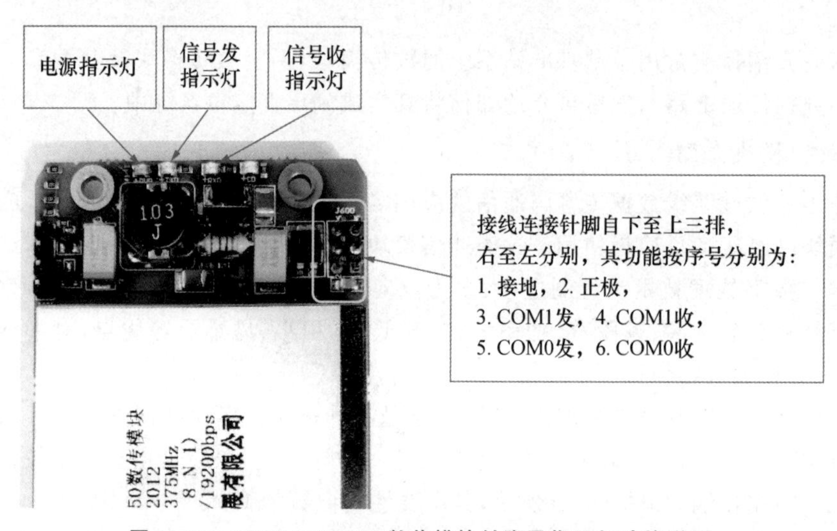

图 10-30　BDST-WDT450 数传模块针脚及指示灯功能说明

为了检查模块的工作状态，顶部有 4 个 LED 小灯，如图 10-30 所示，左侧第一个灯为电源指示灯，该灯亮，即表示模块已供电；左侧第二个灯为 COM0 口的信号接收指示灯，即当 COM0 串口收到信号时，该灯亮；左侧第三灯为 COM0 口的信号发送指示灯，即当 COM0 串口发送信号时，该灯亮；因此，如果模块处于信号收发状态，则中间这两个指示灯应该处于不停地闪烁状态，从而可以判断模块是否在正常工作，或是否有信号在收发。在实验过程中，知道这一点很重要，往往在实验开始，由于接线或参数设置问题，整套系统并没有进入正常的 RTK 工作状态，此时很重要的一项检查，就是通过这两个指示灯来查看，确认数传模块是否处于正常工作状态。该数传模块缺省的设置如下：

① 传输频率：435 MHz (410～470 MHz 可调)；

② 连接计算机时的串口速率：38 400 bps(可选 9600、19 200、38 400 bps)，其他三个通信参数为：8 个数据位，1 个停止位，无奇偶检校；

③ 无线传输速率：19 200 bps(9600、19 200 bps 可调)，速率越低，传输距离越远，故考虑远距离传输时，请设置为 9600 bps；

④ 发射功率：L(H、L 分别代表高、低两档)，L 档的功率为 0.5 W，H 档的功率为 2 W，在近距离，尤其室内调试时，为避免信号阻塞，建议使用 L 档，在室外远距离，使用 H 档；

⑤ 调节频偏：〈128〉(1～255 可调)，为了避免与周围其他通信设备可能同频时的干

扰，可考虑适当进行频偏调节。

这些缺省参数，一般情况下直接使用无须调节，如在多个实验小组同步进行实验时，可考虑对自己组所用的模块进行收发频率调节。下面介绍如何将数传模块连接到电脑，并进行通信参数调节。

2. 数传模块集成

我们知道了数传模块的功能以及性能参数，同时也对其关键的结构有所了解，下面我们开始将数传模块集成到组装接收机中。

前面介绍中指出数传模块有两个通信串口，与组装接收机的集成，就是将其一个串口与组装接收机中的板卡串口连接，用于收发其差分或相对定位数据；另一个串口则保留用于数传模块与电脑连接，以设置其通信时的工作参数。

为了将该数传模块集成到 BGG90 板卡上，需要制作一个连接 6 针脚的集成连接线，如图 10-31 右侧所示。由于 BGG90 板卡附带有一个集成底板，其中带有三个 9 针的 RS232 串口，同时链接电脑 USB 转串口线，通常也使用 RS232 串口接头，因此，图 10-31 右侧集成连接线的两个 COM 串口插头制作成相配套的 RS232 母插头。

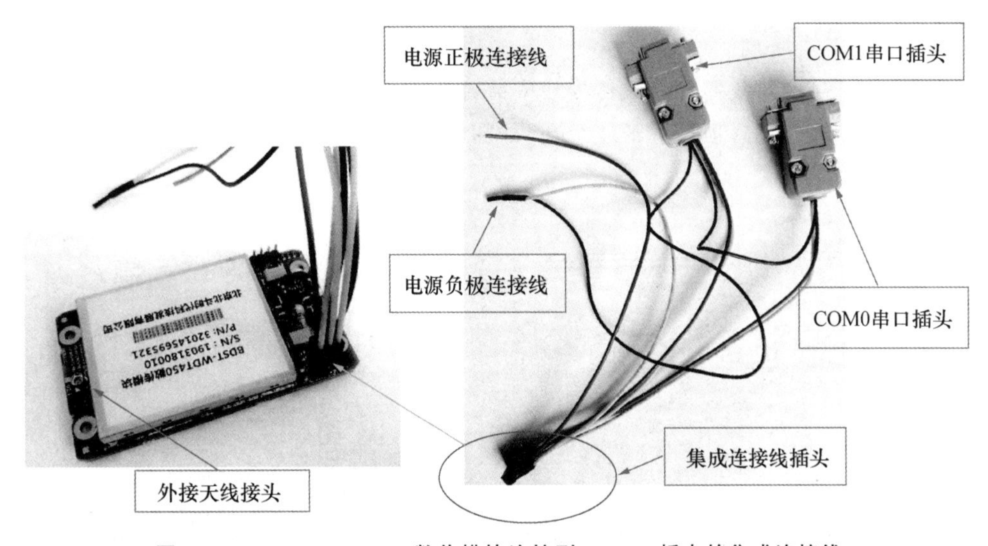

图 10-31　BDST-WDT450 数传模块连接到 BGG90 板卡的集成连接线

完成图 10-31 所示集成连接线的制作后，打开 10.2 节集成好的组装接收机，取出 BGG90 集成底板，选取图 10-31 中集成连接线上的 COM0 插头从盒侧边长条开口中穿出，然后再将板卡固定回去，并将集成连接线上的 COM0 插头与 BGG90 集成底板上的 COM3 串口相连接，如图 10-32 右图所示。再选取集成连接线中的电源正负极，焊接到 BGG90 集成底板的正负极上；然后将集成连接线上的 COM1 插头去除外壳后，固定在带相应孔的横侧板上，如图 10-32 左图所示。

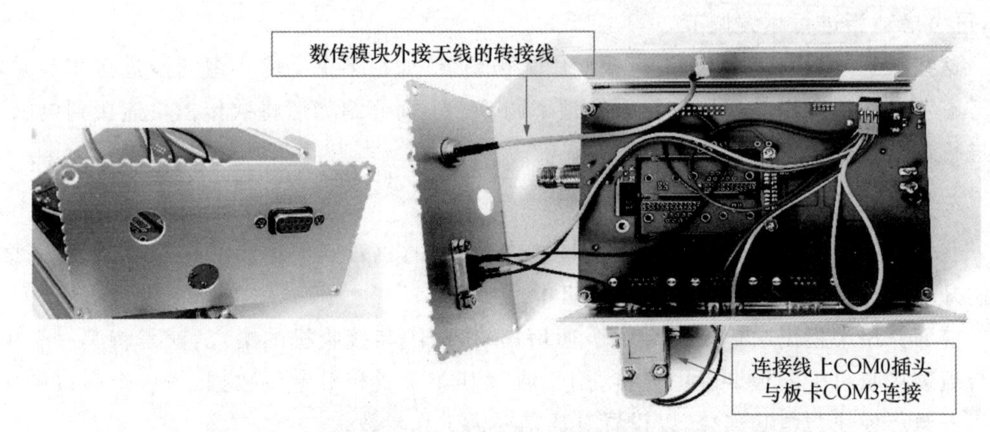

图 10-32　数传模块通过连接线集成到 BGG90 板卡实验系统

另外，需要特别指出的是，数传模块带有一个外接天线，现在这种天线的类型比较多，常用的有橡胶天线和吸盘天线，为了方便固定，我们在实验中选用吸盘天线。在数传模块上有一个与外接天线连接的接头，如图 10-31 左侧所示。该接头连接外接天线时，厂商提供了一个转接线，如图 10-32 所示，将其与集成连接线的 COM1 串口一起固定到横侧板上。

完成以上连接后，我们再将数传模块安装在集成盒中，取盒顶盖，事先按数传模块四角的 4 个孔间尺寸，在盒顶盖上开 4 个孔，如图 10-33 所示，将数传模块正面朝上，固定在该盒盖上。

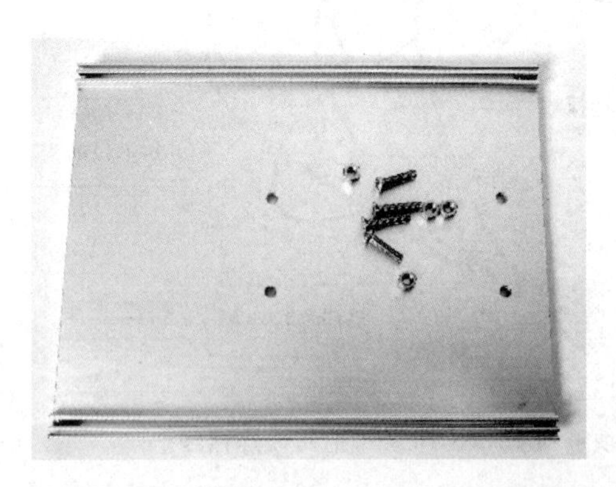

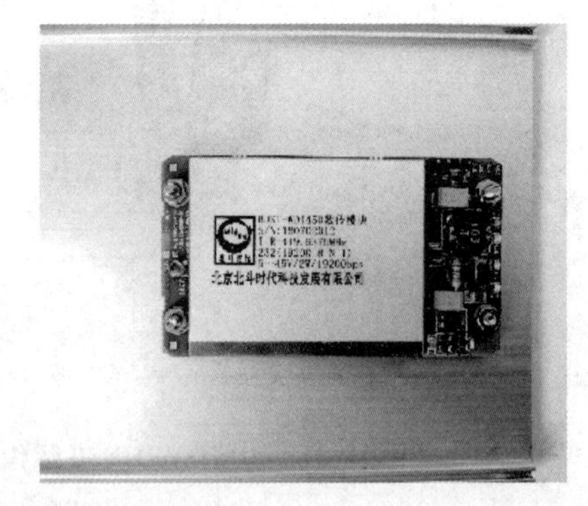

图 10-33　数传模块固定到集成盒顶盖上

如图 10-34 所示，将盒顶盖上的数传模块通过集成连接线插头与 BGG90 定位板卡集成底板连接起来，同时将外接天线转接线插头连接到数据模块上的对应插孔中。确认所有的连接稳妥良好，然后将所有外盒部件使用螺丝固定回去，由此完成了将数传模块与 BGG90 板卡集成的主要工作。

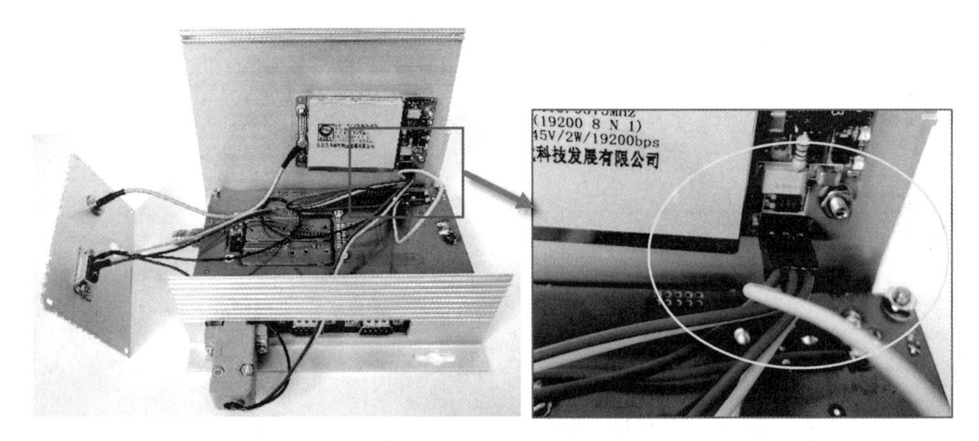

图 10-34　使用集成连接线将数传模块与 BGG90 定位板卡集成在一起，右图放大部分显示了数传模块上 6 针脚插排的正确连接方式

完成上面的工作后，我们再将卫星定位天线、数传模块的吸盘天线、连接电脑的 USB 转串口线以及电源线正确连接到组装接收机的各个对应插头或插孔上，由此最终完成了集成工作，如图 10-35 所示。

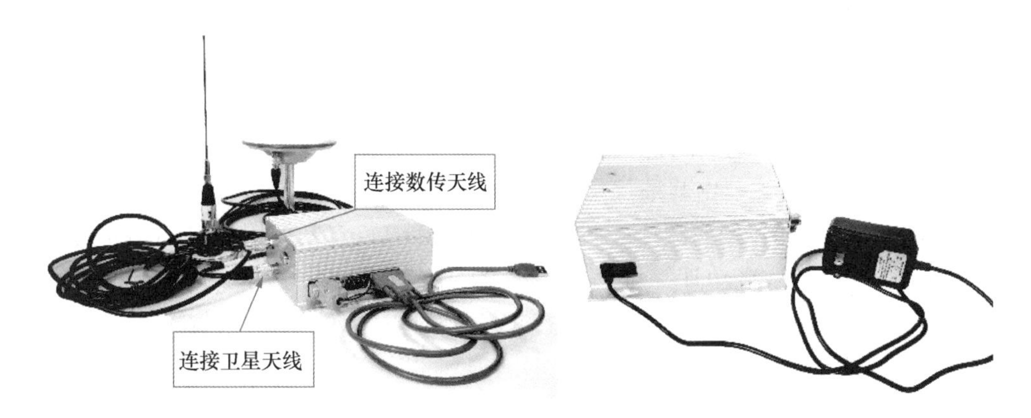

图 10-35　完成数传模块集成后的单点定位系统右图为外接电源线的连接方式（可采用 9～12 V 的充电器供电）

前面提到，为了实现基本的 RTK 定位，至少要两套集成数传模块后的组装接收机（也即单点定位系统），因此，重复前面的工作，再集成一套同样的带数传模块的单点定位系统，从而可实现 RTK 定位。完整的单基站 RTK 系统应该如图 10-36 所示，其中一套单点定位系统设置为基准站，另一套设置为流动站，两套分别与电脑连接，流动站原则上必须使用便携式电脑，如笔记本电脑或平板电脑等。由于我们未介绍安卓系统的使用方法，故此处连接单点定位系统的电脑默认为 Windows 操作系统。

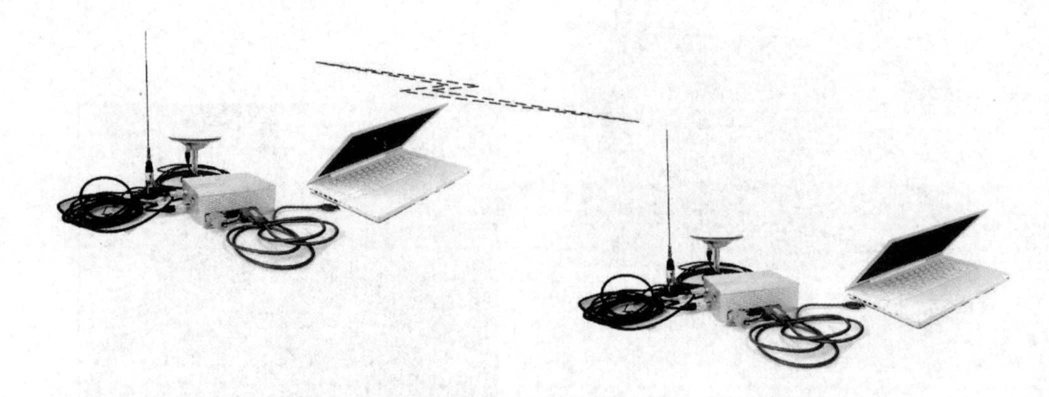

图 10-36　两套集成数据模块的单点定位系统，可组建成单基准站 RTK 系统，其中一套用作基准站，一套用作流动站

10.4.2　RTK 相关参数设置

完成硬件集成后，为了让系统进行正常工作，需要进行相关参数的设置，首先对数传模块的参数配置予以确认，然后再对两套组装接收机，分别设置其为基准站或流动站的工作参数。

1. 数传模块参数设置

虽然数传模块有默认的配置参数，但在第一次使用，或需要做一些参数修改时，或在工作前做一些检查时，连接电脑进行设置，是非常有必要的。如图 10-37 所示，我们需要连接组装接收机盒横侧面上引出的数传模块的 COM1 口，将其使用 USB 转串口线连接到计算机的 USB 口上，启动计算机上的串口调试助手，运行 10.2.3 节提到的软件 sscom.exe。如图 10-38 所示，程序启动后，打开程序菜单栏上的“串口设置”，选择“打开串

图 10-37　数传模块通过其 COM1 串口连接到笔记本电脑或计算机上，进行其参数的检查与配置

口设置”，在弹出的对话框中，选择数传模块对应的串口号，即“port”项对应的值，如果电脑没有接入其他串口时，此处下拉列表显示的值为电脑自动分配给数传模块的串口号，否则，当数传模块为最后一个连接到电脑上的设备时，列表中编号值最大的串口号，即为对应数传模块的串口。

图 10-38　使用串口调试助手程序与数传模块连接，设置基本的通信参数

选择完“port”值和下面“Baud rate”项，在对应下拉列表中选择 38 400，然后点击“OK”。

完成通信参数设置后，在 sscom 程序的命令窗口发送指令@@Setup，如果电台连接正确无误，则数传模块会响应该指令，进入设置模式，输出如图 10-39 显示的参数内容，如果发送指令，没有任何响应，可能是串口设置参数不对，例如波特率选择错误，重新选择其他波特率，如 19 200。

如图 10-39 所示，连接成功后，数传模块会输出一些信息，显示数传模块中的默认参数，其中数传模块的无线传输速率为 19 200，也即其空中传输速率，此通信参数是数传模块用于发送或接收差分数据的波特率，故在后续的 RTK 参数设置中要使用，在此应该记下该参数值。

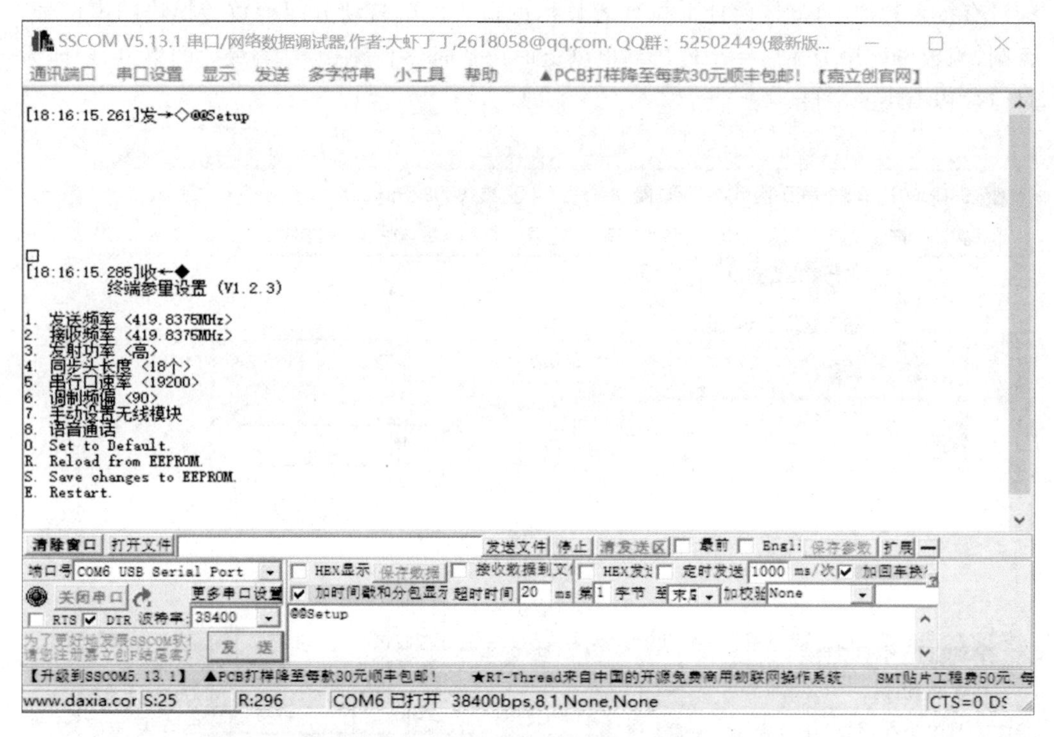

图 10-39　数传模块与电脑连接成功后,可查看到其基本设置参数

如果想使用其他通信参数,修改时先输入菜单编号后回车,再输入新参数,例如:要修改发射功率,则先输入“3”回车,再输入 L 或 H 后回车;修改波特率时,注意无线串口通信速率只能选择 38 400、19 200、9600 三个值中的一个;设置完成后要保存按“S”,这时会出现“Save changes to EEPROM?”,按 Y 确认,然后重新启动按“E”。参数设置时用到字母 H、L、O、R、S、E 都需要大写。

由于通信的频率以及波特率一般不随意更改,在实验环节对参数的查看与调整仅做常识性了解,不建议实际更改,当然如果觉得对数传模块的了解有很大把握,则可以按需要更改。进一步的信息请参考本书网络资料中的关于数传模块的说明文档,文件“BDST-WDT450 通用异步串口通信模块使用说明.pdf”,或进一步查阅其他网络资料。

数传模块使用过程中,应该严格注意以下事项:

① 设置发射、接收频率时,要与收发天线的工作频率范围相匹配,否则可能会影响数据通信效果,一般情况下,不要随意改动其频率;

② 电台最大无线传输速率为 19 200,如距离较远时,宜设为 9600,注意定位板卡输出速率必须与电台一致;

③ 建议模块功率在做室内测试时设置为 L(约 0.5 W)以避免信号阻塞;实际远距离使用时设置为 H(约 2 W);

④ 使用过程中,请留意电台连接、通电以及信号收发是否正常;

⑤ 电台务必在连接天线后再加电,否则无负载情况下,容易烧坏;

⑥ 由于电台模块没有电源开关键,所以使用完后,务必记得拔掉接收机外接电源!否则加电时间过长,且在无人看护的情况下,有可能烧坏!

2. 基准站与流动站参数设置

上面完成了数传模块的设置或参数检查,同时也说明数传模块本身的工作状态没有问题,下面我们继续设置基准站与流动站参数。

由于两套单点定位系统硬件方面完全一致,故我们任选一套标为基准站,另一套则标为流动站。

在 10.4.1 节集成数传模块的过程中,BGG90 集成底板上的 COM3 已经与数传模块的 COM0 进行了连接,故组装接收机盒侧面,BGG90 集成底板上的串口剩下 COM1 和 COM2,可任选其一与电脑连接,注意通信参数的设置,以确认与电脑连接无误。

如果我们将基准站连接到电脑上,则在确认连接成功后,通过串口调试助手的命令窗,一次性输入以下多条指令给 BGG90 板卡,将其设置为基准站工作模式:

```
unlogall
fix auto
log com3 rtcm1004b ontime 1
log com3 rtcm1104b ontime 1
log com3 rtcm1012b ontime 1
log com3 rtcm1005b ontime 5
com com3 19200
Saveconfig
```

第 1 行指令 unlogall,停止所有端口数据输出;第 2 行 fix auto,设置基准站坐标由该接收机进行单点定位观测一段时间后自动取均值设定;如果基站天线安置在控制点上,其坐标(X, Y, Z)已知,则使用指令'fix position X Y Z'设置基准站坐标为的已知值。

第 3 行 log com3 rtcm1004b ontime 1,设置基准站发送 GPS RTK L1、L2 载波观测值(指令编号 1004 的含义,可查阅第 7.3 节数据传输标准中的相关内容),b 表示以二进制方式传输。

第 4 行 log com3 rtcm1104b ontime 1,设置基准站发送北斗的 RTK 观测值。

第 5 行 log com3 rtcm1012b ontime 1,设置基准站发送 glonass RTKL1、L2 观测值。

第 6 行 log com3 rtcm1005b ontime 5,设置基准站发送其坐标。

第 7 行 com com3 19 200，修改 BGG90 com3 串口的波特率与电台无线通信波特率相一致，前面提到，电台默认波特率为 19 200，如已经过设置，请确认使用修改后的数值。

第 8 行 saveconfig，保存前面的所有配置参数。

由于我们将 BGG90 上的 COM3 口连接到了数传模块，因此上述指令中的设置都使用了 COM3，其意为要求板卡从 COM3 口输出基准站的差分数据到数传模块，再通过其外接天线发送出去，然后由流动站数传天线接收。

设置完基准站，再将流动站以同样的方式连接到电脑，最好选择接收机盒侧面的 COM2 串口连接电脑，同样在串口调试助手程序 sscom 的命令窗口一次性输入如下参数进行设置：

```
unlogall
interfacemode com3 auto auto on
com com3 19 200
log com2 gpgga ontime 1
Saveconfig
```

第 1 行 unlogall，停止所有端口数据输出。

第 2 行 interfacemode com3 auto auto on，设置 BGG90 板卡，使其进入自动差分模式，由其 com3 串口连接电台，接收基准站传来的数据，或发送响应信息给基准站。

第 3 行 com com3 19 200，设置 BGG90 板卡 com3 串口的波特率为 19 200，以确保板卡与数传模块数据传输正常。

第 4 行 log com2 gpgga ontime 1，设置每秒一次由 BGG90 板卡的 COM2 串口输出 GPGGA 数据，方便我们查看流动站的定位状态以及定位结果，如果流动站板卡进入 RTK 状态，则 COM2 输出的 gpgga 结果，为相对定位结果，否则为单点定位状态。

第 5 行 saveconfig，保存前面的所有配置参数。

完成以上所有设置后，则由两套组装接收机组成的 RTK 系统可以进入正常的 RTK 定位模式了。但通常在实验过程中会遇到一些问题，下面一些在操作过程中应该注意的事项，需要给予留意：

① 务必确认使用 saveconfig 保存了当前的设置，否则板卡断电后再次打开时，由于没有保存配置，仍然是单点定位模式。

② 基准站板卡设置完成后，可断开集成盒上 COM3 的连接，通过串口调试助手，从 COM3 读取其输出信息，确认其输出到数传模块的信息是用于相对定位的 RCTM 格式。

③ 流动站板卡设置完成后，电脑连接 COM2，通过串口调试助手读取其输出信息，确认为 NMEA 格式的 GPGGA 语句；如需确认其是否正常收到差分信息，可从数传模块的 COM0 口读取数据。

④ BGG90 定位板卡上，被设置用于差分输入和输出的串口，不能再用于连接电脑读写数据，直到使用指令恢复到原来状态；如需要连接电脑，请使用未连接的其他串口，3 个串口中，总会有一个串口处于空闲状态。

⑤ 如果要恢复板卡到差分前的工作状态，再连接空闲的设置串口，输入指令：

```
interfacemode com3 compass compass on
Saveconfig
```

⑥ 流动站总是显示浮点解时，请移动天线位置，确保其收到足够多的卫星，同时也检查基准站是否收到足够多的卫星。

⑦ 具体实验时遇到的问题，可能更为复杂，但主要检查应从板卡参数的设置、串口的连接、板卡与数传模块工作状态等几方面入手，较易解决问题。

10.4.3　户外实时定位实验

完成单基准站 RTK 定位系统后，我们开始户外实验。如果户外有已知点位的控制点，将基准站天线安放在控制点上，在基准站开机连接电脑后，打开串口，使用指令“fix position lat lot ht”设置基准站的位置，其中 lat lot ht 分别表示控制点的纬度、经度和高程值，否则由于前面我们已经使用“fix auto”指令设置了自动获取基准站的位置，此时对基准站不用再做任何设置，只需在连接电脑的串口使用“log GPGGA ontime 1”指令，读取相关数据，以检查其当前的定位与收星状态，确认接收到足够的卫星数，以便确保流动站能顺利进行相对定位计算。

流动站原则上是我们用于测量的终端设备，因此一般应安置在待测量的设备上，如移动的车辆、手持测量杆等。但由于我们的实验系统使用了移动电脑，同时附带的配件比较多，如吸盘天线、卫星天线等，所以无法像专业测量型卫星接收机那样简单方便地固定在测量杆上，同时、我们实验的主要目的，就是为了了解 RTK 定位的过程及其精度性能，因此，在实验时要选择一个视野开阔、周边天空无遮挡的环境。同时，为确保无线数据传输具有足够信号，不宜离基准站过远，或保证两地信号天线间无过多遮挡，如高大建筑物等。

将所有设备安放好之后，确保卫星定位天线与组装接收机之间有足够长度，从而可仅通过移动天线来测试位置变化过程中的定位精度；如需移动所有流动站设备，则应准备一个小型的可移动工作台，将所有设备安放在其上，推动工作台，方便观测并接收移动过程中的定位数据。

准备好流动站之后，同样在连接电脑的串口，通过串口调试助手输入“log GPGGA ontime 1”指令，观察流动站输出的定位数据。

在第 10.2.4 节，即“板卡定位数据读取实验”一节，表 10-3 中详细解析了语句 GPG-

GA 的每一项，其中第 7 项描述了板卡的定位状态，与 RTK 有关的状态有两个值，即当该项值为 4 时，说明板卡处于固定解，当值为 5 时，处于浮点解。如果值为 0，说明板卡尚未进入定位状态，如值为 1，则说明是普通单点定位状态。

对于 RTK 而言，最好的状态应该是处于固定解的状态。处于浮点解的状态时，影响因素比较多，主要原因可能是流动站收星不够，或与基准站观测到的同一组星数较少。如图 10-40 所示，显示流动站在完成设置后，开始输出的是单点定位状态的结果，但很快就进入了浮点定位状态。GPGGA 语句显示仅收到 7 颗卫星，所以，我们判定处于浮点状态的主要原因是收星数过少，因为 BGG90 是三系统板卡，这 7 颗卫星中包含了 GPS、GLONASS 和 BD 卫星。虽然 RTK 是浮点状态，但比单点定位状态精度已经提高很多。

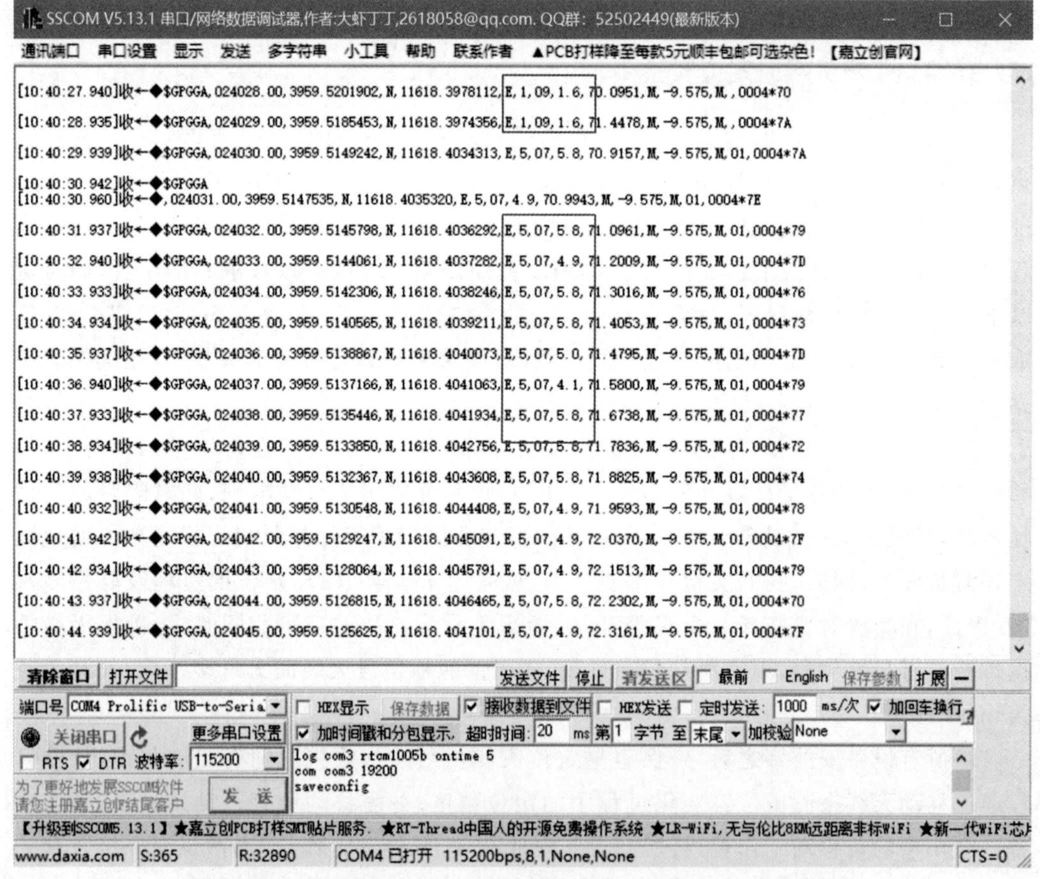

图 10-40 流动站输出的 GPGGA 语句，显示了定位的状态与结果，1 表明为单点定位，5 表明进入了浮点解定位状态

为了详细了解 RTK 的定位精度，下面我们收集流动站输出的 GPGGA 数据，即观测一段时间后，选择 sscom 程序命令窗口上方的“保存数据”，或在实验开始不久，当观察到有定位结果输出时，选择“接收数据到文件”即可将流动站的定位结果保存在数据文件中。

为了便于检测 RTK 的定位性能，在户外地面上选择一处具有规则形状，如：正方形、长方形或圆形标志的区域，或用粉笔和皮尺绘制一处具有已知尺寸的几何图形用于测量，观察流动站处于固定解或浮点解时，沿规则形状轮廓，缓慢移动流动站天线，完成移动后，保存所有观测到的数据。为了进行精度比较，可分别在单点定位状态、浮点解状态或固定解状态单独移动卫星天线，如果观测条件允许，可单独在固定解和浮点解状态下采集数据，以检查两者间定位精度的差别，但因浮点解状态不好控制，需要有熟悉工程经验的人指导下才能完成，故在此不做特别要求，视观测条件而定。

10.4.4　数据分析实验

我们在此给出一组实地进行 RTK 实验并采集数据后，对其结果进行分析的一个实例。具体实验地点如图 10-41 所示，选择北京大学遥感楼顶开阔天台作为实验地点，设计的 RTK 流动站的移动路线为一个接近正方形的矩形轮廓线。选择适当的地方分别安放基准站与流动站，如图所示，基准站安放在南边墙顶中间位置，移动站安放在可移动的操作台上，初始化单点定位时放在位于 BP 所示位置，之后设置相对定位模式后，移动到图中所示天台北边墙边，并将天线放置在墙顶中间位置，待流动站输出为较稳定的相对定位模式时，开始沿矩形路径平缓移动流动站及天线，实验过程中注意保存观测数据。

图 10-41　采用 Google Earth 展示的 RTK 观测实验路线图，位于北京大学遥感楼顶天台

实验分别对单点定位过程和相对定位过程记录了一段数据，单点定位和相对定位数据的观测文件分别为本书网络资料目录 Exmprj\PrjFrame\data\下面的两个文本文件：RTK_2019_12_24_16-35-27.txt 和 RTK_2019_12_24_16-41-39.txt。

为了简便分析定位的结果，可使用 Excel 表格打开这两个文件，打开时请注意格式转换过程中的选项。爱好编程的读者，可直接使用前面我们使用过的 Win32 程序框架对数据进行编程分析，下面给出使用 Excel 分析的结果。

图 10-42 展示了单点定位数据，即文件 RTK_2019_12_24_16-35-27.txt 导入 Excel 后，对其平面位置、高程以及收星情况绘制曲线后的结果，整个观测记录的数据片段，是从下午 4 点 33 分 17 秒开始，到 4 点 35 分 27 秒，共 130 秒的时间，每秒输出一个数据，即共 130 条数据记录。

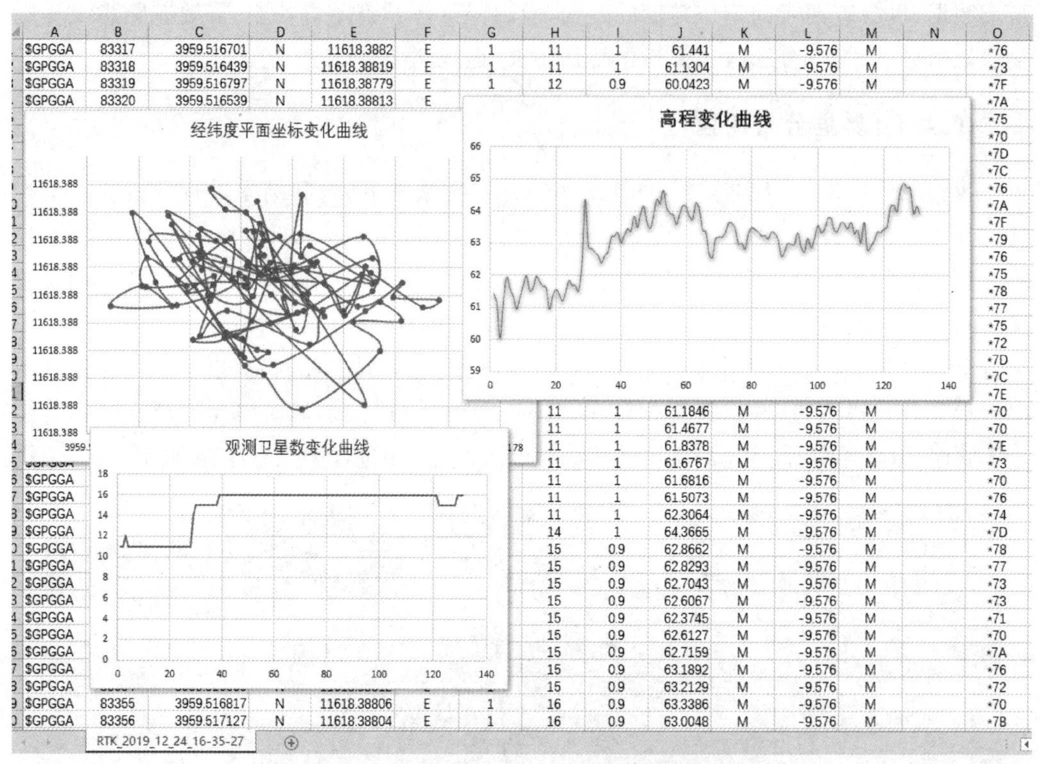

图 10-42　单点定位输出的 GPGGA 数据分析结果

整个定位观测期间，流动站的卫星天线未曾有丝毫移动，我们可以看出高程值的变化在 60～65 m，约有 5 m 的变化幅度。以经纬度显示的平面位置在做杂乱无章的运行，由于经纬度与通常以米或厘米为单位的误差值相比不易直观理解位置的变化幅度，故我们按北京位置经纬度对应地表距离的大致估计值，即 1 秒经纬度角对应地表距离约 30 m，换算为以米为单位的平面位置变化幅度，会得到如图 10-43 所示的变化曲线。最大的点位变化值约 1.6 m，结合观测到的卫星数，如 10-42 图所示，大多时间为 16 颗，因此，这个数值基本反映了该板卡在较好观星状态下的单点定位精度。

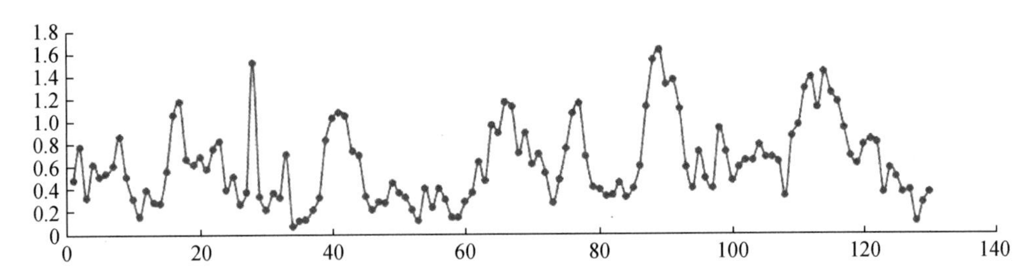

图 10-43　单点定位过程中，卫星天线在静止状态下，定位板卡输出平面位置的变化曲线，横轴为点序列，纵轴为测量点位坐标变化的距离值(m)

再看图 10-44 的分析，图中展示的数据片段(即文件 RTK_2019_12_24_16-41-39.txt)从下午 4 点 35 分 40 秒开始，到 4 点 41 分 39 秒结束，共 360 条记录，刚好 6 min。

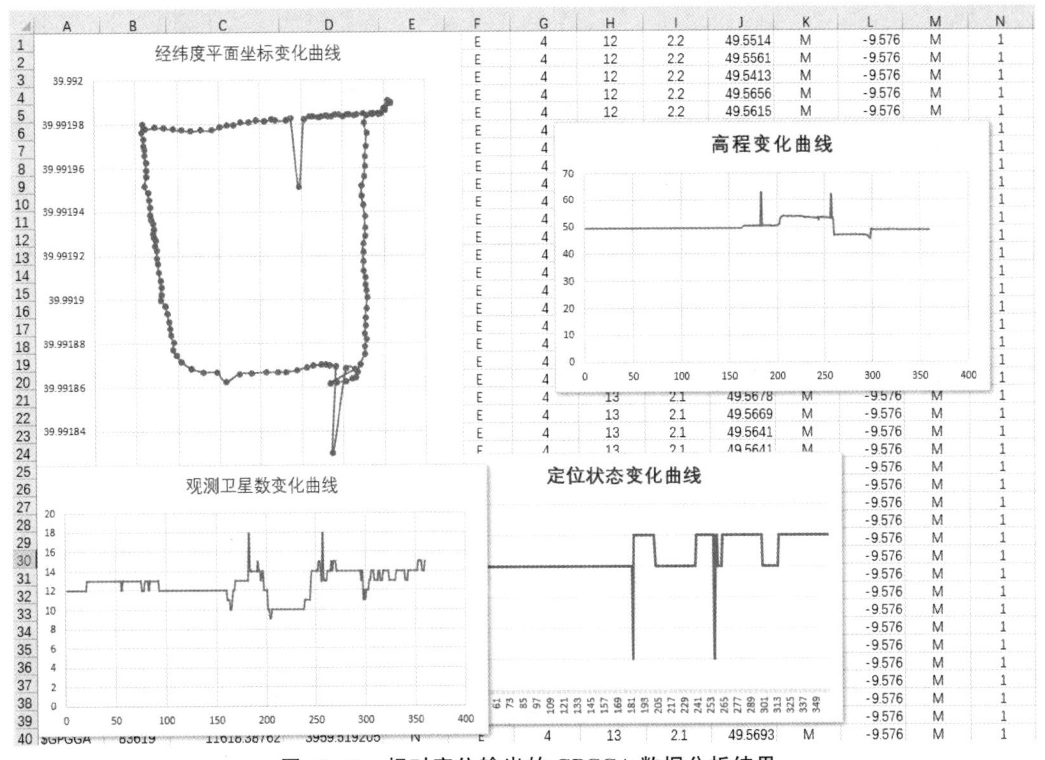

图 10-44　相对定位输出的 GPGGA 数据分析结果

该数据片段是从流动站进入固定解开始记录的，开始记录后沿预先规划的矩形路径移动流动站，因此会得到近似矩形的经纬度平面坐标变化曲线，由于整个过程系统均处于 RTK 状态，因此第 7 项值为 4 或 5。由于偶尔受观星影响，BGG90 板卡在锁定固定解时会出现变化，只能得到浮点解，所以解算状态会转换为 5。

图10-44的经纬度表面的平面坐标曲线中(流动站从东北角出发,按逆时针方向移动,且移动的速度并非均匀,数据的输出密度与点位无关),可以非常明显地看到平面坐标曲线中有两次较大的位置跳变,同时查看高程值曲线、观测卫星数变化曲线以及定位状态曲线,会发现其上均有两次较大的跳变。对照各组数据会发现,出现这两次跳变的原因,主要是BGG90板卡收星数发生异常变化,如第一次从14颗突然变为18颗,第二次从13颗突变为18颗,对应地,定位状态值瞬间变成了1,即进入单点定位状态。一般而言,接收机不应该在连续观测的过程中,有多达4～5颗卫星数跳变,很明显的原因是多路径效应所产生的问题,有4～5颗卫星的信号在一瞬间被墙面或地面反射进入流动站接收机天线,而接收机未能识别,以为是新的卫星信号,从而导致干扰,致使流动站在瞬间退出了RTK定位状态。

图10-45　北京大学遥感楼顶,RTK实验场景影像,图中线框为流动站天线移动路线

查看定位状态变化曲线可以看出,当发生第一次跳变后,后半部分定位固定解较少,浮点解增多,对应实验场地(见图10-45),我们会发现,在后半部分,流动站移动到了西边靠近较高墙体的位置。需要说明的是,遥感楼天台在四楼顶部,东西两边各有五层楼的一部分,即接近天台东西两侧,收星会受墙体遮挡影响。整个移动路线西侧离墙体近,故受影响较多,而东边离墙体远,没有影响。

由此可知,在RTK定位过程中,受周边环境以及人员操作影响很大,为了得到稳定可靠的定位结果,应对相关因素予以足够重视。

从定位结果曲线可以看出,总体而言,整个定位过程精度很高,相邻输出值间的点位变化,没有再出现像单点定位那样的无序跳变,大多数点的定位精度很高,有兴趣的读者可以基于记录的原始数据进行估算,大多数情况均达到数厘米的精度。

练习:基于本节所讲内容,请完成本章末尾实验课练习作业部分的第 10 题。

实验课练习作业

1. 请阅读 10.1.1～10.1.4 节内容,并基于本书网络资料目录\Exmprj\PrjFrame 中的 GPSWin32 程序框架,以及\Exmprj\PrjFrame\data 中提供的卫星轨道数据文件 sat_nav_data1.txt,编程实现 10.1.2 节的星历参数数据读取,10.1.3 节的卫星轨道位置计算以及 10.1.4 节的卫星轨道与位置的可视化。

2. 请阅读 10.1.5 节内容,并基于本书网络资料目录\Exmprj\PrjFrame 中的 GPSWin32Opengl 程序框架,修改其中的绘制函数,添加一个绕三角形旋转的椭圆曲线。

3. 请阅读 10.1.6 节内容,并基于本书网络资料目录\Exmprj\PrjFrame 中的 GPSWin32Openglv2-1Star 程序框架,将第 1 题的算法代码移到本程序框架中,实现卫星及轨道随时间增加绕地球旋转运行的可视化效果。

4. 请阅读 10.1.7 节内容,参照所述过程,在 IGS 网站上下载一段精密星历,对其进行读取、插值以及可视化处理。

5. 请按 10.2 节内容了解 BGG90 板卡或其他同类板卡,练习 10.2.3 节所列常用指令,并任选两条 NMEA 语句指令,读取定位数据,参考书中 10.2.4 节内容及本书网络资料相关内容加以解读。

6. 请阅读 10.2.5 节内容,输入相关指令,练习使用 BGG90 板卡进行定位,并从中读取定位观测的导航数据,使用 CRU 程序将其转换为 RINEX 文件。

7. 请阅读 10.2.6 节内容,并基于本书网络资料目录\Exmprj\PrjFrame 中的 GPSWin32Openglv2-6Star 程序框架,读取\Exmprj\PrjFrame\data 中提供的卫星轨道数据文件 sat_nav_data6.txt,实现 6 颗卫星及其轨道随时间增加绕地球旋转运行的可视化效果。

8. 在条件许可的情况下,从板卡中使用所学指令读取至少 6 颗卫星星历参数,同第 6 题,实现对多颗卫星及其轨道参数的计算与可视化。

9. 请阅读并认真学习 10.3 节内容,结合前面章节关于单点定位计算的原理与方法等相关知识,基于本书网络资料目录\Exmprj\PrjFrame 中的 GPSWin32Openglv2-UserPos 程序框架,读取\Exmprj\PrjFrame\data 中提供的卫星轨道数据文件 sat_nav_data6.txt 和伪距观测与电离层参数文件 sat_obs_data6.txt,综合误差改正知识,计算用户接收机的位置并实现可视化。

10. 在条件具备的情况下,阅读10.4节所述内容,完成RTK系统组装,并进行RTK户外实验;在缺乏硬件条件的情况下,阅读10.4.4节内容,使用附件所给观测数据,使用Excel或选择编程的方式,对单点定位与相对定位结果进行分析对比,以便透彻了解相对定位的优越性和特点。

参考文献

[1] Danchik R J, Pryor L L. The Navy Navigation Satellite System (Transit)[J]. Johns Hopkins APL Technical Digest, 1990, 11: 97-101.

[2] Stasell T A. The Navy Navigation Satellite System: description and status [J]. Navigation, 1968, 15: 229-243.

[3] 牛国华,郑晓龙,李雪瑞等.大地天文测量[M].北京:国防工业出版社,2016.

[4] 李征航等.GPS 测量与数据处理[M].2 版.武汉:武汉大学出版社,2012.

[5] 黄丁发,张勤,张小红等.卫星导航定位原理[M].武汉:武汉大学出版社,2015.

[6] 黄良珂等.亚洲地区 EGNOS 天顶对流层延迟模型单站修正与精度分析[J].测绘学报,2014,43(8):808—817.

[7] 夏晓明.无气象参数的对流层延迟改正模型研究[D].东南大学,2017.

[8] 北斗/全球卫星导航系统(GNSS)接收机差分数据格式(二),2015 年 10 月发布版.

[9] 黄俊华,陈文森.连续运行卫星定位综合服务系统建设与应用[M].北京:科学出版社,2009.

[10] Landau H, Vollath U, Chen X. Virtual reference station systems[J]. Journal of Global Positioning Systems, 2002, 1(2): 137-143.

[11] Wübbena G, Bagge A, Schmitz M. RTK Networks based on Geo++® GNSMART—Concepts Implementation Results, International Technical Meeting, Proc. ION GPS-01, 2001, Salt Lake City, Utah.

[12] El-Mowafy A. Precise Real-Time Positioning Using Network RTK[M]//Shuanggen Jin 编辑. Global Navigation Satellite Systems: Signal, Theory and Applications. InTechOpen, 2012: 161-188.

[13] 北斗时代导航定位板卡参考手册:BdstarTimes OEM Board Reference Manual,版本 v1.2H,2013 年发布.

[14] NovatelOEM6 系统板卡参考手册:OEM6® Firmware Reference Guide,2017 年 7 月修改版.

[15] 刘刚.基于精密星历的切比雪夫多项式卫星轨道坐标拟合研究[J].城市勘测,2010, 1:53—55.